国家精品课程"高分子物理"主讲教材

高分子材料与工程专业系列教材

高分子物理

（第二版）

励杭泉　武德珍　张　晨　编著

中国轻工业出版社

图书在版编目（CIP）数据

高分子物理/励杭泉，武德珍，张晨编著. —2版. —北京：
中国轻工业出版社，2024.1
ISBN 978-7-5184-2954-7

Ⅰ.①高…　Ⅱ.①励…②武…③张…　Ⅲ.①高聚物物理
学-高等学校-教材　Ⅳ.①O631.2

中国版本图书馆 CIP 数据核字（2020）第 055106 号

内 容 简 介

高分子是大自然的馈赠，关关雎鸠，在河之洲，呦呦鹿鸣，食野之苹，莫不是高分子的杰作；高分子又是人类智慧的结晶，仰观宇宙之大，俯察品类之众，处处都有高分子的身影。为什么高分子如此多彩多姿，高深莫测？谜底全在高分子物理之中。本书是一本有深度的高分子物理教程。一般内容适合作大学本科教材，深度内容可供研究生学习参考，也能为业内人士的知识深化提供帮助。备有 PPT 课件，供授课参考，并提供了书中难点的详解。

责任编辑：杜宇芳

策划编辑：林　媛　杜宇芳　　责任终审：李建华　　封面设计：锋尚设计
版式设计：王超男　　　　　　　责任校对：吴大朋　　责任监印：张京华

出版发行：中国轻工业出版社（北京鲁谷东街 5 号，邮编：100040）
印　　刷：河北鑫兆源印刷有限公司
经　　销：各地新华书店
版　　次：2024 年 1 月第 2 版第 4 次印刷
开　　本：787×1092　1/16　印张：21.5
字　　数：550 千字
书　　号：ISBN 978-7-5184-2954-7　　定价：69.80 元
邮购电话：010-85119873
发行电话：010-85119832　010-85119912
网　　址：http://www.chlip.com.cn
Email：club@chlip.com.cn
如发现图书残缺请与我社邮购联系调换
232205J1C204ZBW

前言

高分子物理是高分子的物理。这不等于什么都没说吗？不然。所谓白马非马，通用高分子、工程高分子、特种高分子、生物高分子都不是物理语境中的"高分子"。高分子物理的研究对象是抽象的高分子，或者说，"一般高分子"。

一般高分子是什么样子的？与高分子保持适当的距离，谁都会看到。

如果用 1 nm 以下的尺度去观察分子链，可以分辨出碳原子、氢原子、氧原子，羟基、羰基、羧基、酯基，这时看到的是高分子的化学组成，由此了解到的是具体的高分子，这是化学家驰骋的天地。

如果将视野放大到 1~5 nm，原子和基团仍依稀可辨，最清楚的是链节结构，可分辨出是均聚还是共聚，全同还是间同，头头还是头尾，线形还是支化，此时看到的是高分子的精细结构，由此了解到的也是具体的高分子。将这些精细结构与聚合物的物理性能联系起来，就是所谓结构与性能，这是材料学家工作的领地。

再远一点，视野再度放大，到达 10~50 nm 的范围，这时原子、基团层次的结构已经看不清了，只能看到下面的图像：

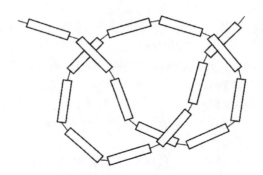

高分子链卷曲成一个线团，组成线团的是一节一节的分子片段，称作链段。链段的精细结构是看不清的，能够看清的只是链段的长度 b 与线团中的链段数 N，此外再无其他细节特征。这样的高分子就是一般高分子，就是高分子物理的研究对象。

由于所有的高分子都可抽象为一般高分子，故一般高分子的运动规律就代表了所有高分子的一般规律，这就是高分子物理这门学科的意义所在。什么是"一般规律"？让我们举例说明。高分子长链的熔体黏度 η 与主链聚合度 N 的关系为：

$$\eta = AN^{3.4}$$

A 是比例系数，不同的高分子有不同的比例系数。极性不同，柔性不同，元素组成不同，空间结构不同，比例系数就各不相同。但无论比例系数如何变化，"N"肩膀上的指数3.4 始终不变。这说明比例系数是分子链的特殊性，而肩膀上的指数（称作标度）就是一般性，就是黏度的一般规律。再举一个标度的例子：高分子在良溶液中的回转半径 R_g：

$$R_g = A'N^{3/5}$$

与黏度的例子一样，比例系数描述分子的精细结构，因分子链不同而不同。但标度是不变的，无论哪一种高分子，也无论溶于哪一种良溶剂，都服从同样的规律。

标度只是高分子普遍规律的一个例子。事实上，只要是一般高分子的规律必然是所有高分子的共同规律。高分子物理的使命，就是揭示、描述高分子物质在各个方面共同的物理性质、行为特征与运动规律，这也正是本书试图覆盖的领域。当然，作为大学教材，涉及的只是入门内容。

本书读者最初接触高分子的概念应该是在高中的化学课上。在那里了解到高分子由小分子聚合而成，故又称聚合物。能够聚合的单体五花八门，合成的聚合物数不胜数。故我们在第1章集中介绍化学结构，作为预备知识。

学习高分子物理的顺序是先单链后群链，先静止后运动。第2章中的理想链与真实链都是单链的内容。理想链的学习有种虚无飘渺的感觉，首先是凭空讲解高分子而不知其位于何处，其次是理想链单元之间没有相互作用的假设实在难以接受。没关系，姑妄听之，姑妄信之，不妨就认为理想链悬在空中。待观察的视野逐步放大，化学的单体被物理的链段所取代，不知不觉就进入物理的情境了。接下来在真实链的学习中，一切都落到了实处。匪夷所思的假设变成了现实，高分子链在溶液中找到了归宿。单链可视作高分子物理的第一台阶。

进入第3章时有一种沉闷的感觉，又遇到了物理化学的艰辛推导。但高分子溶液是绕不开的。因为溶液是低黏度的，而且是透明的，高分子的绝大多数测试是在溶液中完成的。溶液的知识看似与高分子物理的其他部分关系不大，但却又是不可或缺的。其实，如果你的物理化学成绩优异，学习这一章应是轻松自如。

从溶液一章走出，就迈入高分子物理的第二台阶。这里的主要内容，是那些形形色色的"态"。高分子的所谓一般规律，都包含在这些态之中。"态"这个字在高分子物理中被滥用了。可以是相态，可以是凝聚态，可以是力学状态，也可以什么都不是，仅是某一种结构特征。所以每遇到一个"态"，都不免要解释一番。

最没有特色的态是玻璃态。玻璃态既是相态又是凝聚态。但凡不结晶的物质在低温下都处在玻璃态，得名于常见的普通玻璃。小分子无机物、有机物是如此，高分子也是如此。虽然没有特色，科学界却认为玻璃态是最难的问题。人们至今也没有弄清液体怎么转变成无定形固体。又因为"山峰在上帝面前流动"，连世上究竟有没有无定形固体都成了疑问。这些有趣的问题将在第5章讨论。

高分子最有特色的态是橡胶态，它是高分子熔体经交联得到的一种富有弹性的固体状态。这种状态既非相态亦非凝聚态，只能说是一种力学状态。橡胶的弹性大家并不陌生，能够很容易地变形10倍以上且完全可逆。高分子的其他性能都可在其他材料中找到类比，唯独橡胶弹性是独一无二的。这种奇特弹性的本原是什么？居然是熵。在物理化学的学习中，大家一定对熵的神秘印象深刻。在第4章将看到人们是怎样把熵从科学的阴影里请到前台，在橡胶弹性中展示无穷魅力的。

高分子的特点不在于相对分子质量高，而在于长链的形状，就是分子的长径比极大。用绳索、用毛线、用蚕丝都不足以形容其细长的特征。很难想像，如果这种长丝不是盘成线团，而一旦排齐伸直时，会有什么样的奇迹出现。当有人告诉你，塑料绳索的强度能超过同样粗细的钢缆时，你是否怀疑自己听错了？高分子链伸直的状态称作取向态，这又是一个非常有特色的态。名为态，实际它什么态都不是，只是一种结构特征。将在第7章与之邂逅。让我们再回到无限长细丝盘成的线团。让这种线团从黏稠的熔体状态在1、2 min内堆砌成规则的晶体，可能吗？无论从直觉还是科学实验还是加工车间的回答都是一致的：不可能。再加上高分子的长度参差不齐，结构五花八门，永远不可能100%结晶，只能是部分区域结晶部分区域不结晶，由此为我们奉献了一种独特的状态——半晶态。"半"不是一半的意思，是部分的意思。半晶态既是相态的混合体也是凝聚态的混合体。在这种状态中，人们将目瞪口呆地看到一根根高分子链在晶区与非晶区之间的奇异穿越。有数千年传承的冶金专家怎么也想不出晶区与非晶区和谐共生是什么样子。这种奇异的态会在第 6 章呈现。

聚合物从玻璃态、半晶态或取向态一路加热，到一定温度以上就逐步成为液体。因为黏度特别高，故也称作熔体。熔体就是我们要介绍的最后一种态，称作黏流态，它又是凝聚态又是力学状态。作为液体，最主要的行为就是流动与变形，研究流与变的学问就叫流变学。进入流变学，就登上了高分子物理的第三个台阶，即运动规律的学习。

流变学是一门内容广泛的学问，既包括小分子，也包括大分子；既包括熔体，也包括溶液；不仅包括液体，甚至连固体的形变也包括在内。尽管限定在大分子的范围，也需要 3 章的容量方能述其梗概。我们将其分为 3 章。第 8 章研究小应变现象，题为线性黏弹性；第 9 章描述大应变的流动现象，称之为流变学。在学科术语中，固体恢复形状的能力称作弹，液体不能恢复形状、即"覆水难收"的特性称作黏。高分子材料则二者得而兼之，弹中有黏、黏中有弹，故曰黏弹性。虽然是弹黏交错，总有个主次。第 8 章偏重固体的变形，弹中带黏；第 9 章偏重液体的流动，黏中带弹。无论是哪一种，都超出了前高分子时代的传统认识，连麦克斯韦、开尔文这样的巨匠都为此大伤脑筋。就是到了今天，也每每能诱发出哲理的解释。

如果说第 8、9 两章关心的是宏观现象，第 10 章则是深入到分子层次探索流变的机理，称之为运动学。这部分内容最能启发人的想象力。试想，高分子链像线团，像蚕茧，而且相互缠绕在一起，又怎能流动呢？人们想到了一种动物——蛇。蛇被草丛紧紧缠绕，不也一样爬行自如吗？你不能不叹服把蛇的爬行变成数学模型的天才们。运动学这个领域吸引了许多大科学家的光顾，连爱因斯坦都贡献了 3 个公式。你一定很期待这一章吧。

传统上高分子物理学科只限定在力学领域，因为高分子的链状结构也只表现出力学性质的特殊性。在物理的其他领域是否有高分子的一席之地呢？在电学领域好像有。聚电解质是没有问题的。共轭聚合物是否能写出"物理"的内容，没有把握，但仍试写了几节，作为第 11 章，已经很不像物理了。至于其他方面，只知道有"物理性能"而写不出"高分子物理"，只能付之阙如。

才疏学浅，管窥蠡测，只希望能少出错误，不负读者。敬候方家指正。

编者
2019 年 12 月 22 日

目　　录

第 1 章　化学结构

从有机化学的学习得知，高分子是由小分子的聚合得到的，故更准确的术语应是聚合物（polymer）。"poly"是多的意思，"mer"是单体的意思，所以聚合物就是由多个单体连接而成的物质。这种物质的分子具有很高的质量，故被称作高分子或大分子。

小分子单体的聚合赋予了高分子 3 个基本特征：①由重复的化学单元连接而成；②链状的基本结构，故又称作分子链；③足够的长度，故称"大"、称"高"。

高分子的链状结构在今天已是尽人皆知的常识。但在整整 100 年前的 1920 年，还是一个石破天惊的大胆论断。就在大家都以为聚合物是由小分子聚集而成的胶体物质时，德国化学家 Hermann Staudinger（1881—1965）提出，高分子是重复单体以共价键相互连接而成的链状分子，又通过此后 10 年的努力使人们接受了这一观点。作为高分子科学的奠基人，Staudinger 在 1953 年以 72 岁的高龄等来了迟到的诺贝尔化学奖。他的长链理论也正是本书中所有内容的基础。

足够的链长度是高分子材料具有足够强度的必要条件。小分子单体多数为气体或液体，无强度可言。仅仅由少量单体连接而成的聚合体，仍不能具备足够的强度。必须由足够多单体相互连接形成足够长的高分子链，所得材料才能具有日常使用甚至工程应用所需的强度。那么足够的长度是多长？

回答这个问题的最好示例是烷烃的强度随长度的变化。甲、乙、丙、丁烷是气体，5~18 个碳的烷烃是液体，18 个碳原子以上的烷烃为固体的白石蜡，仍是脆性物质。这个同系物的相对分子质量继续增加，超过 4000 g/mol 之后，性质会发生转变，成为又强又韧的聚乙烯。为什么性质会发生从脆到韧的转变？是因为分子链到了一定长度之后，彼此之间就会相互纠缠在一起，在材料中引入了除化学键、范德华力之外的又一种作用形式——缠结，正是缠结作用把长长的分子链紧紧结合在一起[1]。产生缠结是小分子的聚合体转变为大分子或聚合物的门槛。用相对分子质量对分子长度进行度量，我们称产生缠结的相对分子质量为临界相对分子质量。聚合体的力学性质随相对分子质量不断变化，而一旦越过发生缠结的临界相对分子质量，增加或减少一个单体对力学性能不再有显著影响，这样的聚合体就是一般意义上的聚合物。当然，低于临界相对分子质量、不能产生缠结的聚合体也是聚合物，在学界被称作低聚物。

通过以上的描画，高分子的图像就是串在一起的、一节一节的链子。链状结构是高分子区别于小分子的主要特征。物理化学中可以将小分子看作一个粒子，高分子物理中也可以将高分子看作一个长长的粒子串。粒子串是高分子物理的第一个核心概念。在高分子物理学家的眼里，所有的高分子都是相似的粒子串，它们之间的差别仅在于粒子的大小与粒子数的多少[2]。而高分子物理就是寻找粒子串共性特征的一门学问。

当然，在正式学习高分子物理之前，还有一段路要走，从化学走进物理的路。聚合物由小分子单体聚合而成。使用的单体不同，聚合的方法不同，所得聚合物的化学结构就会千差万别。我们需要先了解聚合物的化学结构，从五花八门的化学差别中逐步萃取其中的物理共性，然后才能走进神奇的高分子物理世界。

1.1　组成与构造

　　小分子在聚合之前称作单体，聚合之后成为高分子链上的一个链节，然而在许多场合中仍被称作单体。但聚合前的小分子单体与分子链上的链节单体在化学结构上会有所不同，对于学过有机化学的读者这个差别是不需要讲解的。由于聚合物与聚合方法的种类繁多，同一结构术语在不同场合往往会有语义的分歧，如何准确理解只能求诸读者的心领神会了。

　　最简单的聚合过程是加成聚合，得到的聚合物称为加聚物，如图 1-1 所示的聚乙烯，聚氯乙烯与聚苯乙烯。此处所说的"简单"是指聚合物化学结构的简单。

　　图 1-1 所列的 3 种分子链中，都有一个共价键相连的碳原子序列，称作主链（backbone），与主链相连接的原子或基团称作侧基，在聚苯乙烯上是苯基，在聚氯乙烯上是氯原子，在聚乙烯上则为氢原子。与聚合的单体相对应，图 1-1 中的分子链中一个亚甲基加一个取代碳构成重复单元。聚乙烯链中全都是亚甲基，可认为 2 个亚甲基构成重复单元，也可认为一个亚甲基就是一个重复单元。链上的重复单元数 N 往往是很大的数，$N \gg 1$。对合成聚合物而言，$N \approx 10^2 \sim 10^4$，对 DNA 而言，$N \approx 10^9 \sim 10^{10}$。

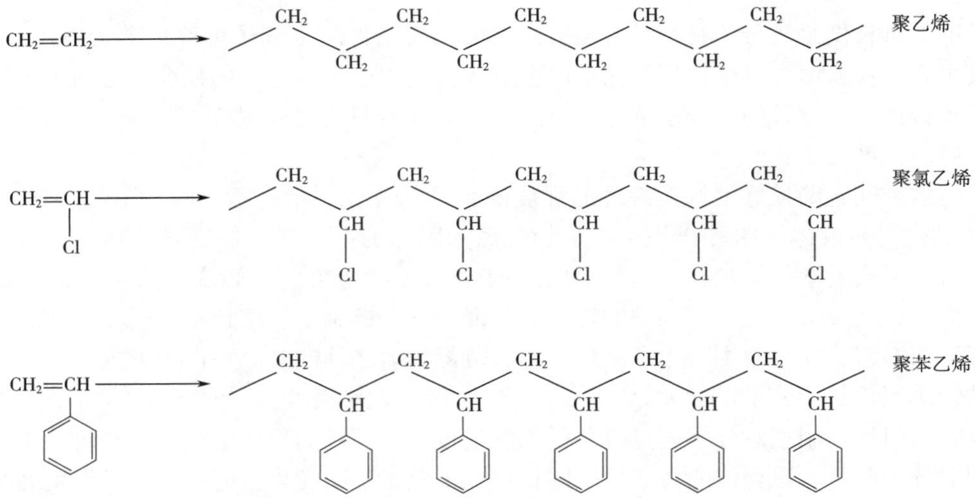

图 1-1　加成聚合物

与加成聚合同样简单的是开环聚合，如图 1-2 中所示的聚甲醛与聚酰胺 6：

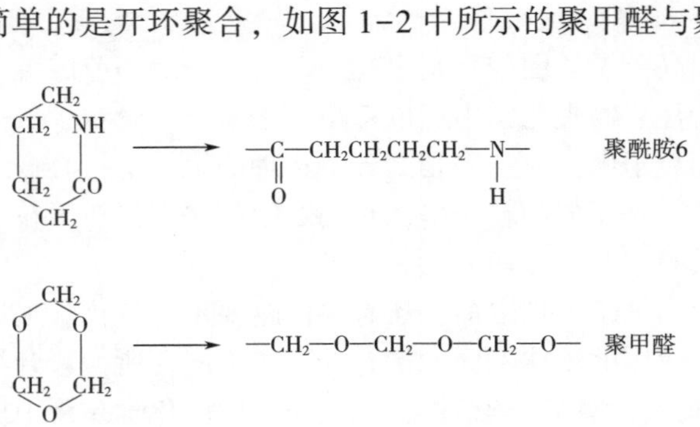

图 1-2　开环聚合物

　　图 1-2 中开环聚合物的主链上除了碳原子，还有氧原子和氮原子。其他结构因素与加聚物都是一样的。开环聚合物中的重复单元取决于单体环的化学组成，如图 1-2，聚酰胺 6 的单体环是己内酰胺，开环后只形成一个重复单元；而聚甲醛的单体开环后形成了 3 个重复单元。

　　缩合聚合的产物称作缩聚物，结构稍微复杂一些。如图 1-3 中的聚酰胺 66 和聚酯。它们各由两种单体缩合而成，聚酰胺 66 的单体是己二酸与己二胺，聚酯的单体是对苯二甲酸与乙二醇。这样聚合物中便有了两种单体或两种链节。任何一种单独的链节都不能称作重复单元，只有两个链节的加和才能称作重复单元。但在缩聚物中，一般不再讨论重复单元。缩聚物中主链的概念也被拓展，因为除了 C、O、N 等单个原子，还有苯环。

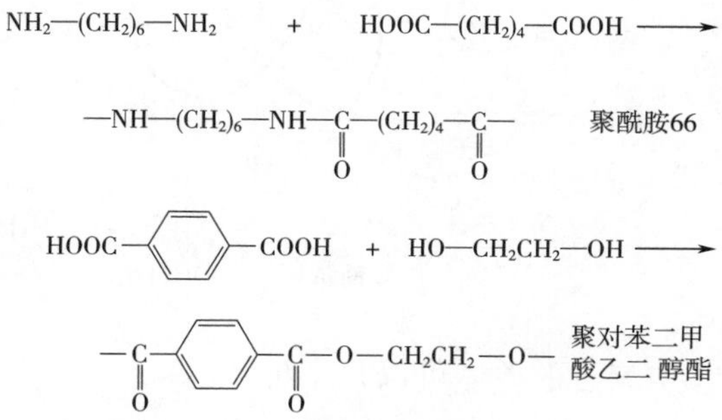

图 1-3　缩合聚合物

　　缩聚物还有一个结构特征：端基。由于价键的要求，高分子链端部的结构与内部本该有所区别。比如聚乙烯链的内部是亚甲基而端部是甲基，没有什么值得讨论的。但缩聚物的端基往往是官能团，具有分析与实际应用的意义。一个分析意义就是可以通过端基的含量测定相对分子质量。我们将在 1.3 节讨论。

　　导电聚合物的发现，大大丰富了主链的内容。如图 1-4 所示，主链上不仅有苯环，还有醌环、吡咯环、噻吩环等，还有多种多样的杂环。随着主链上环状结构的增多，主链的概念也就被淡化了。

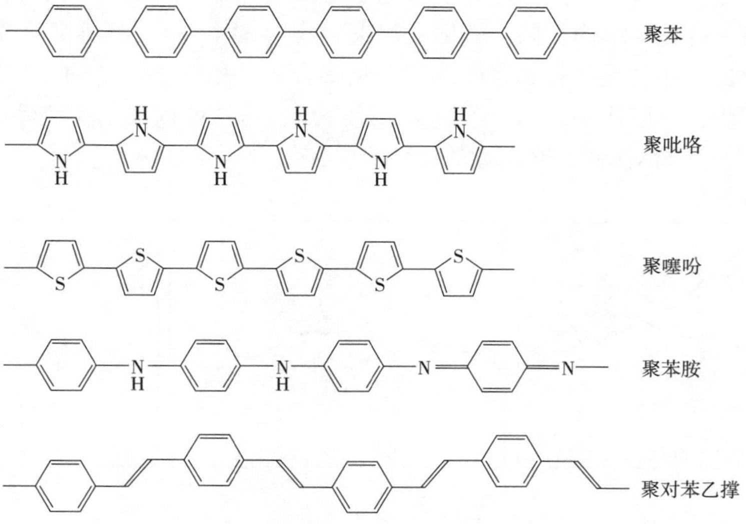

图 1-4　导电聚合物

　　一般的高分子链是线形的，但也有许多非典型的特别形状，如图 1-5 中的环状，有单环，有打结的环。图 1-5（d）是多个环嵌套在一起，被形象地称为奥林匹克凝胶[3,4]。

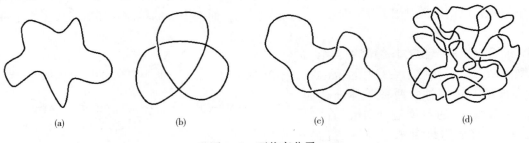

图 1-5　环状高分子

（a）简单环　（b）打结环　（c）两环嵌套　（d）多环嵌套

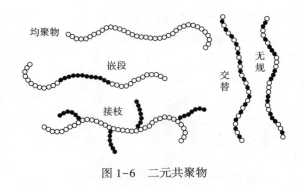

图 1-6　二元共聚物

　　参与聚合的单体可以是 1 种，也可以是 2 种或 2 种以上，导致聚合物链上的化学单元有不同的种类。只含 1 种化学单元的聚合物称为均聚物；含 2 种或 2 种以上化学单元的聚合物称为共聚物。根据所含化学单元的种类数目，称为二元共聚物，三元共聚物等。不同的单体在共聚物中又可有多种排列方式，以二元共聚物为例，可有交替、无规、嵌段、接枝 4 种排列方式（图 1-6）。

　　值得一提的是接枝共聚物。图 1-6 中是黑色的侧链接在白色的主链上。与主链相接的化学物种可称作侧链亦可称作侧基。习惯上，较长者称侧链，较短者称侧基；与主链化学组成相同者称侧链，不同者称侧基。

　　如果侧链与主链化学结构相同，就称支化聚合物（图 1-7），侧链又称支链。支化一般是无规则的，但也能通过设计合成有规则的支化聚合物，如图 1-7（b）中梳形聚合物。采用特殊的聚合方法，可以让多条高分子链交汇于一点，这样就构成了一种星形聚合物图 1-7（c）。交汇的高分子链称作臂，交汇点的单体或单体组合称作星核[5]。

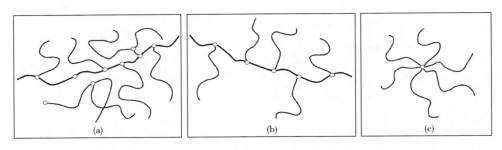

图 1-7　支化聚合物

（a）无规　（b）梳形　（c）星形

　　线形或支化的高分子链用化学键相互连接，就得到聚合物的三维网络，形成网络的过程称为**交联**。聚合物网络又称交联聚合物或体型聚合物。几种类型的聚合物网络见图 1-8。简单网络是一般的高分子网络。无论几种高分子链、无论是均聚物还是共聚物链，只要用化学键相互连接就构成简单网络。两种不同的简单网络相互嵌套形成**互穿网络**（IPN，interpenetrating network）。互穿网络中的两个网络之间只有物理嵌套，没有化学连接。在一个简单网络中穿插化学组成不同的线形链，就形成**半互穿网络**（semi-IPN）。在一个由 A、B

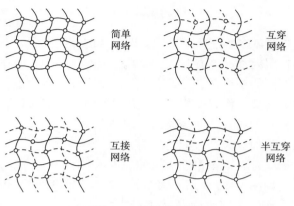

图 1-8　聚合物网络

两种链构成的网络中，如果 A 链只与 B 链连接，分子链 B 也只与 A 链连接，A、B 链自身却不发生连接，称作 AB 网络[6]。AB 网络的一个经典示例是硫化橡胶，见图 1-9。

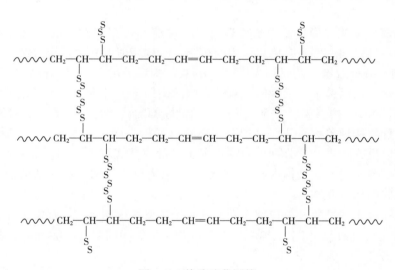

图 1-9　橡胶硫化网络

1.2　构　　型

单体在相互连接构成聚合物的过程中，可有多种键接方式，形成分子链中的不同构型（configuration），又称为异构（isomerism）。构型是高分子链中的同分异构现象，与小分子的同分异构相似。小分子的同分异构体是不同的分子，而高分子中的同分异构体是不同形式的链节。同分异构体由化学键所固定，不破坏化学键无法改变。同分异构大致可分为 3 类，即键接异构、几何异构与旋光异构。

（1）键接异构　键接异构仅出现于乙烯基类单体（CH_2＝CHX）的聚合。单体可能以两种方向进入链中：

$$—CH_2—CHX+CH_2=CHX \longrightarrow \begin{cases} —CH_2—CHX—CH_2—CHX— \\ —CH_2—CHX—CHX—CH_2— \end{cases}$$

这样就产生了头尾问题，即单体的方向问题。一般约定取代碳为头，甲烯碳为尾。由于空间位阻因素，绝大多数反应都生成头尾结构，但在较高温度下会出现变异，聚氯乙烯中会出现较高的头头含量。聚氟乙烯低温下以头尾为主，高温下出现头尾与头头的无规组合。侧基较大的聚合物如聚苯乙烯，几乎是清一色的头尾。

另一种典型的键接异构出现于二烯烃的加成聚合。考虑最简单的丁二烯，可有 1,4 和 1,2 两种加成方式，如图 1-10 所示。其中的 1,4 加成会使一个双键保留在主链上，而 1,2 加成则会形成悬挂的乙烯基。稍复杂的异戊二烯则会出现 1,4、1,2 和 3,4 三种加成方式。读者可试着写出产物中不同的键接方式。

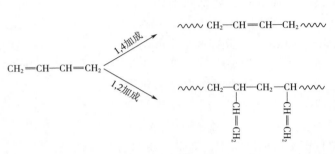

图 1-10　丁二烯的两种加成方式

（2）几何异构　当二烯烃发生 1,4 聚合时，主链上含有双键，根据双键两侧的取代方式，又会出现一种异构。按照有机化学中的规定，结构相似的基团处于双键同一侧时称为顺式（cis）构型，分处双键两侧时称为反式（trans）构型。由于双键的固定作用，顺式与反式不能相互转化。仍以聚丁二烯为例，双键两侧的碳原子上各连接一个氢原子和分子链的其余部分（称为链基）。按照规定，氢原子处于双键同侧的构型称为顺式，分处双键两侧的构型为反式。这种异构现象称作几何异构，亦称顺反异构。如果 1,4-聚丁二烯链上的几何异构体以顺式或以反式为主，就分别称为顺式聚丁二烯或反式聚丁二烯，如图 1-11 所示。在商品顺式聚丁二烯中的顺式结构占 90%~99%，其余为反式结构与乙烯基结构。商品反式聚丁二烯中的反式结构占 95%。

顺式、反式聚丁二烯的规整程度不同。顺式聚丁二烯中两个丁二烯链节才构成一个等同周期（0.816 nm），而反式聚丁二烯一个链节就是一个等同周期（0.48 nm），故顺式聚丁二烯的规整性较低。

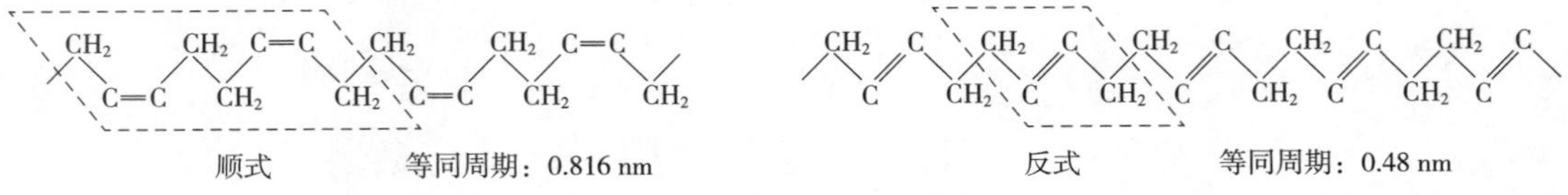

顺式　　　　等同周期：0.816 nm　　　　　　　反式　　　　等同周期：0.48 nm

图 1-11　聚丁二烯的顺式与反式结构

（3）旋光异构　含不对称碳的小分子会形成互为镜像的两种异构体（即 R 型与 S 型），表现出不同的旋光性，故称为旋光异构体。乙烯基类单体聚合时，会在主链上产生不对称碳原子。由图 1-12 所示，单体 M 本身不具有不对称碳，嵌入高分子链后，其中的一个碳原子上分别接有 H 原子、X 基和两个链基，因两个链基相同的可能性基本为零，就成为不对称碳原子。围绕高分子链上的不对称碳原子，就会形成旋光异构。旋光异构与前面的几何异构统称为立体异构。由于手性物质的旋光性质仅由不对称碳周围 1~2 个键上的原子所决定，

图 1-12 所代表的碳链高分子链上与 "不对称碳" 相连接的原子或基团往往是相同的，故不会产生旋光性质。所谓 "旋光" 异构只是对小分子术语的借用。因此，高分子链的旋光异构不影响其光学性质，主要影响的是分子链的规整性。由于这个原因，人们对高分子链上旋光异构的关注点不是构型的类别，而是相邻不对称碳原子上构型的异同。

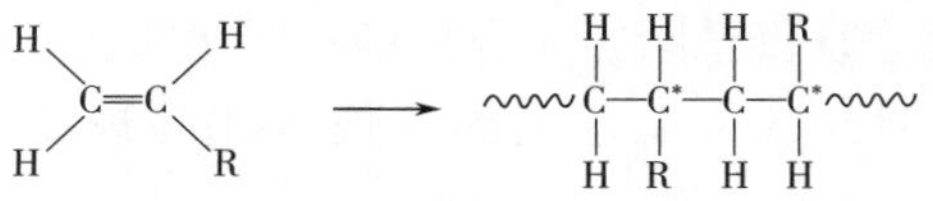

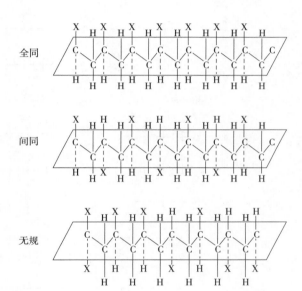

图 1-12 乙烯基单体插入高分子链后出现不对称碳原子

由于高分子链不具有旋光性，就没有必要、也不可能按照有机化学的规则定义旋光异构的 R 或 S 构型，而是用更简单的方法来区别两种不同的构型。如图 1-13 所示，假想我们可以将一个乙烯基聚合物的分子链拉直，主链上的碳原子就取锯齿的几何形状。把这个碳原子锯齿放置在纸平面上，每个不对称碳原子上的两个基团 X 基和氢原子将分处纸面的两侧，一个朝上，另一个朝下。假设所有的链节均为头尾相连，就可以根据 X 基团的朝向来规定旋光构型，朝上的记作 "上" 构型，朝下的记作 "下" 构型。这种约定完全是任意的，反过来标记结果也完全一样，因为我们只关心相邻构型的异同。

图 1-13 乙烯基聚合物的理想构型分布

设定两个极端情况：如果所有的构型都为上构型或下构型，就称该高分子链为全同（isotactic）的或等规的；如果所有相邻构型都相异，即上、下构型相间出现，就称该高分子链为间同（syndiotactic）的或间规的。如果异同的情况杂乱无章，就称该高分子链是无规（atactic）的。显然，无规分子链是不规整的，全同与间同的分子链是规整的，而全同分子链的规整度高于间同的，因为其等同周期为间同结构的 1/2。

目前，高分子的人工合成尚不能完全控制旋光构型的生成，实际高分子链中全同或间同结构仅存在于分子链的局部段落，而从全局上看仍是无规的。这样只能用等规或间规序列占分子链长度的百分比描述构型的分布情况，分别称为等规度（isotacticity）和间规度（syndiotacticity）。

受检测仪器的限制，全面测定等规或间规度是难以做到的。人们能做到的只能是使用核磁共振仪，测定连续几个不对称碳原子上构型的异同情况。如果仪器的检测能力是连续 2 个构型，就只能分辨出 2 种异同情况：同（m）与异（r）。被检测的 2 个相邻构型称为二元组（diad）。稍强的检测能力可以同时对比连续 3 个构型（三元组），就能分辨出 3 种异同情况：mm，mr 和 rr。四元组（tetrad）中的构型序列有 6 种可能，即 mmm、mmr、mrm、rrm、rmr 和 rrr。五元组（pentad）有 10 种构型序列：mmmm、mmmr、mmrr、mrmr、mrrr、rmmm、rmmr、rmrr、rrmm、rrmr、rrrr。其中 mmmm 为全同构型，rrrr 为间同构型，其他均为无规构型。显然，同时观察的连续单元越多，对构型分布的描述就越准确。上述构型序列示于图 1-14 中。图 1-15 是采用四元组测定聚甲基丙烯酸甲酯等规度和间规度的核磁共振谱图，这是 20 世纪 70 年代表征聚合物旋光异构的视野。进入 21 世纪，先进实验室中的仪器都可以对七元组进行检验，通常工业上的等规度或间规度一般用五元构型序列进行规定[9]。

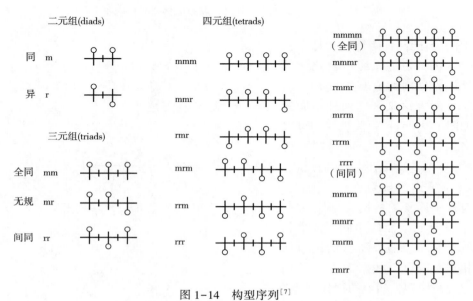

图 1-14　构型序列[7]

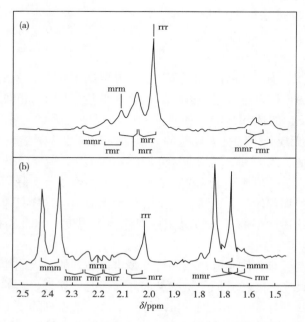

图 1-15　核磁共振法测定 PMMA 的四元组构型[8]

1.3　平均相对分子质量

在人工合成聚合物的过程中，小分子单体相互连接，使分子链不断长大，最终达到所设计的长度。分子链的长度可以用两个物理量进行度量。一个是普通意义上的相对分子质量，记作 M，单位 g/mol；另一个是分子链上的单体数，称作聚合度，记作 x。相对分子质量与聚合度具有以下简单关系：

$$M = x \cdot M_u, \quad x = M/M_u \tag{1-1}$$

式中　M_u 代表重复单元的相对分子质量。

需要注意的是，相对分子质量有明确的量纲：g/mol。"相对分子质量没有量纲"的说法是错误的。

欲使用式（1-1）中的聚合度概念，链节的概念必须明确，且链中只能有一种链节。这样就把聚合度概念限制在加成聚合和开环聚合的均聚产物中，缩聚物、共聚物中不适合使用聚合度的概念，只能使用相对分子质量。本节将主要讨论相对分子质量。由于相对分子质量与聚合度之间的线性关系，对相对分子质量的讨论同时也隐含了对聚合度的讨论。

与小分子相比，高分子相对分子质量的特点在于不均一性。针对一根高分子链可以明确地宣称其相对分子质量为多少，但对一群高分子链，就不能做出这样的论断，因为没有一群高分子链的相对分子质量是均一的。当前科技水平只能将高分子的聚合度控制在一定范围，却无法准确控制分子链的聚合度，也无法控制相对分子质量的均一性。这样，合成的高分子不是单一相对分子质量的，而是不同相对分子质量同系物的混合物，即一群高分子链中可以有多种相对分子质量，这个特征称作多分散性（polydispersity）。由于多分散性，聚合物的相对分子质量就不能用单一的数值描述，而要采用其他方法。最全面的方法是对全部分子的相对分子质量进行总体描述，亦即描述相对分子质量分布。这种描述将在下节讨论。更为简明的方法，是使用平均相对分子质量。

对相对分子质量进行统计平均并不简单。使用不同的统计权重，可得到多种平均相对分子质量。模仿高分子链的形象，我们来计算图 1-16 中项链的平均质量。

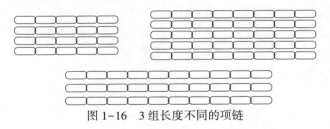

图 1-16　3 组长度不同的项链

现有环数不同的项链 12 根，每环的质量为 1 g。含 5 环的 4 根（每根 5 g，共计 20 g），含 8 环的 5 根（每根 8 g，共计 40 g），含 10 环的 3 根（每根 10 g，共计 30 g）。如果使用项链的根数作统计权重，可得到数量平均值：

$$数量平均值 = \frac{5\ g \times 4 + 8\ g \times 5 + 10\ g \times 3}{4 + 5 + 3} = \frac{90\ g}{12} = 7.5\ g \tag{1-2}$$

如果使用项链的质量（环数）作统计权重，可得到质量平均值：

$$质量平均值 = \frac{5\ g \times 20\ g + 8\ g \times 40\ g + 10\ g \times 30\ g}{20\ g + 40\ g + 30\ g} = \frac{720\ g^2}{90\ g} = 8.0\ g \tag{1-3}$$

不难理解为什么质量平均值高于数量平均值。取数量平均时，每根只有一个权重，长链与短链的话语权是一样的；取质量平均时，每环各有一个权重，长链的话语权多于短链，所以平均值就高了。

下面我们把项链的计算转化为高分子语言。样品中含有 3 种长度不同的高分子链，也可以说样品中有 3 个级分（fraction），相对分子质量分别为 M_1、M_2 和 M_3（g/mol）。3 个级分中的分子数分别为 N_1、N_2 和 N_3（mol），按数量（摩尔数）加权，所得平均相对分子质量称数均相对分子质量：

$$\overline{M}_n = \frac{N_1M_1 + N_2M_2 + N_3M_3}{N_1 + N_2 + N_3} = \frac{\sum_i N_iM_i}{\sum_i N_i} \tag{1-4}$$

式中 $\overline{M}_n$ 代表数均相对分子质量，M_i 代表每种分子链的相对分子质量，N_i 代表每种分子链的数量（摩尔数）。定义每一级分的摩尔数与样品中总摩尔数之比为数量分数 n_i：

$$n_i = \frac{N_i}{\sum_i N_i} \tag{1-5}$$

则数均相对分子质量可写作：

$$\overline{M}_n = \frac{\sum N_iM_i}{\sum N_i} = \sum n_iM_i \tag{1-6}$$

如果改用每级分的质量作为加权因子，所得平均相对分子质量称作重均相对分子质量。之所以称作重均而不称质均是出自约定俗成。写作数学公式为：

$$\begin{aligned}
\overline{M}_w &= \frac{W_1M_1 + W_2M_2 + W_3M_3}{W_1 + W_2 + W_3} \\
&= \frac{(N_1M_1)M_1 + (N_2M_2)M_2 + (N_3M_3)M_3}{(N_1M_1) + (N_2M_2) + (N_3M_3)} \\
&= \frac{N_1M_1^2 + N_2M_2^2 + N_3M_3^2}{N_1M_1 + N_2M_2 + N_3M_3} = \frac{\sum_i N_iM_i^2}{\sum_i N_iM_i}
\end{aligned} \tag{1-7}$$

与数量分数相类似，可定义每一级分的质量分数 w_i 为该级分的质量与样品总质量之比：

$$w_i = \frac{W}{\sum_i W_i} \tag{1-8}$$

则重均相对分子质量可定义为：

$$\overline{M}_w = \frac{\sum W_iM_i}{\sum W_i} = \sum w_iM_i \tag{1-9}$$

数均相对分子质量亦可用质量分数表示：

$$\overline{M}_n = \frac{\sum N_iM_i}{\sum N_i} = \frac{\sum W_i}{\sum (W_i/M_i)} = \frac{1}{\sum (w_i/M_i)} \tag{1-10}$$

由式（1-6）、式（1-9）和式（1-10）3 式可以容易地写出聚合度的相应公式：

数均聚合度：

$$\overline{x}_n = \frac{\sum N_ix_i}{\sum N_i} = \sum n_ix_i = \frac{1}{\sum (w_i/x_i)} \tag{1-11}$$

重均聚合度：

$$\bar{x}_w = \frac{\sum W_i x_i}{\sum W_i} = \sum w_i x_i \tag{1-12}$$

有时，不仅需要了解数量和质量的平均值，还需要形式更为复杂的统计平均值。比重均高一阶的统计平均值称作 Z 均，计算时以 Z 量作为统计权重。Z 量定义为级分质量与相对分子质量的乘积：

$$Z_i = W_i M_i \tag{1-13}$$

Z 均相对分子质量的计算公式为：

$$\bar{M}_z = \frac{Z_1 M_1 + Z_2 M_2 + Z_3 M_3}{Z_1 + Z_2 + Z_3} = \frac{N_1 M_1^3 + N_2 M_2^3 + N_3 M_3^3}{N_1 M_1^2 + N_2 M_2^2 + N_3 M_3^2} = \frac{\sum_i N_i M_i^3}{\sum_i N_i M_i^2} \tag{1-14}$$

对比式（1-4）、式（1-7）和式（1-14）3 式，可以发现一个规律：3 种平均值的共同点是分子上 M 的幂次总是比分母上 M 的幂次高一阶。照此规律，可以写出更高阶的平均相对分子质量：

$$\bar{M}_{z+1} = \frac{\sum N_i M_i^4}{\sum N_i M_i^3} \tag{1-15}$$

$$\bar{M}_{z+k} = \frac{\sum N_i M_i^{k+3}}{\sum N_i M_i^{k+2}} \tag{1-16}$$

数均相对分子质量有明确的物理意义，重均相对分子质量有较明确的物理意义，Z 均及更高阶平均相对分子质量都没有物理意义，只有统计意义。需要注意的是，通式（1-16）可改写为：

$$\bar{M}_{z+k} = \frac{\sum N_i M_i^{k+2}(M_i)}{\sum N_i M_i^{k+2}} \tag{1-17}$$

括号中的 M_i 与其他 M_i 具有不同的意义。括号中的 M_i 是被平均的物理量，而其他的只是权重因子的组成部分。

不同的平均相对分子质量可用不同的方法测定，我们将在有关章节进行介绍。如果线形分子链的端部具有可供分析的官能团，可通过端基分析测定数均相对分子质量。这种方法只适合低相对分子质量聚合物，随相对分子质量的升高，准确性下降。测定上限在 25000 左右。以聚酰胺为例，考虑以下可能性：

①聚己内酰胺（聚酰胺 6），一端为酸，一端为胺：

$$\text{HOOC—}(CH_2)_5\text{—}[NHCO\text{—}(CH_2)_5]_n\text{—}NH_2$$

既测定羧基又测定胺基，2 个结果可以互相校验。

②在过量二胺条件下制备，两端均为胺基：

$$H_2N\text{—}R\text{—}(NHCO\text{—}R)_n\text{—}NH_2$$

③在过量二酸条件下制备，两端均为羧基：

$$HOOC\text{—}R\text{—}(NHCO\text{—}R)_n\text{—}COOH$$

以上 2 种情况就只测一种基团。

此外，数均相对分子质量还可以用核磁共振法进行测定，以下面的例子说明。设有图 1-17 所示的聚合物。该聚合物上的氢原子可分为两类：端部甲基上的端氢与所有苯环上的芳氢。核磁共振氢谱上能够清晰地区分两类氢原子的位置，也能够准确地测量两类峰的面积，见图 1-17 中的谱图。

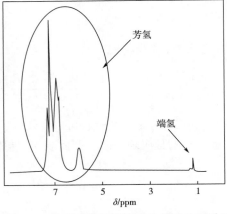

图 1-17　核磁共振法测定数均相对分子质量

通过计数重复单元中芳氢的数目，可得出下列公式：

$$\frac{I_{芳氢}}{I_{端氢}} = \frac{16 + 40x}{18} \tag{1-18}$$

I 为信号强度，峰面积比等于强度比。由式（1-18）可解出聚合度 x，亦即得到了相对分子质量。

1.4　相对分子质量分布

相对分子质量的平均值远不能完全反映多分散聚合物的尺寸信息，还需要了解相对分子质量分布的情况。描述分布的一个参数是标准差，定义为：

$$\sigma^2 = \frac{\sum_i N_i (M_i - \overline{M}_n)^2}{\sum_i N_i} \tag{1-19}$$

标准差 σ^2 的意义为每个级分的相对分子质量 M_i 关于数均值 $\overline{M}_n$ 的偏差平方的数均值。将式（1-19）的右侧展开：

$$
\begin{aligned}
\sigma^2 &= \frac{\sum_i N_i M_i^2}{\sum_i N_i} - 2\overline{M}_n \frac{\sum_i N_i M_i}{\sum_i N_i} + (\overline{M}_n)^2 \\
&= \frac{\sum_i N_i M_i^2}{\sum_i N_i M_i} \cdot \frac{\sum_i N_i M_i}{\sum_i N_i} - (\overline{M}_n)^2 \\
&= \overline{M}_w \overline{M}_n - (\overline{M}_n)^2 \\
&= (\overline{M}_n)^2 \left(\frac{\overline{M}_w}{\overline{M}_n} - 1 \right)
\end{aligned} \tag{1-20}
$$

标准差必为正值，可知 $\overline{M}_w$ 一定大于 $\overline{M}_n$。σ^2 的大小取决于 $\overline{M}_w / \overline{M}_n$，故 $\overline{M}_w / \overline{M}_n$ 也代表了相对分子质量的分散度。因 $\overline{M}_w / \overline{M}_n$ 只是两种平均值的比值，便于测定与使用，故常用来描述相对分子质量分布的宽度。定义：

$$D = \overline{M}_w / \overline{M}_n \tag{1-21}$$

为多分散系数（polydispersity index）。$\overline{M}_w / \overline{M}_n = 1$，偏离度为零，样品为单分布；$\overline{M}_w / \overline{M}_n$ 越大，分布越宽。相对分子质量分布的宽度由聚合机理决定，一些典型聚合方法得到的相对分子质量分布宽度见表 1-1。

表 1-1　　　　　　　　　　　典型聚合方法的多分散度与立构规整性

方法	多分散系数	立构规整性	方法	多分散系数	立构规整性
天然蛋白质	1.0	绝对规整	自由基聚合	1.5~3	无
阴离子聚合	1.02~1.5	无	配位聚合	2~40	高度规整
缩合聚合	2.0~4	无	阳离子聚合	很宽	无

相对分子质量分布曲线是对相对分子质量分布最完整的描述，作出相对分子质量分布曲线需要经历下列实验过程：

①将样品分离成若干个窄分布的级分，这个过程称为分级。虽然所得级分仍是多分散的，但其相对分子质量分布应比原样品窄得多。

②测定各级分的质量及质量分数（表 1-2 的第二、三列）。

③测定各级分的平均相对分子质量，重均、数均都可以。由于级分的相对分子质量分布较窄，可近似认为重均和数均相对分子质量的数值基本相同（表 1-2 的第一列）。

表 1-2　　　　　　　　　　　　各级分数据

平均相对分子质量	级分质量	质量分数	累积质量分数
M_1	W_1	w_1	$I_1(M)$
M_2	W_2	w_2	$I_2(M)$
…	…	…	…
M_j	W_j	w_i	$I_j(M)$
	$\Sigma W_j = W$	$\Sigma w_j = 1$	

④计算每个平均相对分子质量所对应的累积质量分数 $[I(M)]$。累积质量分数的定义为小于和等于该相对分子质量的级分质量分数之和。计算时要遵从 2 个假定：

a. 低相对分子质量级分中的最高相对分子质量不大于高一级分的平均相对分子质量。

b. 每一级分中大于、小于本级分平均相对分子质量的分子链各占 1/2。

于是相对分子质量 M_j（第 j 个级分的平均相对分子质量）所对应的累积质量分数可按下式计算：

$$I_j = \frac{1}{2}w_j + \sum_{i=1}^{j-1} w_i \tag{1-22}$$

所得结果列于表 1-2 的第四列。

⑤以表 1-2 中的第一列为横坐标，第四列为纵坐标作图，将数据点光滑连接，所得曲

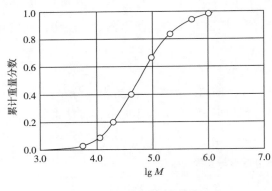

图 1-18　积分分布曲线

线称为积分分布曲线或累积分布曲线，如图 1-18 所示。

积分分布曲线的横坐标为相对分子质量，纵坐标为累积质量分数，意义为小于和等于指定相对分子质量的聚合物在样品中所占的质量分数。根据定义，积分分布曲线是单调增加的，$I(0) = 0$，$I(\infty) = 1$。如果 $M_2 > M_1$，必有 $I(M_2) > I(M_1)$。相对分子质量介于 M_1 和 M_2 之间分子链的质量分数为二者累积质量分数之差，即

$$w_{M_1 \sim M_2} = I(M_2) - I(M_1) \qquad (1-23)$$

如图 1-19，在任一点相对分子质量 M 上取增量 dM，那么相对分子质量介于 M 和 $(M+$ d$M)$ 之间的质量分数为：

$$w_{M \sim M+\mathrm{d}M} = I(M + \mathrm{d}M) - I(M) \qquad (1-24)$$

比值

$$\frac{I(M + \mathrm{d}M) - I(M)}{(M + \mathrm{d}M) - M} = \frac{I(M + \mathrm{d}M) - I(M)}{\mathrm{d}M} = \frac{\mathrm{d}I(M)}{\mathrm{d}M} \qquad (1-25)$$

就是相对分子质量区间 $M \sim M+\mathrm{d}M$ 的质量分数密度。d$M \to 0$ 时，上述比值就是积分质量分布曲线的斜率。

以积分分布曲线上各点的斜率对相对分子质量 M 作图，便得到微分分布曲线（图 1-20）。微分分布曲线的横坐标也是相对分子质量，纵坐标为质量分布密度。质量分布密度也用符号 $w(M)$ 表示，读者须从上下文辨别 $w(M)$ 代表质量分数还是质量分布密度。

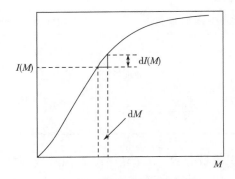

图 1-19　积分质量分布曲线的微分

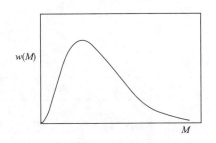

图 1-20　微分质量分布曲线

微分质量分布曲线具有下列性质：曲线下面积的物理意义为质量分数，总面积等于 1，即 $\int_0^\infty w(x)\,\mathrm{d}x = 1$。相对分子质量从零到 M_1 的样品质量分数为 $\int_0^{M_1} w(x)\,\mathrm{d}x$，相对分子质量从零到 M_2 的样品质量分数为 $\int_0^{M_2} w(x)\,\mathrm{d}x$，相对分子质量介于 M_1 和 M_2 之间的样品的质量分数为 $\int_{M_1}^{M_2} w(x)\,\mathrm{d}x$。以上各式中的 x 均为积分变量，无具体物理意义。

积分质量分布与微分质量分布之间的关系就是积分与微分的关系:

$$I(M) = \int_0^M w(x)\,\mathrm{d}x \tag{1-26}$$

$$I(M_2) - I(M_1) = \int_{M_1}^{M_2} w(x)\,\mathrm{d}x = \int_0^{M_2} w(x)\,\mathrm{d}x - \int_0^{M_1} w(x)\,\mathrm{d}x \tag{1-27}$$

$$I(\infty) = \int_0^\infty w(x)\,\mathrm{d}x = 1 \tag{1-28}$$

如果能够得知微分质量分布的解析形式,就可以通过积分计算各种统计平均的相对分子质量。

数均相对分子质量:

$$\overline{M}_n = \frac{1}{\displaystyle\int_0^\infty \frac{w(M)}{M}\mathrm{d}M} \tag{1-29}$$

重均相对分子质量:

$$\overline{M}_w = \int_0^\infty w(M)M\mathrm{d}M \tag{1-30}$$

Z 均相对分子质量:

$$\overline{M}_z = \frac{\displaystyle\int_0^\infty w(M)M^2\,\mathrm{d}M}{\displaystyle\int_0^\infty w(M)M\mathrm{d}M} \tag{1-31}$$

微分质量分布或积分质量分布的解析形式称为相对分子质量分布函数。相对分子质量分布函数可以套用纯粹的数学模型,也可以从聚合机理推导。从聚合机理推导得到的均为聚合度分布函数,纯粹的数学模型多为相对分子质量分布函数。以下是一些示例:

Schultz–Flory 分布[10,11]:

$$w_x = \frac{a}{x_n\Gamma(a+1)}\left(\frac{ax}{x_n}\right)^a\exp\left(-\frac{ax}{x_n}\right) \tag{1-32}$$

这是聚合度分布函数,是根据自由基聚合反应机理推导得到的。$\Gamma(a+1)$ 为 $(a+1)$ 的 gamma 函数。这一分布的多分散系数 $x_w/x_n = (a+1)/a$。当 $a=1$ 且 x 很大时,多分散系数接近 2。

Poisson 分布[12]:

根据阴离子聚合机理推导得到。假定所有的链同时引发,且每根链都以同样速率增长,直至单体耗光。其结果是个窄分布:

$$n_x = \frac{(\bar{x}_n - 1)^{x-1}\exp(1 - \bar{x}_n)}{x(x - 1)!} \tag{1-33}$$

$$w_x = \frac{x(\bar{x}_n - 1)^{x-1}\exp(1 - \bar{x}_n)}{\bar{x}_n(x - 1)!} \tag{1-34}$$

其中 n_x 和 w_x 分别为 x 聚体的摩尔分数和质量分数,$\bar{x}_n$ 为数均聚合度。该分布多分散系数为:

$$\bar{x}_w/\bar{x}_n = 1 + (1/\bar{x}_n) - (1/\bar{x}_n)^2 \tag{1-35}$$

当 $\bar{x}_n \to \infty$ 时,分散系数接近 1。

对数正态分布:

$$w(M) = \frac{1}{\beta\sqrt{\pi}}\frac{1}{M}\exp\left(-\frac{1}{\beta}\ln^2\frac{M}{M_p}\right) \tag{1-36}$$

　　对数正态分布是纯粹的数学模型，为相对分子质量分布函数。该分布与聚合机理无关，但有许多聚合物的相对分子质量分布符合这个模型。

1.5　化学结构与物理状态

　　在小学的课堂上讲到，物质有固、液、气三态。以最常见的物质水为例，低温下是固态的冰，常温变成液态的水，加热到很高的温度就变成水蒸气。通过学习更多的知识，我们了解到，事情并不那么简单。固体并不只有一种，有结晶的固体如金属，也有不结晶的固体如玻璃；同为液体也有普通液体与液晶体之分。但不论物理状态如何复杂，总不离固液气的框架。小分子物质是如此，高分子物质是否也类似？我们说，高分子物质与小分子相比，有类似之处，也有很多不同之处。

　　首先，高分子物质没有气态。道理很简单，气态意味着分子间彼此远离，自由游荡。而聚合物的相对分子质量动辄几千几万，甚至几十万、上百万，让这样的分子自由游荡需要千度以上的高温，这样的高温足以破坏任何化学键，使高分子灰飞烟灭。

　　其次，高分子也不能形成小分子那样的理想晶态。因为开始结晶时，材料各部分的结晶是相互独立的，到一定阶段才会通过晶相的移动进化为理想晶体。这种进化在小分子中可能，在聚合物则完全不可能。因为聚合物链很长，而且是相互缠绕在一起的。所以高分子一旦结晶，就基本上不能动了，局部的进化还有可能，像小分子晶体那样的全局进化是不可能的。所以高分子结晶只会形成一种特殊的状态——半结晶相，即微小的晶区被无定形层所分隔。

　　即便是半晶态，也必须符合一定的结构标准才能生成。这个标准叫作规整性。规整性包括化学规整性和立构规整性。定性地说，规整性越高，结晶能力就越强，所能达到的结晶度就越高。

　　无规共聚会严重破坏高分子链的化学规整性，故共聚物的结晶能力一般很差。极端的例子有丁苯橡胶（苯乙烯与丁二烯的共聚物）与丁腈橡胶（丙烯腈和丁二烯的共聚物），由于单体的化学结构相差悬殊，在任何条件下也不能结晶。聚乙烯与等规聚丙烯都有很高的结晶能力，但乙烯与丙烯的共聚物（乙丙橡胶）只有很低的结晶能力。

　　在具备化学规整性的前提下，立构规整性是决定结晶能力的主要因素。对乙烯基类单体而言，全同与间同旋光构型是规整的，能够结晶。无规构型的聚合物只有少数能够结晶。如工业上使用的聚丙烯多数是全同的，有较高的结晶度，熔点在 160 ℃ 以上。而无规聚丙烯不具备规整性，结晶度只有 5 %。日常使用的聚苯乙烯和有机玻璃（聚甲基丙烯酸甲酯）都是无规构型，不具备结晶能力；而实验室中专门制备的全同聚苯乙烯和全同有机玻璃就能够结晶。对主链上含有双键的聚合物而言，结晶需要具备几何构型的规整性。图 1-10 中顺式与反式聚丁二烯的几何构型都是规整的，都能够结晶。但由于二者重复周期不同，顺式聚丁二烯就比反式的结晶困难得多。头尾异构也影响聚合物的结晶。例如聚氯乙烯有一定的间规度，理应有较高的结晶度，但由于它有较高含量的头-头结构，只能有 5 % 的低结晶度。

　　无论化学规整性还是立构规整性都有一定的容忍度。如果不同的侧基尺寸相差不远，可视作近似规整，也具有结晶能力。例如聚乙烯醇（PVA）是无规聚合物，因为 OH 的尺寸与氢原子相近，可达到 50 % 以上的高结晶度。碳原子上的取代基除氢以外若只含 OH、F、C＝O 等基团的聚合物一般都能够结晶。无规聚氯乙烯结晶能力差，而同样无规的聚氟乙烯结晶却很强，原因就在于氟原子的体积与氢相近，而氯原子的体积远大于氢。

如果一种聚合物的结构不够规整，缺少或没有结晶能力，就属于无定形聚合物。与其相对应，结构规整，结晶能力强的就称作结晶聚合物。结构规整与否、结晶能力的强弱并无明确标准。结晶与无定形聚合物的归属基本上是约定俗成，大致以结晶度 25 ％划线。

无定形聚合物也有一种特殊的固态：玻璃态。最普遍的玻璃态物质就是常见的玻璃。如果说半晶态中的高分子具有一定有序度的话，玻璃态中的高分子则是完全无序。两种状态的对比见图 1–21。

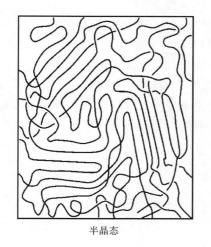 

半晶态　　　　　　　　　　　玻璃态

图 1–21　无定形聚合物

半晶态或玻璃态的聚合物被加热，超过一定温度时就转变为黏流态。黏流态是高分子的液体状态。黏流态中的分子链相互缠结在一起，使液体的黏度非常高，故黏流态聚合物又称作熔体。一般熔体中的分子链与玻璃态一样，是完全无序的。从热力学的角度看，高分子的黏流态与玻璃态并无本质区别。黏流态是熔融的玻璃态，玻璃态是固化的黏流态。

在一般的高分子液体之外，还有一种不一般的高分子液体——液晶。液晶是有序流体。"液晶"这一名称反映了此类物质的两面性：介于普通液体与固体晶体之间。加热后可以流动是液体，分子的各向异性、整齐排列像晶体。液晶态能够在熔体中出现，也能在溶液中出现。由于在液晶态中高分子会自动发展出高度取向，非常有利于高强纤维的制造。

取向是高分子的特殊结构造就的一种特殊状态。由于高分子极端的几何不对称性，即极大的长径比，使分子链的取向对物理状态和性能都有重要影响。没有任何其他物质的状态与性能对取向如此敏感。这使得聚合物中产生了一种独特的状态——取向态。在取向态中，分子链沿特定方向或特定平面排齐，聚合物的结构与性能都会发生显著变化。

将熔体中的分子链用共价键相连，形成一个网络，就会得到聚合物的又一个独具特色的状态：橡胶态。形成网络的过程称作交联，分子链间的结点称作交联点。交联后的熔体在整体上不能流动，故表现为固体。但在交联点之间的局部，链的伸缩运动不受限制，像液体一样运动自如。施加外力拉伸这个网络，弯曲的链会发生大幅度伸长，松开外力，伸长的链又能瞬间弹回。这是橡胶最突出的力学特性，称作橡胶弹性，这种状态称作橡胶态。并不是所有的聚合物熔体都能出现橡胶态。橡胶态对高分子的结构有两项要求：①较高的相对分子质量；②较高的柔软度或称柔性。当然还有第三项要求：交联。关于链的柔性我们将在第 2 章详细讨论。

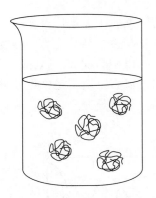

图 1-22　稀溶液中的高分子线团

同小分子物质一样，聚合物也可以溶解于溶剂中形成真溶液。溶液是聚合物的一种重要的物理状态，除了它的实用意义之外，大部分高分子科学的研究工作都是在溶液中进行的。根据浓度，高分子溶液有稀溶液、半稀溶液与浓溶液之分，根据溶液质量，又有良溶剂与差溶剂之分，是个错综复杂的体系。在这里我们只介绍一点：高分子链分散在溶液中的是什么形态？是一根根伸展的长线吗？不是。普通情况下，高分子链以线团的形式存在于溶液之中。如果溶液非常稀，每根高分子链都成为孤立的线团漂浮在溶液之中，如图 1-22 所示。正是因为有了柔性，高分子链才会采取线团的形状。

　　从第 2 章起，我们将从单链的柔性入手开始高分子物理的学习。开始学习时，一般不涉及所处环境，只说单链的行为如何。等到对单链的行为有了一定了解，我们再将线团还原到溶液之中。

思　考　题

1. 高分子链有哪几种主要的构造形式？
2. 高分子的支链、侧链、侧基、接枝链有何区别？
3. 高分子链有哪些异构形式？
4. 怎样描述高分子链的空间异构规整性？
5. 列举两种测定数均相对分子质量的方法，如何测定？
6. 怎样通过分级求高分子的重均相对分子质量？
7. 怎样通过分级描述聚合物的累积质量分布与微分质量分布？
8. 高分子的相对分子质量分布有哪些描述方法？
9. 何谓高分子链结构的规整性？规整性与结晶能力有何关系？
10. 聚合物有哪几种主要的物理状态？彼此之间如何相互转换？

参　考　文　献

［1］　web. utk. edu/~prack/mse201/Chapter %2015 %20Polymers. pdf.

［2］　Pierre-Gilles de Gennes Scaling. Concepts in Polymer Physics, Cornell University Press, Ithaca and London 1979.

［3］　KRAJINA B A, ZHU A, SARAH C. HEILSHORN, and Andrew J. Spakowitz. PHYSICAL REVIEW LETTERS 121, 148001 (2018) .

［4］　G. Gil-Ramírez, D. A. Leigh, and A. J. Stephens, Angew. Chem. , Int. Ed. 54, 6110 (2015) .

［5］　Andreas Lendlein, Annette M. Schmidt, and Robert Langer. 842 PNAS 2001 vol. 98 (3) .

［6］　N. H. Aloorkar, A. S. Kulkarni, R. A. Patil and D. J. Ingale. Intl J of Pharm Sci and Nanotech, vol 5 (2), 2012.

［7］　Bovey FA. Chap. I in *NMR and Macromolecules*, Randall JC Jr Ed. *ACS Symposium Series*. Washington DC: American Chemical Society, 1984.

［8］　Nathan Prentice Rife, Thesis for Master degree, Texas A&M University, 2007.

［9］　F. A. Bovey, High Resolution NMR of macromolecules, Academic, New York, 1972.

［10］　Schulz, G. V. Z. Phys. Chem. (B) 1935, 30, 379.

［11］　Flory, P. J. J. Am. Chem. Soc. 1936, 58, 1877.

［12］　https：//www. pp. rhul. ac. uk/~cowan/stat/notes/PoissonNote. pdf.

第 2 章　单　　链

2.1　构象与柔性

聚合物的研究自单链始，单链的研究自柔性始。正因为分子链有柔性，高分子链在溶液中才不是伸展的线条而是卷曲的线团。柔性高，线团卷曲，尺寸小；柔性低，线团松散，尺寸大。

刚刚学完有机化学的学生会感到疑惑：分子的形状不是由化学键所固定的吗？为什么会有柔性？如果只观察聚合物中的一小段，情况确实如此。例如聚乙烯，如果只考虑 6~8 个碳原子，虽然连续的碳—碳键呈"之"字形排列，但总体上仍是排成直线，是一根刚性棒。但如果将视野放大，观察几十个或几百个碳原子，就会发现碳—碳键的走向是弯弯曲曲的，而且方向是不确定的。主链越长，弯曲缠绕的倾向越严重。从整体上看，一根链的形状就是一个无规线团。

高分子链具有柔性的主要根源在于存在 σ 单键。从有机化学中学到，σ 单键是可以旋转的。围绕 σ 单键的旋转使分子链呈现多种多样的不同形状，使分子链看起来像在溶液中盘旋的细线。故可绕 σ 单键旋转的高分子称作柔性高分子。

并不是所有的高分子链都具有足够的柔性。出于特殊的结构因素，某些聚合物即便含有 σ 单键，也不能或很难发生旋转。这些聚合物称作半刚性聚合物。主链的刚性出自下列机理：

（1）主链 π 键共轭　以聚乙炔、聚苯［poly（p-phenylene）］、聚对苯乙撑（poly p-phenylene vinylene）为代表。引入亲水侧基可使此类聚合物溶于溶剂，但并不影响链刚性。

（2）大侧基　大体积的侧基沿主链紧密排列使旋转无法进行，链只能取伸直构象。聚异氰酸正己酯属此类。

（3）氢键　主链或侧基上有氢供体与受体将会把链锁定在某种特殊构象，多数是伸直构象。多数生物高分子都是这种情况。

（4）静电斥力　相同电荷沿主链密集排列将会相互排斥，会使链伸直。强聚电解质如聚苯乙烯磺酸盐在中性或无盐溶液中属此类。

柔性链像棉线，刚性链像琴弦。但即使刚如琴弦，也会弯曲缠绕，所谓伸直也不过是局部的伸直。但半刚性链弯曲的机理不同，它不是出于绕 σ 单键的旋转，而是出于键角的微小涨落。每一段链偏离一个极小的角度，在小距离上看不到链的偏斜，而在大尺度上就积累成弯曲。由于这种持续积累的性质，这种柔性被称作持续柔性（persistent flexibility）。绝对的刚性链是不存在的，故有半刚性链之称。尽管半刚性链的弯曲比柔性链困难得多，但只要长度足够长，或温度足够高，一定会是卷曲的，也一定是线团状的。可以想象，1m 长的 DNA 分子如何能栖身于微米尺寸的细胞核之中。当然 DNA 有其特殊的折叠机理，本书中不论。

在柔性链中，通过围绕 σ 单键的旋转，可在不破坏化学键的情况下改变分子内原子或基团的空间排布，形成不同的空间异构体。这种由单键旋转造成的原子空间排布称作构象（conformation）。然而绕 σ 单键的旋转并不是自由的，会受到相邻单体上原子或取代基之间相互作用的限制，此类作用称作近程作用。

在有机化学中介绍过乙烷分子的内旋。如图2-1（a），将乙烷分子的碳—碳单键垂直于纸面投影，规定前、后各3个氢原子处于交错位置的状态为初始状态，定义此时的旋转角 φ 为0°。固定前面3个氢原子，让后面3个氢原子顺时针旋转，可看到旋转60°时氢原子变化到重合位置，再旋转60°，又从重合位置变化到交错位置，如此循环往复。由于氢原子间的排斥作用，分子的势能从0°时的最小值变化到60°时的最大值，又从最大值变回到最小值。从0°旋转到360°，共出现3个最大值和3个最小值。我们将氢原子重合的构象称作顺式构象，氢原子交错的构象称作反式构象（注意辨别此处的术语顺式与反式不同于第1章中几何构型的顺式与反式）。由于氢原子间存在排斥作用力，顺式构象中的氢原子相距最近，分子的势能最高，因而是不稳定的构象；氢原子交错时相距最远，分子的势能最低，是稳定的构象。

用甲基取代乙烷分子两端的氢原子，就成为丁烷分子［图2-1（b）］。考虑丁烷上第2、3个碳原子间 σ 单键的旋转。不难想象，当2个甲基相距最远时丁烷分子应处于势能的最小值，这个位置称作反式构象（记作T），并作为旋转角为0°的起始态。同样让后面碳原子上的甲基和氢原子进行旋转。在 φ 为60°的重叠位置，势能出现了一个极大值。这个极大值要高于乙烷相应位置的最大值，因为3对重合中有2对是甲基与氢原子的重合。到120°处，又到达一个交错构象，出现势能的极小值。但这个构象中的甲基间距比反式构象要近，势能也比反式的高，我们将其称为旁式构象，记作G。旋转到180°的位置时，2个甲基重合，出现势能的最大值。在360°的旋转过程中，共会出现3个势能低谷的交错构象。即1个甲基距离最远的反式构象T，2个甲基相距次远的旁式构象，分别记作 G^+ 和 G^-。G^+ 与 G^- 是完全等价的，可不加区别地统称为G构象。除了3个处于能量低谷的稳定构象外，其他瞬态构象可以不予考虑。

用2个链基取代丁烷上的2个甲基就成为聚乙烯［图2-1（b）］。对聚乙烯构象的讨论与丁烷没有本质的区别。由于对 σ 单键的旋转造成影响的只有紧邻单键上碳原子上的原子或基团，所以链基虽长，影响单键旋转的基团却比甲基大不了多少。就聚乙烯分子链上的每一个单键而言，仍只有3种稳定构象，即1个反式T、2个旁式构象 G^+ 和 G^-。而聚乙烯作为最简单的聚合物，经常作为高分子构象与柔性演示的样板。

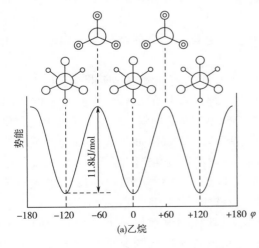

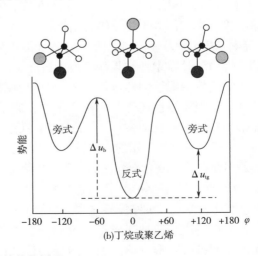

图2-1　内旋势能图

聚乙烯的柔性取决于 2 个能量差，一个是 T 与 G 构象转换必须攀越的能垒 Δu_b，另一个是 T、G 构象能量低谷差值 Δu_{tg}。分子的热能为 kT，Δu_{tg} 与 kT 的相对大小决定分子链的静态柔性，Δu_b 与 kT 的相对大小决定分子链的动态柔性。

当 Δu_{tg} 小于热能 kT 时，我们说链是静态柔性的。因为此时 T 构象与 G 构象会等概率出现，链会频繁改变方向，形成无规线团。可以说 $\Delta u_{tg} < kT$ 是柔性的极端。如果 Δu_{tg} 略大于 kT，T 构象就会占优势，链的局部就会是伸直的。但少量的 G 构象仍会使链发生弯曲，从足够大的标尺看，链仍是个线团。这样看来，Δu_{tg} 的大小决定了分子链的一个特征长度，称作持续长度 l_p（persistent length）：

$$l_p = l_0 \exp\left(\frac{\Delta u_{tg}}{kT}\right) \tag{2-1}$$

l_0 大致为一个单体的长度。

关于动态柔性，我们关心的是 T-G 间转变的时间 τ_p，依赖于二者之间的能垒 Δu_b。类似于持续长度，可定义持续时间：

$$\tau_p = \tau_0 \exp\left(\frac{\Delta u_b}{kT}\right) \tag{2-2}$$

如果 Δu_b 比热能 kT 高得不多，则能垒不重要，T-G 变换可在 $\tau \sim 10^{-11}$s 的时间发生。我们说链是动态柔性的。另一方面，如果 Δu_b 很高，τ_p 会指数性变长。在小于 τ_p 的时间（高频率 $\omega > 1/\tau_p$），构象不能变化，链是刚硬的；在较长的时间（或低频下）链才会表现出柔性，在观察时间内变换于不同构象之间。

静态柔性指的是链的卷曲程度，动态柔性指的是构象的变换能力。有些分子链从静态角度看是柔性的，但却有很高的能垒，就是不具备动态柔性。这种情况相当于一个无规线团被冻结于一个构象，像一盘卷曲的钢丝。这样的一根分子链可称作单链玻璃，具有独特的力学性能。我们日常见到的柔软而有弹性的橡胶，就是同时具备静态与动态柔性，而最有价值的则是其动态柔性。

分子链的柔性高就意味着内旋容易，也就意味着链中 G 构象出现的概率高。就乙烯基聚合物而言，T 构象使分子链伸直，G 构象使链弯曲（锯齿平面外的弯曲）。常见聚合物的分子链中总有一定比例的 G 构象存在，因而总是卷曲成为线团状，故人们常用线团（coil）作为高分子链的代名词。由此可以看出，分子链具有内旋能力或者说具有柔性，直接的后果就是以线团的形式存在。

T 与 G 构象间的能垒 Δu_b 不仅取决于单键两侧碳原子上取代基的数量、体积、极性，还取决于取代基之间的距离，故主链单键的键长、单键与取代基之间的张角对柔性都有重要影响。图 2-2 为高分子链中常见的键角。

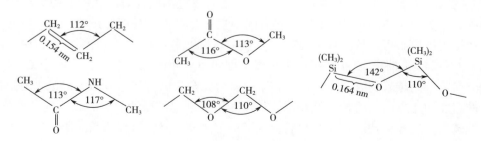

图 2-2　高分子链中常见的键角

聚乙烯中 C—C 键的键长为 0.154 nm，C—C 键与 C—C 键间夹角为 112°；而聚二甲基硅氧烷中 Si—O 键的键长为 0.164 nm，Si—O—Si 间夹角为 142°，故后者的柔性远大于前者。

取代基越大，柔性越差；取代基极性越强，柔性越差，取代基越少，柔性越高。主链氧原子上没有取代基，主链氮原子上只有一个取代基，所以主链含氧、氮原子的分子链柔性高于相似结构的碳分子链。

孤立双键或三键对柔性的影响是双重的。孤立双键或三键的存在使取代基的数量减少，这是使柔性显著提高的主因。此外，孤立双键使键角从 109.5° 变到 122°；孤立三键使键角变成 180°，键角的张大也会促进旋转。另一方面，如果主链上的双键是共轭的，单键将失去旋转能力，分子链亦将丧失（内旋）柔性。例如 1,4 聚丁二烯中的双键是孤立双键，聚乙炔中的双键就是共轭双键（图 2-3）。

~~CH$_2$—CH=CH—CH$_2$—CH$_2$—CH=CH—CH$_2$—CH$_2$—CH=CH—CH$_2$~~　　聚丁二烯

~~CH—CH=CH—CH=CH—CH=CH—CH=CH—CH~~　　聚乙炔

图 2-3　孤立双键与共轭双键

如果同一个碳原子上的 2 个侧基相同，就称这种取代为对称取代（图 2-4）。发生对称取代时，虽然 T 与 G 构象的势能都有所提高，但二者间的能垒 Δu_b 却大大降低，使旋转变得相对容易。故对称取代分子链的柔性远高于相应的单取代分子链，例如聚偏氯乙烯的柔性远高于聚氯乙烯，聚异丁烯的柔性远高于聚丙烯。

如果主链上含有芳环或杂环，会使柔性大大降低。原因包括两方面，一方面是芳环或杂环体积较大，难以转动；另一方面是芳环或杂环上电子云密度较高，造成很大的分子间色散力，故而降低了旋转能力。

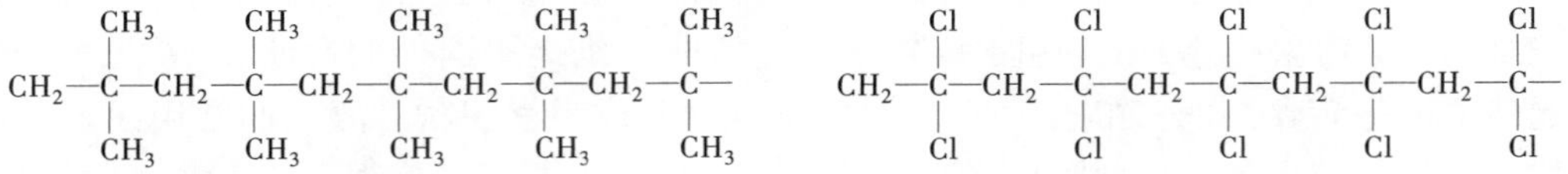

聚异丁烯　　　　　　　　　　　　　　　聚偏氯乙烯

图 2-4　对称取代聚合物

式（2-1）通过 T、G 构象间的能量差定义了一个物理量：持续长度 l_p。T、G 构象间的能量差的大小决定了 T、G 构象的相对数量，也就决定了链伸直的程度。由此可以得出持续长度的一个更为直观的定义：高分子链保持方向记忆的最大长度。设想一个人沿着聚乙烯的主链在微观世界旅行。从起点走到第一个 C—C 键的端点时，他完全保持着初始方向；拐到第二个 C—C 键上时，与初始方向就偏离了键角 θ；再拐到第三个、第四个 C—C 键时，与初始方向的偏离越来越大。不消几个转弯，就会完全失去对初始方向的记忆。他记忆消失时走过的路在初始方向上的投影就是持续长度。不难理解，持续长度越长，链的刚性越高，反之柔性越大。这样，持续长度为我们提供了一个研究思路，近程作用的影响体现于持续长度的长短。

2.2　理　想　链

高分子体系的探索自单链始，了解了单链才能了解多链体系。单链的形态为线团，乃知群链为线团的集合。

即使是一根单链，内部单体之间的相互作用也不简单，可分为 3 类：①单体间的化学键合作用；②相邻单体上原子或取代基之间的相互作用，称作近程作用；③沿主链较远而空间距离很近的单体间的相互作用，称作排除体积作用，亦可称作远程作用。此 3 类作用相互交织，错综复杂，欲由浅入深地研究问题，必须建立简化模型，先忽略一些相互作用。

第一类化学键作用是最基本的。单体因化学键而连接在一起，没有主链上的化学键也就不成其为高分子。没有人会宣称忽略化学键的作用。但玄妙之处在于，在实际问题的处理过程中，化学键经常是被刻意忽略的。这一点在学习中会逐渐领会到。

第二类近程作用是真正不可忽略的。近程作用影响高分子链中 σ 单键的内旋，进而影响线团的形态。我们已在 2.1 节详细分析过这种作用。

欲简化问题，只能先忽略第三类远程作用。只有近程作用而无远程作用的高分子模型称作理想链模型。理想链的概念来自理想气体。作为一个整体，理想气体有体积、有压力，但气体分子却是没有体积、没有相互作用的。高分子的理想链与之类似，也忽略单体的体积，这就等于完全忽略了以上述第三类远程作用。即使某些单体在空间上非常接近，甚至相碰，也认为它们之间没有相互作用。忽略单体间的体积作用，就是将高分子链"幻影化"：同一个位置可以由 2 个或多个单体同时占据，而且分子链之间就像影子一样可以互相穿越。这种假设听起来匪夷所思，真实情况永远不会是这样。但就像低压气体的行为接近理想气体一样，许多情况下高分子行为也非常接近理想链，如高分子熔体、高分子浓溶液以及某种温度下的稀溶液等。

理想链模型大大简化了高分子链的研究，因此高分子物理的学习从理想链开始。

2.2.1　理想链的尺寸

线团是高分子链的基本形态，所以线团的尺寸是一个基本的物理量。由线团的尺寸可以了解相对分子质量的大小、流动阻力的大小，甚至材料弹性的大小。

高分子线团的尺寸可 2 两个物理量进行描述。第一个是均方回转半径（mean-square radius of gyration），记作 $\langle R_{\mathrm{g}}^2 \rangle$，意义为分子链中每个质点与分子链质心之间距离平方的平均值；第二个是均方末端距（mean-square end-to-end distance）$\langle R^2 \rangle$，意义为分子链 2 个末端距离平方的平均值。显然均方末端距的概念只适用于线形链，对其他构造如环形链、支化链等都不适用。而均方回转半径则适用于任何构造的高分子。但一般都假定研究对象为线形链，故在链尺寸的讨论中都优先使用均方末端距。

采用一个珠棒模型（图 2-5）来描述高分子链：$n+1$ 个珠子由 n 个直棒连接。每个珠子代表一个单体，标记为 $i = 0, 1, 2, \cdots n-1, n$，空间位置标记为 $r_0, r_1, \cdots r_n$。直棒代表单体间的化学键，长度为 l。将链完全拉直（键角拉成 180°）的长度称作轮廓长度（contour length），记作 $L = nl$。珠子之间的键矢方向即为直棒方向，$l_i \equiv r_i - r_{i-1}$，末端矢量为 $R \equiv r_n - r_0$。末端矢量就是 n 个键矢的加和：

$$R = l_1 + l_2 + l_3 + \cdots = \sum_{i=1}^{n} l_i \qquad (2-3)$$

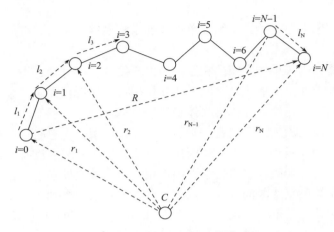

图 2-5　高分子链的珠棒模型

由于高分子链的无规热运动，末端矢量的平均值为零，即 $\langle R \rangle = 0$。所以描述高分子链的尺寸需要使用平方的平均值，即均方末端距 $\langle R^2 \rangle$：

$$\langle R^2 \rangle = \langle R \cdot R \rangle = \left\langle \left(\sum_{i=1}^{n} l_i \right) \cdot \left(\sum_{j=1}^{n} l_j \right) \right\rangle = \sum_{i,\, j=1}^{n} \langle l_i \cdot l_j \rangle = l^2 \sum_{i,\, j=1}^{n} \langle \cos \theta_{ij} \rangle \qquad (2-4)$$

为方便讨论，我们将式（2-4）中的余弦求和式写成方阵形式（不是矩阵）：

$$\langle R^2 \rangle = l^2 \begin{bmatrix} \langle \cos \theta_{11} \rangle + & \langle \cos \theta_{12} \rangle + & \langle \cos \theta_{13} \rangle + & \cdots & + \langle \cos \theta_{1n} \rangle + \\ \langle \cos \theta_{21} \rangle + & \langle \cos \theta_{22} \rangle + & \langle \cos \theta_{23} \rangle + & \cdots & + \langle \cos \theta_{2n} \rangle + \\ \langle \cos \theta_{31} \rangle + & \langle \cos \theta_{32} \rangle + & \langle \cos \theta_{33} \rangle + & \cdots & + \langle \cos \theta_{3n} \rangle + \\ \cdots & \cdots & \cdots & \cdots & \cdots \\ \langle \cos \theta_{n1} \rangle + & \langle \cos \theta_{n2} \rangle + & \langle \cos \theta_{n3} \rangle + & \cdots & + \langle \cos \theta_{nn} \rangle \end{bmatrix} \qquad (2-5)$$

尖括号代表系综平均。可以看到，理想链均方末端距取决于键矢间夹角的余弦平均值，从不同的模型可求得不同的值。

自由连接链（下标 f，j）[1] 是最简单的理想链。该模型中的单键可无阻碍地自由旋转，单键间的夹角在 $0 \sim \pi$ 之间任意变化。$i = j$ 时，$\langle \cos \theta_{ij} \rangle = 1$；$i \neq j$ 时，由于键间无任何相关性，所有的 $\langle \cos \theta_{ij} \rangle = 0$。于是可知，式（2-3）的方阵中对角线的值均为 1，而非对角线上的值均为零，这样便得到一个最简单的均方末端距公式：

$$\langle R^2 \rangle_{f,\, j} = n\, l^2 \qquad (2-6)$$

自由旋转链（下标 f，r）[2,3] 在自由连接链的基础上规定了固定的键角 θ，其他假设与自由连接链相同。由于高分子链的主链键角均大于 90°，以后我们所说的键角都指实际键角的补角。由于键角的固定，余弦值也不会有变化，方阵中的平均号 $\langle \ \rangle$ 便没有必要。可以容易地发现余弦平均值 $\langle \cos \theta_{ij} \rangle$ 的规律。假设有序号为 1，2，3，4 这 4 个键。$l^2 \langle \cos \theta_{12} \rangle$ 代表 1# 键在 2# 键上的投影，$\langle \cos \theta_{12} \rangle$ 就是固定夹角的余弦 $\cos\theta$；$l^2 \langle \cos \theta_{13} \rangle$ 代表 1# 键在 3# 键上的投影，就是 1# 键在 2# 键上的投影再在 3# 键上的投影，2 次投影，$\langle \cos \theta_{13} \rangle = \cos^2\theta$；$l \langle \cos \theta_{14} \rangle$ 代表 1# 键在 4# 键上的投影，3 次投影，$\langle \cos \theta_{14} \rangle = \cos^3\theta$，以此类推：

$$\langle \cos \theta_{ij} \rangle = (\cos \theta)^{|j-i|} \qquad (2-7)$$

这种投影的递推关系如图 2-6 所示。故可将自由旋转链的均方末端距写成下列方阵：

$$\langle R_{fr} \rangle = l^2 \begin{bmatrix} 1 + & \cos\theta + & \cos^2\theta & \cdots & +\cos^{n-1}\theta + \\ \cos\theta + & 1 + & \cos\theta & \cdots & +\cos^{n-2}\theta + \\ \cos^2\theta + & \cos\theta + & 1 + & \cdots & +\cos^{n-3}\theta + \\ \cdots & \cdots & \cdots & & \cdots \\ \cos^{n-1}\theta + & \cos^{n-2}\theta + & \cos^{n-3}\theta + & \cdots & + 1 \end{bmatrix} \qquad (2-8)$$

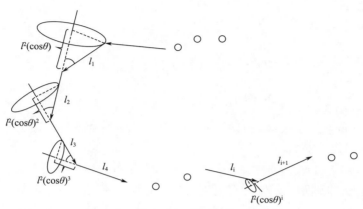

图 2-6　自由旋转链中键矢投影的传递关系

很容易求方阵中各项之和。以第三行为例，从中间的 "1" 开始，向左和向右各可以近似为一个无穷级数：

$$1 + \cos\theta + \cos^2\theta + \cdots = \frac{1}{1 - \cos\theta} \qquad (2-9)$$

这种近似方法对第一、二行与倒数第一、二行似乎难以接受。但一则 n 是个很大的数，寥寥数行无关紧要；二则余弦函数快速收敛，高次项无足轻重。这样方阵中各项之和等于 $2n$ 个相同的无穷级数（式 2.9）之和。每一行的 "1" 被用了两次，应在最终结果中减去 n。故自由旋转链的均方末端距为：

$$\langle R_{f,r}^2 \rangle = l^2 \left(\frac{2n}{1 - \cos\theta} - n \right) = nl^2 \left(\frac{1 + \cos\theta}{1 - \cos\theta} \right) \qquad (2-10)$$

如果是碳链高分子，则键角 $\theta = 68°$，$\cos\theta = 0.375$，代入上式后可得 $\langle R^2 \rangle_{f,r} = 2.2nl^2$。

现在来求分子链的第二个特征尺寸：均方回转半径 R_g^2。均方末端距只对线形链有意义，对其他形状的分子链如环形链、支化链就失去了意义。而均方回转半径对各种形状的链都有明确的物理意义，且求取均方回转半径的公式不随采用的模型而改变。仍采用珠棒模型（图 2-7），$n+1$ 个珠子的质心位置 r_c 为：

$$r_c = \frac{1}{n + 1} \sum_{i=0}^{n} r_i \qquad (2-11)$$

均方回转半径为：

$$R_g^2 = \frac{1}{n + 1} \sum_{i=0}^{n} (r_i - r_c)^2 \qquad (2-12)$$

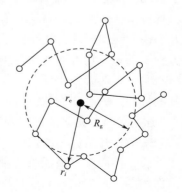

图 2-7　高分子链的质心与均方回转半径

可以用单体间的均方距离代替单体与质心间的均方距离：

$$R_g^2 = \frac{1}{2(n+1)^2} \sum_{i,j=0}^{n} \langle (r_i - r_j)^2 \rangle \tag{2-13}$$

式中尖括号代表对一切构象的平均。先不考虑平均情况，让我们先来证明单体间距离的均方值是均方回转半径的 2 倍：

$$
\begin{aligned}
\sum_{i,j=0}^{n} (r_i - r_j)^2 &= \sum_{i,j=0}^{n} [(r_i - r_c) - (r_j - r_c)]^2 \\
&= \sum_{i,j=0}^{n} (r_i - r_c)^2 - 2\sum_{i,j=0}^{n} (r_i - r_c) \cdot (r_j - r_c) + \sum_{i,j=0}^{n} (r_j - r_c)^2 \\
&= 2(n+1)\sum_{i=0}^{n} (r_i - r_c)^2 - 2\sum_{i=0}^{n} (r_i - r_c) \cdot \sum_{j=0}^{n} (r_j - r_c) \\
&= 2(n+1)\sum_{i=0}^{n} (r_i - r_c)^2
\end{aligned}
\tag{2-14}
$$

推导的最后一步利用了式（2-11）中 r_c 的定义，故后面两个和式均为零。将结果代入式（2-13）即回到式（2-12）。

式（2-13）中的 $\langle (r_i - r_j)^2 \rangle$ 中尖括号的含义，是对一切构象的平均，本质上就是 i 链节与 j 链节间的均方末端距，假定为自由连接链，应为 $|i-j|l^2$

$$R_g^2 = \frac{l^2}{2(n+1)^2} \sum_{i,j=0}^{n} |i-j| = \frac{l^2}{(n+1)^2} \sum_{i=0}^{n} \sum_{j=0}^{i} (i-j) \tag{2-15}$$

$$R_g^2 = \frac{l^2}{(n+1)^2} \sum_{i=0}^{n} \frac{1}{2} i(i+1) \tag{2-16}$$

在 n 很大的情况下：

$$R_g^2 = l^2 \frac{n(n+2)}{6(n+1)} \tag{2-17}$$

最终得到：

$$\langle R_g^2 \rangle = \frac{n l^2}{6} = \frac{\langle R^2 \rangle}{6} \tag{2-18}$$

式（2-18）是个重要公式，表明均方回转半径与均方末端距这两个量是同数量级的。均方回转半径可以通过光散射进行测定，方法见第 3 章，而均方末端距没有直接测定的手段，只能通过式（2-18）换算得到。

分子链的末端距及回转半径都处于时刻变化之中，说分立的值或平均值都是没有意义的，只有均方值才有意义。但均方值的量纲是长度的平方，需要开平方后才能作为尺寸的度量。故凡是说到线团尺寸，往往就是指均方根末端距 $\langle R^2 \rangle^{1/2}$。为简洁，后文中会直接用 R 代表均方根末端距。均方回转半径或均方根回转半径不够常用。如果要用回转半径值表示线团尺寸，必须进行明确说明。

繁复的推导过后，我们从自由连接链、自由旋转链两个模型学到了什么？

第 1，这两种链都是理想链，而理想链的尺寸具有相同的形式：$R = 常数 \cdot n^{1/2}$。式（2-6）与式（2-10）都是这一形式。n 的幂指数 1/2 就是所谓标度。就像在本书前言中所讲的，标度决定性质，前因子只描述结构细节。1/2 的标度具有普适性，它是理想链的普遍规律。不论 n 前面的因子是多少，只要是理想链，1/2 的标度始终适用。故在标度讨论时，一般不写出前因子，并采用符号 " ~ " 来描述不同量纲的量之间的标度关系，例如理想链尺寸与聚合度的标度关系写作：

$$R \sim n^{1/2} \tag{2-19}$$

第二，这两种链哪种柔性更高？让我们来比较二者的持续长度。自由连接链的持续长度等于链节长度 $l_p = l$。由于没有键角限制，第一个链节过后，第二个链节的方向是任意的，自然就失去了记忆。在自由旋转链中键角是固定的，求持续长度的方法是从一个指定单体开始，求连续各个单体在初始方向的投影之和，结果可由式（2-9）确定：

$$l_p = l(1 + \cos\theta + \cos^2\theta + \cdots) = l\left(\frac{1}{1 - \cos\theta}\right) = l \cdot s_p \tag{2-20}$$

$s_p = 1/(1 - \cos\theta)$ 为持续长度中的链节数。将 $\cos\theta = 0.37$ 代入式（2-20），得 $l_p = 1.60l$。可知自由旋转链的柔性也很高，但由于固定了键角，比自由连接链差一些。

有人会问：式（2-20）中是无穷级数，而链长是有限的，计算的起点又是任意指定的，泛泛地说求"各个单体投影之和"是否不够严格？只要计算一下 $(0.37)^{10}$ 的值就能回答这个问题了。余弦函数的收敛是非常快的，寥寥数项就与无穷级数相差无几了。

2.2.2　蠕虫状链

自由连接链和自由旋转链的共同基础是图 2-5 的珠棒模型。如果令 $l \to 0$，$n \to \infty$，而 $L = nl = $ 常数，就得到一个光滑曲线的模型，如图 2-8 所示。曲线上的任一点，既可以用曲线坐标 s 标定，也可以用位置矢量 $r(s)$ 确定。如果使用曲线坐标，链的起点 $s=0$，终点 $s=L$，L 即为链的轮廓长度。曲线上的切线方向记作单位矢量 $e(s)$。

位置矢量 $r(s)$ 与切向单位矢量 $e(s)$ 之间的关系为：

$$e(s) = \frac{\mathrm{d}r(s)}{\mathrm{d}s} \tag{2-21}$$

$$r(s) = \int_0^s e(s') \, \mathrm{d}s' \tag{2-22}$$

末端距则为：

$$R = \int_0^L e(s) \, \mathrm{d}s \tag{2-23}$$

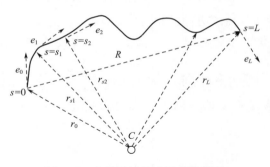

图 2-8　高分子链的光滑曲线模型

让我们来求光滑链的持续长度。回顾式（2-20）中自由旋转链上持续长度的求法，将光滑链上的参数与之对应。在自由旋转链上，任意指定一个初始链节，沿任一方向，求接续的各个链节在该方向上投影之和。理论上求和的范围是无穷远，实际上计算投影的余弦函数很快就收敛到无穷小了。在光滑链上，与初始链节相对应的是任意初始点上的单位切向矢量，与接续的链节对应的是与初始点相距 Δs 的各个单位矢量在初始方向上的投影之和，这个 Δs 覆盖所有的曲线距离，可以从零直至无穷。

如图 2-9，相距 Δs 两点间的夹角记作 $\theta(\Delta s)$。一个单位矢量在另一个方向上的投影即为标积 $e(s)e(s + \Delta s) = \cos\theta(\Delta s)$。不同于自由旋转链，光滑链上相距 Δs 两点的夹角随位置不同而不同。必须求链上所有相距 Δs 的标积

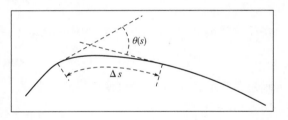

图 2-9　相距 Δs 两点切线的夹角 θ

$e(s)e(s + \Delta s)$ 的平均值，这个平均值称作取向相关函数 $K_{or}(\Delta s)$：

$$K_{or}(\Delta s) = \langle e(s)e(s + \Delta s) \rangle = \langle \cos \theta(\Delta s) \rangle \tag{2-24}$$

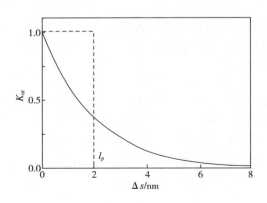

为何称作取向相关函数？$\Delta s = 0$，两点重合，两个切向矢量的夹角为零，$K_{or}(\Delta s) = 1$，完全相关；$\Delta s \to \infty$，两个切向矢量的夹角 θ 可为 $0 \sim \pi$ 之间任意值，$K_{or}(\Delta s) = 0$，完全不相关。如图 2-10 所示，取向相关函数随 Δs 变化的趋势为从 1 单调松弛到零。松弛的过程一般为一级过程，即 $K_{or}(\Delta s)$ 的松弛速率（随 Δs 的变化率）与即时函数值成正比：

$$\frac{\mathrm{d}K_{or}}{\mathrm{d}s} = -\frac{1}{l_{sp}} K_{or} \tag{2-25}$$

图 2-10　高分子链的取向相关函数：所得积分面积等价于一个高度为 1 [$K_{or}(0) = 1$] 的矩形，矩形的宽度称作积分宽度，就是持续长度 l_p

因函数单调下降，所以要有负号。l_{sp} 是个特征量，在式（2-25）中为松弛速率常数的倒数。解此微分方程：

$$K_{or}(\Delta s) = \exp\left(-\frac{\Delta s}{l_{sp}}\right) \tag{2-26}$$

在式（2-26）中 l_{sp} 的物理意义更加明确了，它具有长度的量纲，且是这样一个临界长度：两点间距 $\Delta s < l_{sp}$，$K_{or}(\Delta s)$ 的值较大，两点保持着方向的相关性；$\Delta s > l_{sp}$ 时，$K_{or}(\Delta s)$ 向零趋近，两点失去相关性。这不正是持续长度的含义吗？l_{sp} 是否就是我们寻找的持续长度 l_p，让我们从另一角度进行验证。

由于取向相关函数 $K_{or}(\Delta s)$ 的意义是相距 Δs 的切向矢量点积的平均值，将 $K_{or}(\Delta s)$ 从 0 到 ∞ 求和（积分），就相当于自由旋转链中各键在初始方向上投影之和，应该等于持续长度 l_p：

$$l_p = \int_0^\infty K_{or}(\Delta s)\mathrm{d}(\Delta s) \tag{2-27}$$

将式（2-26）中的 $K_{or}(\Delta s)$ 代入式（2-27）并积分，恰好得到 $l_p = l_{sp}$。至此我们圆满地解决了光滑链持续长度的问题，显式表达就是式（2-27），隐式表达就是：

$$K_{or}(\Delta s) = \langle e(s)e(s + \Delta s) \rangle = \langle \cos \theta(\Delta s) \rangle = \exp\left(-\frac{\Delta s}{l_p}\right) \tag{2-28}$$

在光滑链基础上叠加一个条件：键角无限小，$\theta \to 0$，即成为描述半刚性链的模型-蠕虫状链，根据发明者又称作 Kratky-Porod 模型[4]。因蠕虫状链没有内旋柔性而只有持续柔性，故又称持续链。

将蠕虫状链 $\theta \to 0$，$l \to 0$ 的条件应用于式（2-28）：

$$\langle \cos \theta \rangle = \exp\left(-\frac{l}{l_p}\right) \tag{2-29}$$

因键角很小，$\cos \theta$ 可展为级数并取前 2 项：

$$\cos \theta \approx 1 - \frac{\theta^2}{2} \tag{2-30}$$

式（2-29）右侧也展开取前 2 项，可解出持续长度：

$$l_p = \frac{2}{\theta^2} l \tag{2-31}$$

l 与 θ 都趋近于零，但分母是二阶无穷小，持续长度就会很大。例如，双螺旋 DNA 的持续长度 $l_p = 50$ nm。

由式（2-23）可以计算均方末端距：

$$\langle R^2 \rangle = \left\langle \left[\int_0^L e(s)\,\mathrm{d}s \right] \cdot \left[\int_0^L e(s')\,\mathrm{d}s' \right] \right\rangle = \int_0^L \mathrm{d}s \int_0^L \langle e(s)e(s') \rangle \,\mathrm{d}s' \tag{2-32}$$

由式（2-28），

$$\langle e(s) \cdot e(s') \rangle = \exp\left(-\frac{|s-s'|}{l_p} \right) \tag{2-33}$$

$$\begin{aligned}
\langle R^2 \rangle &= \int_0^L \mathrm{d}s \int_0^L \exp\left(-\frac{|s-s'|}{l_p} \right) \mathrm{d}s' = 2\int_0^L \mathrm{d}s \int_0^s \exp\left(-\frac{|s-s'|}{l_p} \right) \mathrm{d}s' \\
&= 2 l_p \int_0^L \mathrm{d}s\, \exp\left(-\frac{s}{l_p} \right) \left. \exp\left(\frac{s'}{l_p} \right) \right|_{s'=0}^{s'=s}
\end{aligned}$$

$$= 2 l_p \int_0^L \mathrm{d}s \left[1 - \exp\left(-\frac{s}{l_p} \right) \right] = 2 l_p L - 2 l_p^2 \left[1 - \exp\left(-\frac{L}{l_p} \right) \right] \tag{2-34}$$

式（2-34）适用于自由连接链和蠕虫状链 2 个极端之间的任何情况。当 $l_p \gg L$，即链足够刚或足够短时：

$$\langle R^2 \rangle = L^2 (1 - L/3 l_p + \cdots) \tag{2-35}$$

$L/l_p \to 0$，则 $\langle R^2 \rangle = L^2$，链是完全刚性的。

当 $L \gg l_p$，即链足够柔或足够长时，

$$\langle R^2 \rangle = 2L l_p (1 - l_p/L + \cdots) = 2L l_p \tag{2-36}$$

这种情况接近自由连接链。由式（2-35）和（2-36），可知光滑链模型既适用于柔性链也适用于刚性链。链的柔或刚完全取决于持续长度 l_p 与轮廓长度 L 的相对大小。而如果链模型中有 $\theta \to 0$ 的条件，则 l_p 一定很大，无疑是代表半刚性的蠕虫状链。

欲计算蠕虫状链的回转半径，可将式（2-15）转化为积分形式：

$$R_g^2 = \frac{1}{2 L^2} \int_0^L \int_0^L [r(s) - r(s')]^2 \mathrm{d}s\,\mathrm{d}s' = \frac{1}{L^2} \int_0^L \mathrm{d}s \int_0^L \mathrm{d}s' [r(s) - r(s')]^2 \tag{2-37}$$

由式（2-34）可得到 $[r(s) - r(s')]^2 = \langle R^2 \rangle = 2 l_p L - 2 l_p^2 [1 - \exp(-L/l_p)]$，积分即得到：

$$R_g^2 = \frac{1}{3} l_p L - l_p^2 + 2 \frac{l_p^3}{L} \left\{ 1 - \frac{l_p}{L} \left[1 - \exp\left(-\frac{L}{l_p} \right) \right] \right\} \tag{2-38}$$

在短链或刚性链的极端，$L/l_p \ll 1$，

$$R_g^2 = \frac{1}{12} L^2 \left(1 - \frac{L}{5 l_p} + \cdots \right) \tag{2-39}$$

在长链或柔性链的极端，$L/l_p \gg 1$，

$$R_g^2 = \frac{1}{3} l_p L \left(1 - \frac{3 l_p}{L} + \cdots \right) \tag{2-40}$$

式（2-38）可改写为：

$$\frac{R_g^2}{M} = \frac{l_p}{3 m_L} - \frac{l_p^2}{M} + \frac{2 l_p^3 m_L}{M^2} \left\{ 1 - \frac{l_p m_L}{M} \left[1 - \exp\left(-\frac{M}{l_p m_L} \right) \right] \right\} \tag{2-41}$$

其中 $M_L = M/L$ 为单位链长的相对分子质量。用光散射测定 G_g 和 M，由已知的 G_g、M 和 M_L

的值就能计算出持续长度 l_p 。一些半刚性聚合物的 l_p 计算值列于表2-1。

表2-1 　　　　　　　　　　　　　一些半刚性聚合物的持续长度[5-8]

聚合物	溶剂	持续长度/nm	聚合物	溶剂	持续长度/nm
聚苯	甲苯	13	DNA	水	~50
聚异氰酸正己酯	己烷	42	Poly（γ-benzyl-L-glutamate）	DMF	~200

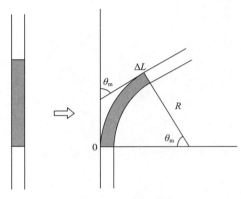

图2-11　细长棒中长度为 ΔL 的微段
弯曲角从0到 θ_m 线性变化

持续长度虽然由化学结构所决定，同时也受温度的影响。我们来研究用一根细长棒的弯曲运动。直棒抵抗弯曲的能力可以用弯曲模量 E_b 表示。考虑图2-11中的一段长度 ΔL 。从伸直构象弯曲，下端固定不动，上端向右弯曲一个半径为 R 的弧度 θ_m 。

单位长度上的角度变化 $d\theta/ds$ 即为弯曲应变，$E_b(d\theta/ds)$ 为弯曲应力，单位长度的弯曲能为：

$$\frac{du}{ds} = \frac{E_b}{2}\left(\frac{d\theta}{ds}\right)^2 \tag{2-42}$$

假定在力学平衡中弯曲角 θ 线性变化，单位长度上的角度变化 $d\theta/ds$ 是均匀的：

$$\frac{d\theta}{ds} = \frac{\theta_m}{\Delta L} = \frac{1}{R} \Rightarrow \left(\frac{d\theta}{ds}\right)^2 = \frac{1}{R^2} \tag{2-43}$$

代入式（2-42）：

$$\frac{du}{ds} = \frac{E_b}{2}\frac{1}{R^2} \tag{2-44}$$

长度 ΔL 的弯曲段中储存的能量可通过积分得到：

$$\langle \Delta u \rangle = \frac{E_b}{2}\int_0^{\Delta L}\frac{1}{R^2}ds = \frac{E_b}{2}\frac{\Delta L}{R^2} \tag{2-45}$$

利用式（2-43）可以得到：

$$\langle \Delta u \rangle = \frac{E_b}{2}\frac{\theta_m}{R} \tag{2-46}$$

如果弯曲角超过直角（ $\theta_m \approx 2$ ），就可以认为细棒已经失去了初始方向，而此刻弯曲段在初始方向上的投影等于半径 R ，就是我们定义的持续长度 l_p 。而此刻长度 ΔL 的棒作为基本运动单元，每段的弯曲能就是热能 kT 的量级：

$$\langle \Delta u \rangle = \frac{E_b}{2}\frac{2}{l_p} = kT \tag{2-47}$$

故有：

$$l_p = \frac{E_b}{kT} \tag{2-48}$$

可知持续长度与弯曲模量成正比并随温度升高而降低。式（2-48）对于溶液中的聚电解质链十分重要，我们将在第11章讨论。

2.2.3　持续长度与 Kuhn 长度

持续长度的概念在高分子链的结构中有特殊的意义。高分子链的典型形状是线团。柔性链自不必说，即便是刚性很强的链，用足够小的分辨率观看，它总会弯曲成线团。反过来说，尽管高分子链的形状都是线团，用足够大的分辨率观看，总会有一个尺度是刚性的。这种刚性段就是高分子的独立运动单元，正如前言中的图所描述的。这种单元在初始方向上的投影长度就是持续长度。持续长度的大小反映了高分子链的柔性。持续长度只随温度变化，不会随链的长短而改变。

在持续长度之外，人们又找到了另一种独立运动单元。这要从理想链的均方末端距谈起。用式（2-6）的自由连接链公式求得的均方末端距 $\langle R'^2 \rangle = n l^2$ 比理想链的实测值小得多。说到这里读者会问：理想链是个虚无缥缈的概念，怎么还有实测值？有的。到 2.3 节就学到了，且让我们提前使用一下理想链的实测值。自由连接链的模型不能描述理想链，但人们又不愿意放弃这个简洁的模型。人们同时又想到，由于存在近程作用，不是所有的 σ 单键都能自由旋转的，在任一时刻，只有部分单键可以旋转。换言之，高分子链是分段运动的，可把作协同运动的一段链称作链段。如果用链段取代链节作为独立运动单元构成一个等效自由连接链，所得均方末端距就会符合理想链的实测值。

可以假设链段的平均长度为 b，已知链的轮廓长度为 L，即可由下式决定链中的链段数：

$$N = L/b \tag{2-49}$$

根据理想链的标度，可以直接写出等效自由连接链的均方末端距公式：

$$\langle R^2 \rangle = N b^2 \tag{2-50}$$

利用实测的均方末端距 $\langle R^2 \rangle$，这样确定的链段长度 b 与链内的链段数 N 便是唯一的。用以上概念定义的链段称作 Kuhn 单元，其长度 b 称作 Kuhn 长度。式（2-49）隐含了 Kuhn 单元的一个重要性质，即每个单元都是伸直的。

这样随意构造的等效自由连接链模型合理吗？其实并不随意。我们在前面曾说过，近程作用对高分子链行为的影响都体现在持续长度上。现在也可以说，近程作用的效应，包括内旋阻力也都体现在链段长度上。一个直接的推论是，链段的转动就没有阻力，就是自由的。这样，由链段构成自由连接链就是顺理成章的了。

现在，一根高分子链可以描述为两种自由连接链：如果忽略内旋阻力，就是链节自由连接链，均方末端距为 $\langle R'^2 \rangle = n l^2$（式 2.6）；如果考虑内旋阻力，就是等效自由连接链，均方末端距为 $\langle R^2 \rangle = N b^2$（式 2.50）。由于等效自由连接链的基本单位大得多，故均方末端距也大得多。Flory 定义等效自由连接链与链节自由连接链的均方末端距之比为特征比 C_∞：

$$C_\infty = \frac{N b^2}{n l^2} \tag{2-51}$$

Flory 特征比同时也是两种基本单元长度之比：

$$\frac{N b^2}{n l^2} = \frac{bL}{lL} = \frac{b}{l} \tag{2-52}$$

由式（2-52）还可得出等效自由连接链的均方末端距等于 Kuhn 长度与轮廓长度的乘积：

$$\langle R^2 \rangle = bL \tag{2-53}$$

Kuhn 单元越长，意味着链的柔性越低，故 C_∞ 也可作为高分子链柔性的度量。表 2-2 列出一些常见聚合物的 Flory 特征比。

表 2-2　　　　　　　　　　　　　　　常见聚合物的 Flory 特征比

聚合物	溶剂	温度/℃	C_∞
聚乙烯	十二烷醇-1	138	7.4
聚苯乙烯（无规）	环己烷	35	10.2
聚丙烯（无规）	环己烷	92	6.8
聚异丁烯	苯	24	6.6
聚醋酸乙烯酯（无规）	异戊酮-己烷	25	8.9
聚甲基丙烯酸甲酯（无规）	多种溶剂	4~70	6.9
聚甲醛	K_2SO_4水溶液	35	4.0
聚二甲基硅氧烷	丁酮	20	6.2

　　引入了 Kuhn 单元之后，自由连接链的应用范围更为广泛。自由连接链的定义只要求"自由连接"，单元长度可以是参差不齐的。用 a 代表单元长度，服从一个无规长度分布 $P(a)$，那么 $\langle a \rangle = \int_0^\infty aP(a)\mathrm{d}a$，$\langle a^2 \rangle = \int_0^\infty a^2 P(a)\mathrm{d}a$，求均方末端距并利用式（2-53）：

$$\langle R^2 \rangle = \sum_{i=1}^N \langle a_i^2 \rangle = N\langle a^2 \rangle = \frac{\langle a^2 \rangle}{\langle a \rangle}(\langle a \rangle N) = bL \tag{2-54}$$

其中 Kuhn 长度：

$$b = \frac{\langle a^2 \rangle}{\langle a \rangle} \tag{2-55}$$

可知单元长度参差不齐的链仍可处理为自由连接链，从中可体会"等效"二字的意义。

　　Kuhn 单元的定义对高分子物理学具有特殊意义：它把高分子链从化学结构中完全抽象出来。在足够低的分辨率下，所有的高分子链成为等同的物体，就是 N 个单元串联而成的链状物。高分子链之间的区别仅在于单元的长短与多少。

　　本书从现在起，将不再使用"n 个长度为 l 的链节"之类的化学术语，而将代之以"N 个长度为 b 的单元"的物理术语，因为前者只能针对具体的高分子链，而后者可指代任何高分子链。描述高分子链的珠棒模型中的珠将不再代表链节，而是代表 Kuhn 单元，而棒的长度将代表单元长度。尤其是"聚合度"一词，将摒弃其化学意义，专指物理意义上的聚合度，即指链中的 Kuhn 单元数 $N = L/b$。物理聚合度可以方便地描述各类聚合物，而不必区分均聚物、共聚物与缩聚物。

　　那么，Kuhn 长度与持续长度之间有何异同呢？

　　首先，二者都是高分子链中基本运动单元的尺寸，都是高分子链柔性的度量，都由近程作用所决定，物理意义是相同的。其次，二者之间的差异都是定义方式不同产生的。持续长度是直接从分子结构上定义的，且被定义为在特定方向上的投影；而 Kuhn 长度是通过均方末端距间接定义的，且被定义为独立运动的伸直段的长度。定义的不同，导致计算方法的不同。

　　由于二者都有基于自由旋转链的计算，可以比较如下。由式（2-20），持续长度中的链节数 $s_\mathrm{p} = \dfrac{1}{1 - \cos\theta}$；而由式（2-10），自由旋转链的均方末端距 $\langle R_{\mathrm{f,r}}^2 \rangle = n\,l^2\left(\dfrac{1 + \cos\theta}{1 - \cos\theta}\right)$，

即 $C_\infty = \dfrac{1 + \cos\theta}{1 - \cos\theta}$。由此求得 Kuhn 长度与持续长度之比为 $1 + \cos\theta$。如果 $\theta = 68°$，则这个比值为 1.375。这个差别是如何产生的呢？是由不同的近似方式产生的。计算式（2-8）中的方括号时，每一行都被近似为两个持续长度。在光滑链均方末端距的积分计算（式 2.34）中，也作了类似的近似，导致了二者的上述差距。值得注意的是，1.375 这个比值是非常合理的，因这它很接近 $\sqrt{2}$，等于等腰直角三角形斜边与直角边的比值。持续长度的"迷失方向"可定义为累积弯曲了 90°，这与一根刚性棒倾斜 45° 是等效的（参考图 2-11），恰好是 Kuhn 单元与持续长度的关系。

由以上分析可知，计算方法不同，得到的却是非常接近的结果，说明持续长度与 Kuhn 长度确实代表了同一种物理实体。在这里不得不提到某些错误观点。有人想当然地把（$1 + \cos\theta$）的比值推广到蠕虫状链，由于 $\theta \to 0$，这个比值就是 2。对这个 2 倍关系 Rubinstein[9] 解释道：持续长度的概念是保持记忆的长度。记忆是在前后 2 个方向上保持的，从一个点出发，向前、向后各伸展一个持续长度，就构成了 Kuhn 长度，所以是 2 倍。这个解释本身就有逻辑错误，可留给读者作为思想体操。

美国斯坦福大学 Wortis 给 Kuhn 单元下了这样一个定义："使分子链成为自由连接链的基本运动单元"[10]。这个定义道出了 Kuhn 长度的本质：必须以自由连接链为基础。如果链的刚性很大，链段很长，链段数少于高斯统计的要求，Kuhn 单元的定义就失效了。故 Kuhn 长度只适用于柔性链，而持续长度的概念则适用于各种柔性与刚性的链。在蠕虫状链中，根本就不会有 Kuhn 长度的概念，只有持续长度的概念，且持续长度可以远大于链长，亦即分子链永远保持着方向性。

有趣的是，对于具体的研究者，在持续长度与 Kuhn 长度之间，都是只用一个，不用另一个。例如 de Gennes，只用持续长度，对 Kuhn 长度只字不提。当然也有更多的研究者只用 Kuhn 长度。可能是出于个人偏爱或师承关系吧。

2.2.4 末端距分布

均方末端距是高分子链末端距的统计平均值。高分子链在热运动中，会在各种可能的构象间变换形态，末端距也随之变化。在任一时刻观察一群高分子链，就会发现分子链各处于不同构象，具有一个末端距分布。就像相对分子质量一样，仅了解末端距的平均值是不够的，还需要用分布函数对其分布情况进行描述。高分子链的末端距问题，相当于经典的无规行走问题，或称布朗运动问题。即一个人从原点出发，以固定的步长在三维空间行走。每一步的方向是任意的，且与以前走过的路径没有关系，走出 N 步后，求离出发点距离为 R 的几率。求高分子链的末端距分布也是这样，将高分子链的一端固定在原点，让高分子的单元在空间延伸，然后求 N 个单元延伸到距离为 R 处的几率。故高分子链的末端距分布问题又常称作无规行走问题。

但高分子链与无规行走或布朗运动还是有差别的。布朗粒子在空间的轨迹是任意的，可以毫无障碍地通过先前走过的路径。而高分子的单元则不然。一个空间位置被一个单元占据了，如果发生路径的重复，另一个单元将不可能占用同一个位置。这便是物质的不可穿性。为了克服这一问题，人们提出了理想链的模型，假设高分子链没有体积，单元之间没有相互作用，单元之间可以像影子一样相互穿越。自由连接链就是理想链的一种。有了自由连接链的假设，高分子链的末端距离问题就与无规行走完全等同了。

进入计算机时代，这个问题成为最简单的模拟游戏。将高分子链的一端放在三维晶格之中任一点（晶格的维数不是问题，二维或多维都可以）。从这点出发，三维空间中可以有 6 种走法，即上、下、前、后、左、右，分别对应数字 0~5。由计算机发出一个随机数，将其除以 6 取余数，那么只有 0~5 这 6 种可能。按余数对应的方向行走，足够多步之后求出与起点的距离。足够多次行走后即可得到末端距分布，同时也能得到均方末端距。图 2-12 为典型的计算机二维模拟结果。

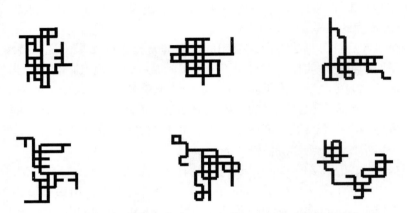

图 2-12　二维晶格中无规行走 100 步的计算机模拟结果[11]

不管有没有计算机，无规行走也是非常有趣的数学问题。早在计算机出现之前，人们就推导得到了高分子链末端距的分布函数。推导很繁琐，但并无难度。在这里不准备演示整个推导过程，只列出以下几个关键步骤：

从一维无规行走开始，然后推广到三维情况。从原点出发，在一维空间无规行走 N 步，其中正方向 n_+ 步，负方向 n_- 步，终点到达 x 步远的走法可由组合计算得到：

$$W(N, x) = \frac{N!}{(n_+!)(n_-!)} \tag{2-56}$$

其中 $x = (n_+ - n_-)$，$N = (n_+ + n_-)$，所以 $n_+ = (N+x)/2$，$n_- = (N-x)/2$。第一步向前和向后的概率都是 $1/2$，所以到达 x 步的概率为：

$$P(N, x) = \frac{1}{2^N} \frac{N!}{(n_+!)(n_-!)} \tag{2-57}$$

利用 Stirling 公式：$N! \approx \sqrt{2\pi N}(N/e)^N$，并假设 $x \ll N$，得到行走 N 步到达 x 位置的几率：

$$P(N, x) = \frac{1}{\sqrt{2\pi N}} \exp\left(\frac{-x^2}{2N}\right) \tag{2-58}$$

求 x 坐标上位置的均方值：

$$\langle x^2 \rangle = \int_{-\infty}^{\infty} x^2 P(N, x)\,\mathrm{d}x = N \tag{2-59}$$

将 N 值代回：

$$P(N, x) = \frac{1}{\sqrt{2\pi\langle x^2 \rangle}} \exp\left(\frac{-x^2}{2\langle x^2 \rangle}\right) \tag{2-60}$$

式（2-60）为一维无规行走到 x 点的几率。三维空间中行走 N 步到达 R 点的几率应为 3 个一维分布的乘积 $P(N, R_x)P(N, R_y)P(N, R_z)\mathrm{d}x\mathrm{d}y\mathrm{d}z$，并代入 $\langle R^2 \rangle = Nb^2$：

$$P(N,\ R) = \left(\frac{3}{2\pi Nb^2}\right)^{3/2}\exp\left(-\frac{3R^2}{2Nb^2}\right) \tag{2-61}$$

图 2-13（a）为 $P_N(R_x)$ 的一维分布曲线，（b）图为二维分布的 x，y 分量。三维分布具有同样属性，但无法画出。能够看得出，绝大部分几率分布在 $bN^{1/2}$ 以内。当 $R > bN^{1/2}$ 时，几率陡然下降。可以这样说，如果将链的第一个单元固定在原点，另一端落在半径为 $bN^{1/2}$ 的圆内的几率占绝大多数，而在圆外发现另一端的几率可以忽略。

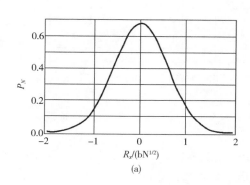
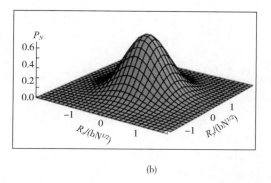

(a) (b)

图 2-13　高分子链末端距的一维（a）与二维（b）高斯分布

式（2-61）有一个赫赫有名的名称：高斯分布，由著名数学家 K. F. Gauss（1777-1855）发现。高斯分布来自人们千百年反复进行的一项工作：测量。为了提高精度、降低误差，实验者必须反复测量，测量 N 次，然后求平均。测量值都是有误差的，一些误差是正的，一些是负的，分布是无规的。一般情况下，大量无规数值之和总是符合高斯分布。这样便赋予高斯分布另一个正式名称：中心极限定理。之所以称作极限，是因为高斯分布仅适用于极大量数据的极限，$N \gg 1$。如果数据量有限，仅是近似符合，但这个近似是广泛接受的。

由上所述，欲符合高斯分布，必须具备两个基本条件：一是随机性，二是大量数据。自由连接链无规行走每一步的方向都是随机的，符合第一个条件；但高分子链的链段数 N 虽然很大，但远远达不到极大，所以其末端距分布只是近似符合高斯分布，但这个近似已经非常令人满意了。故自由连接链又称高斯链，自由连接链的线团又称高斯线团。

式（2-61）描述的是三维体元的几率密度分布。如果换作球坐标系，用体元的几率密度乘以球壳元的面积 $4\pi R^2$，就得到一维的径向几率密度分布：

$$P(N,\ R) = 4\pi R^2\left(\frac{3}{2\pi Nb^2}\right)^{3/2}\exp\left(-\frac{3R^2}{2Nb^2}\right) \tag{2-62}$$

自由连接链的均方末端距可利用上式求得：$\langle R^2\rangle_{f,\ j} = \int_0^\infty P(N,\ R)\,R^2\mathrm{d}R = Nb^2$。这一结果已在 2.2.1 节通过矢量加和法得到过。

径向分布函数的含义如图 2-14 左侧所示。图的右侧为利用聚合度为 10^4 g/mol 的聚乙烯画出的径向分布曲线。曲线与相对分子质量微分分布曲线形状相似、性质也相似：纵坐标为几率密度，曲线下的面积等于 1。值得说明的是，空间点的几率密度最大值处于原点，而球壳元的几率密度的最大值不在原点而是在中间的某个 R 值。原点处的径向密度为零，其原因读者应当能清楚。由 $\mathrm{d}P(R)/\mathrm{d}R = 0$，可求出最可几末端距为：

$$R_m = \sqrt{(2/3)Nb^2} \approx 0.82\sqrt{Nb^2} \tag{2-63}$$

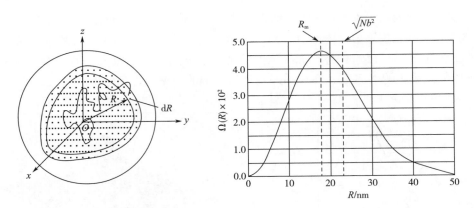

图 2-14　末端距径向几率密度分布函数

可知最可几末端距略小于均方根末端距，这点从直观上不难理解，因为在 R 值很大处仍有较低的几率密度。而这一点正是用高斯分布描述末端距分布的一个不足之处。自由连接链完全拉直时的长度为 $R = Nb$，而高斯分布在 $R > Nb$ 处仍有几率密度，这在实际上是不可能的。尽管如此，在 $R \ll Nb$ 处高斯分布仍不失为一个很好的近似，且可以很好地描述 R 与外力 f 间的线性关系。如果分子链高度伸展，力与末端距的关系将变成非线性关系，基于高斯分布的公式都将不再适用。

2.2.5　理想链的拉伸

由图 2-13 与式（2-61），可知末端距在 $R = 0$ 处几率密度最高，并随 R 值的变大单调下降。根据 Boltzmann 熵公式：

$$S = k\ln P(R) \tag{2-64}$$

可知在末端距为零处高分子链的熵值最大，末端距的任何增加都会引起熵的降低，高分子链会自发地反抗末端距的变大。形象地说，每根高分子链都是一个弹簧，其平衡位置是一个线团，受到外力时线团会被拉长，而外力消除时能自发回复，而回复的动力则是熵值的增加。由于在这种弹性中储存与释放的能量都是熵能 TS，故称为熵弹性。熵弹性是高分子链最本质的性质，高分子链的许多特殊性质都与熵弹性有关。下面我们通过自由能的计算来了解这种熵弹性的特性。

式（2-64）中的 $P(R)$ 就是将单体安排为末端距为 R 的构象数，所以熵是末端距的函数。将式（2-62）代入式（2-64），得到熵值为：

$$S(N, R) = -\frac{3}{2}k\frac{R^2}{Nb^2} + S_0 \tag{2-65}$$

Helmholtz 自由能 $F = U - TS$。因理想链中没有单元间的作用，内能 U 为零，故有 $F = -TS$：

$$F(N, R) = \frac{3}{2}kT\frac{R^2}{Nb^2} + F_0 \tag{2-66}$$

欲将分子链固定在任何非零的末端距 R，需要在链的两端施加大小相等、方向相反的力，该力等于自由能对末端距 R 的导数：

$$f = \frac{\partial F}{\partial R} = \frac{3kT}{Nb^2}R \tag{2-67}$$

公式表明保持链端距离为 R 时所需的力与 R 呈线性关系，服从虎克定律，比例系数 $3kT/Nb^2$ 称作理想链的模量或弹簧常数。弹性模量与链长 Nb 成反比，表明链越长模量越低，对外力越敏感。弹性模量与 kT 成正比，故随温度增加，表明分子弹性的熵本质。

以上公式仅在链尺寸变化不大的情况下成立，即不能使链构象偏离高斯统计。形变与轮廓长度相比很小时才成立。

当高分子链被高倍拉伸时该如何描述呢？如果一根链被几乎拉直，其横向尺寸就非常小并受到限制。如果拉力很大，末端距 R 就很大，接近分子长度 L，横向特征尺寸 D 就很小。据此考虑一个模型，如图 2-15。把链限制在一个极细的管中，直径 D 远小于单元长度 b：$D \ll b$。当然，管径 D 取决于拉伸程度。在求出 D 之前，先需要了解把链装进管中所需的力，也就是将链的末端距拉到 R 所需的力。

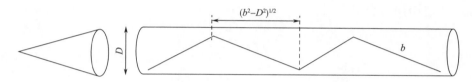

图 2-15 细管中的自由连接链

当自由连接链被装到一个细管之中，它的每一个直段与管轴的夹角是很小的。这会大大降低分子链的熵：管越细，链段的取向选择越少。我们可用 Boltzmann 熵公式来分析这个"取向熵"。由于只考虑取向，可以不必考虑长度尺寸。链段的长度为 b。将链段一端固定于空间某点，被装进管子之前，另一端的活动范围是半径为 b 的球面，活动面积为 $4\pi b^2$。被装进去之后，活动范围被限制在 D^2 的区域，如图 2-15。忽略数值系数，将一个链段装进细管的熵损失为 $k\ln(D^2/b^2)$，N 个链段的熵损失为 $\Delta S = Nk\ln(D^2/b^2)$。于是求得将聚合物装进细管所需最小的功就是 $T\Delta S$。这显然是个负值，代表管子对挤压的抵抗。

不论把聚合物从边上塞进去还是从管口拉进去，做的功都是一样的，装进去的方式并不重要。让我们考虑得直观一点，从管口拉进去。这样，使用末端距 R 比管径 D 更方便，进行一下换算。就每个链段而言，沿管轴的投影为：

$$(b^2 - D^2)^{1/2} = b - D^2/2b \tag{2-68}$$

因为 $D \ll b$。可求得末端距为：

$$R = N(b - D^2/2b) = L - LD^2/2b^2 = L - (L/2)(D^2/b^2) \tag{2-69}$$

$$(D^2/b^2) = \frac{L - R}{L/2} \approx 1 - \frac{R}{L} \tag{2-70}$$

将 (D^2/b^2) 代入前面的 $\Delta S = Nk\ln(D^2/b^2)$，并利用 $N = L/b$，便得到全部链段的熵表达式。因自由连接链内能为零，自由能只有熵部分：

$$\Delta F = -kT\frac{L}{b}\ln\left(1 - \frac{R}{L}\right) \tag{2-71}$$

通过微分得到必要的拉力 $f = \partial \Delta F/\partial R$：

$$f = \frac{kT}{b}\left(\frac{L}{L-R}\right) \quad L - R \ll L \tag{2-72}$$

可以看到，有 $L/(L-R)$ 因子的存在，高倍拉伸时，R 接近 L，拉力趋向无穷大。让任何体系失去最后的自由度是很难的，就像绝对零度是不可能达到一样，聚合物的完全拉直也是不可能的。事实上，在接近完全拉直前链就断掉了。虽然合成高分子的高度拉伸很困难，DNA 却可以拉到很高的倍率，这是因为 DNA 本身就有伸直的倾向。人们遗憾地看到，式（2-72）不吻合 DNA 的实验数据，尽管推导过程是严格的。

使用类似的方法，用蠕虫状链模型也推导出了高倍拉伸情况下的拉力公式：

$$f = \frac{kT}{2b}\left(\frac{L}{L-R}\right)^2 \quad L-R \ll L \tag{2-73}$$

与自由连接链相比，$L/(L-R)$ 因子变成了平方，表明蠕虫状链的高倍拉伸需要更大的拉力，向无穷大的趋近更快。式（2-73）经过进一步改进，能够很好地吻合 DNA 拉伸的实验数据[12]：

$$f = \frac{kT}{2b}\left[\left(\frac{L}{L-R}\right)^2 - 1 + \frac{4R}{L}\right] \tag{2-74}$$

这一公式被广泛引用与应用。

2.3 真 实 链

2.3.1 排除体积

气体可分为理想气体与真实气体，二者的区别在于前者分子之间无相互作用，后者的分子之间有相互作用。聚合物链也可分为理想链与真实链，理想链的单元之间没有相互作用，真实链的单元之间有相互作用。在 2.2 节的开头，曾经说分子链的"单体"之间存在 3 种相互作用：（1）共价键，（2）近程作用与（3）远程作用。现在为什么说理想链的"单元"之间没有相互作用呢？首先，近程作用已被融入 Kuhn 单元的长度之中；其次，把理想链视作单元的自由连接链，所以共价键除了连接之外，再无其他作用；第三，忽略远程作用，结论就是理想链中单元之间无相互作用。而真实链中存在单元间的各种相互作用，既有排斥作用，也有吸引作用。

排斥作用来自 Pauling 不相容原理，亦即物质的不可穿性：2 个单元不可能同时占据同一个空间位置。这种作用被形象地称为刚球排斥（hard-core repulsion）。这种作用是绝对的，能量几乎是无穷大。

吸引作用包括氢键、范德华力、疏水作用力与静电力。氢键比共价键弱一个数量级，能量大约为 $10\,kT$。范德华力更弱，只有几分之一个 kT。但聚合物的单元中基团众多，累加的范德华力能量也能达到几个 kT，强度接近氢键。疏水作用与范德华力同数量级。静电力只存在于聚电解质电离后的带电离子之间，在中性聚合物中不存在。聚电解质将在第 11 章讨论。

以上我们使用了分子的热能 kT，这是分子世界最方便的能量标尺。$k = 1.38 \times 10^{-23}$ J/K，称作 Boltzmann 常数。由于聚合物存在的温度区域并不是很宽，热力学温度变化 100 K 只相当于从室温变化 10 % ~ 20 %。所以在粗略计算中一般取温度为 300 K，$kT = 2.6 \times 10^{-2}$ eV = 0.41×10^{-20} J，具有广泛的代表性。

上述各种排斥与吸引作用总称为排除体积（excluded volume）作用。由于它们的能量远低于共价键，在最粗糙的理论中常被忽略，这样便有了理想链的概念。高分子科学中许多问题都必须用或不得不用理想链的概念加以解决，典型的事例将在本书中陆续出现。

但有些情况下，尤其是在浓度较高的溶液中，排除体积作用是必须要考虑的。考虑排除体积作用的分子链称作真实链。真实链的性质比理想链更加丰富、更加多样化。在聚合物本体中或浓溶液中，既要考虑同一分子链不同部分间的相互作用，也要考虑不同大分子间的相互作用。在稀溶液中，除了单元间的相互作用，单元与溶剂分子间的相互作用也具有重要影响。

在溶液中单元与单元间的相互作用随它们之间的距离变化，如图2-16。r_0 是单元间既无吸引也无排斥的中性距离，此处势能 $U(r)$ 为零。当距离小于 r_0 时，单元间发生强烈的排斥，势能迅速地增加到无穷大。距离大于 r_0 时，单元间发生吸引作用，势能 $U(r)$ 为负值；当距离为 r^* 时，相互吸引作用最强，势能出现极小值，此处为单元间的平衡距离。随着距离大于 r^*，吸引作用逐步减弱，当距离趋向无穷远时，相互作用能复归于零。

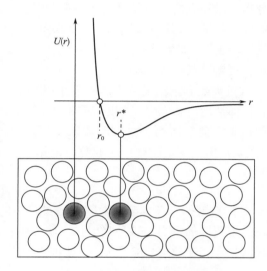

图 2-16　单元间相互作用势能

根据 Boltzmann 公式，发现 2 个单元距离为 r 的几率为 $\exp(-U/kT)$，见图 2-17（a）。将该几率减去 1，便得到所谓 Mayer f-函数 ［图 2-17（b）］。

$$f(r) = \exp\left[-\frac{U(r)}{kT}\right] - 1 \qquad (2-75)$$

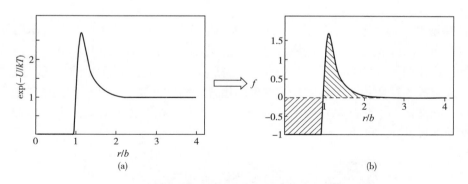

图 2-17　单元间距离的几率与单元间距离的 Mayer f-函数

这个函数的构造等于把纵坐标的零点提高了 1 个单位，这样巧妙地把排斥与吸引的几率分隔在符号不同的两侧，排斥在下，吸引在上。再对 Mayer f-函数曲线积分，便得到二元相互作用的排除体积：

$$v = -\int f(r)\, d^3r \qquad (2-76)$$

由于排斥使单元间距离变大，造成的排除体积符号应当为正；吸引造成的排除体积符号应当为负，与 Mayer f-函数相反，故在积分值前加上负号。

利用 Mayer f-函数对排除体积的定义，排除体积有正值成分，亦有负值成分。二者抵消后的净值才是实际的排除体积。2 种成分中，刚球作用的排斥是绝对的、无条件的，吸引作用却是相对的、有条件的。影响吸引作用的条件包含溶剂的种类与温度，这 2 个条件可合并为一个，即溶剂质量（良或差的程度）。

将聚合物溶解在溶剂中，也能像小分子物质一样形成真溶液。如 1.5 节中所述，聚合物分子在溶液中的形态不会是丝线状，而是无规线团状。如果聚合物浓度很低，高分子链将彼此分离，以独立的线团漂浮在溶剂中。理想链的单元之间没有相互作用，无排除体积之扰，故称作无扰链，其尺寸记作 V_Θ。如果单元间存在净排斥作用，线团就会膨胀，其尺寸大于无扰链的 V_Θ。如果单元间存在净吸引力，线团就会坍缩为紧缩的球团。根据对排除体积的影响，可将溶剂分成 4 类：

（1）无热溶剂　无热溶剂中单元-单元吸引作用等于单元-溶剂吸引作用，溶液的生成没有任何热效应，故名。如图 2-18 所示，处于平衡态的单元之间存在净吸引作用。因无热溶剂是非常良的溶剂，溶剂对单元的吸引完全抵消了单元之间的吸引作用，使排除体积（记作 v）中只剩下刚球排斥成分，记作 V_{hc}。此时线团尺寸等于无扰链尺寸加上刚球排斥体积。

$$v = V_{hc}, \quad V_{无热} = V_\Theta + V_{hc}$$

（2）良溶剂　在良溶剂中，溶剂对单元的吸引作用强度不如无热溶剂，结果单元之间存在一定程度的吸引。这种吸引作用使线团有一定程度的回缩，但回缩的程度低于刚球排斥造成的膨胀，净效应仍是膨胀，但膨胀的程度低于无热溶剂。

$$v < V_{hc}, \quad V_{无热} > V_{良} > V_\Theta$$

（3）Θ 溶剂　这是一个临界状态。溶剂对单元只有微弱的吸引，单元间的吸引作用较强，与刚球排斥作用刚好抵消。仿佛单元之间既无吸引又无排斥，线团尺寸与无扰链相等。这一临界状态称作 **Θ 状态**，排除体积为零：

$$v = 0$$

（4）差溶剂　该体系中溶剂对单元只有很弱的或没有吸引，单元间吸引作用强于刚球排斥作用，净排除体积为负值。这种情况下，线团发生坍缩，体积下降数十倍，成为紧密堆积的球体，称作球团（globule）。坍缩有 2 种形式：一是随着溶剂质量的劣化，线团尺寸逐渐收缩，最终成为球团；二是线团尺寸发生断崖式坍缩，突然变为球团。无论是渐变还是突变，从线团到球团的变化都称作线团-球团转变。我们将在 2.5 节对球团进行详细介绍。以上 4 类体系的尺寸比较于图 2-18。

无热溶剂　　　　良溶剂　　　　Θ 溶剂　　　　差溶剂

图 2-18　溶液中线团的膨胀与坍缩

　　Θ 状态把理想链的概念落到了实处。此前假设理想链的单元之间不存在相互作用，当然不可能是真实情况。在 Θ 溶液中，单元间的排斥作用与吸引作用刚好相互抵消，净效应相当于单元间基本没有相互作用。这样也使理想链尺寸的测定成为可能，对理想链线团尺寸的测定就是在 Θ 溶剂中的测定。

　　刚球排斥是绝对的，任何溶剂中都不会改变；单元间的吸引是相对的，能够由溶剂质量所左右。正常情况下，温度较高，单元亲近溶剂，单元间吸引作用较弱，是为良溶剂；温度较低，单元疏远溶剂，单元间吸引作用变强，是为差溶剂。温度下降到某一临界点，单元间的相互吸引强到刚好抵消刚球排斥，就成为 Θ 溶剂，形成的溶液称作 Θ 溶液。这个临界点的温度称作 Θ 温度，该温度的值也记作 Θ。Θ 溶剂是很差的溶剂，聚合物在其中只能勉强溶解，离沉淀已经很近了。如果相对分子质量为无穷大，Θ 温度就是沉淀的温度，这一点我们将在第 3 章讨论。在这里，我们只需知道溶剂质量对温度的依赖性就够了。

　　高分子溶液的 Θ 温度类似气体的 Boyle 温度。真实气体在 Boyle 温度表现得近似理想气体，真实链在 Θ 溶液中也是表现得近似理想链。为什么说"近似"？因为气体和分子链在各自的特殊温度上，二元相互作用为零，但三元作用依然存在。历史上，Boyle 发现他的定律（pV=常数）在某个温度（Boyle 温度）的吻合度高于其他温度，但没有一个温度是完全吻合的。类似地，Θ 溶液中的分子链也不能与理想链完全划等号。虽然是近似，在实际工作中将其处理为理想链是没有问题的。

　　理想链存在的领域不止于 Θ 溶液。将聚合物玻璃态固体及熔体中的线团尺寸与 Θ 溶液中相比，人们发现这 2 种状态的高分子链都是理想链，详见 2.3.3。

　　在排除体积之中，刚球排斥体积是绝对的存在。那么这个体积是多少呢？传统的说法就是分子链的实际体积。原因是由于物质的不可穿性，分子链本身的体积就是刚球作用的排除体积。听起来有道理，但这种说法是成问题的。通过简单的计算就能知道，刚球作用的排除体积远大于分子链的体积。

　　在研究分子链的排除体积之前，先来求悬浮液中刚球粒子的排除体积。如图 2-19，球 A 和 B 的中心距不能小于球的直径 d_s。或者说，受到 A 球的排斥，B 球的中心不能进入的空间是一个半径为 d_s 的球体，如虚线所示。所以球状粒子的排除体积 v_e 是其自身体积的 8 倍。

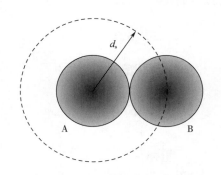

图 2-19　悬浮球的排除体积

　　一个粒子的排除体积从零增加到 v_e，另一个粒子的可用体积就从 V 降低到 $V-v_e$。假设 $v_e \ll V$，粒子的位置熵变为：

$$\Delta S = k\ln\frac{V-v_e}{V} \approx -k\frac{v_e}{V} \qquad (2\text{-}77)$$

Helmholtz 自由能变化为：

$$\frac{\Delta A}{kT} = -\frac{\Delta S}{k} = \frac{v_e}{V} \qquad (2\text{-}78)$$

　　在体积为 V 的空间内有 N 个粒子，就有 $N^2/2$ 对排除体积作用，所引起的自由能变化为：

$$\frac{\Delta A}{kT} = \frac{N^2}{2}\frac{v_e}{V} \qquad (2\text{-}79)$$

平均每个粒子的自由能变化为 $(\Delta A/kT)/N = (v_e/2)(N/V)$，与粒子密度 N/V 成正比。

现在转到聚合物溶液。假定聚合物链由 N 个体积为 v_e 的粒子组成。链尺寸为 R，N 个粒子都处于 R^3 的立方体之中。在稀溶液中，每根链与其他链都是分离的。与粒子悬浮液的唯一不同就是单元的连接性。将式（2-79）的结果用于聚合物链：

$$\frac{\Delta A_\text{链}}{kT} = \frac{N^2}{2}\frac{v_e}{R^3} \approx \frac{v_e N^2}{R^3} = v_e c^2 R^3 \tag{2-80}$$

上式中忽略了数值系数。式中浓度 c 采用单元密度（$=N/R^3$），N^2/R^3 等于体积 R^3 乘以单元密度的平方。虽然 v_e 在模型中只代表聚合物粒子的体积，实则也包括了其他类型的体积作用，如范德华作用等。所以式（2-80）可写作通式：

$$\frac{\Delta A_\text{链}}{kT} = v_\text{eff} c^2 R^3 \tag{2-81}$$

v_eff 称作等效排除体积。一般情况下单元/溶剂亲和性占优，v_eff 为正值；当单元/单元的亲和性超过单元/溶剂的亲和性时，单元间吸引主导，v_eff 为负值。

计算排除体积的方法很多，以上介绍的只是最直观的一种。前人也曾作过努力，试图将不同的表示法统一起来，但并不很成功。我们只能适应在不同的场合使用不同的表示法。

2.3.2　膨胀链的尺寸

真实链与理想链的区别仅在于存在排除体积。计算真实链的尺寸时，人们自然而然地想到可以使用与理想链相似的方法，进行无规行走显然是最便捷的。

在理想链模型中，由于不必考虑排除体积，高分子链可以毫无阻挡地穿越已走过的路径，这意味着允许两个或多个单元占据同一空间位置。但如果存在排除体积，链的形状又会有什么特征呢？显然，每个单元占有的空间都是排斥其他单元的，行走过的任何路径都必须避开，这种行走就不再是无规行走，而是自避行走。具有排除体积的链的构象与尺寸问题，可以等同于自避行走的几何问题。

用 2.2.4 节中的计算机模拟方法不难解决这个问题。但不同的是，理想链的行走是完全无规的，可以容易地得到聚合物链的各种轨迹；但自避行走就要多一个限制，即不能发生自我穿越。如果某个轨迹出现自我穿越，本次行走就要放弃，再从头开始，只有完全自避的路径才能被保留。积累到足够多了，就可以求平均。当然也有更先进的算法，但本质并无区别。图 2-20 是计算机模拟的一些二维行走的结果。

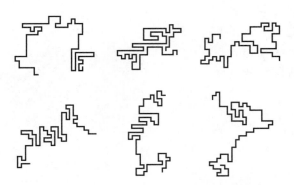

图 2-20　二维晶格中自避行走 100 步的计算机模拟结果[11]

由自避行走得到的均方回转半径 R_g 对步数 N 的双对数作图得到图 2-21 中的直线：

$$\frac{R_g}{b} = 0.4205 \times N^{0.5934}$$

　　应注意 N 的标度不是理想链的 0.5 而是接近 0.6。

　　稀溶液中的光散射实验测定了室温下聚苯乙烯的回转半径与相对分子质量，曲线拟合得到以下关系[14]：

$$R_g(\text{nm}) = 0.01234 \times M^{0.5936}$$

与自避行走得到的指数极为接近。

　　有些聚合物的标度有较大差别，例如高密度聚乙烯/三氯苯/135 ℃测定的数据符合下列公式[15]：

$$R_g(\text{nm}) = 0.0335 \times M^{0.553}$$

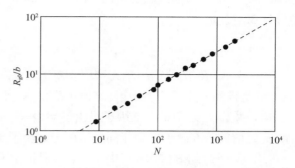

图 2-21　自避行走所得均方回转半径 R_g 对 N 作图[13]

与同相对分子质量的聚苯乙烯相比，聚乙烯的 R_g 较大，因其单元相对分子质量较低。

　　相对分子质量（聚合度）的指数大于 0.5，说明受排除体积影响，线团的均方尺寸变大，即线团发生了膨胀。为定量地描述线团膨胀的程度，引入一个膨胀因子 α：

$$\alpha^2 = \frac{R^2}{R_0^2} \tag{2-82}$$

　　R_0 与 R 分别为理想链与膨胀链的尺寸。膨胀因子的数值取决于浓度、温度与溶剂，溶剂越良，膨胀因子 α 越大；溶剂越差；α 越小，Θ 溶液中 $\alpha = 1$。

　　线团膨胀出自排除体积，但排除体积并非膨胀的直接原因。良溶剂之所以良，是因为与链单元有更高的亲和性。溶剂分子就会渗入线团，将单元稀释。溶剂分子进入线团的过程很像通过半透膜的过程，所以实际的膨胀力就是渗透压的力。然而线团中还存在着反抗膨胀的因素：链的回弹力。高分子链是一个熵弹簧，链膨胀使分子链受到拉伸，可取的构象数下降，熵的作用必然要使分子链回到无扰链的最可几构象。所以渗透压和熵弹性构成促进和反抗膨胀的正反两方面因素，共同决定了膨胀因子 α 的平衡值。

　　由式（2-67）可知，高分子链越长，模量越低，对外力越敏感。作为膨胀因子的 α，对 N 必然有或大或小的依赖性。所以膨胀链的标度 $R = \alpha b N^{1/2} \sim b N^{\nu}$ 必然不同于理想链且大于理想链。那么 ν 应该是多少呢？严格的指数是德然那（de Gennes）用重整化群（renormalization group）理论求得的，$\nu = 0.588$。重整化群的内容超出本书范围。Flory 从膨胀因子 α 入手，用简单的方法求得了近似值 $\nu = 3/5$，这个指数亦称 Flory 指数。具有这个指数的分子链尺寸 $R \sim b N^{3/5}$ 又称作 Flory 半径，记作 R_F。

　　Paul J. Flory（1910—1985），美国物理化学家，1974 年诺贝尔化学奖获得者；Pierre-Gilles de Gennes（1932—2007），法国物理学家，1991 年诺贝尔物理学奖获得者。二人是高分子物理史上前后辉映的泰山北斗，他们的名字将在本书中频繁出现。

　　Flory 方法的巧妙之处在于避开了繁琐的构象讨论，只用自由能的讨论就解决了问题。Flory 在进行聚合物科学研究时有个一贯的平均场思想，即先把单元之间的连接性抛在一边，把分子链上的众多单元看作自由运动的小分子（这就是 2.2 节开始部分中所说的单元间的连接性常常被刻意忽略）。这样就能够与小分子或气体理论进行类比。在真实链尺寸的处理中，用来类比的是气体状态方程的 virial 展开式：

$$\frac{p}{kT} = \frac{N}{V} + A_2 \left(\frac{N}{V}\right)^2 + A_3 \left(\frac{N}{V}\right)^3 + \cdots \tag{2-83}$$

N/V 为气体分子的密度。A_2 代表二元碰撞的作用，称作第二 virial 系数，A_3 代表三元碰撞的作用，称作第三 virial 系数，以此类推。Flory 推导出的单元内能公式类似气体的内能公式（推导见 3.1 节）：

$$\frac{U}{VkT} = U_0 + \frac{1}{2}vc^2 + \frac{1}{6}wc^3 + \cdots \tag{2-84}$$

其中 $c = N/R^3$ 为线团内单元密度，U_0 为理想链作用能。v 代表二元作用，量纲是体积，本质上就是排除体积，相当于第二 virial 系数；w 代表三元作用，量纲是体积的平方，相当于第三 virial 系数。v 之前的 $1/2$ 因子虽由推导得来，但也可理解为消除二元相互作用中的重复统计；w 之前的 $1/6$ 因子作用相同。这两个数值因子在后面具体的推导中都会被忽略。

在式（2-83）和（2-84）中 v 与 w 分别相当于第二与第三 virial 系数。我们只能说"相当于"而不能说"等价于"，一则由于不同的计算方法会得到不同的排除体积；二则由于不同体系中第二、第三 virial 系数的定义不尽相同，故只能笼统地指出其对应关系。事实上，在严格性要求不强的推导中，v 与 w、A_2 与 A_3 这两套参数是可以互换的。

我们只关心第二、第三 virial 系数，是因为四元以上碰撞几乎是不可能的，没必要考虑。下面就来说明为什么。

膨胀链的尺寸为理想链尺寸乘以膨胀因子：$R = \alpha b N^{1/2}$。忽略数值因子，膨胀线团体积为 $V_e \approx R^3 \approx b^3 N^{3/2}$。一个单元的体积为 b^3，则 N 个单元的实体积为 Nb^3，在线团中所占的体积分数为：

$$\phi = \frac{Nb^3}{V_e} \sim \frac{Nb^3}{b^3 N^{3/2}} = \frac{1}{N^{1/2}} \tag{2-85}$$

虽然单元浓度那么低，但由于线团模量很低，非常容易变形，仍然难以忽略单元之间的碰撞。可以粗略计算一下线团中有多少单元的碰撞会同时发生。把每个单元都看作是独立运动的。现在线团体积为 V_e，其中有 N 个独立的粒子。每个粒子具有亲密伙伴（相碰）的几率为 ϕ，那么二元碰撞数为 $N\phi$，三元碰撞数为 $N\phi^2$，依此类推，p 元碰撞数 Y_p 为：

$$Y_p = N\phi^{p-1} \tag{2-86}$$

可知同时发生的二元碰撞数约为 $N^{1/2}$，虽然远小于 N，却又远大于 1。因此在能量计算中必须考虑。三元同时碰撞数只在 1 左右，在膨胀的线团中也不必考虑。三元以上的多元碰撞几乎是不可能的。所以在膨胀链的计算中只需要考虑第二 virial 系数，忽略第三及更高的系数。

Flory 的方法是先从膨胀链的自由能 $F(\alpha)$ 入手。在能量方面，考虑所有二元作用能量的总和。一个单体的碰撞数为在一个单体的排除体积内发现另一个单体的几率，等于排除体积 v 与单体密度 N/R^3 的乘积 vN/R^3，N 个单体的碰撞总数为 vN^2/R^3。碰撞产生的内能增益为每次一个 kT：

$$U(\alpha) = kTv\frac{N^2}{R^3} = kTv\frac{N^2}{\alpha^3(bN^{1/2})^3} = kTv\frac{N^{1/2}}{\alpha^3 b^3} \tag{2-87}$$

将第一个等号后的 $kTv(N^2/R^3)$ 与式（2-81）、（2-84）进行对照，可发现不同方法得到的排除体积作用能是一致的。在熵的方面，线团膨胀伴随的熵变化是将理想链拉伸至末端距为 R 的熵变化：

$$S(\alpha) = -k\frac{3R^2}{2Nb^2} = -\frac{3}{2}k\alpha^2 \tag{2-88}$$

作用能与熵两项相加即为自由能：

$$F(\alpha) = U(\alpha) - TS(\alpha) = kT\left(\frac{v\,N^{1/2}}{\alpha^3 b^3} + \frac{3}{2}\alpha^2\right) \tag{2-89}$$

$F(\alpha)$ 中，二元作用项造成膨胀，熵项阻止膨胀，竞争的结果使函数必有一个极小值，对应一个平衡态。平衡膨胀系数就是极小值所对应的 α。用 $F(\alpha)$ 对 α 微分并令导数为零：

$$\frac{\partial F}{\partial \alpha} = -kT\left(\frac{3v\,N^{1/2}}{b^3\,\alpha^4} - 3\alpha\right) = 0 \tag{2-90}$$

解出 α 的平衡值：

$$\alpha_{eq} \sim \left(\frac{vN^{1/2}}{b^3}\right)^{1/5} = v^{1/5}b^{-3/5}\,N^{1/10} \tag{2-91}$$

由于推导过程忽略了许多数值系数，故解出的 α 值不用等号而用 "$\sim$"。由此得到膨胀因子 α 的标度：

$$\alpha \sim N^{1/10} \tag{2-92}$$

代入真实链的尺寸 $R = \alpha b\,N^{1/2}$：

$$R_F = v^{1/5}b^{2/5}\,N^{3/5} \tag{2-93}$$

更明确地，真实链在良溶剂中的标度：

$$R \sim N^{3/5} \tag{2-94}$$

这个简单计算的结果惊人地准确，与精确值 0.588 极为接近。有人把 Flory 理论成功的原因归于幸运的抵消。一方面，Flory 理论忽略了单体之间的连接性，将其处理为自由运动的粒子，从而过高估计了排斥能；另一方面，Flory 用理想链计算熵减，又过高地计算了熵贡献。二者都过高，正负相抵，就不影响求自由能最小值的结果。

2.3.3　重叠浓度与熔体尺寸

高分子溶液可划分为不同的浓度区域。如果浓度非常低，低到所有的高分子线团彼此分离，互不接触，这个区域称作稀溶液，如图 2-22（a）。随着浓度的提高，线团之间彼此接近，相互距离不断减小。浓度到达某一临界值时，线团间空隙消失，充满整个溶液空间，如图 2-22（b）。此时的浓度称为重叠浓度（overlapped concentration），记作 c^*。浓度高于 c^* 后，高分子线团彼此重叠，不同的分子链相互缠绕［图 2-22（c）］。这个浓度区域的溶液称作半稀溶液。在半稀溶液中，每个线团体积会被若干个分子链所共享。平均每个线团体积中的分子链数称作重叠度（$= c / c^*$）。在良溶剂稀溶液中，分子链尺寸为 $R \sim N^{3/5}$。在半稀区域中，随着浓度增大，对排除体积的屏蔽作用不断加强，N 的标度会持续回落。到达一个并不太高的浓度时（聚合物体积分数 $\phi = 0.1\% \sim 0.2\%$），N 的标度就又回到理想链的 $1/2$，此时的溶液即可称作浓溶液，转变点的浓度记作 c^{**}。从 c^{**} 一直到熔体，高分子链均为理想链。

半稀溶液曾被称作亚浓溶液。其实半稀溶液的浓度仍然很低，无论实际应用还是科学研究中使用的半稀溶液都非常靠近稀溶液而远离浓溶液。实际应用中需要 "稀" 是出自黏度考虑；研究工作中需要 "稀" 是取其相互作用简单，只用一个参数（排除体积）即可描述。如果靠近浓溶液一侧，不仅要考虑三元相互作用，还要动用流体力学理论。所以只要能够解决问题，研究的体系都尽量向 "稀" 一侧靠近，因此称作 "亚浓" 是一种误解。

聚合物溶液的浓度有 3 种表示方法，第一种是传统的浓度，即单位溶液体积中所含溶质的质量，记作 c，量纲为质量/体积；第二种是单元浓度，也记作 c，量纲为单元数/体积；第三种是溶质在溶液中所占的体积分数，记作 ϕ 或 ϕ_2，无量纲。

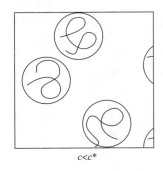 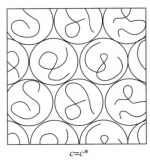 

$c<c^*$ $c=c^*$ $c>c^*$

图 2-22　聚合物溶液的浓度区域

稀溶液中有 2 种浓度。一种是溶液总体浓度，另一种是线团体积中的浓度，记作 c^*（或 ϕ^*）。显然 $c < c^*$，$\phi < \phi^*$。随着溶液浓度的提高，线团间距离逐步变小，一旦达到重叠浓度，溶液总体浓度与线团内浓度相等，$c = c^*$，$\phi = \phi^*$。

采用单元浓度记法，重叠浓度为：

$$c^* \sim \frac{N}{(4/3)\pi R^3} \sim \frac{N}{\alpha^3 N^{3/2} b^3} = \frac{1}{\alpha^3 N^{1/2} b^3} \tag{2-95}$$

重叠浓度乘以线团体积即为相应的重叠体积分数：

$$\phi^* = c^* v_e \sim \frac{v_e}{\alpha^3 N^{1/2} b^3} \ll 1 \tag{2-96}$$

如果是理想链，$\phi^* \sim N^{-1/2}$；对于良溶剂中的膨胀链：

$$\phi^* \sim \alpha^{-3} N^{-1/2} \sim N^{-4/5} \tag{2-97}$$

如果 N 很大，ϕ^* 会非常小，例如 $N = 10^4$，则 $\phi^* \sim 10^{-3}$。可知在极低的浓度就会发生线团的重叠与缠结，纵使重叠度 c/c^* 达到 5~10，仍是很稀的溶液。由此可以体会半稀溶液之"稀"。

尽管半稀溶液中浓度仍然很低，不同分子链之间的效应就开始明显发生了。其中一个效应就是排除体积作用的屏蔽。Flory 和 Edwards[16] 提出，当溶液的浓度高于重叠浓度，即进入半稀区之后，会发生排除体积作用的屏蔽。随着浓度的不断提高，屏蔽作用不断加强，线团的膨胀逐渐减弱，最终完全消失。据此 Flory 做出论断：熔体中的链必然为理想链。这就是著名的 Flory 原理。对屏蔽作用有 2 种解释方法。Flory 用二聚体在晶格中的行为作出解释，认为是由于浓度的提高，单元间的相互靠近消除了排除体积。

如图 2-23，晶格中有 2 个二聚体，其中心位置由图 2-23（a）中的灰圆圈所示。每个二聚体占 2 个格位，有 4 种占法，那么 2 个二聚体的排除体积应是 8 个格位。如果它们相互靠近，排除体积就变成 7 个［图 2-23（b）］；进一步靠近，排除体积就变成 6 个［图 2-23（c）］。

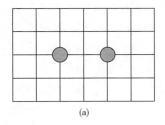 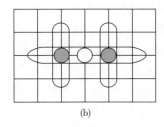 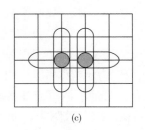

(a)   (b)   (c)

图 2-23　二聚体排除体积的屏蔽

将这一概念推广到聚合物，随着浓度的提高，平均每单元的排除体积逐步下降，直至完全被屏蔽，此时体系进入浓溶液区。

与 Flory 的晶格理论不同，de Gennes 的解释是基于势能的。图 2-24 显示处于黑链海洋中的一根白链，考虑白链上单元经受的推斥势能。势能 U 与局部单体浓度 c 成正比。浓度 c 有 2 个分量：白链分量与黑链分量，分别见下面的虚线与实线。白链分量是向外的推斥力 $-\partial U/\partial x$，关于本链质心对称；而黑链分量则为向内的挤压力，刚好抵消白链的推斥力。白链的推斥力使链膨胀，而黑链的挤压力则反抗膨胀。2 种膨胀的势能都与浓度 c 成正比，而在均匀的熔体或浓溶液中，是不允许哪一个局部的密度（浓度）与周围有显著偏差的。所以在任何一个局部，黑白链的浓度之和基本恒定，膨胀的势能与挤压的势能必然相互抵消，$\partial U_{总}/\partial x = 0$，故没有任何链可以膨胀，均为理想链。

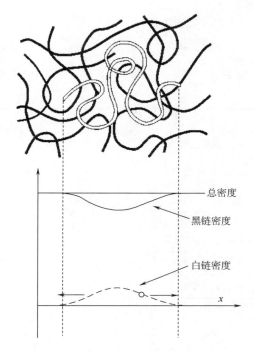

图 2-24　熔体中分子链的势能

半稀溶液中排除体积的屏蔽也可以通过标度讨论进行说明。以下的讨论既是对排除体积屏蔽作用的解释，也是用标度概念解决问题的一个演示。后面还会有类似的标度讨论。

半稀溶液中的膨胀链 $R \sim b N^{3/5}$，熔体中的理想链 $R \sim b N^{1/2}$。链尺寸的标度随浓度的变化发生过渡。假设半稀溶液中的链尺寸是重叠度的函数，即服从未知函数 $f(\phi/\phi^*)$。设为幂函数形式：

$$R = b N^{3/5}\left(\frac{\phi}{\phi^*}\right)^{m} \tag{2-98}$$

已知 $\phi^* \sim N^{-4/5}$，则当 $\phi \gg \phi^*$ 时：

$$R \sim b N^{3/5}\left(\phi N^{4/5}\right)^{m} \tag{2-99}$$

熔体中 $\phi = 1$，$R \sim b N^{1/2}$，所以：

$$\frac{3}{5} + \frac{4}{5}m = \frac{1}{2}; \quad m = -\frac{1}{8}$$

由此，半稀溶液中下列关系式成立：

$$R \sim b N^{1/2} \phi^{-1/8} \tag{2-100}$$

这结果意味着半稀溶液中的线团尺寸随 ϕ 的增大而下降，到 $\phi \sim 1$ 时回归到理想链。

聚合物的线团尺寸可用多种技术测定，主要是散射法。散射主要包括光散射、小角 X 光散射和小角中子散射。散射技术是高分子物理研究中最强大的检测技术（没有之一），可以测定几乎一切能够想到的参数。在尺寸研究中可同时测定 3 个物理量：重均相对分子质量、第二维利系数与均方回转半径。因为理想链的标度为 $R \sim b N^{1/2}$，则回转半径与相对分子质量的平方根之比（$G_g/M^{1/2}$）就应是一个常数，应不随体系而改变。换句话说，任何一个状态中的（$G_g/M^{1/2}$）值为常数且与 Θ 溶液中的相等，即可认定该状态的分子链处于理想状态。

　　研究结果如表 2-3 所示。可以断言，表中聚合物，除聚氯乙烯存疑之外，在熔体与玻璃态均为理想链。

表 2-3　　　　　固体、熔体与 Θ 溶液中高分子链的相对回转半径[17-21] $G_g/M^{1/2}$

单位：$nm/(g/mol)^{1/2}$

聚合物	状态	本体中子散射	Θ 溶液光散射
聚苯乙烯	玻璃态	0.0275	0.0275
聚乙烯	熔体	0.046	0.045
聚丙烯	熔体	0.034	0.033
有机玻璃	玻璃态	0.031	0.030
聚二甲基硅氧烷	熔体	0.025	0.027
聚氯乙烯	玻璃态	0.040	0.035
聚异丁烯	熔体	0.031	0.0305

2.4　串珠概念

2.4.1　拉伸串珠

　　串珠（blob）的概念是 de Gennes 与 Pincus[22] 在研究高分子链的拉伸中提出的。

　　在拉伸体系中，有 2 个特征长度：第一个是链的末端距，理想链 $R_0 \sim b N^{1/2}$，膨胀链 $R_F \sim b N^{3/5}$。我们在此只讨论膨胀链，但使用的方法和原理完全适用于理想链。第二个特征长度为 $\xi_p = kT/f$。f 为拉伸时的外力，从这个定义可看出 ξ_p 就是拉伸能等于 kT 的尺度。

　　在拉力 f 很小的情况下，完全可以借用理想链的熵弹簧公式（2-67），改写为：

$$f = \frac{3kT}{R_F^2}Z \Rightarrow Z = \frac{R_F^2}{3kT}f \qquad (2-101)$$

Z 为拉伸后链的长度。拉力 f 很大时就不能使用平衡态公式了。拉伸使原子之间的距离变远，稀释了部分排除体积作用。但这种稀释作用不是均匀地分散到整个链上，而是只发生于 ξ_p 以上的尺度。因为在 ξ_p 的尺度上，拉伸能 $f\xi_p = kT$，那么在 ξ_p 以下的尺度，拉伸能低于 kT，被热运动所屏蔽，原有的链构象得以保持。而在 ξ_p 以上的尺度，拉伸能高于 kT，就会改变原有的构象，故 ξ_p 又被称作拉伸屏蔽长度。拉伸后的链如图 2-25 所示，被分割为一系列独立的小线团，称之为串珠（blob）。

　　每个串珠尺寸为 ξ_p。串珠之内（即空间尺度 $r < \xi_p$）力很弱，无量纲数 $fr/(kT)$ 很小。这样，每个串珠内部的局部相关性保持为 Flory 膨胀链，但在大尺度上（$r > \xi_p$），是一串独立的串珠。每个串珠中的单元数为 g_p，与 ξ_p 的关系为：

$$\xi_p \sim b g_p^{3/5} \qquad (2-102)$$

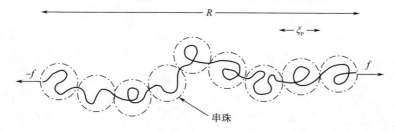

图 2-25　拉伸链的串珠结构

或

$$g_{\mathrm{p}} = \left(\frac{kT}{fb}\right)^{5/3} \tag{2-103}$$

分子链中共有 N/g_{p} 个串珠。此时链的长度就是串珠平直排列的长度：

$$Z \sim \frac{N}{g_{\mathrm{p}}}\xi_{\mathrm{p}} \sim Nb\left(\frac{fb}{kT}\right)^{2/3}\left(\frac{fb}{kT}\right) \ll 1 \tag{2-104}$$

　　从拉伸体系出发，人们将串珠概念推广到各种受力体系，如压缩、吸附等。最重要的推广是用于解释半稀溶液中聚合物链的形态，并赋予串珠尺寸 ξ 许多新的物理意义。前文中的下标 p 是 Pincus 专门用于拉伸体系的，在半稀溶液的讨论中我们将取掉这个下标。

2.4.2　浓度串珠

　　在半稀溶液中，分子链发生重叠。在图 2-26 中，每一条曲线代表一条不同的分子链，在溶液中形成了一个网格。网格结点间的平均距离为 ξ。下面我们就来分析这个 ξ 的物理意义。

　　处于重叠浓度时 $\phi \sim \phi^{*}$，不同分子线团之间只有相碰而无互穿，故结点距离相当于一个线团的尺寸 R_{F}。

　　当 $\phi > \phi^{*}$ 时，因分子链远远长于网格尺寸，ξ 的长度应该只依赖于浓度 ϕ，而不依赖于聚合度 N。应用 2.3.3 中的标度分析法，可以写出：

$$\xi = R_{\mathrm{F}}\left(\frac{\phi}{\phi^{*}}\right)^{m_{\xi}} \quad (\phi > \phi^{*}) \tag{2-105}$$

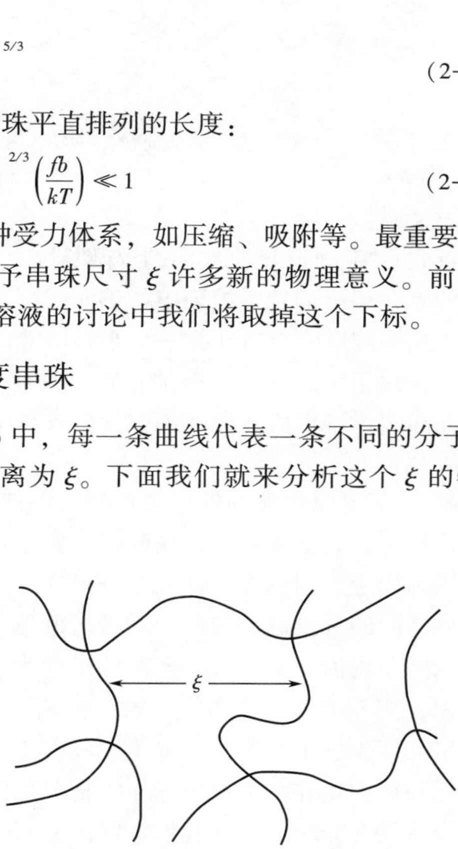

图 2-26　半稀溶液中的分子链网格

　　因为 ξ 对 N 没有依赖性，所以指数 m_{ξ} 必须使 R_{F} 的指数（$N^{3/5}$）与 ϕ^{*} 的指数（$N^{-4/5}$）抵消为零，解出 $m_{\xi} = -3/4$，代入式（2-105）

$$\xi = b\phi^{-3/4} \quad (\phi^{*} \ll \phi \ll 1) \tag{2-106}$$

　　结点间的链段在半稀溶液中是膨胀链，含 g 个单元，链段尺寸为 $\xi = bg^{3/5}$，可解得

$$g = (\xi/b)^{5/3} = \phi^{-5/4} \tag{2-107}$$

将这段链当作一个小线团，其中聚合物的体积分数为：

$$\frac{gb^{3}}{\xi^{3}} = \frac{\phi^{-5/4}b^{3}}{(b\phi^{-3/4})^{3}} = \phi \tag{2-108}$$

　　式（2-108）表明，小线团中的聚合物体积分数与整个溶液的体积分数相同。小线团体

积为 ξ^3，浓度 c 为单位体积单体数，故有：

$$g = c\xi^3 \tag{2-109}$$

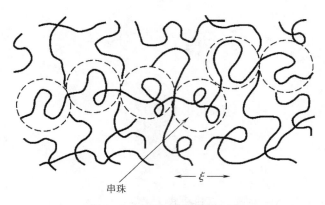

串珠

图 2-27 串珠充满溶液空间

式（2-109）也表明溶液就是串珠的密堆积体系。这使我们想起了重叠浓度的定义，这就是说，小线团的体积在溶液中是相碰的，刚好充满溶液空间，那么每根分子链都可视作由一串小线团组成。至此，所谓小线团概念与我们前面讨论的串珠完全等同，而整个溶液就是串珠的集合（图 2-27）。我们分析的网络结点平均距离 ξ 原来就是串珠尺寸。作为半稀溶液中的串珠尺寸，ξ 是否还有其他的物理意义呢？

首先，ξ 是排除体积作用的屏蔽长度。溶液中的屏蔽作用是 Debye-Hückel 研究电解质时提出的。在良溶剂的稀溶剂中，单元间存在排斥体积作用，导致良溶剂的标度为 3/5。当浓度高于重叠浓度时，可认为一个半稀溶液的线团体积中重叠了 ϕ/ϕ^* 个分子链。随着重叠度的提高，由于线团内其他链的存在，排斥作用开始受到屏蔽，这个效应已在上小节中讨论过。在一定尺度以内，排除体积尚可发挥作用；在一定尺度以外，排除体积完全被屏蔽，这个尺度就是 ξ。

其次，ξ 又是单元间的相关长度。将链中一个单元固定在空间一点。观察围绕固定单元的一段链：含有 g' 个单元，围绕固定点形成了一个增稠的区域，其单元浓度大于周围区域。这是因为固定点周围的单体在一根链上，它们之间有一种"相关"增稠效应，这种相关性来自单体间的共价键连接性。增稠区的浓度随 g' 变大而下降，变大到临界值 g 时刚好下降到体系的平均值。此时这个区域的尺寸为 ξ。大于相关长度的单元之间失去了"联系"。也就是说，相邻串珠的"内部信息"被相互屏蔽。尽管在同一条链中，但已无相互影响。

单元间失去了联系，就等于说没有相互作用。就像我们把 Kuhn 单元作为高分子链的基本单元一样，现在可以把串珠作为高分子链的基本单位。整链就像一根以串珠为单元的理想链，服从高斯分布。下面我们将定性分析串珠链如何从 Flory 链过渡到理想链。

串珠中含 g 个单元，利用式（2-93）：$R_F = v^{1/5}b^{2/5}N^{3/5}$，串珠尺寸应为：

$$\xi = v^{1/5}b^{2/5}g^{3/5} = b(v/b^3)^{1/5}g^{3/5} \tag{2-110}$$

v 代表排除体积，b^3 为单元体积，二者之比为表征单元性质的一个参数，故单独列出。

串珠体积为 $b^3g^{9/5}(v/b^3)^{3/5}$，其中的单元浓度为：

$$c = \frac{g}{b^3 g^{9/5}(v/b^3)^{3/5}} = b^{-3}g^{-4/5}(v/b^3)^{-3/5}$$

从中解出用 ϕ 表示的 g：

$$g \sim (cb^3)^{-5/4}(v/b^3)^{-3/4} = \phi^{-5/4}(v/b^3)^{-3/4} \tag{2-111}$$

因浓度单位为单元数/单位体积，故 $cb^3 = \phi$，将 g 代入式（2-110）：

$$\xi \sim b\phi^{-3/4}(v/b^3)^{-1/4} \tag{2-112}$$

　　高分子链就像一根以串珠为单元的理想链，服从高斯分布。以串珠为单元计算这根理想链的尺寸，链中的串珠数为 N/g：

$$\frac{N}{g} = \frac{N}{\phi^{-5/4}\,(v/b^3)^{-3/4}} = N\,\phi^{5/4}\,(v/b^3)^{3/4} \tag{2-113}$$

　　每个串珠的尺寸为 ξ，所以有：

$$R \sim \xi\left(\frac{N}{g}\right)^{1/2} \sim [\,b\,\phi^{-3/4}\,(v/b^3)^{-1/4}\,]\cdot[\,N\,\phi^{5/4}\,(v/b^3)^{3/4}\,]^{1/2}$$

$$= b\,N^{1/2}\,\phi^{-1/8}\,(v/b^3)^{1/8} \tag{2-114}$$

$$= b\,N^{1/2}\,(cb^3)^{-1/8}\,(v/b^3)^{1/8} \tag{2-115}$$

　　图 2-28 演示了高分子溶液的浓度分区。当 $c < c^*$ 时，线团尺寸 R 与 c 无关，服从 Flory 关系 $R \sim b\,N^{3/5}$。随着 c 的增大，就进入了 $c > c^*$ 的半稀溶液区域。由于排除体积受到屏蔽，链的膨胀程度随浓度升高而下降，如式（2–115）所描述的。在下一个浓度门槛 $c^{**} = v/b^6$ 处，回归到理想链的 $R \sim b\,N^{1/2}$。在这个结点上由半稀溶液转变为浓溶液。从 c^{**} 直到完全没有溶剂的熔体，均为理想状态[23]。

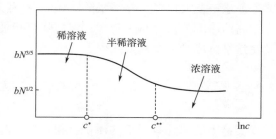

图 2-28　线团尺寸 R 对浓度 c 的依赖性

　　以上的分析中，我们的总是从浓度增大的方向进行思考。也可以反过来思考：熔体原本是理想链，加入良溶剂进行稀释，小尺度上最先被稀释，产生膨胀链的小串珠。随稀释的进行，串珠不断增大，最终整个线团都成为膨胀链。故这种体系称作浓度串珠。

2.4.3　热　串　珠

　　如果溶液浓度不变，而让温度变化，将出现什么样的串珠结构呢？

　　在高温下，聚合物处在良溶剂中，由于排除体积作用，链尺寸保持 $R_F \sim b\,N^{3/5}$。溶液被冷却时，由于热能不足，不能克服链段间的吸引，线团发生收缩。Edwards 与 de Gennes 提出，链段间吸引的空间尺度是不均匀的，冷却引起的吸引在小尺度上最先观察到。局部的吸引与排除体积相平衡，最终产生一个个小的高斯线团，就是串珠。这种高斯串珠称作热串珠，其尺寸记作 ξ_t。

　　按照我们熟悉的描述方法，每个串珠中含 g_t 个单元，在串珠内部，$\xi_t = bg_t^{1/2}$，全链含 N/g_t 个串珠。整链的 Flory 半径为：

$$R_F = N_t^{3/5}\,\xi_t = (N/g_t)^{3/5}\,\xi_t = [\,N/(\xi_t/b)^2\,]^{3/5}\,\xi_t = N^{3/5}\,\xi_t^{-1/5}\,b^{6/5} \tag{2-116}$$

由式（2-93），膨胀链也可以用排除体积 v 描述：

$$R_F = v^{1/5}\,b^{2/5}\,N^{3/5} \tag{2-93}$$

联立 2 个 R_F：

$$v^{1/5}\,b^{2/5}\,N^{3/5} = N^{3/5}\,\xi_t^{-1/5}\,b^{6/5}$$

解出 ξ_t：

$$\xi_t^{-1/5} = b^{-4/5}\,v^{1/5} \Rightarrow \xi_t = b^4/v \tag{2-117}$$

　　表明热串珠的尺寸随排除体积增加而减小。如前所述，不同的科学家提出了排除体积 v 的不同定义，甚至同一个人在不同条件下也会得出不同的定义。我们在此选用最简单的定义：

$$v = b^3(1 - 2\chi) \tag{2-118}$$

χ 是表征单元间相互作用的参数：无热溶剂中，$\chi = 0$；Θ 温度下，$\chi = 1/2$。关于 χ 将在第 3 章详细讨论。将 v 的形式代入式（2-117），热串珠的尺寸为：

$$\xi_t = b/(1 - 2\chi) \tag{2-119}$$

由此可知，在无热溶剂中，$\xi_t = b$。这是没有意义的，热串珠中链的长度必须具有高斯统计意义，不可能与单元长度同数量级。这也就是说热串珠根本不存在，分子整链为膨胀链。随温度降低，χ 值增大，才能形成串珠结构。由于是温度变化产生的，故称热串珠。

热串珠与浓度串珠刚好相反。浓度串珠的内部是膨胀链，大尺度上是理想链；热串珠的内部是理想链，大尺度上是膨胀链。随温度下降，最先在小尺度上产生高斯串珠，温度持续下降，高斯串珠的尺寸越来越大。温度降至 Θ 温度时，$\chi = 1/2$，串珠尺寸达到无穷大，实际意义就是整链成为一个高斯线团。

2.5 坍缩链——球团

真实链中的单元有一定的体积，相互接近时就发生排斥。在良溶剂中，单元相互排斥是主要倾向，故聚合物线团膨胀。如果在溶剂中添加沉淀剂或改变温度，溶剂质量变差时会发生什么？溶剂就会通过 Θ 点，单元间的二元相互作用就由排斥转变为吸引。吸引作用加强的后果是什么？

Stockmayer 于 1959 年首次预测，如果单元间吸引变得足够强，聚合物将会经历一个状态转变。就像气体凝结为液滴一样，高分子链从松散的线团坍缩为紧密的液滴。这种凝聚的液滴称作球团，所以这个相转变就称作线团–球团转变，或简称球团转变（coil–globule transition）。

计算机模拟的球团构象示于图 2-29（c），与高斯线团（a）和膨胀线团（b）形成鲜明对照。线团与球团的区别就像气体与液体的区别。线团中的单元好比气体中的分子，彼此远离，相对自由运动，线团与气体的唯一区别是单元是用共价键串在一起的；球团中的单元好比液体中的分子，紧密堆积，相互强烈吸引，球团与液体的唯一区别是单元是用共价键串在一起的。

聚合物球团与球团转变的研究是分子物理学家 Lifshitz[24] 于 1968 年开创的。一些重要的生物高分子如蛋白酶就以球团形式存在于活体细胞之中。对球团的早期研究是探索球团转变与蛋白质熟化之间的关联，逐步扩展到 DNA 以及宏观的聚合物网络。用球团理论可以解释聚合物中许多奇异的现象，如 DNA 的紧密堆积以及聚合物网络的超级吸水能力。

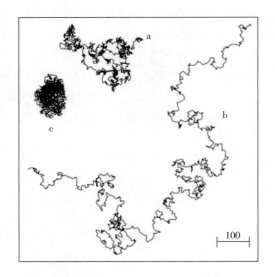

100

图 2-29　聚合物模拟链：含 1000 个长度为 1 的单元
（a）高斯线团　（b）膨胀线团　（c）坍缩球团

2.5.1　球团的自由能

我们从高分子单链入手研究线团-球团转变。沿用 2.3.2 中 Flory 处理膨胀链的近似方法，首先导出膨胀线团的自由能，写作 2 项之和（式 2.89）：一项是代表线团拉伸的熵变-$TS(\alpha)$，另一项是线团中的单元相互作用能 $U(\alpha)$。然后利用自由能 $F(\alpha)$ 的极小值求出 α 的平衡值，同时求得膨胀线团的尺寸。

以上推导过程中，并没有 $\alpha>1$ 的限制条件，这意味着分子收缩（$\alpha<1$）时也照样适用。尽管收缩时 $\alpha<1$，我们仍将 α 称作膨胀因子。推导的起点仍是同样的自由能公式：

$$F(\alpha) = U(\alpha) - TS(\alpha) \tag{2-120}$$

先求单元相互作用能 $U(\alpha)$。因为不论理想态还是膨胀态，单元密度都非常低，可以只考虑二元相互作用，用排除体积 v 描述。但当线团收缩时（$\alpha<1$），单元密度大大提高。只考虑二元作用就不够了，还要考虑三元作用。利用式（2-84）及（2-89），忽略理想链作用能及数值因子：

$$U(\alpha) = R^3 kT(v c^2 + w c^3) = R^3 kT\left[v\left(\frac{N}{R^3}\right)^2 + w\left(\frac{N}{R^3}\right)^3\right] = kT\left[\frac{v N^{1/2}}{\alpha^3 b^3} + \frac{w}{\alpha^6 b^6}\right] \tag{2-121}$$

式中的 v 和 w 各应是什么符号？由于转变仅发生在差溶剂中（低于 Θ 温度），二元作用主要是吸引，第二 virial 系数 $v<0$。第三 virial 系数呢？人们发现一般 $w>0$，说明三元作用主要是排斥。相互作用阶数越高，发生排斥的范围越宽。可以解释如下：假设一个粒子（单元）与其他 m 个粒子作用。这个粒子的排除体积将与 m 成正比。吸引只会发生在表层，这个表层的体积与 $m^{2/3}$ 成正比。这就是说，m 越大，排斥的成分越大。也只能是这样，否则所有的体系都会无限收缩下去，世界上就没有稳定的物质了。

在膨胀线团中 $\alpha>1$，熵的贡献出于拉伸，由式（2-67）导出。现在线团收缩了（$\alpha<1$），式（2-67）与式（2-88）就不再适用。

怎样正确计算 $S(\alpha)$？由 Boltzmann 公式知道，熵（或熵损失）只依赖收缩前后的状态，而不依赖引起收缩的因素。这为我们创造了方便，可以不必考虑真实链中复杂的排斥与吸引作用，只须考虑单元间没有相互作用的理想链。思考的方法是，把一根理想链塞进边长为 $R = b N^{1/2}$ 的立方盒子，研究远离盒子壁的一段链，设其长度为 g。这段链并不了解自身的环境，既不知道自己深处盒子之中，也感知不到链的其他部分（因为是理想链）。所以这段链的形态就像一个高斯线团，尺寸为 $bg^{1/2}$。因为这段链远离盒子壁，尺寸 $bg^{1/2}$ 必然小于 R。随着 g 的增大，尺寸 $bg^{1/2}$ 向 R 趋近，g 增大到某个值时，尺寸恰与 R 相等。我们将这个长度记作临界段长 g^*，即 $b(g^*)^{1/2} = R$。

临界长度 g^* 的链段有一个特征，就是该链段的两端必然接触盒子壁。链段中部的单元不受盒子壁的限制，可取任何形状，构象数没有降低，对熵无贡献。而接触盒子壁的两端就受到限制，造成熵的损失。假设每链段构象数减少 1/2，则熵减为 $k\ln 2 = 0.76k$，可认为等于 k。如果全链含 N 个单元，共有 N/g^* 个受限的段，则熵损失为：

$$-TS(\alpha) = kT\frac{N}{g^*} = kT\frac{Nb^2}{R^2} = kT\frac{1}{\alpha^2} \tag{2-122}$$

对比式（2-88）中的膨胀链（$\alpha>1$）：

$$-TS(\alpha) \sim kT\alpha^2 \tag{2-123}$$

在式（2-123）中我们忽略了常数项。

我们分别得到了 $\alpha<1$ 和 $\alpha>1$ 时 $TS(\alpha)$ 的函数形式。欲同时适应这 2 个区域的情况，将式（2-122）与式（2-123）结合在一起：

$$- TS(\alpha) \sim kT(\alpha^2 + \alpha^{-2}) \tag{2-124}$$

由式（2-121）和式（2-124），我们可以写出聚合物分子的自由能 $F(\alpha)$：

$$F(\alpha) = kT\left[\alpha^2 + \alpha^{-2} + \frac{v N^{1/2}}{\alpha^3 b^3} + \frac{w}{\alpha^6 b^6}\right] \tag{2-125}$$

上式同时考虑了吸引和排斥作用。为简洁作变量代换：

$$x = \frac{3}{2}\frac{v N^{1/2}}{b^3}, \ y = \frac{3w}{b^6}$$

$$F(\alpha) = kT\left[\alpha^2 + \alpha^{-2} + \frac{2}{3}\frac{x}{\alpha^3} + \frac{1}{3}\frac{y}{\alpha^6}\right] \tag{2-126}$$

对式（2-126）进行微分，由 $\partial F(\alpha)/\partial\alpha = 0$ 得到自由能的最小值，并解出 α 的平衡值：

$$\alpha^5 - \alpha = x + y \alpha^{-3} \tag{2-127}$$

这个方程表明膨胀因子 α 是特征参数 x 和 y 的函数。

2.5.2　膨胀因子 α

膨胀因子的变化就是线团尺寸的变化，所以有必要对 α 作深入了解。对式（2-127）进行图解[25-28]，即固定不同的 y 值，作一系列 $\alpha(x)$ 曲线，见图 2-30。（a）、（b）图各有 8 条曲线，由上到下，$y = 10, 1, 0.1, 1/60, 0.01, 0.001, 0.0001$。

为弄懂 $\alpha(x)$ 曲线的意义，先要弄清参数 x 和 y 的物理意义。$x \sim v N^{1/2}/b^3$，故 x 的符号与排除体积 v 相同：良溶剂中 $v > 0$，$x > 0$；Θ 溶剂中 $v = 0$，$x = 0$；差溶剂中 $v < 0$，$x < 0$。因此 x 就是溶剂质量的一面镜子。当 x 从负变到正，就代表溶剂质量从非常差（$|x| \ll 1$，$x < 0$），到比较差（$|x| < 1$，$x < 0$），到 Θ 溶剂（$x = 0$），到比较良（$|x| > 1$，$x > 0$），最后到非常良（$|x| \gg 1$，$x > 0$）。溶剂质量是受温度控制的，$x < 0$ 的范围相当 $T < \Theta$，而 $x > 0$ 相当 $T > \Theta$。于是可以总结出，x 代表温度。

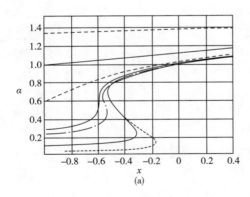
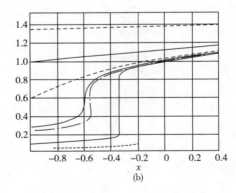

图 2-30　$\alpha(x)$ 曲线

（a）$\alpha(x)$ 的原始数据　（b）根据自由能最小值使每个 x 对应单值的 α

根据定义，y 与 w 成正比，与 b^6 成反比。如果是柔性链，单元长度 b 与链的特征厚度 d 同数量级，则 $w \sim b^6$，$y \sim 1$；如果是刚性链（$d \ll b$），$w \ll b^6$，y 就会很小。链越刚硬，y 越小。这样，参数 y 描述的是链的刚性，图 2-30 中的不同曲线对应不同刚性的链。

图 2-30（a）中的 $\alpha(x)$ 曲线可根据形状分为 2 组：上面 4 条曲线中 α 随 x 单调增加，

虽然增加的速率各有不同，但都是单值函数；下面 4 条曲线呈 S 形，α 在一定范围成为 x 的多值函数，出现 3 个值。2 组曲线的分界线是 $y_{cr} = 1/60$。$y > y_{cr}$ 属于非常柔的链，$y < y_{cr}$ 属于较为刚性的链。

$y < y_{cr}$ 范围的多值函数表明一个 x 值可对应 3 个 α 值。这一现象在数学有意义，在物理上却没有意义，x 应当只对应 α 的平衡值。由式（2-126），每个 α 值对应 3 个自由能 F（α）。在不同的 x 值时用自由能 F 对 α 作图，可得图 2-31 中的曲线。可以看到每条曲线都具有 2 个极小值和一个极大值。随着 x 值的变化，2 个极小值中一个变深而另一个变浅。较深的极小值对应稳定态。膨胀系数 α 的平衡值应当是 F 的绝对最小值所对应的。由此解出 α 的平衡值，重新绘制 α（x）曲线，就得到图 2-30（b）。从这些具有 α 平衡值的曲线可以看到，当 $y < y_{cr}$ 时（意味着链比较刚），聚合物在低于 Θ 点某处出现 α 值的台阶，即发现尺寸的突变。参数 y 越小，跌落的台阶越高。

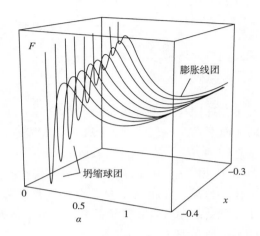

图 2-31　不同 x 值的自由能 F（α）
曲线随 x 的变化（$y = 0.001$）

α 值的跌落，明确地诠释了线团-球团的转变，即随着 x 值的变小，膨胀因子 α 由正值变为负值的过程。我们需要对不同的 x 和 y 的范围作进一步分析，就能更清晰地了解这一转变。

2.5.3　线团-球团转变

由于式（2-127）是基于式（2-124）推导得来，应同时适用于膨胀链和坍缩链，故线团与球团的尺寸均应为 x 和 y 的函数。式（2-127）中的 4 项各代表自由能中不同的部分。左侧的第一项 α^5 代表膨胀链的熵，第二项 $-\alpha$ 代表坍缩链的熵；右侧的 x 代表排除体积作用，$y\alpha^{-3}$ 代表三元作用。在处理具体分子链时，式（2-127）可根据不同状态作不同的简化。

在良溶剂中 $x > 0$，$\alpha > 1$，式（2-127）左侧第二项就不存在。又因在膨胀链中，三元作用完全可以忽略，所以方程就简化为 $\alpha^5 = x$。可以解出：

$$\alpha \sim \left(\frac{v\,N^{1/2}}{b^3}\right)^{1/5} \Rightarrow R = \alpha b\,N^{1/2} \sim N^{3/5}v^{1/5}b^{2/5} \tag{2-128}$$

这样便回归到式（2-93）。

在 Θ 点附近 $x \approx 0$。这个区域温度虽然很低，但尚未发生线团-球团转变。在式（2-127）中仍可忽略右侧第二项，可推知 $\alpha \sim 1$。这意味着分子的形状几乎是理想链，不受体积作用影响。

如果 $x < 0$，就属于球团的范围，膨胀系数 $\alpha < 1$。球团中单元相互吸引与挤压，相互作用能量 $U(\alpha)$ 对自由能的贡献占主导地位，熵的作用可以忽略。故可令式（2-127）中左侧的 2 项均为零，由 $x + y\alpha^{-3} = 0$ 解出：

$$\alpha \sim \frac{w^{1/3}}{|v|^{1/3} N^{1/6} b} \tag{2-129}$$

由于 $x<0$，即排除体积小于零，为保证膨胀系数为正值，故使用排除体积的绝对值。利用式（2-129）改写平衡尺寸 R：

$$R = \alpha b N^{1/2} \sim \left(\frac{w}{|v|}\right)^{1/3} N^{1/3} \tag{2-130}$$

故球团内单元浓度（密度）n 则为：

$$n \sim \frac{N}{R^3} \sim \frac{|v|}{w} \tag{2-131}$$

可知球团与线团有本质的不同：（1）单元密度不随 N 值变化，而线团中的单元密度随 N 增大而下降［比较式（2-131）与式（2-85）］；（2）球团中分子尺寸正比于 $N^{1/3}$，既不是理想链的 $N^{1/2}$，也不是膨胀链的 $N^{3/5}$。

图 2-30（b）中 $y<y_{cr}$ 范围的分子尺寸跌落所反映的正是线团-球团转变。这一转变发生在 $x<1$ 的区域，稍稍低于 Θ 温度。这就说明 Θ 温度附近的线团已经很不稳定，外界条件的微小变化就能使其自我凝聚而变成球团，例如稍微劣化一点溶剂质量，即稍微强化一些单体间的吸引就足够了。

在 $y>y_{cr}$ 的范围，即聚合物链具有高度柔性时，也会发生线团-球团转变吗？也能。如果温度下降到远低于 Θ 温度，单体间吸引足够强时就形成凝聚的球团。但与前面 $y<y_{cr}$ 的情况有一点重要不同。现在球团的形成不是突变的，而是一个光滑的渐变过程。转变发生于 x 稍低于 1 区域，x 的下降对应于一个温度的变化，温度变化的幅度为：

$$\frac{\Theta - T}{\Theta} \sim N^{-1/2} \ll 1 \tag{2-132}$$

上式中温度变化幅度给了我们一个判据，无论 y 值处于什么范围，在 Θ 点附近只要相对温度变化大于 $N^{-1/2}$，就能肯定线团会转变为球团状态。

球团转变容易解释却难以观察。在温度低于 Θ 点时，线团之间极易凝聚，而凝聚造成的多分子沉淀往往会掩盖单分子的坍缩。所以进行球团转变的观察时，高分子溶液的浓度必须极低，如聚苯乙烯/环己烷体系要低到 10^{-4} g/L。荧光显微镜是最常用的观察手段，可观察的浓度下限可达到 10^{-5} g/L。

通过持续不断的观察，人们不仅确认了球团转变的发生，还提出了转变的初步机理：线团的坍缩是从非常小的局部开始的。Nechaev 用图 2-32 描述球团形成的初级阶段。首先在局部形成凝聚的"核"（b），随后小核凝聚为大核，最后是整个分子链凝聚为球状体。以上

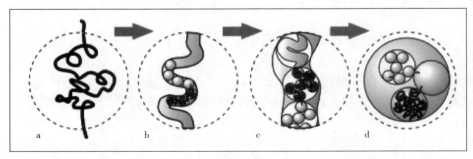

图 2-32　球团转变的早期阶段

步骤之所以被称作初级阶段，是因为仅有从小到大的凝聚步骤在熵上是不利的。凝聚之后或者凝聚的同时必然要发生缠结，然而凝聚与缠结之间的微妙关系至今仍是一个没有解开的难题。

思　考　题

1. 持续长度与 Kuhn 长度有哪些相同点与不同点？

2. Kuhn 单元是怎样定义的？对高分子物理概念的建立有何意义？

3. 理想链的弹簧常数是怎样得到的？如何判断其为熵弹性？

4. 怎样用计算机模拟无规行走与自避行走？

5. 什么是高分子链的近程作用？近程作用如何决定链的柔性？

6. 均方回转半径的定义是什么？与均方末端距什么关系？

7. 溶液中聚合物单元间的排除体积如何随溶剂质量与温度变化？

8. 何为 Θ 溶液，Θ 溶剂，Θ 温度，Θ 状态？

9. Flory 是怎样求得膨胀链尺寸 R 对聚合度 N 的标度 ν 的？

10. 稀溶液向半稀溶液转变、半稀溶液向浓溶液转变的临界浓度各有什么特征？

11. 什么是熔体尺寸的 Flory 原理？Flory 与 de Gennes 各是怎样解释的？

12. 半稀溶液中浓度串珠尺寸 ξ 具有哪些物理意义？

13. 热串珠是怎样产生的？与浓度串珠有何区别？

14. 什么条件下线团–球团转变是突变？什么条件下是渐变？

参 考 文 献

［1］　H. A. Kramers, J. Chem. Phys. , 14（1946）, pp. 415–424.

［2］　J. G. Kirkwood and J. Riseman, J. Chem. Phys. , 16（1948）, 565–573.

［3］　J. G. Kirkwood and J. Riseman, J. Chem. Phys. , 21（1949）, 442–446.

［4］　O. Kratky and G. Porod, J. Colloid Sci. 4（1949）, 35–70.

［5］　S. Vanhee et al. Macromolecules 29, 5136（1996）

［6］　H. Murakami et al. Macromolecules 13, 345（1980）

［7］　B. Zimm, Macromolecules 31, 6089（1998）

［8］　E. Temyanko et al. Macromolecules 34, 582（2001）

［9］　Rubinstein, M. , Colby, R. H. *Polymer Physics*, Oxford University Press,（2003）.

［10］　www. sfu. ca/phys/347/

［11］　Allen, Samuel M. , and Edwin L. Thomas. The Structure of Materials. New York：John Wiley and Sons, 1999 pp. 51–60.

［12］　J. F. Marko and E. D. Siggia, *Maromolecules* 28, 8759（1995）.

［13］　Y. Wang, I. Teraoka, Macromolecules 33, 3478（2000）.

［14］　M. Doi, S. F. Edwards, The Theory of Polymer Dynamics, Oxford Univ. Press（1986）.

［15］　H. Yamakawa, Helical Wormlike Chains in Polymer Solutions, Springer：Berlin（1997）.

［16］　M. Doi and S. F. Edwards, The Theory of Polymer Dynamics,（1986）Oxford Univ. Press, NY.

［17］　J. P. Cotton, D. Decker, H. Benoit, B. Farnoux, J. Higgins, G. Jannink, R. Ober, C. Picot, and J. des Cloizeaux, Macromolecules, 7, 863（1974）.

［18］　J. Schelten, D. G. H. Ballard, G. Wignall, G. Longman, and W. Schmatz, Polymer, 17, 751（1976）.

［19］　R. G. Kirste, W. A. Kruse, and K. Ibel, Polymer, 16, 120（1975）.

［20］　P. Herchenroeder and M. Dettenmaier, Unpublished manuscript（1977）.

［21］　D. G. H. Ballard, A. N. Burgess, P. Cheshire, E. W. Janke, A. Nevin, and J. Schelten, Polymer, 22, 1353（1981）.

［22］　P. Pincus, Excluded volume effects and stretched polymer chains, Macromolecules, 1976, 9（3）, 386–388.

［23］　H. Meyer, J. Wittmer, J. Baschnagel, A. Johner, A. N. Semenov, J. Farago［Macromolecules 40, 3805（2007）; EPJE

26, 25（2008）]：

[24] Lifshitz, I. M. Sov Phys JETP 1969, 28, 1280.

[25] Grosberg, A. Y. ; Kuznetsov, D. V. Macromolecules 1992, 25, 1970.

[26] Grosberg, A. Y. ; Kuznetsov, D. V. Macromolecules 1992, 25, 1980.

[27] Grosberg, A. Y. ; Kuznetsov, D. V. Macromolecules 1992, 25, 1991.

[28] Grosberg, A. Y. ; Kuznetsov, D. V. Macromolecules 1992, 25, 1996.

第3章 溶 液

高分子溶液一般指聚合物溶于小分子溶剂形成的溶液。高分子溶液本身就有广大的实用领域，包括涂料、黏合剂和增塑体系。高分子溶液也是聚合物科学研究的重要手段。聚合物的经典分析都在稀溶液中进行，如渗透压、光散射等。聚合物的大量知识都从溶液中获得。

溶液中聚合物的行为受溶剂质量的影响很大。溶剂质量高，会使线团发生膨胀；溶剂质量差，稀溶液中的高分子链会坍缩成球团，浓溶液中的聚合物会发生宏观相分离。混溶与相分离是高分子溶液热力学的重要研究领域。

除了聚合物与小分子溶剂形成的溶液，还有一种广义的溶液，即聚合物与聚合物的混合体，称作聚合物合金。这种高分子之间的合金无论在理论上还是工业应用上都有重要意义。此外，嵌段共聚物可视为分子内的合金，也是高分子溶液的研究范围。

3.1 混合热力学

从热力学的角度，混溶的条件为：

$$\Delta G_m = \Delta H_m - T\Delta S_m < 0 \tag{3-1}$$

其中 ΔG_m、ΔH_m 和 ΔS_m 分别为混合自由能、混合热和混合熵。混合熵永远为正值，有利于混合；但混合热可正可负，为负值时有利于混合，为正值时不利于混合。$\Delta G_m < 0$ 是形成均匀溶液的必要条件而非充分条件。本章将探讨不同组分之间发生混溶或分离的条件与判据，首先需要写出混合体系的自由能。

为简单起见，本章只讨论二元混合体系。涉及的二元体系可分为 3 类：①小分子与小分子的混合物，以正则溶液为代表；②大分子与小分子（溶剂）的混合物，称为聚合物溶液（或高分子溶液）；③大分子与大分子的混合物，称为聚合物合金。小分子与大分子的区别在于分子内所含的单元数不同，一般的处理方法是小分子含 1 个单元，而大分子含 N 个单元，N 为大分子的聚合度。

聚合物溶液的热力学函数计算经常采用 Flory 和 Huggins 于 1942 年建立的平均场理论（mean-field theory），具体计算采用晶格模型。所谓晶格模型是将混合物的空间想象成一个空间格子，格子可以是二维、三维的，也可以具有更高的维度。在本书中为简便使用二维格子进行说明。把小分子想象成一个球，把聚合物链中每个单元想象成一个球，则聚合物链成为一串相连的球，分别填充在格子的格位（lattice site）中，如图 3-1 所示。无论是小分子还是聚合物的单元，球的体积一律相等，并等于格位的体积。相邻格位的非键接球之间也存在相互作用，只要一对球的种类相同，作用能一律相等。在以上假设基础上，用不同的球和球链在格子中的填充方式计算混合熵，用非键接相邻球之间的相互作用计算混合热。在真实情况中，小分子溶剂的体积未必等于高分子单元的体积，相邻同类球之间的作用也未必相同。而格子模型对此作了平均化处理，故格子模型代表的理论称为平均场理论。下面我们将分别计算各类混合物的热力学函数。

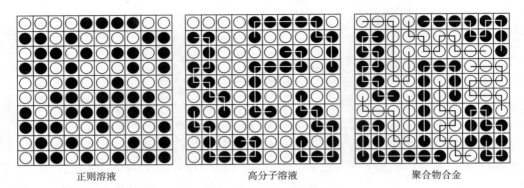

| 正则溶液 | 高分子溶液 | 聚合物合金 |

图 3-1 3 种混合物的晶格模型[1]

3.1.1 混 合 熵

Flory–Huggins 理论的基础是正则溶液。正则溶液的概念最早由 Hildbrand 等[2-4] 提出，即溶液的体积等于组分体积之和，混合时无体积变化。正则溶液是小分子溶液，可以想像为黑球和白球向格子中进行无规摆放，从摆放前后的状态数利用 Boltzmann 熵公式 $S = k\ln\Omega$ 来计算混合熵，其中 Ω 为状态数。

设正则溶液体系中含 $\tilde{n}_1$ 个 A 分子与 $\tilde{n}_2$ 个 B 分子，总分子数为 $\tilde{n} = \tilde{n}_1 + \tilde{n}_2$。因假定 2 种分子体积相同，故 A、B 分子在体系中的体积分数分别为：

$$\phi_1 = \frac{\tilde{n}_1}{\tilde{n}}, \quad \phi_2 = \frac{\tilde{n}_2}{\tilde{n}} \tag{3-2}$$

由于一个 A 分子在混合后可处于格子的任何格位，故其状态数等于格位总数：$\Omega_{A混后} = \tilde{n}$；混合前的状态数等于其分子数，亦即混合后所占格位数：$\Omega_{A混前} = \tilde{n}\phi_1$，故每个 A 分子在混合过程中的熵变为：

$$\Delta S_A = k\ln \Omega_{A混后} - k\ln \Omega_{A混前} = k\ln\left(\frac{\Omega_{A混后}}{\Omega_{A混前}}\right) = k\ln\left(\frac{1}{\phi_1}\right) = -k\ln \phi_1 \tag{3-3}$$

同理：

$$\Delta S_B = -k\ln \phi_2 \tag{3-4}$$

总混合熵为体系中各个分子贡献之和：

$$\Delta S_m = \tilde{n}_1 \Delta S_A + \tilde{n}_2 \Delta S_B = -k(\tilde{n}_1\ln \phi_1 + \tilde{n}_2\ln \phi_2) \tag{3-5}$$

平均每个格位的混合熵：

$$\frac{\Delta S_m}{\tilde{n}} = -k[\phi_1\ln \phi_1 + \phi_2\ln \phi_2] \tag{3-6}$$

模仿正则溶液的计算方法，可以容易地得出聚合物溶液以及聚合物合金的混合熵。凡涉及高分子溶液，下标 1 代表溶剂，2 代表聚合物。

设体系中有 $\tilde{n}_1$ 个溶剂分子和 $\tilde{n}_2$ 个聚合度为 N 的聚合物链，则体系中的单元总数亦即格位总数为 $\tilde{n} = \tilde{n}_1 + \tilde{n}_2 N$。溶剂和聚合物的体积分数分别为：

$$\phi_1 = \frac{\tilde{n}_1}{\tilde{n}}, \quad \phi_2 = \frac{\tilde{n}_2 N}{\tilde{n}} \tag{3-7}$$

溶剂混合熵的计算完全同正则溶液：

$$\Delta S_1 = -k\ln \phi_1, \quad \tilde{n}_1 \Delta S_1 = -k\tilde{n}\phi_1 \ln \phi_1 \tag{3-8}$$

高分子链的状态数是链的构象状态数与位置状态数的乘积。由于高分子链很长，构象状态数很大，可近似认为混合前后构象状态数没有改变，而只有位置状态数的变化，故计算混合熵时只需考虑第一个链节的摆放方式，其余链节的摆放方式均属构象熵部分，可以不加考虑。一根高分子链混合后的摆放方式数等于格位总数 $\tilde{n}$，混合前的摆放方式数等于 $\tilde{n}\,\phi_2$，故一根链在混合过程中的熵变为：

$$\Delta S_2 = k\ln \Omega_{\text{A混后}} - k\ln \Omega_{\text{B混前}} = k\ln\left(\frac{\tilde{n}}{\tilde{n}\,\phi_2}\right) = k\ln\left(\frac{1}{\phi_2}\right) = -k\ln \phi_2 \tag{3-9}$$

$\tilde{n}_2$ 根高分子链的熵变总和为：

$$\tilde{n}_2 \Delta S_2 = -\frac{\tilde{n}\,\phi_2}{N}k\ln \phi_2 \tag{3-10}$$

体系总混合熵：

$$\Delta S_m = -k\tilde{n}\left(\phi_1\ln \phi_1 + \frac{\phi_2}{N}\ln \phi_2\right) \tag{3-11}$$

平均每个格位的混合熵：

$$\Delta S_m(\text{格位}) = -k\left(\phi_1\ln \phi_1 + \frac{\phi_2}{N}\ln \phi_2\right) \tag{3-12}$$

因为 $\phi_1 + \phi_2 = 1$，可将式（3-12）写作单变量公式。记高分子单元的体积分数为 ϕ，溶剂分子的体积分数为（$1-\phi$），格位混合熵为：

$$\Delta S_m(\text{格位}) = -k\left[\frac{\phi}{N}\ln\phi + (1-\phi)\ln(1-\phi)\right] \tag{3-13}$$

在需要进行微分操作的场合，单变量记法较为方便，我们将在多数场合使用。

3.1.2　混合热

非键接相邻格位间有 3 种两两相互作用，单元/单元，溶剂/溶剂，单元/溶剂，其作用能分别为：

$$\text{单元-单元作用：}\frac{1}{2}kT\chi_{\text{MM}}\,\phi^2$$

$$\text{溶剂-溶剂作用：}\frac{1}{2}kT\chi_{\text{SS}}(1-\phi)^2 \tag{3-14}$$

$$\text{单元-溶剂作用：}kT\chi_{\text{MS}}\phi(1-\phi)$$

单元-单元作用是这样得到的：总格位数为 $\tilde{n}$，其中单元所占的格位数为 $\tilde{n}\phi$，与单元相邻的单元数为 $\frac{1}{2}\tilde{n}\phi^2$，除以 2 是为消除重复统计。每对作用能为 $kT\chi_{\text{MM}}$，与相邻单元数 $\frac{1}{2}\tilde{n}\phi^2$ 相乘后再除以 $\tilde{n}$ 即得平均每格位的作用能。其中 χ_{MM} 为单元作用的无量纲强度。溶剂-溶剂、单元-溶剂作用的求法相同。

将 3 项作用相加，即得到混合物的总作用能：

$$H(\text{格位}) = kT\chi_{\text{MS}}\phi(1-\phi) + \frac{1}{2}kT\chi_{\text{MM}}\,\phi^2 + \frac{1}{2}kT\chi_{\text{SS}}(1-\phi)^2 \tag{3-15}$$

欲求混合热，需减去混合前的单元-单元与溶剂-溶剂作用能。纯态聚合物的作用能为 $\phi H(1)$，纯态溶剂的作用能为 $(1-\phi)H(0)$，将此两项从式（3-15）中减去，得到混合热为：

$$\Delta H_{\mathrm{mix}}(\text{格位}) = kT\chi_{\mathrm{MS}}\phi(1-\phi) + \frac{1}{2}kT\chi_{\mathrm{MM}}(\phi^2 - \phi) + \frac{1}{2}kT\chi_{\mathrm{SS}}[(1-\phi)^2 - (1-\phi)]$$

$$= kT\phi(1-\phi)\left[\chi_{\mathrm{MS}} - \frac{1}{2}(\chi_{\mathrm{MM}} + \chi_{\mathrm{SS}})\right]$$

$$= kT\chi\phi(1-\phi) \tag{3-16}$$

在式（3-16）的操作中我们发现，式（3-15）中与 ϕ 无关的项、与 ϕ 成线性关系的项均被消除了。这是因为我们计算的是一个格位的热力学性质，以上 2 类项没有存在的意义。

上述过程导出了一个重要的量：

$$\chi = \chi_{\mathrm{MS}} - \frac{1}{2}(\chi_{\mathrm{MM}} + \chi_{\mathrm{SS}}) \tag{3-17}$$

χ 称作 Flory-Huggins 相互作用参数，是混合过程热效应的无量纲度量。χ 依赖于温度、压力等。无热溶剂没有混合热，故 $\chi = 0$。良溶剂的 χ 小，差溶剂的 χ 大，大小的分界线为 $\chi = 1/2$。大多数情况下 χ 为正值，这是因为溶液中的 3 类相互作用主要是范德华力，它们都正比于分子电子极化率（α）的乘积：

$$\chi_{\mathrm{MM}} = -k\alpha_{\mathrm{M}}^2$$
$$\chi_{\mathrm{SS}} = -k\alpha_{\mathrm{S}}^2$$
$$\chi_{\mathrm{MS}} = -k\alpha_{\mathrm{S}}\alpha_{\mathrm{M}} \tag{3-18}$$

由于范德华力是吸引力，故 k 为正值。将式（3-18）代入式（3-17），求得 χ 的净值为：

$$\chi = \frac{k}{2}(\alpha_{\mathrm{S}} - \alpha_{\mathrm{M}})^2 > 0 \tag{3-19}$$

尽管式（3-19）的简单结果可以被氢键、立体效应等修正，但 χ 值为正值是一般趋势。χ 对温度的依赖性比较复杂，一般情况下随温度升高而下降，依 $1/T$ 变化。但有些情况下趋势相反，会随温度升高而增加。

3.1.3　溶度参数

在实际工作中，使用溶度参数描述混合热更为方便。Hildebrand[5] 提出用内聚能密度（CED）来衡量分子间作用力：

$$\mathrm{CED} \equiv \frac{\Delta E}{v} \tag{3-20}$$

ΔE 为一个分子的气化能，v 为分子的体积，故内聚能密度为单位体积的分子气化能。定义溶度参数为内聚能密度的平方根：

$$\delta \equiv \sqrt{\frac{\Delta E}{v}} \tag{3-21}$$

混合前 A 分子体系每格位的内聚能密度（$\Delta E_1/v_1$）可写作 δ_1^2，乘以格位体积 v_0 为每格位内聚能。如上所述，分子间作用力多为范德华吸引力，应加上负号成为（$-v_0\delta_1^2$）。由式（3-14），此项能量应等于 $(1/2)kT\chi_{11}$，故有：

$$\frac{1}{2}kT\chi_{11} = -v_0\frac{\Delta E_1}{v_1} = -v_0\delta_1^2 \tag{3-22}$$

同理，混合前 B 分子体系每格位的作用能为：

$$\frac{1}{2}kT\chi_{22} = -v_0\frac{\Delta E_2}{v_2} = -v_0\delta_2^2 \tag{3-23}$$

混合后，每格位的 A、B 分子平均内聚能密度可近似为纯物质的几何平均：

$$\frac{1}{2}kT\chi_{12} = -v_0\,\delta_1\,\delta_2 \Rightarrow kT\chi_{12} = -2v_0\,\delta_1\,\delta_2 \tag{3-24}$$

破坏半对 AA 作用，半对 BB 作用，生成一对 AB 作用，每格位的混合热为：

$$kT\left[\chi_{12} - \frac{1}{2}(\chi_{11} + \chi_{22})\right] = kT = v_0(\delta_1 - \delta_2)^2 \tag{3-25}$$

得到用溶度参数表达的 χ 值：

$$\chi = \frac{v_0}{kT}(\delta_1 - \delta_2)^2 \tag{3-26}$$

将 χ 的这一表达式代入混合热公式（3-16），得到 Hildebrand 的混合热的半经验公式：

$$\Delta H_m = V_m\phi(1 - \phi)(\delta_1 - \delta_2)^2 \tag{3-27}$$

V_m 为溶液体积。式（3-27）为"相似相溶"作了一个注解。溶度参数是分子内聚能密度的平方根，故也是分子间力的度量。在不存在电荷相互作用的条件下，分子间力越接近，就越容易相互溶解。如果 $\delta_1 = \delta_2$，$\Delta H_m = 0$，溶解容易发生。δ_1 与 δ_2 相差越大，ΔH_m 的正值越大，就越难溶解。当然，该式只对混合热为正值的体系才有意义，不适用于混合热为负值的体系。正因为如此，δ_1 与 δ_2 是否接近只能"判断"相溶性，对于混合能否实际发生既非充分条件亦非必要条件。

以聚氯乙烯的溶解为例。聚氯乙烯的溶度参数为 19.6，有 2 种溶剂可供选择，一种是溶度参数为 20.3 的四氢呋喃，另一种是溶度参数为 19.4 的氯苯。从数值上看，氯苯的溶度参数与聚氯乙烯非常接近，应该是良溶剂，但事实上聚氯乙烯并不能溶于氯苯中。而溶度参数相差较远的四氢呋喃却是聚氯乙烯的良溶剂，因二者之间可能发生一种"类氢键作用"。如图 3-2，由于氯原子的吸电子作用，使同一碳原子上的 H 原子略呈正性，恰与四氢呋喃上氧原子生成类氢键。正是这种作用使四氢呋喃成为聚氯乙烯的良溶剂。

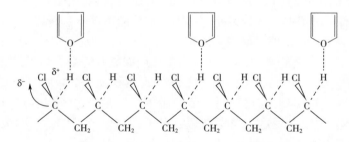

图 3-2　聚氯乙烯与四氢呋喃间的类氢键作用

溶度参数具有加和性。单组分的溶度参数乘以体积分数后相加的和，就是混合溶剂的溶度参数：

$$\delta_m = \delta_1(1 - \phi) + \delta_2\phi$$

由溶度参数可以推算聚合物的分子间力。以最简单的聚乙烯为例。其溶度参数 $\delta = 16.2$（J/cm^3）$^{1/2}$，则内聚能密度为 262 J/cm^3。设有相对分子质量为 50000 的聚乙烯，取密度近似为 1.0 g/cm^3，则摩尔体积为 50000 cm^3/mol，每摩尔内聚能为 13100000 J/mol。相比之下，C—C 键的键能为 346940 J/mol，与分子间力相比低了 2 个数量级。由是可知因聚合物相对分子质量庞大，其气化能远高于分解能，这就是聚合物不能蒸发而没有气态的原因。

3.1.4　混合自由能

结合混合过程中的熵与能量变化，由式（3-13）与（3-16）得到混合自由能：

$$\frac{\Delta G_m}{kT}（格位） = \frac{\phi}{N}\ln\phi + (1-\phi)\ln(1-\phi) + \chi\phi(1-\phi) \tag{3-28}$$

右侧 3 项各有不同的物理意义：第一项代表高分子线团的平动熵，同时也是理想线团的自由能；第二项为溶剂的平动熵；第三项代表单体间的作用，就是混合热。在此 3 项当中，2 项熵变永为负值，一定有利于混合，最终能否混合则取决于 χ 的值。图 3-3 演示了不同 N 值与不同 χ 值下自由能曲线的形状。

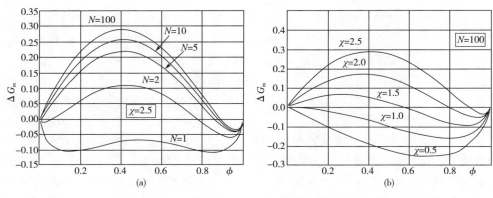

图 3-3　高分子溶液的自由能-组成曲线
（a）不同 N 值　（b）不同 χ 值

从式（3-28）的形式与图 3-3 的示意可知，χ 值在自由能公式中占据着核心位置。人们把 Flory 理论在实际应用中出现的偏差都归因于 χ 值的不准确。所以对 Flory 理论的改进大都集中在对 χ 值的修正上。χ 值需要修正的理由很充分，主要有 3 条：①在晶格模型中只考虑了紧邻单元间的作用，将距离稍远的特殊相互作用如氢键等都忽略了；②假定混合时体积不变，故 χ 值与组成无关。而实际上混合往往造成体积变化，χ 值对组成是有依赖性的；③最重要的，在 Flory-Huggins 晶格理论的最初版本中，只考虑了混合热与混合熵却未考虑溶剂化熵。Flory 本人早已发现这一白璧微瑕，做了许多修补工作，然而最简明的修正只是将 χ 值定义为焓贡献与熵贡献 2 部分：

$$\chi = \chi_H + \chi_S = A + \frac{B}{T} \tag{3-29}$$

其中：

$$\chi_H = -T\frac{d\chi}{dT} = \frac{B}{T} \tag{3-30}$$

$$\chi_S = \frac{d(\chi T)}{dT} = A \tag{3-31}$$

经过改造之后，已经不再将 χ 看作最初的能量度量，而是既包含能量又包含熵的自由能的度量。χ 值的这一定义更多地用于聚合物合金中。我们在 3.6.1 节中仍会提及。

溶剂的化学势为混合自由能对溶剂摩尔数的偏导数：

$$\mu_1 = \frac{\partial \Delta G_m}{\partial n_1} = RT\left[\ln(1-\phi) + \left(1-\frac{1}{N}\right)\phi + \chi\phi^2\right] \tag{3-32}$$

溶质的化学势为混合自由能对溶质摩尔数的偏导数:

$$\mu_2 = \frac{\partial \Delta G_m}{\partial n_2} = RT\left[\ln\phi - (N-1)(1-\phi) + \chi N(1-\phi)^2\right] \tag{3-33}$$

对于多分散高分子体系:$N = \langle N \rangle$。计算化学势时利用了:

$$\left(\frac{\partial \Delta G_m}{\partial n_i}\right)_{T,\,P,\,n_j} = \frac{\partial \Delta G_m}{\partial \phi_i}\frac{\partial \phi_i}{\partial n_i}$$

式(3-28)可写作多种不同的形式。利用幂级数:

$$\ln(1-x) = -\left(x + \frac{x^2}{2} + \frac{x^3}{3} + \cdots\right)$$

在低浓度条件下,将 $\ln(1-\phi)$ 展开,略去与 ϕ 无关的项以及与 ϕ 成线性关系的项,得到:

$$\frac{\Delta G_m}{kT}(格位) = \frac{\phi}{N}\ln\phi + \frac{1}{2}(1-2\chi)\phi^2 + \frac{1}{6}\phi^3 + \cdots \tag{3-34}$$

可以将 $(1-2\chi)$ 看作 2 部分组成:-2χ 是相邻格位的相互作用;"1"代表单体间的刚球排斥。

将体积分数 ϕ 换算为浓度 c(单体数/cm^3):$\phi = ca^3$。a^3 为格位体积,亦可认为等于聚合物单元体积 b^3。式(3-34)两侧通除 a^3,就得到单位体积的自由能,这一形式更具普遍性,可以不受晶格模型的限制:

$$\frac{\Delta G_m}{kT}(cm^3) = \frac{c}{N}\ln c + \frac{1}{2}vc^2 + \frac{1}{6}wc^3 + \cdots \tag{3-35}$$

式(3-35)的第一项是混合熵,以后各项就是我们在 2.3.2 节使用的内能公式。v 为排除体积参数,与式(3-34)对比:

$$v = a^3(1-2\chi) \tag{3-36}$$

w 为三元作用参数,$w = a^6$。(3-34 与 3.35)2 式仅限在稀溶液范围应用。

3.2 渗 透 压

渗透压方法是测定溶液热力学性质的一个重要手段,同时也能精确地测定数均相对分子质量。渗透压的概念如图 3-4 所示。容器的一侧为纯溶剂,另一侧为聚合物溶液,由半透膜分隔开。受浓度差的驱动,纯溶剂会透过半透膜向溶液一侧扩散。由于半透膜阻挡了聚合物溶质,高分子链不能向另一侧扩散。这种单向扩散给溶液一侧造成一个压力,使溶液的液面升高,以平衡溶剂分子渗透施加的压力。当溶液的液面升到一定高度时,造成的落差压力与溶剂的渗透压力达到平衡,溶剂停止扩散。平衡时两侧液面高度的压差即称为渗透压 π。稀溶液条件下渗透压为依数性质,只与溶质分子的数目有关。

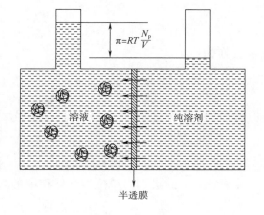

图 3-4 渗透压

3.2.1 数均相对分子质量与第二 virial 系数

渗透压与溶液的浓度和温度成正比，比例常数就是气体常数 R。浓度用单位体积的粒子数表示：

$$\pi = RT\frac{N_p}{V} \tag{3-37}$$

荷兰科学家 van't Hoff 于 1886 年发现了这一规律，并以此与其他成就于 1901 年获得首个诺贝尔化学奖。van't Hoff 公式的推导见诸任何一种物理化学教材，这里不再重复。将 van't Hoff 公式应用于高分子溶液时，溶质粒子就是高分子线团。线团的摩尔数等于质量除以相对分子质量，故可将浓度单位转换为单位体积的质量，并外推到零浓度：

$$\lim_{c\to 0}\left(\frac{\pi}{c}\right) = \frac{RT}{M_n} \tag{3-38}$$

式（3-38）是 van't Hoff 方程在聚合物中的应用，注意该方程仅在无限稀释条件下适用。为考虑聚合物溶液中的浓度效应，需要使用 virial 展开式：

$$\frac{\pi}{c} = RT\left(\frac{1}{M_n} + A_2 c + A_3 c^2 + \cdots\right) \tag{3-39}$$

virial 是力的意思，A_2、A_3 等称作 virial 系数。如第二章中所述，virial 系数描述分子间的相互作用，A_2 描述二元相互作用，A_3 描述三元相互作用，以此类推。

聚合物的渗透压公式也可以从混合自由能得到。渗透压等于单位体积溶剂的化学势，即：

$$\pi = -\frac{\mu_1}{\overline{V}_1} \tag{3-40}$$

$\overline{V}_1$ 为溶剂的偏摩尔体积，代入式（3-32），得到：

$$-\pi\overline{V}_1 = RT\left[\ln(1-\phi) + \left(1-\frac{1}{N}\right)\phi + \chi\phi^2\right] \tag{3-41}$$

稀溶液中 ϕ 很小，则：

$$\ln(1-\phi) = -\phi - \frac{\phi^2}{2} \tag{3-42}$$

代入式（3-41）并整理：

$$\pi = \frac{RT}{\overline{V}_1}\left[\frac{\phi}{N} + \left(\frac{1}{2}-\chi\right)\phi^2\right] \tag{3-43}$$

将 ϕ 变换为：

$$\phi = \frac{n_2\overline{V}_2}{n_1\overline{V}_1 + n_2\overline{V}_2} \approx \frac{n_2}{n_1}\frac{\overline{V}_2}{\overline{V}_1} \tag{3-44}$$

所以有：

$$\phi \approx x_2\frac{\overline{V}_2}{\overline{V}_1} \approx c\frac{\overline{V}_2}{M} \tag{3-45}$$

注意此处 c 的量纲为单位溶液体积中的溶质质量。将式（3-45）代入式（3-43）：

$$\pi = \frac{RT}{\overline{V}_1}\left[\frac{\overline{V}_2}{NM}c + \left(\frac{1}{2}-\chi\right)\left(\frac{\overline{V}_2}{M}\right)^2 c^2\right] \tag{3-46}$$

$$\frac{\pi}{RTc} = \frac{\overline{V}_2}{NM\overline{V}_1} + \left(\frac{1}{2} - \chi\right)\frac{1}{\overline{V}_1}\left(\frac{\overline{V}_2}{M}\right)^2 c \tag{3-47}$$

注意到 $\overline{V}_1 / \overline{V}_2 = N$:

$$\frac{\pi}{RTc} = \frac{1}{M} + \left(\frac{1}{2} - \chi\right)\frac{1}{\overline{V}_1}\left(\frac{\overline{V}_2}{M}\right)^2 c \tag{3-48}$$

与式（3-39）相比，Flory-Huggins 理论的第二 virial 系数为：

$$A_2 = \left(\frac{1}{2} - \chi\right)\frac{1}{\overline{V}_1}\left(\frac{\overline{V}_2}{M}\right)^2 \tag{3-49}$$

前面的推导一直默认单一相对分子质量。但聚合物体系多为分散体系，但不影响以上各平均值的成立，只须将 M 写成平均值的形式即可。因渗透压是依数性质，我们可以直接将 M 写作 $\overline{M}_n$。式（3-48）可写成如下简单形式：

$$\frac{\pi}{RTc} = \left[\frac{1}{\overline{M}_n} + A_2 c\right] \tag{3-50}$$

利用式（3-50），可通过渗透压同时测定数均相对分子质量与第二 virial 系数。以（π/cRT）对 c 作图，可得一条直线（图 3-5），由截距得到 $\overline{M}_n$，由斜率得到 A_2。从式（3-49）中 A_2 的形式可知，A_2 也是平均值。因涉及相对分子质量的平方，测得的 A_2 乃是重均值。

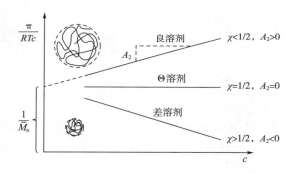

图 3-5　渗透压作图

用不同质量的溶剂进行实验，所得直线的斜率不同。由斜率可以定性地判断溶剂质量。良溶剂中 $A_2 > 0$，斜率为正；差溶剂中 $A_2 < 0$，斜率为负。在 Θ 溶剂中 $A_2 = 0$，得到一条水平线。溶剂质量对渗透压的影响，本质上就是单元间相互作用的影响：良溶剂中单元相互排斥，频繁碰撞，一根链的作用相当于若干根链，故渗透压提高；单元间相互吸引便是相反的情况。Θ 溶剂中没有二元相互作用，渗透压严格服从 van't Hoff 公式，故与浓度无关。所以在 Θ 条件下，用单一浓度就能得到相对分子质量 $\overline{M}_n$ 而不必外推到 $c = 0$。当然，这需要大量前期工作来确定 Θ 条件，还要确定可接受的浓度。

不同的科学家用不同的方法推导出了第二 virial 系数（或排除体积）的不同表达式，但 Flory 用晶格理论得到的 A_2 表达式（3-49）有特殊的意义。通过（$1/2 - \chi$）因子，将 χ、A_2 与 Θ 条件联系起来了。由式（3-49）：

$$\chi < 1/2,\ A_2 > 0,\ 良溶剂$$
$$\chi = 1/2,\ A_2 = 0,\ \Theta 溶剂$$
$$\chi > 1/2,\ A_2 < 0,\ 差溶剂$$

虽然 Θ 溶剂是较差的溶剂，但仍然是真溶液。如果溶剂质量差于 Θ 溶剂，聚合物一般不能溶解；即使能够生成溶液，也由于链段与链段间的吸引作用过强，浓度较高时发生沉淀，稀溶液情况下发生线团-球团转变。在 3.5 节将看到，如果聚合物相对分子质量为无穷大，$\chi = 1/2$ 就是溶解的临界点。对有限的相对分子质量，临界点在 $1/2$ 以上不远的地方。

固定溶剂与聚合物的组合，温度就是溶剂质量的决定因素。$\chi = 1/2$，$A_2 = 0$ 的温度就是 Θ 温度。通过渗透压方法，利用 $A_2 = 0$ 可以准确地测定 Θ 温度。图 3-6（a）为三己酸纤维素在二甲基甲酰胺中的溶液的渗透压数据。使用 3 个测定温度，分别为 53.5、41.6、30.0 ℃。以 π/c 对 c 作图，各得到一个斜率，从而得到不同温度下的 A_2 值。这 3 个 A_2 值在图 3-6（b）对温度作图，所得曲线与 $A_2 = 0$ 的水平线的交点对应 41 ℃，这就是该体系的 Θ 温度。

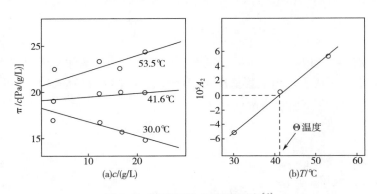

图 3-6　渗透压法 Θ 温度测定[6]
（a）π/c 对 c 作图　　（b）A_2 对温度作图

3.2.2　渗透压的标度

先由图 3-4 给出渗透压的另一个定义：向溶液中加入纯溶剂改变其体积（$V_{tot} \rightarrow V_{tot} + \Delta V$），同时维持溶液中单元数 ν_m 不变，那么渗透压就是自由能变化与体积变化之比：

$$-\pi = \left. \frac{\Delta G_{tot}}{\Delta V} \right|_{\nu_m} \tag{3-51}$$

这个定义并无新颖之处。用 ΔV 除以溶剂摩尔体积等于溶剂摩尔数，对摩尔数求导即为化学势，在这个意义上，式（3-51）与式（3-40）是等价的，但背后的物理模型却是不同的。式（3-41）的晶格模型是每格位摆放一个聚合物单元；而在处理式（3-51）时，每格位将摆放一个线团。这是因为渗透压是依数性质，以线团作为独立单位比较方便。

格位体积写作 a^3，溶液中的格位总数为（V_{tot}/a^3），总自由能 $G_{tot} = G_{格位}(V_{tot}/a^3)$，又因线团数 $\nu_m = \phi(V_{tot}/a^3)$，$G_{tot} = G_{格位}/\phi$；总体积 $V_{tot} \propto 1/\phi$，将这 2 个量代入式（3-51）：

$$\pi = -\frac{\partial(\Delta G_{格位}/\phi)}{\partial(1/\phi)} = \phi^2 \frac{\partial}{\partial \phi}(\Delta G_{格位}/\phi) \tag{3-52}$$

利用自由能公式（3-28），得到：

$$\frac{a^3 \pi}{kT} = \frac{\phi}{N} + \ln\left(\frac{1}{1-\phi}\right) - \phi - \chi \phi^2 \tag{3-53}$$

将对数项展为级数并整理：

$$\frac{a^3 \pi}{kT} = \frac{\phi}{N} + \left(\frac{1}{2} - \chi\right)\phi^2 \tag{3-54}$$

利用 $\phi = c a^3$，上式可以写作：

$$\frac{\pi}{kT} = \frac{c}{N} + a^3\left(\frac{1}{2} - \chi\right)c^2 \tag{3-55}$$

上式中的 $a^3(1/2-\chi)$ 就是排除体积 v，也就是第二 virial 系数 A_2。极稀的溶液可近似处理为理想气体，二次项可以忽略：

$$\frac{\pi}{kT} = \frac{c}{N}(c \to 0) \tag{3-56}$$

c/N 是单位溶液体积的线团数，式（3-56）就是 van't Hoff 公式。随着溶液变浓，线团间的作用不能忽略，渗透压服从式（3-55）。在良溶剂中，$(1/2-\chi)>0$，线团之间强烈相互作用，二次项将起主导作用，这样就得到 Flory 的渗透压的标度：$\pi \sim c^2 \sim \phi^2$。但实验证明 Flory 的预测是错误的。

Flory 预测的偏差源于他的平均场概念。平均场的思想来自理想气体，天然地忽略了相邻或邻近单元的关联性。用于理想链没有问题，进入半稀区以后就不能接受了。

desCloiseaux[7,8] 提出通过标度法来改进对渗透压的预测。在 van't Hoff 公式的基础上并认为渗透压是重叠度的函数，可以写出：

$$\frac{a^3\pi}{kT} = \frac{\phi}{N}f_n\left(\frac{\phi}{\phi^*}\right) \tag{3-57}$$

在这里我们又看到了类似式（3-24）的标度讨论。$f_n(x)$ 为无量纲函数，具有下列性质：

①稀溶液中 x 很小，$f_n(x) = 1 + constx + \cdots$

②半稀溶液中 x 较大，所有的热力学性质都达到一个状态，即只依赖于 ϕ 而与聚合度 N 无关。这在物理上意味着局部的能量、熵等都由浓度 ϕ 所决定，不论溶液中含多个有限链还是一个无限链，局部性质没有区别。

欲达到②的要求，函数 $f_n(x)$ 必须是 x 的简单幂函数，才能消掉式（3-57）中对 N 的依赖性：

$$\lim_{x \to \infty} f_n(x) = const\, x^m = const\left(\frac{\phi}{\phi^*}\right)^m = const\, a^{-3}\phi^m N^{4m/5} \tag{3-58}$$

将以上 $f_n(x)$ 的形式代入（3-57），就有了：

$$\frac{a^3\pi}{kT} = const\, \phi^{m+1} N^{4m/5-1}(\phi \gg \phi^*) \tag{3-59}$$

因为我们要求 π 独立于 N，m 必须等于 5/4。

这样得到渗透压的 des Cloiseaux 公式：

$$\frac{a^3\pi}{kT} = const\, \phi^{9/4} \quad （半稀溶液） \tag{3-60}$$

$\phi^{9/4}$ 的标度已由渗透压和光散射实验证实，与平均场的预测相差了 $\phi^{1/4}$。可知单元间相关性的影响是十分显著的。

最后我们来做一个类似 Einstein 光速火车类型的思想实验，用渗透压来证明熔体中的链为理想链。实验是计算溶剂分子的渗透压 π_s。乍一听这是个荒谬的概念。测定聚合物渗透压的过程，是让溶剂通过半透膜进入聚合物溶液。而测定所谓溶剂的渗透压 π_s 则要先制备一个只过分子链不过溶剂的半透膜，让分子链进入一个含少量溶剂、大量聚合物的溶液。然后计算自由能变化与熔体体积变化之比。

起始公式与（3-52）类似，定义溶剂分数 $\phi_s = 1 - \phi$：

$$\pi_s = \phi_s^2 \frac{\partial}{\partial \phi_s}\left(\frac{\Delta F_{site}}{\phi_s}\right) \tag{3-61}$$

由此得到：

$$\frac{a^3 \pi_s}{kT} = \phi_s - \frac{1}{N}[\phi_s + \ln(1 - \phi_s)] - \chi \phi_s^2 \qquad (3-62)$$

ϕ_s 很低时展开对数项得到：

$$\frac{a \pi_s}{kT} = \phi_s + \phi_s^2\left(\frac{1}{2N} - \chi\right) + \cdots \qquad (3-63)$$

无热条件下，$\chi = 0$，得到溶剂间作用的第二 virial 系数为 $A_{2s} = 1/(2N)$，接近为零，意味着溶剂分子间的相互作用为零。无热条件下，溶剂–溶剂与单元–单元作用是相同，故可推知分子链间的作用也为零。那么聚合物熔体中的分子链为理想链。

3.3　光　散　射

　　溶液和溶剂中存在密度涨落，都会散射光线。聚合物溶解于溶剂，以线团的形式分散在溶液中，又叠加了浓度涨落，造成了附加的散射。利用这个附加的散射，我们能够分析线团的性质。本节讨论稀溶液中高分子线团的弹性散射，即不改变光线波长的散射。

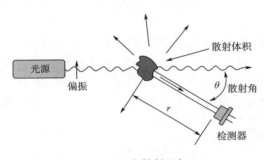

图 3-7　光散射几何

　　光散射几何如图 3-7 所示。检测器与样品池的距离为 r，与方向夹角为 θ。检测到的信号乃是附加散射的强度 $J(\theta)$。线团尺寸一般小于 100 nm，比可见光的波长 λ 小得多，我们可以暂时将高分子线团视作点散射体。Rayleigh 爵士研究了点散射体的非极化散射，得到了散射光的强度为：

$$J = \frac{16 \pi^4}{\lambda_0^4 r^2} \alpha^2 m V J_0 \qquad (3-64)$$

其中 m 为线团（散射体）浓度，V 为散射体积，α 为线团的极化率，定义为 $P = \alpha E$，E 为外电场，P 为该电场下线团的偶极矩。

　　实验结果常用归一化的散射强度表示：

$$I = \frac{J}{J_0} \frac{r^2}{V(\theta)} = \frac{16 \pi^4}{\lambda_0^4} \alpha^2 m \qquad (3-65)$$

左侧的归一化形式是出自如下考虑：

　　①入射激光强度越高，散射强度越高；

　　②检测器接收的光强必然与光源的距离的平方成反比；

　　③接收的光强依赖于散射粒子的多少。

　　并不是样品池中的体积都能被检测器感知到。检测器可感知的体积，称作散射体积。这个体积依赖于角度 θ。

　　归一化的 I 值是一种绝对强度，由 Rayleigh 首次使用，故常称作 Rayleigh 比，记作 R_θ。

　　习惯上用单位体积的聚合物质量 c 代替散射粒子浓度 m，$m = cN_A/M$，M 为聚合物的相对分子质量，N_A 为 Avogadro 常数。代入式（3-65）：

$$R_\theta = \frac{16 \pi^4}{\lambda_0^4} \frac{\alpha^2 c N_A}{M} \qquad (3-66)$$

极化率 α 可表示为溶剂的折光率 n 因聚合物线团的加入而产生的变化：

$$\alpha = \frac{n_0 M}{2\pi N_A} \frac{\partial n}{\partial c} \tag{3-67}$$

n_0 为纯溶剂的折光率。$\partial n/\partial c$ 称作折光率增量，可从聚合物/溶剂体系直接测量。于是，式（3-66）变为：

$$R_\theta = \frac{4\pi^2}{\lambda_0^4} \frac{n_0^2}{N_A} \left(\frac{\partial n}{\partial c}\right)^2 cM \tag{3-68}$$

定义光学常数 K，它只依赖于聚合物/溶剂体系的类型，与聚合物的相对分子质量及浓度无关：

$$K = \frac{4\pi^2}{\lambda_0^4} \frac{n_0^2}{N_A} \left(\frac{\partial n}{\partial c}\right)^2 \tag{3-69}$$

式（3-68）可写作：

$$R_\theta = KcM \tag{3-70}$$

这样，只需测量 Rayleigh 比 R_θ 即可测定相对分子质量。

对于多分散体系溶液，总 Rayleigh 比可写作各个级分之和：

$$R_\theta = K\sum_i c_i M_i \tag{3-71}$$

或者

$$\frac{Kc}{R_\theta} = \frac{\sum_i c_i}{\sum_i c_i M_i} = \frac{\sum_i N_i M_i}{\sum_i N_i M_i^2} = \frac{1}{M_w} \tag{3-72}$$

所以用光散射测定的相对分子质量为重均相对分子质量。

像在渗透压中一样，非理想溶液可以通过引入 virial 系数来描述。按照渗透压公式的处理方式，光散射数据与渗透压的关系为：

$$\frac{Kc}{R_\theta} = \frac{1}{M_w} + 2A_2 c + 3A_3 c^2 + \cdots \tag{3-73}$$

光散射公式中的 A_2 与渗透压中的 A_2 略有区别，前者是 Z 均的，而后者是重均的。忽略 A_2 以上的高次项，Kc/R_θ 就成为 c 的线性函数：

$$\frac{Kc}{R_\theta} = \frac{1}{M_w} + 2A_2 c \tag{3-74}$$

以 Kc/R_θ 对 c 作图可得一直线，由斜率得到第二 virial 系数，从截距得到重均相对分子质量。

截止到目前为止，我们的方法都建立在 Rayleigh 理论的基础之上，而 Rayleigh 理论只适用于小粒子（小于波长的 1/20，即所谓点状散射体）相对分子质量的测定。光散射使用的波长范围为 400~800 nm，适用的粒子半径在 20~40 nm 之间。常见聚合物在稀溶液中的线团往往大于这个范围。且聚合物常常是多分散体系，体系中一定会存在很大的线团。这种情况下所得的相对分子质量就不正确。所以必须进行大粒子校正。

在大粒子（大于波长的 1/20）的散射中，光线会从粒子的不同部分散射，如图 3-8 所示聚合物线团的散射。从粒子不同部分散射的光到达检测器的光程不同，导致干涉，光强就会低于纯粹的小粒子。

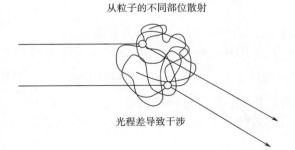

从粒子的不同部位散射

光程差导致干涉

图 3-8　大粒子散射中的干涉

光强的减弱或干涉的程度取决于散射角。在零度角，粒子各部分散射光的光程总是等同的，就没有干涉。换句话说，$\theta = 0$ 时，散射强度最高，可记作 J（0）。但当 $\theta \neq 0$ 时，就会产生干涉。散射强度 J（θ）一般是随角度的增大而变弱。θ 越大，干涉越强，到 180° 时达到最大。

只有在大粒子的场合下才会有零度角的要求，小粒子的情况不存在这个问题。当粒子足够小时，即小于激光波长的 1/20 时，散射强度就与散射角基本无关了。与角度无关的散射称作各向同性散射，这样的小粒子称作各向同性散射体。因为在前面的讨论中我们假设了小粒子，就不需要考虑散射角对强度的影响。

为消除大粒子产生的干涉，理想的情况是在零度角（$\theta = 0$）对散射光进行测定。但这是不可能的。因为在零度角，激光束会直接照射检测器，透射光又与散射光波长相同，无法对二者进行区分。但也不是没有办法得到零度角的散射强度，可以测定一系列小角度的散射光强，外推到零度角。

随粒子尺寸的增加，散射强度随散射角的增大下降越来越多。为描述这种大粒子效应，我们定义一个新的函数 P（θ）。P（θ）定义为实际角散射强度 J（θ）与零度角散射强度 J（0）之比：故也就是 Rayleigh 比的比值：

$$P(\theta) = \frac{J(\theta)}{J(0)} = \frac{R_\theta}{R_\theta^0} \tag{3-75}$$

以上 R_θ^0 和 R_θ 分别代表零度角和有限角的 Rayleigh 比。在小粒子的场合下，散射角对 Rayleigh 比没有影响，R_θ 不会引起歧义。在讨论大粒子的散射时，就必须区别散射角。用 P（θ）对散射公式（3-74）进行校正：

$$\frac{Kc}{R_\theta} = \frac{Kc}{P(\theta) R_\theta^0} = \left(\frac{1}{M_w} + 2 A_2 c \right) \frac{1}{P(\theta)} \tag{3-76}$$

当 $\theta = 0$ 时，$P(\theta) = 1$，式（3-76）就应还原为（3-74）。当 θ 为有限角度时，$P(\theta)$ 总是小于 1。

由于 P（θ）是大粒子的不同部分散射的干涉造成的，故必然携带着粒子形状的信息，故又称作粒子的形状因子。小粒子的散射是各向同性的，与形状因子无关，故各向同性散射中不可能得到形状信息。

最基本的形状信息是粒子的均方回转半径 $\langle R_g^2 \rangle$，定义为粒子中各质点与质心距离平方的平均值。如果溶液中含有多种不同粒子或分子，所得的回转半径为 Z 均的平均值，其定义为：

$$\langle R_g^2 \rangle_z = \frac{C_1 M_1 \langle R_g^2 \rangle_1 + C_2 M_2 \langle R_g^2 \rangle_2 + \cdots}{C_1 M_1 + C_2 M_2 + \cdots} \tag{3-77}$$

其中 C_1，$C_2 \cdots$ 为不同组分的质量浓度。

欲使用式（3-76）求出相对分子质量与其他信息，需要了解 P（θ）的具体形式。P（θ）的信息来自大粒子散射的理论分析，其结果可用于处理 $\sqrt{\langle R_g^2 \rangle} < \lambda/2$ 的大粒子。在可见光散射中，可以处理的范围为 $\sqrt{\langle R_g^2 \rangle} < 200 \sim 400$ nm。多数聚合物落在或低于这个范围，通过有效的外推方法即可得到所需的数据。P（θ）的理论结果为：

$$\frac{1}{P(\theta)} = 1 + \frac{16 \pi^2}{3 \lambda^2} \langle R_g^2 \rangle_z \sin^2 \frac{\theta}{2} + \cdots \tag{3-78}$$

上式中忽略了更高阶的 $\sin^2(\theta/2)$ 项。多分散聚合物的散射函数为：

$$\frac{Kc}{R_\theta} = \left(\frac{1}{M_w} + 2A_2c\right)\left(1 + \frac{16\,\pi^2}{3\,\lambda^2}\langle R_g^2\rangle_z \sin^2\frac{\theta}{2}\right) \qquad (3-79)$$

式（3-79）是我们最后得到的光散射公式，同时考虑了非理想溶液与大粒子效应。为准确测定聚合物的相对分子质量，需要在多个不同角度测定散射强度，然后外推到零散射角 [此处 $P(\theta)=1$]，且每个角度要测若干个浓度，然后外推到零浓度。只测一个低浓度是不够的，因为如果浓度太低则散射强度太低；而浓度太高则不能忽略 A_2 以上的高次项。

得到不同浓度与不同散射角的 Kc/R_θ 值之后，要进行 2 次作图：第一次，固定 c，以 Kc/R_θ 对 $\sin^2(\theta/2)$ 作图，得到一条直线，截距为 $\left(\frac{1}{M_w} + 2A_2c\right)$，斜率为 $\left(\frac{1}{M_w} + 2A_2c\right)\frac{16\,\pi^2}{3\,\lambda^2}\langle R_g^2\rangle_z$。

利用所得的截距数据进行第二次作图，所得斜率为 $2A_2$，截距为 $1/M_w$。将所得结果代入第一次作图得到的斜率值，就能求得 $\langle R_g^2\rangle_z$。如果第一次对 c 作图，然后用所得截距对 $\sin^2(\theta/2)$ 作图也能得到同样的结果。

以上分析都假定所用的浓度都足够低，使得对浓度的依赖是线性的，且可以忽略第二 virial 系数以上的高阶项；也假定所使用的散射角都足够小，$\sin^2(\theta/2)$ 以上的高阶项都可以忽略。这 2 种假设在聚合物的光散射中都容易满足。

在没有计算机的年代，作图外推是件很麻烦的事，于是产生了简便的 Zimm 作图法。Zimm 作图法是以 Kc/R_θ 对 $\sin^2(\theta/2)+kc$ 作图，将所有的 Kc/R_θ 值都画在一个网格之中，对 θ 和 c 这 2 个变量线性作图。从不同的 θ 角外推出最下方的 $\theta=0$ 线，从不同的浓度外推出最左侧的 $c=0$ 线。k 是个常数，引入 k 是为使作图更加清晰。$\theta=0$ 线和 $c=0$ 线交于纵轴，由所得截距点求得重均相对分子质量，由 2 个斜率分别得到 A_2 和 $\langle R_g^2\rangle_z$。典型的 Zimm 作图见图 3-9。

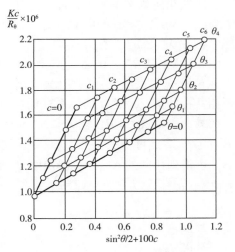

图 3-9　典型的 Zimm 作图

对今天的人们来说，不用计算机而进行手工绘图是不可想象的事。因而 Zimm 作图失去了实用价值，本书也就不做详细介绍，仅以一段文字和一张插图纪念其历史意义。

3.4　相平衡与相分离

本节与 3.5 节主要讨论聚合物-小分子溶剂体系，基本原理亦适用于聚合物合金体系。按照约定俗成，用下标 1 代表溶剂，2 代表聚合物。体积分数则采取双变量方式，溶剂的体积分数为 ϕ_1，聚合物的体积分数为 ϕ_2。

聚合物与溶剂能否相互溶解可通过 χ、A_2 或溶度参数进行粗略判断。但欲了解 2 组分在整个组成范围内的混溶情况，必须从混合自由能与组成的关系进行系统分析。

在热力学上，相平衡的判据为：

$$dG = VdP - SdT + \sum_i \mu_i d n_i = 0 \tag{3-80}$$

下标 i 标记组分。本节研究高分子溶液，i 的取值只有 1 和 2。恒温恒压条件下：

$$dG = \sum_i \mu_i d n_i = \sum_i \mu_i^\alpha d n_i^\alpha + \sum_i \mu_i^\beta d n_i^\beta = 0 \tag{3-81}$$

上标 α，β 标记不同的相。发生分相时，任一物种从一相迁出的量必然等于进入另一相的量，故有 $d n_i^\alpha = - d n_i^\beta$，

$$\sum_i (\mu_i^\alpha - \mu_i^\beta) d n_i^\alpha = 0 \tag{3-82}$$

$$\mu_i^\alpha = \mu_i^\beta \tag{3-83}$$

上式的意义是体系中的不同物种在两相的化学势对应相等时，即是相平衡状态。而相平衡态的体系自由能等于零。由热力学基本方程：

$$\Delta G_m = \phi_1 \Delta \mu_1 + \phi_2 \Delta \mu_2 \qquad \Delta \mu_i = \mu_i - \mu_i^0 \tag{3-84}$$

研究混合自由能与组成关系时，往往用 ΔG_m 对 ϕ_2 作图，故可将混合自由能写作：

$$\Delta G_m = (1 - \phi_2) \Delta \mu_1 + \phi_2 \Delta \mu_2 = \Delta \mu_1 + \phi_2 (\Delta \mu_2 - \Delta \mu_1) \tag{3-85}$$

上式的几何意义很明确，曲线上任一点 P 的切线与 $\phi_2 = 0$ 的纵轴的交点为 $\Delta \mu_1$，斜率为 $(\Delta \mu_2 - \Delta \mu_1)$。如果用 ΔG_m 对 ϕ_1 作图，就得到对称的结果，与 $\phi_1 = 0$ 的纵轴的交点为 $\Delta \mu_2$，斜率为 $(\Delta \mu_1 - \Delta \mu_2)$。

图 3-10 是 $\Delta H_m < 0$，$\Delta S_m > 0$ 条件下的 $\Delta G_m(\phi_2)$ 作图，可看到一条纯下凹的曲线，随着 P 点位置（代表组成）的变化，$\Delta \mu_1$ 与 $\Delta \mu_2$ 也在变化，不会出现 2 个组成的化学势相等，即两相共存的情况。这样的体系在任意组成都是均相，不会发生相分离。

在另一种情况，$\Delta H_m > 0$，$\Delta S_m > 0$，二者叠加形成的曲线显示 2 个极小值（图 3-11）。过 P 和 Q 这 2 点可作一条公切线。根据前面的定义，如果用 ΔG_m 对 ϕ_2 作图，则由组成 ϕ_2^P 与 ϕ_2^Q 可得到相同的 $\Delta \mu_1$；如果用 ΔG_m 对 ϕ_1 作图，则由组成 ϕ_1^P 与 ϕ_1^Q 可得到相同的 $\Delta \mu_2$。换言之，$\Delta \mu_1^P = \Delta \mu_1^Q$，$\Delta \mu_2^P = \Delta \mu_2^Q$。所以 P 点和 Q 点的组成处于相平衡。

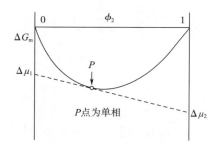

图 3-10　纯下凹的自由能-组成曲线

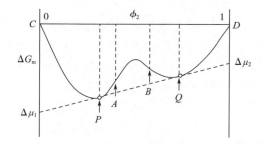

图 3-11　出现 2 个极小值的自由能-组成曲线

通过以上讨论我们找到了相平衡点，那么组成介于 P 和 Q 这 2 点之间的混合物是否一定会分离为组成为 ϕ_2^P 与 ϕ_2^Q 的两相呢？这要通过自由能的计算来确定。

设均相溶液的体积分数为 $\bar{\phi}$，体积为 V；如果分为两相，体积与体积分数各为 V_1，ϕ_1 和 V_2，ϕ_2，则以下关系式成立：

$$V_1 + V_2 = V \tag{3-86}$$

$$\phi_1 V_1 + \phi_2 V_2 = \bar{\phi} V \tag{3-87}$$

解以上方程组，得到两相体积：

$$V_1 = \frac{\phi_2 - \overline{\phi}}{\phi_2 - \phi_1}V; \quad V_2 = \frac{\overline{\phi} - \phi_1}{\phi_2 - \phi_1}V \tag{3-88}$$

分离态两相的总自由能可写作：

$$G(\phi_1,\ \phi_2,\ \overline{\phi}) = g(\phi_1)\,V_1 + g(\phi_2)\,V_2 \tag{3-89}$$

其中 $g(\phi_i)$ 是单位体积的自由能。由上 2 式可写出：

$$g(\phi_1,\ \phi_2,\ \overline{\phi}) = \frac{G(\phi_1,\ \phi_2,\ \overline{\phi})}{V} = \frac{\phi_2 - \overline{\phi}}{\phi_2 - \phi_1}g(\phi_1) + \frac{\overline{\phi} - \phi_1}{\phi_2 - \phi_1}g(\phi_2) \tag{3-90}$$

混合物是否会分离为两相，取决于分离态自由能 $g(\phi_1,\ \phi_2,\ \overline{\phi})$ 与初始相自由能 $g(\overline{\phi})$ 的高低。

式（3-90）的几何意义可用图 3-12 进行说明。图为自由能密度对聚合物体积分数 ϕ 的曲线。分离态自由能密度 $g(\phi_1,\ \phi_2,\ \overline{\phi})$ 乃是 2 个分离相自由能密度 $g(\phi_1)$ 与 $g(\phi_2)$ 的加权平均值，权重为对方组分浓相组成与初始相组成的距离分数，符合杠杆原理。所以在图上 $g(\phi_1,\ \phi_2,\ \overline{\phi})$ 恰为 $g(\phi_1)$ 与 $g(\phi_2)$ 2 点连线与纵向线 $\phi = \overline{\phi}$ 的交点。

如果曲线是下凹的［图 3-12（a）］，分离相自由能密度高于初始相，相分离不会发生；反过来，如果曲线是上凸的［图 3-12（b）］，分离相自由能密度低于初始相，相分离必然会发生。

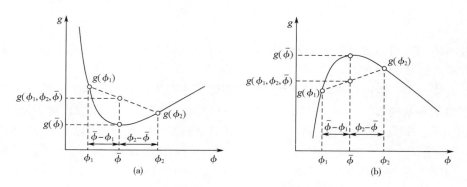

图 3-12　下凹与上凸曲线的自由能密度变化

由前所述，热力学判据 $\Delta G_m = \Delta H_m - T\Delta S_m < 0$ 仅是混溶的必要条件而非充分条件。从图 3-12 中我们看到了另一个混溶的判据：混合自由能 ΔG_m 对聚合物体积分数曲线的形状。曲线纯下凹，曲线上点点 $\partial^2 \Delta G_m/\partial \phi_2^2 > 0$。在这样的体系中任何局部的相分离都会造成自由能的上升，故可以在任意比例形成均相。由此，$\Delta G_m = \Delta H_m - T\Delta S_m < 0$ 与 $\partial^2 \Delta G_m/\partial \phi_2^2 > 0$ 这 2 个条件共同构成了体系混溶的充分必要条件。

出现 2 个极小值的曲线比较复杂，我们用图 3-13 进行说明。2 个极小值记作 B_1 和 B_2 点，组成分别为 ϕ'_2 和 ϕ''_2，也正是公切线的 2 个切点。B_1 和 B_2 点之外 $\partial^2 \Delta G_m/\partial \phi_2^2 > 0$，溶液为均相。组分处于 ϕ'_2 与 ϕ''_2 之间的溶液会分为两相，两相的组成恰为 ϕ'_2 和 ϕ''_2。B_1 和 B_2 点好似给互溶的区域打开了一个空窗，故将这个不相容的浓度范围称作溶解窗口（solubility window）。

溶液在 B_1 和 B_2 点两相共存，故将这 2 个公切点称作双节点（binodal），双节点上自由能对组成的一阶导数为零。在图 3-13 的曲线中有 1 个极大值。2 个极小值与极大值之间各

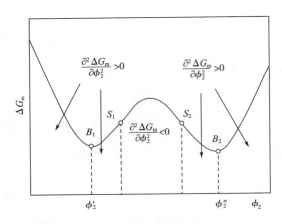

图 3-13　发生相分离的自由能-组成曲线

有一个拐点（S_1 和 S_2），称作旋节点（spinodal），旋节点上自由能对组成的二阶导数为零，即 $\partial^2 \Delta G_\mathrm{m}/\partial \phi_2^2 = 0$。在双节点与旋节点之间（$B_1$ 和 S_1，B_2 和 S_2 之间），$\Delta G_\mathrm{m} - \phi_2$ 曲线仍具有 $\partial^2 \Delta G_\mathrm{m}/\partial \phi_2^2 > 0$，局部微小的相分离仍可得到抑制。如果受到外场的激励，如机械搅拌或振动，温度的剧变等，仍会发生相分离。因为从总体上看，如果 B_1 和 S_1 或 B_2 和 S_2 之间的组成分离为组成为 ϕ'_2 和 ϕ''_2 的两相，体系的总自由能仍可以降低。这个组成区间的体系被称作亚稳态。组成在旋节点内时，曲线上凸，$\partial^2 \Delta G_\mathrm{m}/\partial \phi_2^2 <$ 0，任何局部的相分离都会造成自由能的下降，故为非稳态，会自动发生相分离。

亚稳态与非稳态的相分离机理是不同的，前者的机理称作成核生长，后者的机理称作旋节分解。我们将在 3.6.2 节详细讨论相分离机理。

3.5　相　　图

温度不同，溶剂的溶解能力不同，溶液的相行为也随之不同。根据温度对溶解能力的影响，可将溶液体系分为 2 类。

第一类体系中，温度越高溶解能力越强。高温下体系为均相，低温下体系分为两相。在不同温度绘制一系列 $\Delta G_\mathrm{m} - \phi_2$ 曲线，得到图 3-14（a）的上图。可以发现随着温度的升高，2 个极小值相互靠近，这表明发生分相的组成范围不断缩小。温度升高到某一临界点 T_c 时，2 个极小值合并为一点，曲线成为纯下凹形。在这一点及以上温度，任何组成的溶液都是均相体系。温度 T_c 称为上临界互溶温度（upper critical solution temperature，UCST），UCST 也作为此类体系的代称。

第二类体系中，温度的影响刚好相反。低温下体系为均相，高温下体系分为两相，见图 3-14（b）上图。2 个极小值随温度降低而相互靠近，达到临界温度 T_c 时合而为一。在这一点及以下温度，任何组成的溶液都是均相体系。此处的 T_c 称为下临界互溶温度（lower critical solution temperature，LCST），此类体系也称作 LCST。

将图 3-14 中的自由能-组成数据重新绘制，从上图的每一条曲线中撷取 4 个点，即 2 个双节点与 2 个旋节点，画在下图对应温度的水平线上。由不同温度的双节点连接而成的曲线称为双节线（binodal），旋节点连接而成的曲线称为旋节线（spinodal）。这样双节线与旋节线将溶液体系划分为 3 个区域，加上这 2 条曲线合称溶液的相图。溶液相图中有 3 个要素：双节线、旋节线以及临界点 C，即 2 条线的交汇顶点。C 点对应的温度称为临界温度 T_c。相图中的不同区域代表溶液的不同状态，双节线以外是稳态区，双节线与旋节线之间是亚稳区，旋节线以内是非稳区。

实验相图通常不是对称的，除非组分的相对分子质量相似。高分子溶液中两组分相对分子质量差异很大，相图就是高度非对称的。

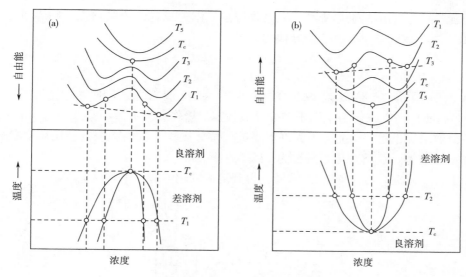

图 3-14　由自由能—组成曲线转化为相图
（a）UCST 体系　（b）LCST 体系

出现 UCST 体系的物理背景很清楚。由于混合熵一定有利于混合，体系是否保持均相取决于混合热，而混合热取决于相互作用参数 χ。根据 χ 的定义，温度越高，χ 值越小，因而温度越高，越有利于混合。然而这种性质并不能覆盖所有的聚合物混合体系。

相比之下，LCST 体系的物理背景就不够清晰。此类体系多数为水溶液，如聚氧化乙烯和甲基纤维素的水溶液。可能有 2 种效应导致了 LCST 行为：①此类体系中存在较强的疏水作用，温度降低减弱了疏水作用，使 χ 值降低；②此类体系的有机物周围的水中存在氢键网络，温度降低提高了氢键网络的完整性，从而提高了混合熵。相互作用的降低与熵的提高，这 2 方面的贡献都能提高低温下溶解能力。除了水溶液体系，聚合物与聚合物的共混物多为下临界互溶体系。

还有些特殊体系会同时出现上临界互溶温度和下临界互溶温度，温度过高或过低时都会发生分相，只有当体系处于 2 个温度之间时才会在任意组成都为均相。聚苯乙烯/环己烷溶液就是这样一个体系，图 3-15 为该体系的 2 条双节线。

Flory - Huggins 的晶格理论不能解释 LCST 行为，障碍在于 χ 值描述混合热的本质，即便把一部分熵变引入 χ 值也无济于事。为解释 LCST 行为，Flory 又提出了状态方程理论，但该理论的接受面并不广，本书不拟进行介绍。本书中关于相图及相行为的讨论，尽量兼顾 2 种体系。如不能兼顾，则基于上临界互溶体系。

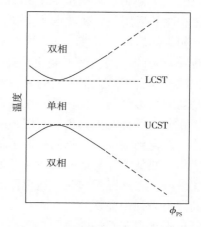

图 3-15　聚苯乙烯/环己烷溶液的相图[11]

双节线与旋节线具有一个公共顶点，即临界点 C。因双节线上自由能对组成的一阶导数为零，而旋节线上自由能对组成的二阶导数为零，作为二者的公共顶点，临界点 C 上混合自由能 ΔG_m 对组成的一、二、三阶导数均为零：

$$\frac{\partial \Delta G_m}{\partial \phi_2} = \frac{\partial^2 \Delta G_m}{\partial \phi_2^2} = \frac{\partial^3 \Delta G_m}{\partial \phi_2^3} = 0 \tag{3-91}$$

对体积分数 ϕ 求导或对摩尔数 n 求导对我们没有区别。这是由于 $\partial/\partial n = (\partial\phi/\partial n)(\partial/\partial\phi)$，而 $(\partial\phi/\partial n)$ 因子在令导数为零的操作会被消掉。又由于 $\phi_1 = 1 - \phi_2$，对哪个体积分数求导也是一样的。因为以下要进行微分操作，我们将恢复使用单变量表示法，聚合物体积分数为 ϕ，溶剂体积分数为 $(1 - \phi)$。

习惯上，先以混合自由能对 n_1 求导，得到溶剂的化学势。由式（3-32）：

$$\frac{\partial \Delta G}{\partial n_1} = \mu_1 = kT\left[\ln(1 - \phi) + \left(1 - \frac{1}{N}\right)\phi + \chi\phi^2\right] \tag{3-92}$$

而第二、三阶导数对 ϕ 求取：

$$\frac{\partial \mu_1}{\partial \phi} = kT\left[\frac{-1}{1 - \phi} + \left(1 - \frac{1}{N}\right) + 2\chi\phi\right] = 0 \tag{3-93}$$

$$\frac{\partial^2 \mu_1}{\partial \phi^2} = kT\left[\frac{-1}{(1 - \phi)^2} + 2\chi\right] = 0 \tag{3-94}$$

联立上 2 式，可解出临界点的组成 ϕ_c：

$$\phi_c = \frac{1}{1 + N^{1/2}} \approx N^{-1/2} \tag{3-95}$$

N 为聚合物链中所含的单元数，是很大的数，可知在聚合物溶液中 ϕ_c 很小，临界溶液与纯溶剂几乎没有区别。将式（3-95）代入（3-94），可解出临界点上的 χ 值：

$$\chi_c = \frac{1}{2} + \left(\frac{1}{N^{1/2}} + \frac{1}{2N}\right) \tag{3-96}$$

当 $N \to \infty$ 时，$\chi_c = 1/2$；N 为有限值时，χ_c 略高于 $1/2$。式（3-96）建立了临界 χ 值与相对分子质量的关系，等于是建立了相对分子质量与溶解性能的关系。相对分子质量越大，χ_c 越低，溶解性能越差；反之，相对分子质量越小，χ_c 越高，溶解性能越好。相对分子质量越低，临界温度 T_c 越低，所对应的 χ_c 越高于 $1/2$，发生相分离的温度就越低于 Θ 温度。

测定相图的通用手段是浊点法。制备不同浓度的 UCST 溶液。取一个溶液置于较高温度下成为单相，然后让其缓慢冷却。这个聚合物-溶剂体系随温度下降改变着状态。当温度跨越共存线（双节线）时，溶液变浊，表明发生微观相分离。这个点称作浊点（cloud point）。溶液发生混浊是由于折光率不同的两相对光的散射。较长时间后，溶液分离为宏观的两相，每相都是均匀而透明的，较轻的一相在上，较重的一相在下。如果聚合物具有结晶能力，富聚合物相在分离后会发生结晶。使用不同浓度的溶液会得到不同组成上的浊点，将所得浊点光滑相连，就得到共存线，从而构造了相图。

一般用肉眼就能轻易地辨别浊点。如果需要更高的精度，可使用测光仪。可在比色皿中制备均相溶液，在降温的同时，连续监测透射或散射的光强。当溶液变浊时，透射光强发生陡降，而散射光强则会跃升。

室温下无规聚苯乙烯的环己烷溶液是 UCST 类型。图 3-16 是 4 种相对分子质量聚苯乙烯的相图。随着相对分子质量的增加，临界温度（T_c）升高而临界体积分数（ϕ_c）降低。将 T_c 外推到无穷相对分子质量约为 35.4 ℃。

图上的 2 条虚线代表 Flory 理论的双节线。由其与实验曲线的显著差距，可知 Flory 理论在相图方面只能给出定性的趋势，不能得出实际的预测。

到目前为止，本节所介绍的相图内容只限双节与旋节 2 条线，而这 2 条线只是整个溶液相图的一部分。作为本节的结尾，我们简单介绍一下完整的溶液相图，见图 3-17。

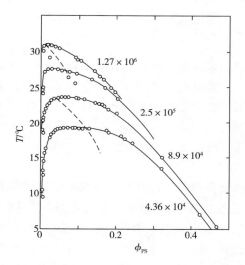

图 3-16　浊点法绘制聚苯乙烯/环己烷溶液的相图　　　　图 3-17　聚合物溶液的完整相图

采用 de Gennes 的画法，以聚合物-溶剂相互作用参数 χ 为纵坐标，以聚合物体积分数 ϕ 为横坐标，这样的画法对各种溶液体系具有普适性。纵坐标的中点是 $\chi = 1/2$，对应着 Θ 温度。以 $\chi = 1/2$ 画一条水平线，即为 Θ 线，线上各点排除体积与范德华吸引力抵消，无论浓度如何，高分子链永远接近理想链。

在 1/2 线的上方，我们看到熟悉的双节线、旋节线与临界点 C。C 点的纵坐标是临界 χ 值 $\chi_c = 1/2 + N^{-1/2}$，横坐标是临界组成 $\phi_c \approx N^{-1/2}$。Θ 线与双节线之间的距离很小，为 $N^{-1/2}$。如果相对分子质量无限大，则临界点与 Θ 线重合。

值得注意的是临界点以上、以左的区域，这是单个球团发生的范围。因为只有这个区域才符合溶剂质量差、分子彼此独立、同时又是均相溶液的条件。

在 Θ 线的下方，线团尺寸开始从理想链向膨胀链过渡，但过渡的边界还需要通过自由能公式（3-34）来确定：

$$\frac{\Delta G_m}{kT}(格位) = \frac{\phi}{N}\ln\phi + \frac{1}{2}(1 - 2\chi)\phi^2 + \frac{1}{6}\phi^3 + \cdots \tag{3-97}$$

第一项是熵项，不必考虑。第二、三项分别是二元与三元作用项。由二元与三元作用的平衡，可由式（3-97）解出 $\phi = 3(1 - 2\chi)$，这个方程就是相图中 Θ 线下方的虚线，称作 L 线。处于理想状态时，二元作用项为零，只有三元作用项，溶液处于 L 线的上方与左方。随着 χ 值的变小或 ϕ 值的增大，只要 $\phi > 3(1 - 2\chi)$，二元作用项就压倒三元作用项，溶液跨越 L 线，就实现了理想链向膨胀链的过渡。从 C 点垂直向下，交 L 线于 P 点。P 点将 L 线分为 2 段，左边为 ϕ^* 线，右边为 ϕ^{**} 线。P 点以左、以下的溶液是良溶剂稀溶液，属于膨胀链。浓度增时，水平向右移动。越过 ϕ^* 线就成为半稀溶液，仍为膨胀链，但膨胀程度随浓度上升而下降，再越过 ϕ^{**} 线后就成为浓溶液，回归到理想链，直至熔体。

相图中的双节、旋节线与 Θ 线可认为是尖锐的线，但 L 线不是个尖锐的边界，只定义了不同状态间的过渡。整个相图可视为对溶液知识的一个小结。

3.6 聚合物合金

3.6.1 热力学处理

聚合物合金指大分子物质的混合物。参与混合的聚合物可以是 2 种或 2 种以上，为简单起见，本书只限二元混合物。聚合物合金又称聚合物共混物。共混物与合金这 2 个术语在本书中是通用的，可以互相指代。但这种通用性并不是普遍接受的。有些人认为，聚合物共混物（polymer blend）指相容聚合物的混合物，而聚合物合金（polymer alloy）则指不相容聚合物的混合物；但又有人对这 2 个术语的理解刚好相反。本书无意做语义上的辨析，只对相容性不同的各种混合物的性质与行为加以描述。

分子水平混合的聚合物合金比较少见，一般的聚合物合金都会发生分相，区别仅在于微相的几何形状及尺寸。常见的相容聚合物合金有聚苯乙烯/聚苯硫醚、聚氯乙烯/丁腈橡胶、聚氯乙烯/聚酯、聚对苯二甲酸乙二醇酯/丁二醇酯以及聚偏氯乙烯/有机玻璃等。不相容体系有聚乙烯/聚丙烯和高抗冲聚苯乙烯等。从实用的角度考虑，一定程度的相分离恰恰是人们所希望的。

聚合物合金也有上临界互溶（UCST）与下临界互溶（LCST）体系之分。与高分子溶液不同的是，LCST 是常见的体系，包括聚氯乙烯/聚丙烯酸甲酯、苯乙烯-丙烯腈共聚物/聚丙烯酸甲酯、乙烯-酸酸乙烯共聚物/氯化聚乙烯、聚碳酸酯/聚己内酯、聚偏氟乙烯/聚酸酸乙烯酯等。UCST 体系却是少数，一般是聚苯乙烯的合金，共混对象包括聚异丁烯、聚丁二烯、丁苯橡胶和聚己内酯等。

由高分子溶液的混合自由能公式（3-28），可直接写出高分子合金的混合自由能为：

$$\frac{\Delta G_{\mathrm{m}}}{kT} = \frac{\phi}{N_1}\ln\phi + \frac{1-\phi}{N_2}\ln(1-\phi) + \chi\phi(1-\phi) \tag{3-98}$$

N_1 和 N_2 分别是组成聚合物 1 和 2 的聚合度。$N_1 = N_2$ 的体系称作对称合金，否则为非对称合金。不论是否对称，N_1 和 N_2 都是很大的数，可知在聚合物合金中混合熵几乎为零。χ 一般为正值，故高分子合金很难满足 $\Delta G_{\mathrm{m}} = \Delta H_{\mathrm{m}} - T\Delta S_{\mathrm{m}} < 0$ 的条件。均相的合金很少见，分相是聚合物合金的常态。

也正是因为上述原因，聚合物合金的相容与分相往往在一线之间，而微小的熵变就会引起相容与分相的转变。不同聚合物混合时，一般会发生体积的缩小。体积的缩小会使柔性降低，进而使构象熵减小。这一效应随温度升高而变得愈加显著。在低温下，这种体积效应就不明显。聚合物的 LCST 现象，即低温混溶、高温分相的现象，体积变化引起的熵变是个重要因素。

下面我们从式（3-98）出发，求取聚合物合金的相图。在讨论高分子合金的相行为时，绘制以 χ 值为纵坐标的相图比较方便。因为不论是上临界还是下临界体系，温度的变化本质上都是 χ 值的变化。

求双节线方程时，可以令自由能对组成的一阶导数为零，然后解出 $\chi = F(\phi)$。但困难在于，为满足 $\mu'_1 = \mu''_1$，$\mu'_2 = \mu''_2$ 的相平衡条件，我们必须对 2 个组成分别求导，并对 2 个微分方程联立求解：

$$\begin{cases} \dfrac{\partial(\Delta G_{\mathrm{m}}/kT)}{\partial \phi}\,\dfrac{\partial \phi}{\partial n_1} = 0 \\[3mm] \dfrac{\partial(\Delta G_{\mathrm{m}}/kT)}{\partial \phi}\,\dfrac{\partial \phi}{\partial n_2} = 0 \end{cases} \tag{3-99}$$

当 $N_1 \neq N_2$ 时，这个方程组没有解析解，只能数值求解。由于同样的原因，在高分子溶液中，$N_1 = 1$，$N_2 = N$，也无法得到双节线的解析式。所幸的是，在 $N_1 = N_2$ 的对称情况下，可以容易地得到双节线方程：

$$\frac{\partial(\Delta G_{\mathrm{m}}/kT)}{\partial \phi} = \frac{\ln\phi + 1}{N_1} - \frac{\ln(1-\phi) + 1}{N_2} + \chi(1-2\phi) = 0 \tag{3-100}$$

$$\chi = \frac{-1}{(1-2\phi)}\left[\frac{\ln\phi + 1}{N_1} - \frac{\ln(1-\phi) + 1}{N_2}\right] \tag{3-101}$$

式（3-101）仅适用于对称合金。令 $N_1 = N_2 = N$，可简化为：

$$\chi = \frac{1}{N}\frac{-1}{(1-2\phi)}\ln\frac{\phi}{(1-\phi)} \tag{3-102}$$

求自由能对组成的二阶导数并令为零：

$$\frac{\partial^2(\Delta G_{\mathrm{m}}/kT)}{\partial \phi^2} = \frac{1}{N_1 \phi} + \frac{1}{N_2(1-\phi)} - 2\chi = 0 \tag{3-103}$$

从中解出旋节线公式：

$$\chi = \frac{1}{2}\left[\frac{1}{N_1 \phi} + \frac{1}{N_2(1-\phi)}\right] \tag{3-104}$$

上式具有对称的形式，不需要 2 个组分方程的联立就可以适用于不对称的情况，故保留 N_1 与 N_2 的记法。临界点上混合自由能对 ϕ 的三阶导数为零：

$$\frac{\partial^3(\Delta G_{\mathrm{m}}/kT)}{\partial \phi^3} = -\frac{1}{N_1 \phi^2} + \frac{1}{N_2(1-\phi)^2} = 0 \tag{3-105}$$

解得

$$\frac{\phi_{\mathrm{c}}}{1-\phi_{\mathrm{c}}} = \left(\frac{N_2}{N_1}\right)^{1/2}$$

$$\phi_{\mathrm{c}} = \frac{N_2^{1/2}}{N_1^{1/2} + N_2^{1/2}} \tag{3-106}$$

如果是对称合金，则 $\phi_{\mathrm{c}} = 0.5$，这一结果由直觉即可知道。如果合金不对称，N_2 比 N_1 小，临界点就会向组分 1 移动。

将式（3-106）的 ϕ_{c} 代入式（3-104）解出 χ 的临界值：

$$\chi_{\mathrm{c}} = \frac{(N_1^{1/2} + N_2^{1/2})^2}{2N_1 N_2} \tag{3-107}$$

对称合金 $\chi_{\mathrm{c}} = 2/N$。将 $\phi_{\mathrm{c}} = 0.5$ 代入式（3-102），同样可以得到对称合金的临界 χ 值为 $2/N$。如果 N 很大，χ_{c} 近似为零，所以分子水平混合是非常困难的。而如果合金不对称，比如 $N_2 \ll N_1$，就会有 $\chi_{\mathrm{c}} \approx 1/2N_2$，比对称情况高得多。到 $N_2 = 1$ 的极限情况，$\chi_{\mathrm{c}} = 1/2$，就回到了前面讨论过的高分子溶液。

可以注意到，如果对称合金的 $N_1 = N_2 = N = 1$，实质上就是小分子正则溶液。将式（3-102）、（3-104）与（3-107）右侧的 N 乘到左侧，就得到以下公式：

$$\chi N = \frac{-1}{(1-2\phi)}\ln\frac{\phi}{(1-\phi)} \tag{3-102a}$$

$$\chi N = \frac{1}{2}\left[\frac{1}{\phi} + \frac{1}{(1-\phi)}\right] \tag{3-104a}$$

$$(\chi N)_c = 2 \tag{3-107a}$$

而由式（3-96），$N=1$ 时的正则溶液恰有 $\chi_c = 2$。所以可以这样看，对称合金的溶解行为类似小分子正则溶液，只是将相互作用参数的水平提高了 N 倍。可以将 χN 作为一个参数看待，它决定了聚合物合金的互溶程度。图 3-18 是对称合金的自由能-组成曲线，图 3-19 是综合了式（3-102a）和（3-104a）的对称合金标准相图。

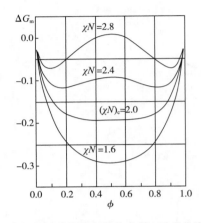

图 3-18　对称合金的自由能-组成曲线

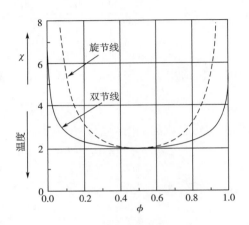

图 3-19　对称合金的相图

表 3-1 列出了一些聚合物合金体系的 χ 值与温度的关系。采用式（3-29）$\chi = A + B/T$ 的定义，其中 A 代表熵部分，B/T 则为传统的焓部分。值得注意的是，从 B 值的符号可以判断该合金是 UCST 还是 LCST 体系。如果 $B<0$，则温度越高，χ 值越小，则为 LCST 体系无疑。虽然 Flory-Huggins 理论不能解释 LCST 体系，但式（3-29）对 χ 值定义的改进，使 Flory-Huggins 公式至少在形式上可以描述 LCST 体系。

表 3-1　　　　　　　　　　　若干聚合物体系的 χ 值[10]

聚合物合金	A	B/K	温度范围/℃
dPS/PS	−0.00017	0.117	150~220
dPS/PMMA	0.0174	2.39	120~180
PS/dPMMA	0.0180	1.96	170~210
PS/PMMA	0.0129	1.96	100~200
dPS/dPMMA	0.0154	1.96	130~210
PVME/PS	0.103	−43.0	60~150
dPS/PPO	0.059	−32.5	180~330
dPS/TMPC	0.157	−81.3	190~250
PP/hhPP	−0.00364	1.84	30~130
PIB/dhhPP	0.0180	−7.74	30~170

注：d—氘化；PS—聚苯乙烯；PMMA—聚甲基丙烯酸甲酯；PVME—聚乙烯基甲醚；PPO—聚苯硫醚；TMPC—四甲基聚碳酸酯；PEO—聚氧化乙烯；PP—聚丙烯；hhPP—头头型聚丙烯；PIB—聚异丁烯。

图 3-20（a）是不同相对分子质量的聚苯乙烯/聚碳酸酯（$\overline{M}_\mathrm{w}$ = 41000）合金的相图，是通过浊点法制作的。该合金是下临界互溶体系。随聚苯乙烯相对分子质量的增加，双节线移向低温，即移向更小的 χ 值，且临界点向低相对分子质量组分聚碳酸酯偏移。由于浊点法的精度所限，相对分子质量高到一定水平后影响就不再显著。

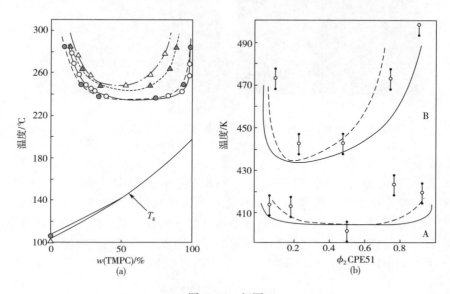

图 3-20 相图
（a）聚苯乙烯/聚碳酸酯合金的相图 （b）氯化聚乙烯/有机玻璃的相图

图 3-20（b）为氯化聚乙烯/有机玻璃合金的模拟相图以及浊点法的实验点。浊点是用光散射法测定的。有机玻璃的摩尔质量 M_A = 26.4×10⁴ g/mol，M_B = 1.44×10⁴ g/mol。该体系也是 LCST 体系，相对分子质量的影响趋势与前一个体系相同。相对分子质量较高者双节线和旋节线都在较低温度，临界点的值也较低。该数据没有提供氯化聚乙烯的相对分子质量，但从 A 曲线的对称情况看，其聚合度应与曲线 A 的有机玻璃相当。

3.6.2 相分离机理

双节线与旋节线将混合体系划分为稳态、亚稳态和非稳态 3 个区域。处于双节线以内的体系都会发生相分离，然而亚稳态与非稳态的相分离机理不同。介于双节线与旋节线之间亚稳态的相分离依照成核生长（nucleation growth，NG）机理，而在旋节线之内的非稳态的相分离遵循旋节分解（spinodal decomposition，SD）机理。

不同的相分离机理产生不同的相结构。成核生长相分离的结果是分散相散布于另一相的基体之中，类似岛屿分散在大海之中，故称作海岛结构。在旋节分解相分离过程中，常常由于黏度原因，很难在短时间内达到完全的相分离，会停留在某个中间阶段。这种中间阶段处于 2 个连续相交织缠绕的状态，称作双连续相结构。海岛结构与双连续相结构如图 3-21 所示。

相分离的具体过程是怎样的呢？一个混合体系中总会存在浓度涨落，形成局部的浓相与稀相。当体系处于稳态时，具有自我调节功能：当稀相的浓度低到一定程度，它就会自动地去稀释浓相，使浓度涨落随时间迅速消退。但当体系处于亚稳态或非稳态时，就会由局部的

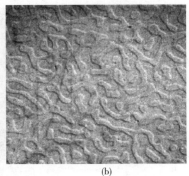

图 3-21　聚合物合金相分离后的形态

（a）成核生长机理　　（b）旋节分解机理

涨落发展成整体的相分离，但分离机理不同。在成核生长过程中，小的浓相液滴不断产生、生长，也不断被稀释而消失。如果有些浓相生长到大于临界尺寸，就会发生析出，形成新相。在旋节分解过程中，小的涨落会被自动增强，很快地发展成大的涨落，最终发展为全局性的浓相和稀相。具体会发生哪个过程，则取决于自由能对组成的二阶导数。

考虑一个无限小浓度波动 $\delta\phi$，这个波动导致的自由能变化为：

$$\delta G = \frac{1}{2}\left[G(\phi+\delta\phi)+G(\phi-\delta\phi)\right]-G(\phi)$$

$$= \frac{\delta\phi}{2}\left[\frac{G(\phi+\delta\phi)-G(\phi)}{\delta\phi}+\frac{G(\phi-\delta\phi)-G(\phi)}{\delta\phi}\right]$$

$$= \frac{(\delta\phi)^2}{2}\left[\frac{\partial G(\phi+\delta\phi)-\partial G(\phi-\delta\phi)}{\delta\phi}\right]$$

$$= \frac{(\delta\phi)^2}{2}\frac{\partial^2 G}{\partial\phi^2} \tag{3-108}$$

所以，$\partial^2 G/\partial\phi^2$ 的符号决定了自由能变化的方向，也决定了相分离的机理。

在旋节线以内的区域，$\partial^2 G/\partial\phi^2 < 0$，波动的增大会使自由能下降，所以任何无限小的浓度波动都是不稳定的。在体系内会发生稀释的反过程，物种发生逆向流动，由浓度低的区域向浓度高的区域扩散。结果涨落被不断增强，稀相变得更稀，浓相变得更浓，直至达到一个新的平衡体积分布。整个过程没有能垒的阻碍，自由能一直是下降的。两相组成的变化是连续的，直至完成相分离。这一过程称作旋节分解。

在旋节分解过程中，会出现一个 2 种浓度 ϕ_1 和 ϕ_2 互穿的图景，称作 Cahn-Hilliard 浓度波。涨落的增强就是振幅的增大；而这种波的波长，就是典型的微区尺寸，也会随时间而增大，这是浓度波中自由能相互竞争的结果。浓度波中有 2 种自由能，即本体自由能与表面能。由图 3-22 所示，波长越短，表面能的成分越高；波长越长，表面能的成分越低。所以短波长

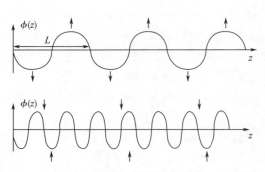

图 3-22　长波长涨落被放大，短波长涨落被压制

的浓度波会被压制,而长波长的浓度波会被增强。随着相分离的进行,浓度波的波长会连续增大,相结构会不断粗糙化。在振幅方面,振幅的增大会降低本体自由能,同时也会增大表面自由能,最终的振幅会因自由能的选择停留在一个水平上,就是双节点的组成。

如图 3-23 所示,旋节分解的过程可以分为 3 个阶段:①早期阶段:出现不同波长的小振幅浓度正弦波,其中波长较长的振幅会逐渐增强;②中期阶段:振幅和波长都在增大,波形开始偏离正弦波,结构粗化;③后期阶段:浓度涨落达到双节点,波形转变为矩形波,出现双连续相结构。

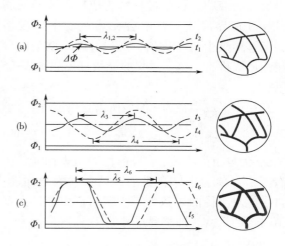

图 3-23 旋节分解的 3 个阶段

在聚合物合金的熔体中发生旋节分解相分离时,由于熔体的黏度非常高,在日常的生产加工或实验时间尺度内往往会停留在 2 个连续相共存的阶段,保持两相彼此交织的形态。这种结构就称为双连续相结构。当然,为降低界面自由能,双连续相结构最终会瓦解为分散相被连续相包围的海岛结构。图 3-24 为聚苯乙烯与聚溴苯乙烯(1/1,质量比)合金形态在 200 ℃旋节分解后期的形态照片(T_c = 220 ℃)。如果体系黏度较低,最终仍会形成海岛结构。

图 3-24 聚苯乙烯与聚溴苯乙烯合金的形态

在旋节线与双节线之间,相分离的机理是成核生长。在这个区域 $\partial^2 G/\partial \phi^2 > 0$,自由能是阻止浓度涨落的。当局部分化为稀相和浓相时,初生的浓相液滴体积很小,会由于热运动的作用再度稀释,相分离就不会发生。这种作用称为亚稳态中的自调节作用。在这种状态下小的浓度涨落仍像稳定态那样被压制,只有当浓度涨落超过一个临界值时才会发生相分离。这个临界值既指浓度差方面的,也是指尺寸方面的。只有出现大尺寸的作为新相的核,才能以其为中心开始生长。这一过程比旋节分解慢得多,因为大涨落很稀少,对抗自由能的生长也很慢。外界能量的激励（如温度变化、振动等），或者外在的成核中心，如灰尘或器壁的不规则表面，都会加速这一过程。所以相分离前的均相态称作亚稳态。

　　大尺寸的浓相液滴攀越自由能垒，形成超过临界尺寸的液滴，这个过程称为成核。浓相液滴一旦超过临界尺寸，就不会在热运动中再度溶解，能够继续生长。达到一定尺寸时，就会以分散相的形式析出。这一过程的能量过程如图3-25所示。

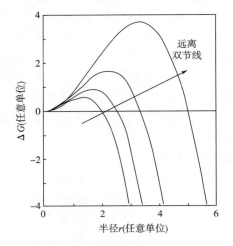

图3-25　成核过程的自由能变化

　　新相中形成半径为r的核所需自由能为：

$$\Delta G(r) = \frac{4\pi}{3}r^3\Delta g + 4\pi r^2\gamma \qquad (3-109)$$

　　Δg为自由能密度，γ为单位面积表面能，上式右侧第一项为本体自由能，第二项为表面能。令自由能对半径的导数为零，解出自由能达到最大值时核的尺寸，即临界尺寸r^*：

$$\frac{\mathrm{d}\Delta G(r)}{\mathrm{d}r} = 4\pi r^2\Delta g + 8\pi r\gamma = 0 \Rightarrow r^* = -\frac{2\gamma}{\Delta g} \qquad (3-110)$$

　　成核必须攀越的能垒为：

$$\Delta G(r^*) = \frac{16\pi}{3}\frac{\gamma^3}{(\Delta g)^2} \qquad (3-111)$$

　　析出后的浓相只有尺寸的变化，组成不再变化。析出的小液滴很少有机会自我生长，一般都会被吸收进入大液滴。这种牺牲小液滴使大液滴生长的现象称作Ostwald熟化。相分离完成后的形态总是分散相存在于连续相之中，这种结构称为海岛结构。图3-21左是一种聚合物合金经成核生长机理相分离后的形态。

3.6.3　嵌段共聚物

　　嵌段共聚物本质上也是聚合物合金，特征是不同组分间是用共价键相连的。由于这种连接性，相分离只会发生于微观的局部，称作微相分离。相分离形成的微区也在微观尺寸，以保证一种嵌段存在于一相，另一个嵌段存在于另一相。由于嵌段的相对长度不同，造成了许多有趣的相态。除了以上几点外，上节介绍的聚合物合金热力学行为在嵌段共聚物中完全适用。由化学本质所决定，温度或者χ值，以及嵌段的相对分子质量左右了相平衡与相分离。

　　平衡状态下，嵌段共聚物取最低能量构象。如果χ或N足够小，熵因素占支配地位，不同的嵌段之间最大程度地混合，这种状态称作无序态。由于熵和焓对自由能的贡献标度分别为N和χ，乘积χN就成为一个组合的相互作用参数，控制着相态的性质。随χN的增加，A-B单元间的接触逐渐变少，发生局部组成的有序化，失去一些平动熵与构象熵。当参数χN超过一定值，就发生微相分离转变，进入有序态。这一转变称作有序-无序转变（order-disorder transition，ODT）。对称二嵌段共聚物的转变发生于$\chi N \approx 10.5$。如果χN足够大，各种有序结构就会出现在熔体或固体中。

　　由于嵌段结构的特殊性，不论相分离的程度如何，微结构中总是两相交替出现，具有一个长度周期L。图3-26显示了2种极端情况。$\chi N \ll 1$时，A-B相互作用很低，呈现弱分离

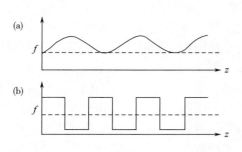

图 3-26　不同分离状态的排斥能分布
(a) 弱分离　　(b) 强分离

状态，共聚物中界面较厚，两相混合程度高，单链取无扰构象。组成分布线几乎为正弦波，其周期 L 的标度为：

$$L \propto R_g \propto b\, N^{1/2} \tag{3-112}$$

如果 χN 大于 10，就生成几乎是纯的 A 相与 B 相。链构象不再是无扰的，而是伸展构象，这属于强分离状态。微区间界面很薄，大约只有 1 nm，组成分布像尖锐的台阶。边界是垂直的。A 与 B 单元的相互接触只发生于界面区。因二者不相容，体系要尽可能降低接触时的排斥能，但又必须接触，因为如果脱离接触，链伸直的熵损失太多。2 个相反的因素决定了链伸展的程度。

我们来求平衡伸展时周期 L 的标度。如图 3-27 所示，设 A 段的聚合度为 n，B 段的聚合度为 m，界面能为 γ：

$$F \approx kT\,\frac{L^2}{b^2 n} + kT\,\frac{L^2}{b^2 m} + \gamma\, d^2 \tag{3-113}$$

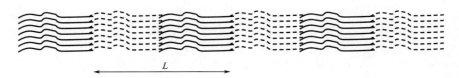

图 3-27　嵌段共聚物中的周期结构

前 2 项为 2 种嵌段的弹性能（参见第 2 章式 2.66），最后一项为界面能。

$$Nb^3 = Ld^2 \tag{3-114}$$

b^3 为单元体积，Nb^3 为一根链的体积，d 为链宽度，d^2 为链的截面积，Ld^2 为链所在空间体积。因为是在熔体中，体积分数 $\phi = 1$，故有式（3 - 114），并可得出：

$$d^2 = \frac{Nb^3}{L} \tag{3-115}$$

代入自由能公式（3 - 113）：

$$F \approx kT\,\frac{L^2}{b^2 n} + kT\,\frac{L^2}{b^2 m} + \gamma\,\frac{Nb^3}{L} \approx kT\,\frac{L^2}{b^2 N} + \gamma\,\frac{Nb^3}{L} \tag{3-116}$$

上式中的 $\dfrac{L^2}{b^2 n} + \dfrac{L^2}{b^2 m} = \dfrac{L^2}{b^2 N}$ 并非数学等式而是物理等式，意为 2 种嵌段各自的弹性能相加等于共聚体的弹性能。求使自由能最低的平衡 L 值：

$$\frac{\partial F}{\partial L} \approx 2kT\,\frac{L}{b^2 N} - \gamma\,\frac{Nb^3}{L^2} = 0 \tag{3-117}$$

$$L \approx b\, N^{2/3}\left(\frac{\gamma b^2}{kT}\right)^{1/3} \approx b\, N^{2/3} \chi^{1/6} \tag{3-118}$$

L 的标度 2/3 高于膨胀链的 3/5，表明链是强烈拉伸的。由式（3-118）还可以得到界面能 γ 与 Flory-Huggins 相互作用参数 χ 的关系：

$$\gamma \approx \frac{kT}{b^2}\chi^{1/2} \tag{3-119}$$

　　嵌段聚合物的微相分离会产生许多有趣的微结构。微相分离是 2 个因素竞争的结果：不同嵌段间天然的不相容性与它们之间的连接性。竞争的结果是产生一个周期性的微结构。所以微结构的几何形状既取决于共聚物的化学结构与立体结构，还取决于总体组成。与微相分离的嵌段共聚物不同，相分离的共混物中微区直径一般为数百纳米，形态与分子细节无关。

　　决定相形态的重要因素之一是组成。聚合物界面的形状随相对链长变化。一个对称组成的 AB 二嵌段共聚物（即体积分数相等）中形成稳定的平面界面。当一相（A）的体积分数持续增加时，组成就变得不再对称了。此时欲保持平面界面，A 组分必须高度拉伸，构象熵就会损失太多，此时的平界面是不稳定的。A 段欲维持较大的构象熵就必须卷曲，就会在平行于界面的方向上膨胀，让界面向自己一侧凸起。组成越不对称，界面弯曲越严重。形态随组成的变化见图 3-28。

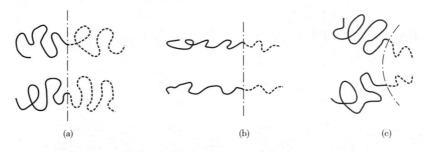

图 3-28　微相分离的界面

（a）对称二嵌段共聚物，$\phi_A = \phi_B$，稳定平界面　　（b）$\phi_A \gg \phi_B$，不稳定平界面　　（c）$\phi_A \gg \phi_B$，稳定弯曲界面

　　在讨论嵌段共聚物的相分离形态之前，先看一个"不相干"的问题：表面活性剂在水中的分散。

　　表面活性剂是一种双亲物质，一个分子中一部分亲水另一部分疏水。肥皂的分子就是这样的。最常见的两亲分子有一个极性基团的"头"，和一个憎水的"尾"。尾是一个中等长度的烃链 $(CH_2)_n$，n 为 5~20。由于尾巴的柔性，使分子具有许多特殊而有趣的性质。把肥皂分子分散于水中会发生什么？直接的猜想是，如果分子不是太多，就会停留在表面上，头伸入水中，尾巴伸出来。如果肥皂太多，水的表面装不下怎么办？解决的办法就是制造表面。制造的方法是让肥皂围在一起形成球状集合体，称作胶束。胶束的外表面是亲水的头，与水直接接触；疏水的尾藏在内部。显然，此类胶束完全亲水，同时它们又是高度稳定的，几乎不可破坏。

　　两亲分子如果再增加，球状胶束就开始拥挤了。肥皂会重新组合，形成平行圆柱状胶束。肥皂数量持续增大，水量少到填不满圆柱胶束间的空间了。两亲分子被迫再次重排。这次是平行的片层。水量再少时，反相的圆柱胶束出现，再接着是反相的球状胶束。

　　嵌段共聚物与表面活性剂是什么关系？嵌段共聚物本质上就是表面活性剂。就二嵌段共聚物而言，两段化学组成不同，必然一段较为亲水，另一段较为疏水。两段被化学键强行连接在一起，就像表面活性剂的疏水端分散在水中。为了尽量避免与水的接触，就会呈现出各种各样的形态，在上面"不相干"的问题中已讨论过了。但决定具体形态的重要因素是两段的相对长度，或者说对称性。仍然按照前面的约定，A、B 的聚合度分别为 n 和 m，总聚合度为 $N = n + m$，A 段的体积分数就是 $f = n/(n + m)$。$n \approx m$ 就是对称嵌段共聚物。$n \gg m$

或 $n \ll m$ 就是不对称。聚合度较高的一段，我们称之为主组分，较短的称为次组分。

最不对称的二嵌段共聚物呈体心立方形态（bbc），次组分以球状分散于主组分的基体之中。随着次组分体积分数增加，就变成六方密堆积形态（hex），次组分呈柱状分散。对称嵌段共聚物为交替层状形态。随着次组分转变为主组分并持续增加，嵌段共聚物的形态呈相反的相态。以上介绍的 bbc，hex 与片层结构都是稳定的形态，此外还有很多种不稳定形态，这里不作介绍。还发现一种非典型双连续形态-螺旋形态（gyroid），是次组分以四方网络形式分散于连续的主组分之中，是一种稳定形态。所有稳定形态都绘于图 3-29 之中。

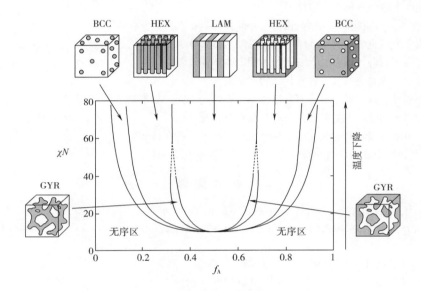

图 3-29　二嵌段共聚物的形态与相图

以聚苯乙烯/聚异戊二烯（PS/PI）二嵌段共聚物为例，在高度相分离的情况下，微相形态随对称性变化如下：$f_{PS}<0.17$，球状；$0.17<f_{PS}<0.28$，柱状；$0.28<f_{PS}<0.34$，螺旋；$0.34<f_{PS}<0.62$，层状；$0.62<f_{PS}<0.66$，螺旋；$0.66<f_{PS}<0.77$，柱状；$0.77<f_{PS}$，球状[14]。图 3-30 是一些嵌段共聚物相态的电子显微镜照片。

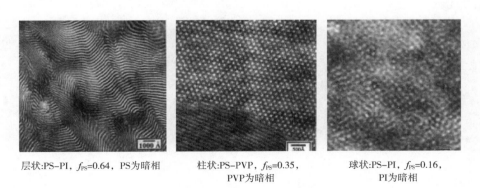

层状:PS-PI，$f_{PS}=0.64$，PS为暗相　　柱状:PS-PVP，$f_{PS}=0.35$，　　球状:PS-PI，$f_{PS}=0.16$，
　　　　　　　　　　　　　　　　　　　　　　PVP为暗相　　　　　　　PI为暗相

图 3-30　嵌段共聚物相态示例[11]

本节中所讨论的都是二嵌段共聚物，并未涉及更多的嵌段数。事实上，不论嵌段数是多

少，嵌段共聚物中相互作用的基本原理与本节介绍的二嵌段共聚物是一致的。三嵌段共聚物是一个更广阔的世界：不仅有嵌段组成的变化，嵌段长度的变化，还有嵌段几何的变化。一个最生动的例子就是热塑性弹性体 SBS，将在第四章做简要介绍。由于篇幅原因，更多有关三嵌段共聚物的知识只能留作继续阅读的内容了。

思 考 题

1. 如何利用晶格模型求得混合热力学参数？
2. 何谓溶度参数？有何实际应用？
3. 光散射实验可直接得到哪些结构信息？间接得到什么信息？
4. 渗透压实验可直接得到哪些结构信息？间接得到什么信息？
5. 相分离有哪两种机理？二者有哪些相同点与不同点？
6. 什么是双节线与旋节线？各有什么物理意义？
7. 何谓上临界互溶体系与下临界互溶体系？有哪些相同点与不同点？
8. 聚合物与溶剂互溶的必要条件与充分必要条件是什么？
9. 聚合物溶液与聚合物合金相图的临界组成与临界值各在什么位置？
10. 嵌段共聚物中的相分离与普通合金中的相分离相比有何特点？

参 考 文 献

[1] Rubinstein M, Colby RH. *Polymer physics*. Oxford：Oxford Univ Press, 2003.

[2] Hildebrand, J. H., Prausnitz, J. M. & Scott, R. L. (1970) Regular and Related Solutions (Van Nostrand-Reinhold, New York).

[3] Hildebrand, J. H. (1950) J. Chem. Phys. 18, 1337-1339.

[4] Hildebrand, J. H., Fisher, H. & Benesi, H. A. (1950) J. Am. Chem. Soc. 72, 4348-4351.

[5] Hildebrand, J. H. The Solubility of Non-Electrolytes；New York：Reinhold, 1936.

[6] Krigbaum WR, Sperling LH. *J Phys Chem*. 1960, 64：99.

[7] J. des Cloizeaux, J. Phys. (Paris) 1975, 36, 281.

[8] M. Daoud and P. G. de Gennes, J. Phys. (Paris) 1977, 38, 85.

[9] Saeki S, Kuwahara S, Konno S, Kaneko M. Macromolecules. 1975, 6：246

[10] N. P. Balsala, Physical properties of polymers Handbook, AIP press, 1996, Chapter 19.

[11] Han, C. D.; Vaidya, N. Y.; Kim, D.; Shin, G.; Yamaguchi, D.; Hashimoto, T.; *Macromolecules* 2000, 33 (10), 3767-3780.

第4章 橡 胶 态

4.1 弹性与网络

将聚合物加热到一定温度，就成为容易流动的熔体。熔体所处的状态我们称之为黏流态。将黏流态中的高分子链轻度交联，得到一个高分子网络。这种高分子网络所处的状态就是橡胶态。橡胶态区别于黏流态的唯一化学特征就是交联。正是通过交联产生一个独特的物理性质：橡胶弹性，即在小应力下发生可逆大形变的能力。

聚合物网络是一种三维的巨型分子。它是一种非常独特的物理形态，是小分子物质的任何状态所不能比拟的。有人曾模仿小分子物质固、液、气三态的顺序，说聚合物也随温度升高顺序出现玻璃态、橡胶态与黏流态。这种说法犯了一个概念性错误。橡胶态与黏流态之间不是因温度升降而转变的，是因交联而转变的。如果存在交联的逆反应，则橡胶态聚合物解交联后就回到黏流态。也不是任何聚合物都有橡胶态。除了交联之外，分子链必须具有足够的长度与柔性。可结晶的分子，刚性太强的分子，即便能够加热成为容易流动的熔体并交联，也不能获得橡胶态。

就像玻璃态的名称来自玻璃一样，橡胶态之名就是来自橡胶。橡胶一词原指天然橡胶，合成橡胶出现后，橡胶便成为一种泛称，语义变得模糊。于是人们就用弹性体（elastomer）一词指代所有橡胶态物质。在本书中，因循橡胶态的名称，仍将具有橡胶弹性的物质称作橡胶。

橡胶弹性又被称作"高弹性"，所谓"高"是指形变的倍率高，能够很容易地达到百分之数百。说到弹性，人们首先会想到金属弹簧，而金属弹簧的弹性来自晶格的畸变。如图4-1所示，未变形的晶体处于平衡态（a 态），相邻原子间距为 r_0，势能处于最小值 $U(r_0)$。受到拉伸时，原子间距增加到 $r_0 + \Delta r$，势能也相应增加。原子间相互作用能 $U = fr$，或：

$$\Delta U = f\Delta r \tag{4-1}$$

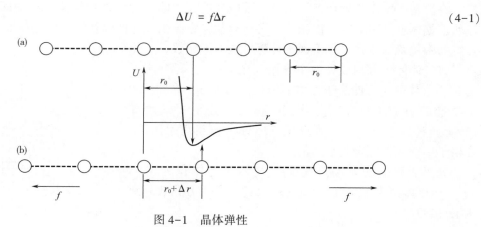

图 4-1 晶体弹性

（a）平衡状态，相当于势能曲线的最小值 （b）拉伸状态，势能升高

　　这就表明了，晶体被外力伸长时，内能提高了 $\Delta U = f\Delta r$；当外力消除时，这部分能量的增量会自动释放，内能回到最小值，原子间距回到平衡位置。由此得知，结晶固体的弹性响应是出自原子间距平衡位置的改变，即晶体内能的变化。故晶体的弹性可称作能弹性。

　　橡胶的弹性完全不同于晶体的弹性。橡胶弹性的根源是网络中交联的理想链。外力改变了链的平衡末端距，因此降低了可取的构象数。尽管我们已在 2.5 节学习过熵弹性，但还没有详细讨论过构象数的降低如何引起了橡胶的熵弹性。为了说清楚这个概念，我们先来探讨另一种较为易懂的熵弹性，主角竟然是理想气体。

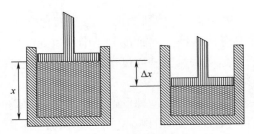

图 4-2　在气缸中用活塞压缩理想气体

　　假设容器中活塞压着理想气体，如图 4-2。理想气体的状态方程为：

$$pV = NkT \tag{4-2}$$

　　其中 N 为分子数，V 为容器体积，活塞作用力为：

$$f = pA = \frac{NkTA}{V} \tag{4-3}$$

　　其中 A 为活塞面积。我们将活塞下推 Δx，则活塞体积下降 $\Delta V = A\Delta x$。如果 Δx 很小，我们可忽略活塞运动过程中力与压力的变化。那么所做的功就是：

$$f\Delta x = pA\Delta x = p\Delta V = \frac{NkT\Delta V}{V} \tag{4-4}$$

　　ΔV 很小，可以有 $\Delta V / V = \Delta(\ln V)$。由于 N 为常数：

$$N\frac{\Delta V}{V} = N\Delta(\ln V) = \Delta(N\ln V) = \Delta(\ln V^N) \tag{4-5}$$

由此得到：

$$f\Delta x = kT\Delta(\ln V^N) \tag{4-6}$$

　　我们对理想气体做了 $f\Delta x$ 的功，而理想气体仍是理想气体，内能仍然为零。那么能量 $f\Delta x$ 去哪儿了？答案是，化成了与熵变 $T\Delta S$ 等效的能量。什么是熵？这个被物理化学老师讲过无数遍的问题，在这里还要再次问到。请不要回答："熵是混乱度"，"混乱"的概念本身就不清楚。本书的回答是，熵是达成同一状态的方式数，或者简单地，熵就是几率。

　　将活塞下压需要做功，体系储存了应变能；去除外力，理想气体会自动回到初始状态。显然，气体自己不会降低体积，但可以自动膨胀体积。这种权利的不平等在于几率，即分子在容器中位置的方式数。下面来计算可能的方式数。

　　将气体体积分割成无数个方格（图 4-3），每个体积为 a^3，气体分子只能居于方格的中心。每个分子在体积 V 中放置的方式有 V/a^3 种。设共有 N 个分子。那就有 $(V/a^3)^N$ 种放置方式。因为理想气体分子相互间无作用，在格子中的放置完全是独立的。

　　如果活塞的初始高度是 x_1，气体初始体积为 $V_1 = Ax_1$，最后体积为 $V_2 = Ax_2 = A(x_1 - \Delta x)$。放置方式数分别为 Ω_1 和 Ω_2：

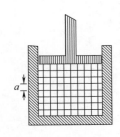

图 4-3　计算理想气体的状态数

$$\Omega_1 = (V_1/a^3)^N, \quad \Omega_2 = (V_2/a^3)^N \tag{4-7}$$

因为 $V_1 > V_2$，显然有 $\Omega_1 > \Omega_2$。Ω_1 和 Ω_2 相差多少？来看它们的比值：由式（4-7）：

$$\frac{\Omega_1}{\Omega_2} = \left(\frac{V_1}{V_2}\right)^N \tag{4-8}$$

从式（4-7）到（4-8），格子尺寸 a 被消去，说明体积的分割方式不影响计算结果。比值 V_1/V_2 大于 1，而 N 是个很大的数，故 $\Omega_1/\Omega_2 \gg 1$。会大到什么程度？

假设只压缩一点点，$V_1/V_2 = 1.0001$，$N = 6 \times 10^{23}$，即假设有 1 mol 分子，则：

$$\frac{\Omega_1}{\Omega_2} = (1.0001)^{6 \times 10^{23}} = 10^{2.6 \times 10^{19}} \tag{4-9}$$

这是个非常巨大的数，只有天文学家才知道这个数有多大。可见压缩前后体系的方式数发生了巨大变化。体系的自动演化只能是单方向的，只能由低可几态向高可几态演变，尤其是两者相差悬殊时。因此气体只会自动膨胀而不会自动收缩。欲压缩气体，必须用力推动活塞。抵抗活塞的反作用力就是理想气体的弹性。

利用式（4-8），可以用 Ω 改写式（4-6）：

$$\Delta(\ln V^N) = \ln V_1^N - \ln V_2^N = \ln\left(\frac{V_1}{V_2}\right)^N = \ln\left(\frac{\Omega_1}{\Omega_2}\right) = \Delta(\ln\Omega) \tag{4-10}$$

Ludwig Boltzmann（1844-1906）将方式数（几率）与熵联系起来：

$$S = k\ln\Omega \tag{4-11}$$

Boltzmann 一生成果无数，只有这个不朽的熵公式被镌刻在他的墓碑上。在科学史上，有些人发现了未知的事物，有些人阐明了神秘的概念，显然后者更为重要。熵这个概念自从出现以来，一直在人类智慧的边缘若隐若现，被笼罩在神秘的光环之中。德国物理化学家 Wilhelm Ostwald（1853—1932，诺贝尔化学奖 1909）曾说，"能量是世界的女王，而熵是她的影子"。直到 Boltzmann 熵公式的出现，才把熵与具体的概念–方式数联系起来，熵才正式走入了现实世界。

式（4-11）可视作熵的定义。熵是几率的能量等价体。换句话说，TS 的意义就是体系从高可几态变到低可几态需要做多少功。

到这里我们可以小结一下，所谓弹性就是外力对材料做功，应变能储存在材料体内，外力消除后材料释放应变能恢复初始状态的能力。这样说来，根据应变能的储存与释放方式，弹性只能有 2 种。以内能升高的形式储存与释放的，称作能弹性，典型代表是晶体的弹性；以几率下降的形式储存与释放的，称作熵弹性，典型代表是理想气体与高分子链。

现在可以讨论理想链的熵弹性了。施加外力拉伸一根高分子链，使其末端距从平衡态的 R 增加到 $R+\Delta R$，这根高分子链可采取的构象数就会下降。外力消除后，末端距会自动回复，构象数随之回复，不言而喻，这种弹性就是熵弹性。我们将在下节深入分析橡胶弹性的热力学细节，本节先归纳一些构成橡胶弹性的结构条件，尤其是网络的性质。

橡胶弹性具有 3 个显著特征：①大形变，至少 500 % 以上；②低模量，往往低于 1 MPa；③形变的瞬间可回复性，回复率在 90 % 以上。具备此 3 个特征的材料都可称为橡胶或弹性体。欲使聚合物材料成为弹性体，就必须满足 3 个结构条件：①必须由长链分子构成；②分子链必须具有高度柔性；③分子链必须相互连结形成一个交联网络。这 3 个条件是使高分子链具备熵弹性的必要保证。足够的链长保证足够的形变率，高度的柔性保证低模量和瞬间回复。高度的柔性还包括不能结晶。如果分子链发生结晶，单链柔性再高的材料也不会具有高弹性。第三个条件是橡胶材料不同于单分子链之处。我们知道，单根分子链本身就具有熵弹性，具有自发恢复无规线团形状的能力。而由多根分子链组成的材料受外力作用时，分子链之间会发生相对运动，称作滑移。滑移抵消了部分分子链本身的熵弹性，就不能保证材料在外力消除后可以恢复原有的形状及尺寸。分子链之间必须有适量的交联点以消除这种相对滑移，才能使材料具有回弹的能力。

交联可以是化学交联，也可以是物理交联。物理交联点可以为：①链段被吸附在填料粒子表面形成的聚集体；②微小的结晶区；③离子侧链在金属离子上的凝聚；④配体侧链在金属离子上的螯合；⑤嵌段共聚物中的玻璃区或晶区等。物理交联弹性体的主要优点是交联可逆，材料具有再加工性，故弹性体是热塑性的，称为热塑性弹性体。例如，最熟知的热塑性弹性体 SBS，是一种聚苯乙烯-聚丁二烯-聚苯乙烯三嵌段共聚物（图 4-4）。常温下聚苯乙烯的玻璃区构成物理交联点。聚丙烯与乙丙橡胶共混制得的热塑性弹性体，以聚丙烯的

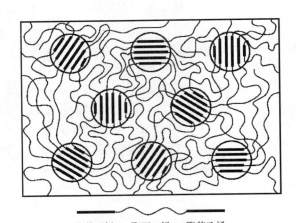

聚苯乙烯　　聚丁二烯　　聚苯乙烯

图 4-4　热塑性弹性体

晶区作为物理交联点。热塑性弹性体虽然具有交联可逆、容易回收利用的优点，但在性能上始终不及化学交联的弹性体。

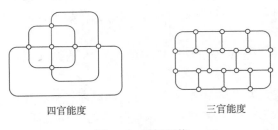

四官能度　　　　　　　三官能度

图 4-5　理想网络

最常见的交联是化学交联，即分子链之间通过化学键相连接。理想的聚合物网络如图 4-5 所示。分子链之间的连接点称为交联点，交联点之间的一段分子链称为一个网链（strand）。如果所有的网链均被纳入网络之中，就称之为理想网络。

交汇于一个交联点的网链数称为官能度 f。官能度取决于所使用的交联剂。如果使用二乙烯基苯或硫作交联剂，则官能度应当为 4；如果使用甘油作为聚酯的交联剂，则理论交联度等于 3。如果追求高官能度，可使用三甲基醇丙烷三聚丙烯酸酯或五角醇四甲酸酯作交联剂，可分别得到 6 和 8 的官能度。

网络的交联程度称为交联密度或交联度，交联度有 3 种描述方法：

（1）网链密度　单位体积中的网链数 N/V。N 为材料中的网链总数，V 为材料体积。

（2）交联点密度　单位体积中的交联点数 μ/V。μ 代表交联点总数，V 为材料体积。网链数与交联点数之间的关系取决于交联点的官能度 f。参照图 4-5，N 个网链有 $2N$ 个链端，如果每 f 个链端结合为一个交联点，则：

$$\mu = 2N/f \tag{4-12}$$

（3）网链相对分子质量 M_c　设网络的密度为 ρ，则 ρ/M_c 为单位体积中的网链摩尔数，$\rho N_A/M_c$ 就是单位体积中的网链数（N_A 为 Avogadro 常数），等于 N/V，故有：

$$\frac{N}{V} = \frac{\rho N_A}{M_c} \tag{4-13}$$

此外，还有一个与交联密度相关的量：环度（cycle rank）ξ，即将一个网络变成一个不含任何闭合环的树状结构所必须打断的网链数，换一种说法，就是闭合环路所必须的网链数。如图 4-6 所示，将网络中的网链全部打成 2 段，得到 μ 个片断；再将所有片断线性连接起来，需要生成的键数为 $\mu - 1 = 2N/f - 1 \approx 2N/f$。这个量是树状结构中留存的键数，那么被打断的键数就是环度，即闭合环路所必须的键数：

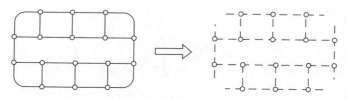

图 4-6　环度概念

$$\xi = (1 - 2/f)N \tag{4-14}$$

4.2　相似模型

本节我们来研究橡胶状态方程。所谓状态方程在气体中就是压力-体积关系，例如理想气体状态方程：

$$p = \frac{nRT}{V} \tag{4-15}$$

在液体（流体）就是应力-应变速率关系，将在第 8 章讨论。在固体就是应力-应变关系，如虎克弹性体的状态方程：$\sigma = E\varepsilon$。而橡胶的状态方程是橡胶的应力与应变间的关系。橡胶的形变习惯上用拉伸比 λ 表示：

$$\lambda = \frac{L}{L_0} = 1 + \varepsilon \tag{4-16}$$

由于假定了橡胶网络中的网链为理想链，在推导状态方程中，橡胶形变过程中的能量变化可以被忽略，只考虑熵的变化。为了进一步简化问题，把橡胶看作是由理想网络构成，且其中的网链分布各向同性。理想链的假定隐含了另外 2 重意义：①网络的形变是纯弹性的，无黏性流动；②网链间无相互作用，没有构象能的变化而只有构象数的变化。另外假定形变过程中橡胶的体积不变，这与实验事实是非常接近的。

有了以上假定的铺垫，再作一个重要的假定：相似形变（affine deformation）。这一假定的含义是每根网链的微观应变等于网络的宏观应变（图 4-7）。由于宏观网络是唯一的，故由相似形变假设可以推知体系中所有网链的应变相同。网链的微观应变可以用微观网链坐标的相对变化描述，故每个坐标的变化都等于宏观应变。在相似假定的基础上推导出来的橡胶状态方程又称作相似模型。

我们将从计算网络形变前后的自由能变化入手，导出应力的表达式。推导的起点是理想链末端距分布公式（2-61），但首先要确认理想链的假设。我们处理的是一个高分子网络，大量的网链在其中紧密堆积并强烈地相互作用，我们真的能将每根网链处理为无体积作用的理想链吗？回答是：能。我们已在第 2、3 章中从多个角度反复论证了 Flory 原理：聚合物熔

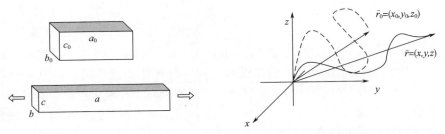

宏观：变形前后的拉伸比为 $a=\lambda_1 a_0, b=\lambda_2 b_0, c=\lambda_3 c_0$ 　　微观：变形前后的坐标关系为 $x=\lambda'_1 x_0, y=\lambda'_2 y_0, z=\lambda'_3 z_0$

图 4-7　相似形变假定

体中的链是理想链。既然橡胶态网络是由熔体轻度交联而成，交联后的网链应当仍然是理想链，只不过是较短的理想链。如果拉伸比不是很高，高斯分布也不受影响。在单纯的熔体中是如此，轻度交联后仍是如此。

解决了基本的理论问题，我们就可以大胆地使用理想链的假定。由式（2-61），网链的一端处于直角坐标系的原点，另一端出现在体元 $dxdydz$ 中的几率为：

$$\Omega(N,\ R) = \left(\frac{3}{2\pi Nb^2}\right)^{3/2} \exp\left[-\frac{3(x^2+y^2+z^2)}{2Nb^2}\right] \tag{4-17}$$

其中 Nb^2 为自由连接链的均方末端距。利用 Boltzmann 的熵公式，可知：

$$S = k\ln\Omega = C - \frac{3k}{2Nb^2}(x^2+y^2+z^2) \tag{4-18}$$

式中常数项都已归入 C 中。

未拉伸网链的末端距矢量为 $\vec{r}_0 = (x_0,\ y_0,\ z_0)$，受拉伸网链的末端距矢量为 $\vec{r} = (x,\ y,\ z)$。引用相似假设：橡胶样品在 3 个维度上的拉伸比为 λ_1、λ_2 和 λ_3，则受力变形前后的坐标比为：$x = \lambda_1 x_0$，$y = \lambda_2 y_0$，$z = \lambda_3 z_0$。变形前一根网链的熵为：

$$S_0 = C - \frac{3k}{2Nb^2}(x_0^2+y_0^2+z_0^2) \tag{4-19}$$

变形后一根网链的熵为：

$$S = C - \frac{3k}{2Nb^2}(\lambda_1^2 x_0^2 + \lambda_2^2 y_0^2 + \lambda_3^2 z_0^2) \tag{4-20}$$

一根网链变形前后的熵变为：

$$\Delta S_i = S - S_0 = -\frac{3k}{2Nb^2}\left[(\lambda_1^2-1)x_0^2 + (\lambda_2^2-1)y_0^2 + (\lambda_3^2-1)z_0^2\right] \tag{4-21}$$

网络中全部网链的熵变为各网链熵变（ΔS_i）之和：

$$\Delta S = \sum \Delta S_i = -\frac{3k}{2Nb^2}\left[(\lambda_1^2-1)\sum_i x_{0i}^2 + (\lambda_2^2-1)\sum_i y_{0i}^2 + (\lambda_3^2-1)\sum_i z_{0i}^2\right] \tag{4-22}$$

由勾股定理，3 个坐标值平方之和就是网链末端距的平方和：

$$\sum_i R_i^2 = \sum_i x_{0i}^2 + \sum_i y_{0i}^2 + \sum_i z_{0i}^2 \tag{4-23}$$

由各向同性假设，即网链末端的坐标在空间是均匀分布的，各维度上平方值的加和应相等，所以：

$$\sum_i x_{0i}^2 = \sum_i x_{0i}^2 = \sum_i x_{0i}^2 = \frac{1}{3}\sum_i R_{0i}^2 = \frac{N}{3}\langle R_0^2 \rangle \tag{4-24}$$

将（4-24）代入（4-22）：

$$\Delta S = -\frac{3k}{2Nb^2}\frac{N}{3}\langle R_0^2 \rangle\left[(\lambda_1^2-1)+(\lambda_2^2-1)+(\lambda_3^2-1)\right]$$

$$= -\frac{Nk}{2}\frac{\langle R_0^2 \rangle}{Nb^2}(\lambda_1^2+\lambda_2^2+\lambda_3^2-3) \tag{4-25}$$

$\langle R_0^2 \rangle$ 是初始网链的均方末端距，因假设为理想链，这个尺寸就是 Nb^2：

$$\Delta S = -\frac{Nk}{2}(\lambda_1^2+\lambda_2^2+\lambda_3^2-3) \tag{4-26}$$

自由能 $G = H-TS = -TS$，故有：

$$\Delta G = -T\Delta S = \frac{NkT}{2}(\lambda_1^2+\lambda_2^2+\lambda_3^2-3) \tag{4-27}$$

式（4-27）为橡胶弹性分子理论的基本方程。在推导过程中没有具体的受力形式。以此为基础可导出任何形变形式的状态方程。

最常见的形变为单向拉伸形变。设被拉伸的是 x 轴，则 $\lambda_1=\lambda$；拉伸过程体积不变：$\lambda_1\lambda_2\lambda_3=1$，$\lambda_2=\lambda_3=1/\lambda^{1/2}$。代入（4-27）：

$$\Delta G = \frac{NkT}{2}(\lambda^2+2\lambda^{-1}-3) \tag{4-28}$$

由自由能求拉伸力就简单了。力乘以位移就是能量，故拉伸橡胶所需的力为 $f = \left(\frac{\partial G}{\partial L}\right)_{p,T}$，橡胶网络所受应力为：

$$\sigma = \frac{f}{A_0} = \frac{1}{A_0}\left(\frac{\partial G}{\partial L}\right)_{p,T} = \frac{1}{A_0 L_0}\left(\frac{\partial G}{\partial L/L_0}\right)_{p,T} = \frac{1}{V}\left(\frac{\partial G}{\partial}\right)_{p,T} \tag{4-29}$$

A_0 和 L_0 分别为网络的初始截面积与初始长度。因拉伸过程中体积不变，A_0L_0 既是初始体积 V_0，又是任何形变时刻的体积 V，$V=V_0$，上式最后一步利用了拉伸比的定义 $\lambda=L/L_0$。通过对 λ 的微分得到应力：

$$\sigma = \frac{NkT}{V}(\lambda-\lambda^{-2}) \tag{4-30}$$

式（4-30）就是著名的橡胶状态方程，或称作相似模型的橡胶状态方程。由式（4-13）中网链密度 N/V 与网链相对分子质量 M_c 间的关系，式（4-30）又可用密度 ρ 与网链相对分子质量 M_c 表达：

$$\sigma = \frac{\rho RT}{M_c}(\lambda-\lambda^{-2}) \tag{4-31}$$

至此我们得到了橡胶状态方程的两种不同表达式：式（4-30）与式（4-31）。推导的关键步骤是应用 Boltzmann 熵公式将几率转化为熵。在 2.2.5 节理想链拉伸的讨论中，我们就已经这样做了。我们在这里重复的正是一个世纪以前瑞士科学家 Werner Kuhn（1899—1963）的先驱工作。Kuhn 首次将 Boltzmann 熵公式引入橡胶统计，从而导致相似状态方程的诞生。这也是 Boltzmann 熵公式的首次实际应用。

回顾推导过程，我们的基础仅仅是理想链与高斯分布。这样也就限定了该理论公式的应用范围：聚合物熔体，不含溶剂，轻度交联，伸长不是很大，即便是最短的网链也符合高斯分布，并且忽略了拓扑缠结。

不同于虎克弹性体应力应变之间的显式关系，橡胶状态方程中的应力应变关系是通过拉伸比 λ 隐式给出的。因为 $\lambda=1+\varepsilon$，$d\lambda=d\varepsilon$，可以得到橡胶模量的显式定义：

$$\frac{d\sigma}{d\varepsilon} = \frac{d\sigma}{d} = \frac{NkT}{V}\left(1+\frac{2}{\lambda^3}\right) \tag{4-32}$$

可以看出橡胶的模量不是一个常量，而是随 λ 增大而减小。当 $\lambda \to 1$ 时，

$$\frac{d\sigma}{d\varepsilon} \to \frac{3NkT}{V} \tag{4-33}$$

这个模量为橡胶的初始模量，就是图 4-8 中 B 线的初始斜率。由于拉伸模量是剪切模量的 3 倍，$E = 3G$，NkT/V 就相当于橡胶的剪切模量 G。当 λ 很大时，

$$\frac{d\sigma}{d\varepsilon} \to \frac{NkT}{V} \tag{4-34}$$

NkT/V 相当于橡胶的拉伸模量 E。实验结果表明，橡胶样品的模量在拉伸过程中逐步下降，在拉伸大约 100 % 时模量会降到初始值的 1/3，与式（4-32）吻合。虽然橡胶状态方程与虎克定律有些区别，为对橡胶的模量进行比较，可以将（NkT/V）定义为表观模量（reduced stress）：

$$G^* = \frac{\sigma}{\lambda - \lambda^{-2}} = \frac{NkT}{V} = \frac{\rho RT}{M_c} \tag{4-35}$$

表观模量与温度成正比，与单位体积中的网链数即网链密度成正比，与网链相对分子质量成反比。式（4-35）还有一个非常实用的解读：橡胶的模量为单位体积每根网链一个 kT。在许多文献与教材中，人们习惯将本书中的表观模量直接当作橡胶模量，即把 NkT/V 或 $\rho RT/M_c$ 当作剪切模量 G，把 3 倍的剪切模量作为拉伸模量 E。读者须习惯各种各样的表达习惯。

图 4-8 将式（4-30）与实验数据进行了比较，可发现在低拉伸范围（0.4<λ< 1.2）吻合良好。但在 λ>1.2 以后出现 2 种偏差。一是在中拉伸范围（1.2<λ<5）实验数据低于预测值，二是在高拉伸范围（λ>5）实验数据大大高于预测值。λ>5 的高倍拉伸情况比较复杂，我们将在 4.5 节专门讨论。中拉伸范围的偏差是由于橡胶网络的缺陷。

我们在推导时将橡胶看作一个理想网络，即所有的网链都被包含在网络之中，这与实际情况是有出入的。橡胶网络中常出现 2 种缺陷，一种是悬挂环，另一种是悬挂链，如图 4-9 所示。当橡胶受外力拉伸时，悬挂环与悬挂链并不承受外力，故对网络的应力没有贡献，这部分网链应从网链的总数中减去。产生悬挂环和悬挂链的因素是高分子化学的内容，这里不加讨论，而只考虑存在悬挂链的后果。如图 4-9 所示，线形链之间发生交联时，2 个链端不能被结合于网络之中，故每根线形链要产生两根悬挂链。设交联前线形链的数均相对分子质量为 M，体系中悬挂链数为 $2\rho N_A/M$。将此悬挂链扣除，网络中有效网链数为：

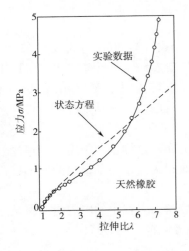

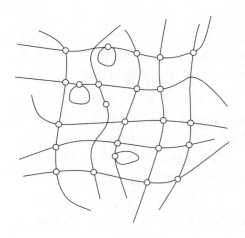

图 4-8　橡胶状态方程与实验数据的对比[1]　　　　图 4-9　悬挂环与悬挂链

$$\frac{\rho N_A}{M_c} - \frac{2\rho N_A}{M} = \frac{\rho N_A}{M_c}\left(1 - \frac{2M_c}{M}\right) \tag{4-36}$$

于是状态方程可修正为：

$$\sigma = \frac{\rho RT}{M_c}\left(1 - \frac{2M_c}{M}\right)(\lambda - \lambda^{-2}) \tag{4-37}$$

4.3　内能与热效应

橡胶拉伸过程体积不变，是恒容过程，我们采用 Helmholtz 自由能进行分析：

$$F = U - TS \tag{4-38}$$

我们在前面的内容中已经多次使用自由能的分析，在后面也会多次讨论自由能。在这里不妨补上一课：为什么叫"自由能"？自由能的概念产生于 Carnot 和 Clausius 建立热力学之初，他们面对的问题是：有一个热流来自锅炉，热流中多少能量可用来做有用功？（意为不是全部的热都能用来做功）。换一种问法，能量中的哪一部分能够自由转化为功？回答是：自由能！因而产生了这个术语。

自由能包含 2 项，即内能部分与熵部分。但也不是任何体系中都含有 2 部分，理想气体和理想链只有熵部分，内能为零；理想晶体只有内能部分，熵部分为零。我们研究纯粹橡胶的熵弹性时，假设它为理想链，在推导状态方程时也是如此。但实际橡胶却并不是完全理想，难免有悬挂环与悬挂链，难免有过短的网链不符合高斯分布，橡胶被拉伸时，构象的改变会引起熵的变化，也会引起与构象有关的内能变化。热力学处理就是针对非理想成分的，有助于区别熵和内能的不同贡献。

假定在恒温条件下将原长度为 L_0 的橡胶带拉长 dL（图 4-10），引起的内能变化由 3 部分组成：橡胶得到的熵能 TdS，得到的拉伸功 fdL 及橡胶体积变化对外做的功 $-pdV$：

$$dU = TdS - pdV + fdL \tag{4-39}$$

橡胶拉伸过程体积不变，故 $-pdV$ 一项可以忽略：

$$dU = TdS + fdL \tag{4-40}$$

对 Helmholtz 自由能全微分并将式（4-40）代入：

$$dF = dU - d(TS) = dU - TdS - SdT = -SdT + fdL \tag{4-41}$$

对 Helmholtz 自由能分别求 T 与 L 的偏导数，得到力与熵的表达式：

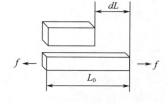

图 4-10　橡胶的拉伸

$$S = -\left(\frac{\partial F}{\partial T}\right)_{V,L} \tag{4-42}$$

$$f = \left(\frac{\partial F}{\partial L}\right)_{T,V} \tag{4-43}$$

由式（4-41）和（4-43），使橡胶发生形变的力 f 由 2 部分组成：

$$f = \left(\frac{\partial F}{\partial L}\right)_{T,V} = \left[\frac{\partial(U-TS)}{\partial L}\right]_{T,V} = \left(\frac{\partial U}{\partial L}\right)_{T,V} - T\left(\frac{\partial S}{\partial L}\right)_{T,V} \tag{4-44}$$

其中，$(\partial S/\partial L)_{T,V}$ 一项不可测，需要将其改造成一项可测量。由式（4-42）和（4-43）：

$$-\left(\frac{\partial S}{\partial L}\right)_{T,V} = \left(\frac{\partial^2 F}{\partial T\partial L}\right)_V = \left(\frac{\partial^2 F}{\partial L\partial T}\right)_V = \left(\frac{\partial f}{\partial T}\right)_{V,L} \tag{4-45}$$

以上第二个等式利用了二阶导数与求导顺序无关。将此结果代入（4-44）：

$$f = \left(\frac{\partial U}{\partial L}\right)_{T,V} + T\left(\frac{\partial f}{\partial T}\right)_{V,L} \tag{4-46}$$

上式第一项为内能随样品长度的变化，第二项为固定长度时所需外力随温度的变化，体现熵的作用。故可将外力分解为内能贡献与熵贡献 2 部分：

$$f = f_e + f_s \tag{4-47}$$

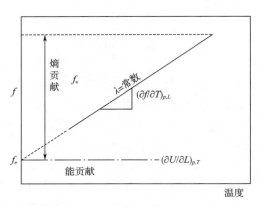

图 4-11　Flory 构图

Flory 设计了一种简单的作图法将形变力中的内能贡献与熵贡献区分开，称作 Flory 构图。固定拉伸比不变，记录在不同温度下为保持伸长所需的力 f。以 f 对温度 T 作图可得一条直线，如图 4-11。这种测试称作热弹性测试。截距 $(\partial U/\partial L)_{T,V}$ 内能贡献，斜率 $(\partial f/\partial T)_{V,L} = -(\partial S/\partial L)_{T,V}$ 就是熵对拉伸力的贡献。表 4-1 是一些材料的内能贡献分数 f_e/f。可看到橡胶材料的内能贡献都在 20% 以下，故在橡胶弹性的研究中，往往忽略能量的贡献，只考虑熵的影响。

表 4-1　　　　　　　　　　　　　一些橡胶材料的热弹性行为

橡胶	f_e/f	橡胶	f_e/f
天然橡胶	0.12	聚丙烯酸乙酯	-0.16
反式聚异戊二烯	0.17	聚二甲基硅氧烷	0.15
顺式聚丁二烯	0.10		

式（4-46）以及橡胶状态方程（4-41）都表明，使橡胶伸长所需的外力，或者说橡胶的模量是受温度影响的。Guch 早在 1805 年就发现这个现象。

在橡胶带上悬挂一个重物使之发生一个伸长，然后升高温度，发现橡胶带会随温度升高而变短。橡胶带的这种行为与传统材料相反。如果是在金属丝上悬挂重物，升高温度就会使金属丝变长。半个世纪后，Joule 确认了 Guch 的发现，故橡胶受热收缩的现象称作 Guch-Joule 效应。

这一效应表明，橡胶的高弹性与熵有关。因为随着温度上升，各类相互作用的重要性都在下降，只有熵贡献变得越来越重要，因为熵弹性的模量与温度成正比。

如果下降温度让橡胶部分结晶，Guch-Joule 效应就看不见了，结晶后再加热，只要晶体不发生熔融，橡胶就只会膨胀而不会收缩。这就表明 Guch-Joule 效应跟橡胶这种材料没有必然联系，而只与熵弹性有关系。

验证 Guch-Joule 效应有一个经典的实验。取一个自行车轮子，把辐条都换成橡胶带（图 4-12），安装时最好把橡胶带都拉到原长的 3 倍。把轮轴安在水平位置，让轮子可以自由旋转。用一个电加热器烘烤轮子的侧下部。加热使橡胶带回缩，使轮子的质心偏移，被烘烤的部分就会向上转，原先在下面的部分又会被加热。这样，轮子就转起来了。

Guch-Joule 效应还有一个逆过程：橡胶带的尺寸快速变化时，温度会改变。这个现象不需要用仪器测定，徒手就可以验证：把橡胶带贴在嘴唇上快速拉伸，就会感觉到橡胶带在发热。反过来，把拉伸的橡胶带快速放松，就会觉得发凉。在物理化学中曾经学到，理想气体压缩时发热，膨胀时变冷，对橡胶而言，就是拉伸与回缩，原理是一样的。一个体系快速膨胀或压缩，没有时间与环境进行热交换，就是所谓绝热过程。为什么气体绝热压缩时会发热？绝热压缩时必有外力做功。功去哪了？没有热量外传，所有的功

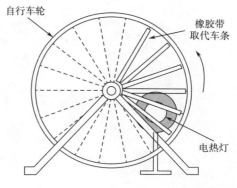

图 4-12 Guch-Joule 效应的实验

都转化为气体的内能，所以温度上升。橡胶带绝热（快速）拉伸时也是如此。同样是外力做功，增加了橡胶的内能（温度）。然后，无论是橡胶回缩还是气体膨胀，体系自己做功，由于没有热来自体外，就消耗体系自己的内能，所以会冷却。

4.4 非相似模型

4.4.1 幻影模型

可以把相似模型想像为这样一种图像：所有的网络结点（交联点）都被固定在一个无形的（三维）弹性背景之上，所有的网链都随着弹性背景伸缩变化，每一根网链的形变都等于弹性背景的形变，故全部网链的形变是相似的。这种模型虽然简化了数学处理，但全都被"钉"在弹性背景上的假设不够真实，毕竟交联点的涨落运动是难以忽略的。因此，James 和 Guth 建立了幻影模型对相似模型加以修正。

虽然幻影模型认为网络体内的交联点不是固定的而是涨落的，但仍然维持网络表面交联点被"钉住"的假定。因为如果表面上的交联点发生涨落，就难以保证网络的体积不变，所以只能是网络内部的交联点发生涨落。

怎样描述表面上交联点的固定性与内部交联点的涨落性呢？设每根网链都是理想链，而理想链都是一根等效弹簧，其弹簧常数为 $K = \dfrac{3kT}{Nb^2}$，整个体系就成了一个弹簧网络，弹簧之间是并联和串联的关系。可以想像网络内部的任何一根弹簧都是通过 2 根等效弹簧与网络表面相联系的，如图 4-13。

左图的中央是在网络内部任意指定的一根弹簧，两侧的支化结构是它与网络表面相联系的其他弹簧，每个支化结构都可看作是一个等效弹簧。欲求幻影模型的弹性性质，首先要求出等效弹簧的弹簧常数 K_{eff}。

设内部被指定弹簧的常数为 K。体系的官能度为 f，与该弹簧直接相连的等效弹簧就可以看作是并联的 $f-1$ 根亚弹簧，其弹簧常数各为 K_1，如图 4-14，故等效弹簧常数为：

$$K_{\text{eff}} = (f-1)\,K_1 \tag{4-48}$$

如图 4-14，任一亚弹簧实际上等效于指定弹簧和另一侧的等效弹簧的串联体：

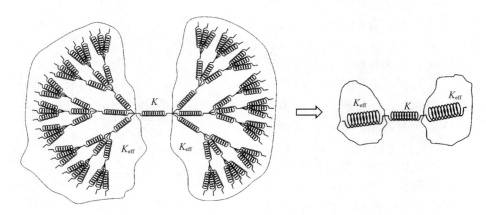

图 4-13　幻影模型中的等效弹簧

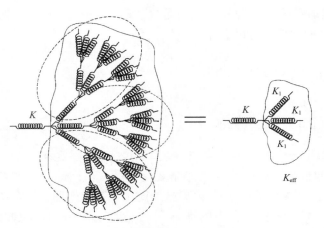

图 4-14　等效弹簧等价于 f-1 个亚弹簧

$$K_1^{-1} = K^{-1} + K_{eff}^{-1} \qquad (4\text{-}49)$$

由式（4-48）与（4-49）可解出：

$$K_{eff} = (f - 2)K \qquad (4\text{-}50)$$

再回到图 4-13，现在从表面到表面的贯通链由指定弹簧与两侧等效弹簧串联而成：

$$K_t^{-1} = K^{-1} + 2 K_{eff}^{-1} = K^{-1} + \frac{2}{(f - 2)} K^{-1}$$

$$= \frac{f}{(f - 2)} K^{-1} \qquad (4\text{-}51)$$

故贯通链的弹簧常数为：

$$K_t = \left(1 - \frac{2}{f}\right) K = \frac{3kT}{Nb^2}\left(1 - \frac{2}{f}\right)$$

$$(4\text{-}52)$$

可认为（$1 - 2/f$）是有效网链分数，这个因子乘以总网链数 N 就是式（4-14）定义的环度，即闭合环路所必须的网链数：

$$\xi = (1 - 2/f)N \qquad (4\text{-}14)$$

用环度代替相似模型中的网链数 N，就是幻影模型的状态方程：

$$\sigma = \left(1 - \frac{2}{f}\right) \frac{NkT}{V}(\lambda - \lambda^{-2}) \qquad (4\text{-}53)$$

幻影模型预测的表观模量与相似模型相比要低一个因子（$1 - 2/f$）：

$$G^* = \left(1 - \frac{2}{f}\right) \frac{NkT}{V} \qquad (4\text{-}54)$$

环度取决于网络的官能度，三官能度网络 $f = 3$，$\xi = N/3$；四官能度网络 $f = 4$，$\xi = N/2$。由式（4-14）可知官能度越高，环度越高。f 很大时，环度趋近于网链数 N。

幻影模型的得名，是该模型中忽略了聚合物网链间的相互作用，可以相互穿越而互不影响。这并不是幻影模型的独特之处，相似模型也是同样的，只要承认橡胶网络中的网链是理想链，相互作用都是被忽略的。幻影模型真正的独特之处在于交联点的涨落，只有造成闭合的那部分网链才贡献应力，其余的网链都因涨落而松动，并不贡献应力。而相似模型则认为所有的网链都是相似的，都贡献应力。

从幻影模型的推导过程中看出，只是有效网链（环度）的推导有所创新，最后结果却与相似模型基本相同，只差一个不大的因子，这对理论模型来说，根本算不上差别。那么哪个模型更容易接受？把问题更简化一步：结点是固定还是涨落？直观地考虑，似乎涨落更有道理。但涨落必须是全体结点的涨落。在幻影模型中，为了保证体系的体积恒定，把表面的结点固定起来，只让内部的结点涨落，这就显得说服力不足。再深一层考虑，结点的涨落就一定使部分网链不承担应力吗？为讨论方便，假定官能度为 4。结点的游动会让 2 根链松动，但同时又使另外 2 根链拉紧。在平均的意义上，涨落并不会造成网链的松动。正因为如此，幻影模型的支持者不多，而 Flory，Kuhn 等大家都站在相似模型一边。

4.4.2　现象学模型

这种处理方法不涉及分子结构，只关心宏观可测的力学行为，故所得模型称作现象学模型。橡胶形变时系统储存的弹性能为：

$$W(\lambda_i) = \int_1^{\lambda_1} \sigma_1 d\lambda_1' + \int_1^{\lambda_2} \sigma_2 d\lambda_2' + \int_1^{\lambda_3} \sigma_3 d\lambda_3' \tag{4-55}$$

其中，$W(\lambda_i)$ 为应变能密度，σ_i 为主应力。坐标系的改变不会改变应变能，故 $W(\lambda_i)$ 必然是应变不变量的函数，应表示为：$W = W(I_i)$：

$$\begin{aligned} I_1 &= \lambda_1^2 + \lambda_2^2 + \lambda_3^2 \\ I_2 &= \lambda_1^2 \lambda_2^2 + \lambda_2^2 \lambda_3^2 + \lambda_1^2 \lambda_3^2 \\ I_3 &= \lambda_1^2 \lambda_2^2 \lambda_3^2 \end{aligned} \tag{4-56}$$

处于非变形态时 $\lambda_i = 1$，所以 $I_1 = 3$，$I_2 = 3$，$I_3 = 1$。第三个不变量为形变体积比的平方：

$$I_3 = \lambda_1^2 \lambda_2^2 \lambda_3^2 = \left(\frac{V}{V_0}\right)^2 \tag{4-57}$$

应变能函数的一般形式可展为 Taylor 级数：

$$W = W(I_i) = \sum_{i,j,k=0}^{\infty} C_{ijk}(I_1 - 3)^i (I_2 - 3)^j (I_3 - 1)^k \tag{4-58}$$

简化符号：$C_{100} = C_0$，$C_{100} = C_1$，$C_{010} = C_2$，只保留前 3 项：

$$W(I_i) = C_0 + C_1(I_1 - 3) + C_2(I_2 - 3) \tag{4-59}$$

恒体积单轴拉伸：

$$\lambda_1 = \lambda, \ \lambda_2 = \lambda_3 = \frac{1}{\sqrt{\lambda}} \tag{4-60}$$

$$\frac{F}{V} = W(I_i) = C_0 + C_1\left(\lambda^2 + \frac{2}{\lambda} - 3\right) + C_2\left(2\lambda + \frac{1}{\lambda^2} - 3\right) \tag{4-61}$$

对自由能求导可得到真应力：

$$\sigma_{\text{true}} = \frac{1}{L_y L_z} \frac{\partial F}{\partial \lambda} = \lambda \frac{\partial W(I_i)}{\partial \lambda} = 2C_1\left(\lambda^2 - \frac{1}{\lambda}\right) + 2C_2\left(\lambda - \frac{1}{\lambda^2}\right) \tag{4-62}$$

由真应力可求出工程应力：

$$\sigma_{\text{eng}} = \frac{\sigma_{\text{true}}}{\lambda} = \left(2C_1 + \frac{2C_2}{\lambda}\right)\left(\lambda - \frac{1}{\lambda^2}\right) \tag{4-63}$$

式（4-63）由现象学模型的提出者得名，称为 Mooney-Rivlin 模型。虽然式（4-63）是通过连续体的不变量推导出来的，并没有考虑橡胶的特性，但所得结果与前面的相似模型和幻影模型非常相似。Mooney-Rivlin 模型的表观模量为：

$$G^* = \frac{\sigma_{\text{eng}}}{(\lambda - 1/\lambda^2)} = \frac{\sigma_{\text{true}}}{(\lambda^2 - 1/\lambda)} = 2C_1 + \frac{2C_2}{\lambda} \tag{4-64}$$

从表观模量中反映出了该模型的特色，即表观模量是拉伸比 λ 的函数。相比之下，相似模型和幻影模型的表观模量为常数。但如果 $C_2 = 0$，Mooney-Rivlin 模型的表观模量也就成为常数，$2C_1$ 相当于相似模型中的 NkT/V 或 $\rho RT/M_c$，故 C_1 反映了网链密度。

3 个模型的共同点为拉伸比越大模量越低，只是表现形式不同。相似模型与幻影模型的区别在于是否存在交联点的涨落。交联点的涨落降低了有效网链数，使模量降低。于是可以判断，提高拉伸比的直接后果是促进交联点涨落的发生。可以想像，在无拉伸状态，交联点是无规分布的，平均距离最小，发生涨落的空间限制最大。拉伸使交联点的平均间距在拉伸方向上加大，提供了发生涨落的空间，使之容易发生。虽然垂直于拉伸方向上交联点的平均距离会变小，但并不影响平行拉伸方向上的涨落。

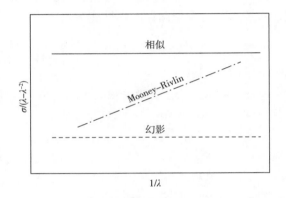

图 4-15　3 种橡胶模型的比较[2-4]

这种涨落机理可以从图 4-15 中 3 种模型的对比得到验证。相似模型与幻影模型的表观模量都是常数，在图中表示为不随拉伸比变化的 2 条水平线。相似模型的表观模量最高，因为模型假定没有涨落；幻影模型的表观模量最低，因为模型假定涨落自由发生。相似模型与幻影模型代表了 2 个不同的极端，Mooney-Rivlin 模型恰好为二者之间的过渡。当拉伸比很小时，交联点涨落困难，故表观模量接近相似模型；随拉伸比的增大，涨落变得相对容易，表观模量逐步靠向幻影模型。

在 Mooney-Rivlin 模型中，表观模量随拉伸比的变化体现在 C_2，故可归纳出 C_2 的物理意义为交联点之间的凝聚程度。这个凝聚程度影响了表观模量对拉伸比的敏感性，即涨落对拉伸比的敏感性。Mark[5-6]制备了一系列特殊的聚二甲基硅氧烷，最高官能度可达 37，用以研究网络官能度对 C_1、C_2 和 C_1/C_2 比值的影响。发现官度能度越高，C_1 值越大，这反映了 C_1 确实代表网链密度。同时，官能度越高，C_2 值越小，C_1/C_2 比值也越小。这是由于官能度越高，交联点的臂数越多，对交联点的束缚越大，拉伸对涨落的敏感性越小（图 4-16）。这也反映了 C_2 确实代表了交联的凝聚程度。人们很容易会想到，如果将网络用溶剂溶胀，势必会大大降低交联点间的凝聚。图 4-17 证实了这一点，当体系高度溶胀，聚合物体积分数降到 0.2 附近时，C_2 就降到了零。

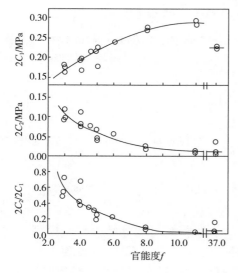

图 4-16　C_1、C_2 与官能度的关系

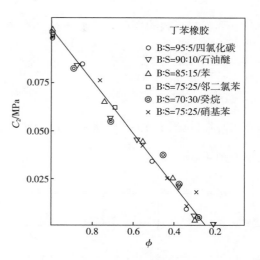

图 4-17　C_2 与溶胀度的关系

4.5　高倍拉伸

将相似模型与实验数据比较，发现当拉伸比 $\lambda > 5$ 时，橡胶的实际应力远高于理论预测，说明相似模型在大应变下完全失效。这并不奇怪，因为相似模型的基础是高斯分布。高斯分布是低拉伸下末端距分布的良好近似，但在高倍拉伸时失效。

2.2.5 节中关于自由连接链和蠕虫状链的拉力公式都是链接近拉直的极限条件下推导的公式，并无太大的实用意义，人们要解决的是高分子链高度拉伸、但远非拉直条件下的理论模型问题。各种相似与非相似模型的基础都是高斯分布。高斯分布在实际应用中遇到了 2 个瓶颈：第一，高分子链的长度是有限的，而高斯分布的宽度是无限的。有人开玩笑说，根据高斯分布，高分子链可以拉长到月球的几率虽低，但仍然存在；第二，高斯分布是几率的产物，但几率本身不应是有限制条件的。高分子链被拉长到一定程度，单元取向已经有了严重的倾向性，就不能用几率讨论问题了，高斯分布就会失效。那么在高度拉伸的情况下，应当采用什么模型来替代以高斯分布呢？被广泛接受的是 Langevin（朗之万）模型，我们跳过推导过程，直接给出结果。

Langevin 模型同样是显式的应力-应变关系，但与其他模型不同的是，Langevin 函数中应力和应变都写作相对量的形式：应变以伸长分数的形式表达，即末端距与轮廓长度之比：

$$\frac{R}{Nb} = \mathcal{L}(\beta) = \coth(\beta) - \frac{1}{\beta} \tag{4-65}$$

应力以相对能量的形式表达：$\beta = fb/kT$，同样是无量纲量：

$$\coth(\beta) = \frac{e^{\beta} + e^{-\beta}}{e^{\beta} - e^{-\beta}} \tag{4-66}$$

其中 coth 是双曲正切函数。由伸长分数求相对能量则要通过 Langevin 逆函数：

$$\beta = \mathcal{L}^{-1}\left(\frac{R}{Nb}\right) = 3\left(\frac{R}{Nb}\right) + \frac{9}{5}\left(\frac{R}{Nb}\right)^3 + \frac{297}{175}\left(\frac{R}{Nb}\right)^5 + \frac{1539}{875}\left(\frac{R}{Nb}\right)^7 + \cdots \qquad (4\text{-}67)$$

由于双曲函数的逆运算不够直观，不如展为级数更为简便。为将 Langevin 模型与高斯模型进行比较，我们将第 2 章高斯模型的弹性力公式（2-67）也写作相对能量的形式：

$$f = \frac{3kT}{Nb^2}R \Rightarrow \frac{fb}{kT} = \frac{3R}{Nb} \qquad (4\text{-}68)$$

改写后的公式仍为线性关系。以相对作用能（$\frac{fb}{kT}$）对拉伸应变（ε）作图，2 个模型的比较于图 4-18：

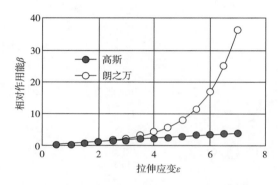

图 4-18　高斯分布与 Langevin 分布的比较

从图中可以看到，当应变很小时，2 个模型基本一致。当 $\varepsilon=4$（$\lambda=5$）时，2 个模型开始出现分歧，高斯模型的线性提高，而 Langevin 模型迅速上扬。与图 4-8 对比，相似模型与实验数据的分歧同样也是在 $\lambda=5$ 附近，相似模型缓慢爬升而实验数据迅速增大。这样说来，Langevin 模型是否已经解决了高分子链高度拉伸的应力-应变关系问题呢？在数据模拟的层面上确实解决了，但并没有提供相应的机理，我们必须来看另外一个问题：橡胶的拉伸结晶。

天然橡胶在室温下本不结晶，但在拉伸的作用下就会发生结晶，这个现象称作应变诱导结晶，是 Katz 于 1925 年首次发现的。此后有很多人研究了天然橡胶的拉伸比与结晶度的关系，3 条有代表性的曲线列于图 4-19。可以看出结晶度随拉伸比的增加几乎是线性的。结晶起始的拉伸比 $\lambda=3.5\sim4.5$。直到 21 世纪初，还有人重复这一古老的实验，仍能得到同样的结论[7]。

Tosaka[11] 等形象地描述了伴随橡胶拉伸的结晶过程，如图 4-20 所示。

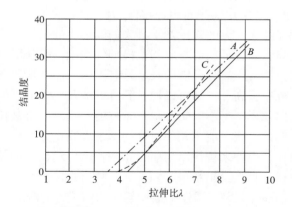

图 4-19　不同科学家报道的拉伸比与结晶度的关系[8-10]

网链被拉伸时，产生了局部有序，开始有了结晶的倾向。当应变 $\varepsilon=3$（$\lambda=4$）时，结晶就开始了。拉伸达到 $\varepsilon=4$（$\lambda=5$）时，已经达到了一定结晶度，生成的晶粒如虚线框所示。而正是由于结晶的缘故，模量显著提高，从此应力-应变曲线开始加速提升。

广角 X 光衍射确认了伴随拉伸的结晶过程。图 4-21 是天然橡胶不同应变下结晶峰的演化。由此我们可以得出结论，结晶应当是应力-应变曲线迅速上升的主要原因。结晶过程产生的晶粒既起到物理交联点的作用，又起到活性填料的作用。随着结晶过程的进行，交联点

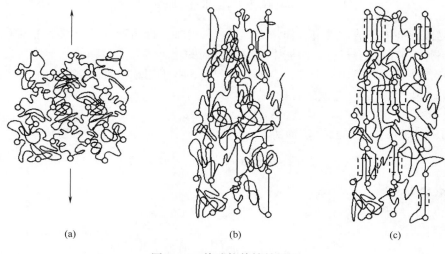

(a)　　　　　　　　　　(b)　　　　　　　　　　(c)

图 4-20　橡胶拉伸结晶机理

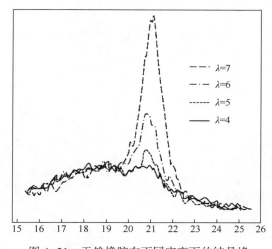

图 4-21　天然橡胶在不同应变下的结晶峰

迅速增多，网链数加速增加，导致应力陡然上升。被结晶与填充双重因素所掩盖，橡胶应力-应变关系的分子机理也就无从谈起了。

4.6　溶胀网络

聚合物网络被溶剂溶胀，体系中同时发生着 2 个过程。第一个过程是混合过程，混合自由能为负值；第二个过程是网络体积增大，网链的熵弹性反抗伸展，自由能为正值。当混合自由能与网链的熵弹性取得平衡时，网络就停止溶胀，达到溶胀平衡状态。在此我们定义另一种溶胀度，即溶胀状态的网络体积与干聚合物体积之比。聚合物的体积分数为 ϕ，则溶胀度为 $1/\phi$。

4.6.1　溶胀平衡

聚合物被溶剂溶胀的过程可看作是 2 个过程的叠加，即溶剂分子与网络中网链的混合过程叠加网络弹性体的形变过程。溶胀平衡时，溶剂的化学势和聚合物的化学势均为零。在推导溶胀平衡条件时，考虑任一个都行。为方便起见，我们考虑溶剂。溶剂的化学势由 2 部分组成，即混合化学势 $\Delta\mu_m$ 与网络弹性自由能 $\Delta\mu_e$：

$$\Delta\mu_1 = \Delta\mu_m + \Delta\mu_e \tag{4-69}$$

由 3.1.4 节的式（3-32），溶剂的混合化学势为：

$$\mu_m = RT\left[\ln(1-\phi) + \left(1-\frac{1}{N}\right)\phi + \chi\phi^2\right] \tag{4-70}$$

如果 ϕ 很小，则：

$$\ln(1-\phi) \approx -\phi - \frac{\phi_2^2}{2} \tag{4-71}$$

$$\Delta\mu_m = -RT\left(\frac{1}{2}-\chi\right)\phi_2^2 \tag{4-72}$$

由前，网络弹性形变自由能为：

$$\Delta G_e = \frac{NkT}{2}(\lambda_1^2 + \lambda_2^2 + \lambda_3^2 - 3) \tag{4-73}$$

与单向拉伸不同，如图 4-22，溶胀时网链的形变是各向同性的：$\lambda_1 = \lambda_2 = \lambda_3 = \lambda$：

$$\Delta G_e = \frac{3}{2}NkT(\lambda^2 - 1) \tag{4-74}$$

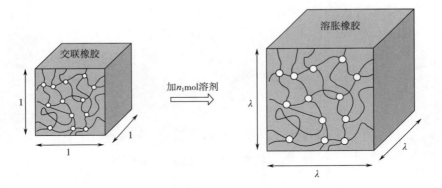

图 4-22　网络的均匀溶胀

若体系中含 n_1 摩尔溶剂，其摩尔体积为 V_1：

$$\lambda^3 = \frac{1}{\phi} = 1 + n_1 V_1 \tag{4-75}$$

代入（4-74）：

$$\Delta G_e = \frac{3}{2}NkT\left[(1 + n_1 V_1)^{2/3} - 1\right] \tag{4-76}$$

对 n_1 求导即得弹性化学势：

$$\Delta\mu_e = \frac{\partial\Delta G_e}{\partial n_1} = \frac{3}{2}NkT(1 + n_1 V_1)^{-1/3} = NkTV_1\lambda^{-1} \tag{4-77}$$

ϕ 为聚合物体积分数, $\phi = 1/\lambda^3$, $\lambda^3 = 1/\phi$, $= \phi^{-1/3}$:

$$\Delta \mu_e = NkTV_1 \phi^{1/3} \tag{4-78}$$

结合式 (4-72) 与 (4-78), 因 $NkT = \rho RT / M_c$:

$$\Delta \mu_1 = RT \left[\frac{\rho V_1}{M_c} \phi^{1/3} - \left(\frac{1}{2} - \chi \right) \phi^2 \right] \tag{4-79}$$

溶胀平衡时, $\Delta \mu_1 = 0$, 即:

$$\frac{\rho V_1}{M_c} \phi^{1/3} = \left(\frac{1}{2} - \chi \right) \phi^2 \tag{4-80}$$

解得聚合物的平衡溶胀体积分数:

$$\frac{\rho V_1}{M_c (1/2 - \chi)} = \phi^{5/3} \tag{4-81}$$

Flory 曾用一系列丁基橡胶/环己烷体系对式 (4-81) 进行验证 (图 4-23)。将式 (4-81) 两边取对数, 整理后得到:

$$\lg \frac{\rho}{M_c} = -\frac{5}{3} \lg \left(\frac{1}{\phi} \right) - \lg \frac{V_1}{(1/2 - \chi)} \tag{4-82}$$

由式 (4-35), ρ/M_c 与网络的表观模量成正比。用定伸应力的对数对 $\lg(1/\phi)$ 作图, 得一条直线。直线斜率近似为 $-5/3$。

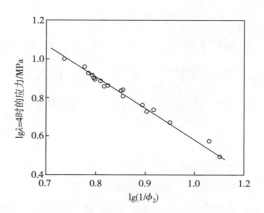

图 4-23 丁基橡胶的平衡溶胀与模量的关系

4.6.2 单向拉伸

溶胀网络受到单向拉伸时, 网链就受到 2 种拉伸作用: 第一种是溶胀作用对网链的各向同性的拉伸, 拉伸比 $\lambda_1 = \lambda_2 = \lambda_3 = \lambda$。设溶胀态的体积为 V, 聚合物的体积分数为 ϕ, 则 $V = \phi^{-1}$, 3 个维度上的溶胀拉伸比 $\lambda = V^{1/3} = \phi^{-1/3}$; 第二种是外加的单向拉伸作用, 设其在溶胀基础上拉伸比为 α。3 个维度上的总拉伸比为 $\lambda_1 = \phi^{-1/3} \alpha$, $\lambda_2 = \lambda_3 = \phi^{-1/3} \alpha^{-1/2}$。

由弹性自由能方程:

$$\Delta G_e = \frac{NkT}{2} (\lambda_1^2 + \lambda_2^2 + \lambda_3^2 - 3) \tag{4-83}$$

代入溶胀条件下的拉伸比:

$$\Delta G_e = \frac{NkT}{2} \phi^{-1/3} (\alpha^2 + 2\alpha^{-1} - 3) \tag{4-84}$$

自由能对长度 L 求导得到使溶胀网络产生拉伸比 α 所需的力为:

$$f = \frac{\partial \Delta G_e}{\partial L} = NkT \phi^{-1/3} \left(\alpha - \frac{1}{\alpha^2} \right) \frac{\partial \alpha}{\partial L} \tag{4-85}$$

未受拉伸的溶胀网络在拉伸方向上的长度为 $L_0 \phi^{-1/3}$, 则:

$$\alpha = \frac{L \phi^{-1/3}}{L_0 \phi^{-1/3}} = \frac{L}{L_0} \tag{4-86}$$

$$\frac{\partial \alpha}{\partial L} = \frac{1}{L_0} \tag{4-87}$$

代入式 (4-85):

$$f = \left(\frac{NkT}{L_0} \right) \phi^{-1/3} \left(\alpha - \frac{1}{\alpha^2} \right) \tag{4-88}$$

溶胀前干网络在拉伸方向上的截面积为 A_0，溶胀网络在该方向上的截面积为 $A = A_0 \phi^{-2/3}$：

$$\sigma = \frac{f}{A} = \left(\frac{NkT}{L_0}\right)\left(\frac{\phi^{-1/3}}{A_0 \phi^{-2/3}}\right)\left(\alpha - \frac{1}{\alpha^2}\right) = \frac{NkT}{V}\phi^{1/3}\left(\alpha - \frac{1}{\alpha^2}\right) \tag{4-89}$$

式（4-89）即为溶胀网络单向拉伸的状态方程，另一种表达方式为：

$$\sigma = \frac{\rho RT}{M_c}\phi^{1/3}\left(\alpha - \frac{1}{\alpha^2}\right) \tag{4-90}$$

固定溶胀网络的拉伸比 α，以应力的对数对 $\lg(1/\phi)$ 作图，可得一条直线，其斜率为 $-1/3$，截距为 $\lg\left[\dfrac{\rho RT}{M_c}\left(\alpha - \dfrac{1}{\alpha^2}\right)\right]$。由截距可解出 M_c，相当于测定了交联密度。将 M_c 的值代入式（4-82），可求出相互作用参数 χ 值。

4.6.3　网络的坍缩

高分子单链在差溶剂中会经历线团-球团转变，差溶剂中的聚合物网络也会经历相似的转变。聚合物网络在良溶剂中膨胀，网链的状态应该是松散线团。当溶剂变差时，网链开始收缩，整个网络也开始收缩。如果温度降到 Θ 点以下，每根网链都发生线团-球团转变，整个网络迅速坍缩成为一个球团的聚集体。与单分子的情况不同，网络的坍缩是肉眼可见的，没有所谓分子凝聚沉淀的问题，观察到的就只是宏观样品的坍缩。

聚合物网络的坍缩由麻省理工学院的 Tanaka[12-14] 于 1978 年发现。他们将聚丙烯酰胺网络稀释于水和丙酮的混合物。保持温度不变，在溶液中加入过量丙酮时，网络突然坍缩，体积收缩了 20 倍。

在 2.5.3 节我们讨论了高分子单链的线团-球团转变，并得出结论：柔性链发生渐变，而刚性链发生断崖式的突变。聚丙烯酰胺是柔性聚合物，新鲜制备的网络会经历平滑的坍缩，而放置后网络的坍缩却是突变。坍缩台阶的高度强烈依赖于网络的放置时间，放置时间越长，台阶越高。如果放置 2 个月，体积变化可达数百倍。

如何解释这些现象？线索是聚丙烯酰胺在水中的水解，离子会脱离分子链留下带电荷的聚离子链段。反离子可以在网络内部自由漂荡，但不会迁移出网络，进入外面的纯溶剂环境。因为如果反离子漂出去，网络就失去了电中性，聚离子上的电荷与外部的反离子就会发生强烈的静电作用，使体系能量剧烈升高，这种状态是不可能发生的。所以反离子的漂荡被限制在网络内部，但会对网络的"壁"（表面）施加压力，这种压力有利于各个方向的拉伸。

聚丙烯酰胺的水解非常缓慢，在短时间内只有极少部分单体变成带电的。然而网络放置时间越长，带电单体比例越高。反离子的离开与漂移使网链的性质发生了显著变化。首先，脱离了反离子，部分网链成为带电的聚离子，单体上的电荷相互排斥，使链的刚性显著提高；其次，反离子引起的渗透压使网络膨胀，也使网链的刚性提高。聚丙烯酰胺的放置过程，就是逐步水解的过程。放置时间越长，水解电离的程度就越高。在上面 2 个效应的综合作用下，聚丙烯酰胺由柔性链转变为刚性链，其线团-球团转变就成为断崖型的。带电单体越多，渗透压越高，台阶越高。

网络的坍缩对带电单体和反离子非常敏感。这种性质可用来检测溶液中的离子杂质并用来清除杂质。此外，网络的坍缩可用作一些生物过程的模板。

　　但更重要的意义不是网络的坍缩，而是坍缩网络的膨胀。坍缩的网络一旦进入良溶剂，所有的网链都会膨胀，于是引起整个网络的膨胀。如果是聚电解质凝胶，反离子造成的渗透压会使网络发生快速的、超高倍率的剧烈膨胀，膨胀的比例可达千倍以上。这就是超吸水聚合物的物理背景。

思　考　题

1. 能弹性与熵弹性的微观本质是什么？
2. 何谓橡胶弹性？产生橡胶弹性的结构要件有哪些？
3. 推导相似模型时都做了哪些假设？
4. 相似模型与实验曲线比较，在中等形变处出现误差的原因是什么？
5. 相似模型与幻影模型的区别是什么？
6. 如何区别橡胶回弹力中的熵成分与内能成分？
7. 怎样通过热效应验证橡胶弹性是熵弹性？
8. 橡胶高倍拉伸时应力迅速上扬的原因是什么？
9. 如何利用聚合物网络平衡溶胀测定网链相对分子质量？
10. 聚电解质网络有哪些特殊行为？

参 考 文 献

［1］ Guth E, James HM, and Mark H. The kinetic theory of rubber elasticity. // Mark H, Whitby GS eds. , Scientific Progress in the Field of Rubber and Synthetic Elastomers (Advances in Colloid Science), Vol. 2. New York: Interscience, 1946. pp. 253-299.

［2］ Flory, Proc. R. Soc. London A. 351 (1976), 351.

［3］ Flory, Polymer, 20 (1979), 1317.

［4］ Flory andB. Erman, Macromolecules, 15, (1982), 800.

［5］ J. E. Mark, Macromol. rev. 11 (1976), 135.

［6］ J. E. Mark, Makro. Chem. Suppl. 2 (1979) 87.

［7］ S. Trabelsi, P. A. Albouy, and J. Rault, Macromolecules 36, 7624 (2003) .

［8］ J. M. Goppel and J. J. Arlman, Appl. Sci. Res. , Sect. A 1, 462 (1949) .

［9］ S. C. Nyburg, Br. J. Appl. Phys. 5, 321 (1954) .

［10］ L. E. Alexander, S. Ohlberg, and G. R. Taylor, J. Appl. Phys. 26, 1068 (1955) .

［11］ M. Tosaka, S. Murakami, S. Poompradub, S. Kohjiya, Y. Ikeda, S. Toki, I. Sics, and B. Hsiao, Macromolecules, 37 (9), 3299-3309 (2004) .

［12］ T. Tanaka, Phys. Rev. Lett. 1978, 40, 820.

［13］ M. Ilavsky, Macromolecules 1982, 15, 782.

［14］ M. Shibayama, T. Tanaka, Adv. Polym. Sci. 1993, 109, 1.

第 5 章　玻璃态与玻璃化转变

5.1　玻璃化转变现象

　　碧蓝的大海，银白的沙滩。沙滩上沙子的主要成分是二氧化硅。捧一把沙子放到熔炉中加热，它们会缓缓地变软、融化，变成无色透明的黏稠液体，可称作熔体。取出一些熔体，它会慢慢地冷却，在黏度合适的时候可以将它制作成各种形状。冷却到一定温度以下，熔体就变成坚硬的固体。这种固体就是玻璃。

　　同为二氧化硅，玻璃与沙子的结构却有本质的不同。沙子中的二氧化硅是结晶的，而玻璃在固化过程中却没有结晶，保持着熔体时的无定形结构。所以玻璃的固化过程明显有别于金属。金属的固化是个结晶过程，由无定形的液体转变为晶态的固体；而玻璃却是保留着无定形结构转变为固体。后一种转变有一个独特的名称：玻璃化转变。

　　无定形固体非止二氧化硅形成的玻璃一种，许多化合物都能在熔融后形成玻璃，如氧化物 GeO_2、B_2O_3、P_2O_3，无机盐类 As_2S_3、$ZnCl_2$、BeF_2，小分子有机物如松香、明胶、沥青、石蜡等。最重要的一类无定形固体物质当属合成聚合物。很多聚合物从熔体冷却时，都整体地或部分地不通过结晶而转变为固体。源自对玻璃的认识，此类转变过程都称作玻璃化转变，发生转变的温度称作玻璃化转变温度，简称玻璃化温度，同时把无定形的固态称作玻璃态。

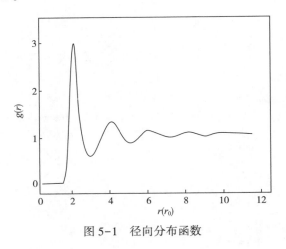

图 5-1　径向分布函数

　　玻璃态与晶态的区别在于有序程度。晶体是三维有序的，近程有序，远程也有序。而无定形结构则只是近程有序，但远程无序。可以用最简单的方法来描述这种近程有序。即将无定形结构看作由单一粒子构成的体系。这个单一粒子可以是原子、分子、离子，也可以是高分子的单元。为描述粒子的分布情况，定义一个"径向分布函数"［$g(r)$，RDF］，函数的曲线见图 5-1。在体系中任意指定一个粒子，以其为中心，统计在半径从 r 到 $r+dr$ 间的球壳间粒子密度与体系平均密度的比值：

$$g(r) = \frac{n}{4\pi r^2 \rho dr} \tag{5-1}$$

　　其中，n 为在球壳中发现的粒子数，ρ 为粒子的平均密度（图 5-2）。从图 5-1 的曲线可以看出，在距离为 $r=2r_0$ 处，粒子出现的几率最高。$2r_0$ 的距离意味着与指定粒子刚好相碰

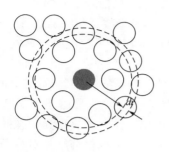

图 5-2 球壳元

的位置。在这个距离上，粒子的分布是"有序"的。在 $r = 4r_0$ 和 $6r_0$ 的距离上，虽然几率低于 $2r_0$ 处，但仍高于平均值，这就是所谓"近程有序"。距离越远，发现粒子的几率越逼近平均值。$r \rightarrow \infty$，几率等于平均值。这就是"远程无序"。

由于玻璃态与液态在结构上的相似性，人们就认为玻璃态是冻结的液态，与液体没有本质上的区别。从热力学上看，这样说没有什么不妥。但从动力学上看，玻璃态与液态是有本质区别的。在 5.3 节的讨论之后，读者自会领悟玻璃与普通液体在动力学上的区别。

如 1.5 节所述，聚合物有结晶与无定形之分。天然聚合物可以 100% 结晶，而合成聚合物只能是部分结晶。本书只讨论合成聚合物，故在后文中将略去"合成"二字。聚合物在结晶过程中，只有一部分分子链或分子链的一部分发生结晶，另一部分将熔体的无定形结构保留到固体，转变为玻璃态。因此，玻璃态与玻璃化转变的概念并非无定形聚合物所专有，对结晶聚合物也同样适用。

玻璃态的物质经过加热，就会逐步软化，转变为液体（或称熔体）。这个过程是玻璃化转变的逆过程。有时也称作是玻璃化转变。但加热软化与冷却固化是 2 个不同的玻璃化转变过程，应注意上下文区分是哪一种转变。如不加解释，则特指从液体冷却的玻璃化转变。

在冷却和加热的玻璃化转变过程中，液体分子的运动被冻结或启动。但这样说并不严格。小分子液体的运动可大致分为 3 种，振动、转动与平动。平动使液体流动，转动使液体改变形状，振动指平衡位置上的微观涨落，没有宏观表现。所谓的冻结，指的是平动与转动的冻结，热振动则会在低温下一直保持，直到绝对零度。分子运动的启动，也是指转动与平动运动的启动。

聚合物的结构复杂，运动行为也随之复杂。聚合物分子的运动大概可以分为 4 个层次：振动、基团运动、链段运动与整链移动。基团运动包含了侧基的转动及其他基团级的运动。链段运动本质上是 Kuhn 单元（或持续长度的链段）以主链为轴的转动，是聚合物中一种最基本的运动方式。热振动与基团运动在玻璃态也能够发生。从玻璃态加热，经过玻璃化转变，启动的是链段运动。而整链的平动要在更高的温度才能发生。熔体冷却时，最先失去的是平动（流动）能力，然后在玻璃化转变时链段运动被冻结。基团运动要视基团的性质与大小，在更低的温度才会陆续冻结。

聚合物分子这种多层次的运动方式可以通过模量-温度曲线观察到。图 5-3 为无定形聚合物的典型模量-温度曲线。可发现随温度的升高，样品的模量经历了 3 个台阶。第一台阶在 10^9 Pa 的量级，经历一个陡降后到 $10^{5\sim6}$ Pa 的量级，再经历一个陡降后到 10^3 Pa 以下。在低温下的 I 区，

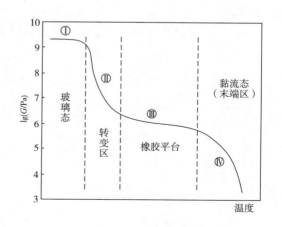

图 5-3 无定形聚合物的典型模量-温度曲线

聚合物处于玻璃态，只有热振动与基团运动，模量值很高。在第一、二台阶之间的Ⅱ区，聚合物经历了玻璃化转变，链段运动解冻，转变过程中模量下降 3~4 个数量级。Ⅲ区是一个模量平台，平台高度就是第 4 章中橡胶态的模量范围。进入Ⅳ区后模量再次陡降，事实上，在这个区发生分子链的流动，聚合物已成为液体，就不能用模量进行度量了。

按照 1.5 节中的讲述，经历玻璃化转变后聚合物就成为熔体。线形链将为黏流态，而交联链则为橡胶态。图 5-3 中为什么会先出现橡胶态、再出现黏流态呢？这是由于分子链之间存在一种特殊的相互作用：缠结。缠结点起到临时交联点的作用，使熔体表现为交联的橡胶态。缠结点之间的链表现如网络中的网链，网链的平均相对分子质量称作缠结相对分子质量 M_e，它的作用类似化学交联网络中的网链相对分子质量，交联网络的状态方程为：

$$\sigma = \frac{\rho RT}{M_e}\left(\lambda - \frac{1}{\lambda^2}\right) \tag{5-2}$$

分子链发生缠结需要一定的长度，交联的长度门槛称作临界相对分子质量。低于临界相对分子质量的高分子不发生缠结，也就没有橡胶平台，玻璃化转变之后直接进入黏流态。缠结只在一定温度范围内有效，到更高的温度就会失效，在橡胶平台的末端聚合物进入黏流态。显然，相对分子质量越高，进入黏流态的温度就越高，橡胶平台越长。如果发生化学交联，橡胶平台无限长。

需要强调的是，线形聚合物橡胶平台的行为只是类似橡胶态而非橡胶态。从表面上看，聚合物从玻璃态进入橡胶态、再进入黏流态。这样说也并无大错，但不能忽略平台上的橡胶弹性只是一种临时行为。这种临时性不仅表现在温度上，也表现在时间上。即使温度不变，橡胶的弹性行为也只会存在于一定时限以内，超过一定时间，缠结点就会失效，橡胶弹性行为也就随之消失。此外，即便是临时的橡胶弹性也与真正交联的橡胶弹性有所不同，因为链的缠结是会打滑的，打滑可能发生在任何时间、任何位置，导致表观的弹性有别于真正的橡胶弹性。

玻璃化转变是链段运动冻结或启动的转变，聚合物的许多性质都会在玻璃化转变前后发生转折或突变。除了上述模量变化，样品的体积或比容发生转折，热胀系数发生突变；热焓发生转折，等压热容发生突变。此外，光学性质、电学性质等亦发生明显的变化。所有这些发生转折或突变的性质都可以用来测定玻璃化温度。本节只介绍一种利用热焓性质的测定方法，其他测定方法将会在有关章节陆续提到。

测定玻璃化温度最常用的方法是差示扫描量热法（differential scanning calorimetry, DSC）。DSC 既代表这种方法，又代表所使用的仪器——差示扫描量热仪。DSC 的工作原理示意于图 5-4。有 2 个并排的样品室，其中 S 室放置装有样品的金属盒，R 室放置一个同样的空盒，作为参比。对样品室与参比室等速升（降）温，使二者保持相同的温度。由于盒中内容不同，对二者的供热速率就会有差异。仪器记录这一供热速率差，记作 dH/dt 或 dQ/dt，对温度作图，就得到了

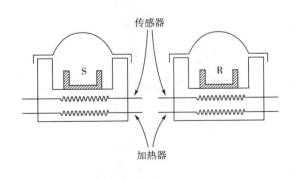

图 5-4　DSC 工作原理

DSC 曲线。曲线的横坐标一般是温度，特殊情况下可以是时间。纵坐标则是 $\mathrm{d}H/\mathrm{d}t$ （或 $\mathrm{d}Q/\mathrm{d}t$ ）。由于做 DSC 扫描时，一般为线性升温或降温，$\mathrm{d}H/\mathrm{d}t$ 与 $\mathrm{d}H/\mathrm{d}T$ 是等价的，所以纵坐标的高度代表了热容的变化。

当样品中发生热力学转变（如结晶、熔融、晶形转变等）或化学反应时，在 DSC 曲线上会出现一个峰，放热过程与吸热过程的峰方向相反。图 5-5

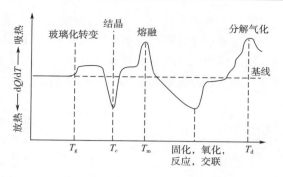

图 5-5　典型的 DSC 谱图

的 DSC 谱图演示了多种可能的反应，不代表所有的样品都会发生这些反应。样品池与参比池的规定是任意的，R 室也可以放样品，S 室也可以放参比物，不同的放置位置不影响曲线上峰谷的横坐标位置，只会使放热或吸热峰的方向反转，故在 DSC 谱图上必须标明放热和吸热的方向。根据峰的指向，可以判断该峰所对应的物理或化学过程。例如熔融峰一定是吸热的，结晶峰一定是放热的。因此，DSC 法成为测定各种物理与化学过程的有力工具。

只有玻璃化转变的信号与众不同，它不是一个峰，而是一个台阶。升温扫描时，玻璃化转变是一个热容的阶跃，降温扫描时则为热容的跌

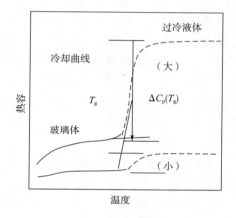

图 5-6　DSC 纵坐标的意义

落。这是因为玻璃化转变意味着链段运动的启动或冻结，而链段运动需要足够的热能，所以在 DSC 谱图上表现一个热容差 ΔC_p，见图 5-6。ΔC_p 的大小称作玻璃化转变的强度。

5.2　玻璃态的非平衡性

液体冷却固化为玻璃，表观现象是黏度剧烈升高。在玻璃化转变机理未明的情况下，在液体与固体之间设置一道黏度的分界线也不无道理。这道分界线一般认为是 10^{12} Pa·s。黏度的严格定义我们将在第 8 章讨论，表 5-1 先给出几个数据，让读者对黏度的数量级先有个感性认识。

表 5-1		一些常见物质的黏度量级	单位：Pa·s
物质	黏度量级	物质	黏度量级
空气	10^{-5}	糖浆	10^2
水	10^{-3}	聚合物熔体	$10^{3\sim4}$
润滑油	10^{-2}	沥青	10^8
橄榄油	10^{-1}	熔融玻璃（500 ℃）	10^{12}
甘油	10^0	固体玻璃	10^{40}

事实上，液体在冷却过程中，变化的不止是黏度。随着温度的降低，许多性质都在变化，其中最直观是体积或比容。使用体膨胀计可以利用样品体积变化测定玻璃化温度。先升高温度使水银中的样品成为熔体，然后以一定速率降低温度，记录水银刻度，得到比容–温度曲线，并从斜率的转折点确定玻璃化温度。

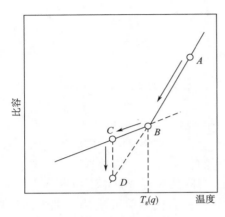

图 5-7　玻璃态的非平衡性

图 5-7 所示的实验曲线演示了聚合物 PS 熔体以恒速 q 冷却时比容的变化。先将样品加热到一个较高的温度（A 点），然后以恒速 q 冷却，在冷却过程的不同温度读取膨胀计上的比容刻度。在高温下熔体是平衡的，比容随着温度的下降线性降低，沿 ABD 线变化。比容下降的过程，就是通过链段运动排出自由体积的过程。随着温度降低，链段运动越来越难，自由体积的排出不可能总是与温度下降同步。到达 B 点时，体系不能及时排出多余的体积，致使这部分体积存留在体内，曲线出现转折。B 点以下的体系是不平衡的。我们就把不平衡态的起始点作为链段运动冻结的结点，B 点所处的温度即被认为是玻璃化转变温度 $[T_g(q)]$。

由图 5-7 的讨论我们为"玻璃化转变"建立了一个操作标准，即体积的收缩开始跟不上温度变化的温度。这个标准基于一个理念，即聚合物的玻璃化转变是链段运动的冻结。如果链段能够充分自由运动，则体积随温度的变化是平衡的；如果链段运动被冻结，则体积与温度不平衡，平衡与不平衡的过渡就是玻璃化转变。

但降温速率 q 是人为设定的。如果降温速率快于或慢于 q，玻璃化转变温度是否会改变呢？答案是肯定的。图 5-8 为不同降温速率得到的聚苯乙烯比容–温度曲线。可以清楚地看到，玻璃化温度的测定值依赖于降温速率。降温速率越快，斜率的转折点出现越早，所测得的玻璃化温度越高。反过来，降温速率越慢，测得的玻璃化温度越低。降温速度变化一个数量级，可使玻璃化温度变化 3 ℃。也就是说，100 ℃/min 的降温速率下所测得的玻璃化温度比 1 ℃/min 下测得的要高 6 ℃。

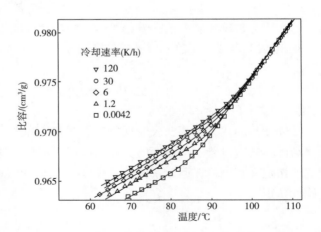

图 5-8　不同冷却速率的 PS 比容–温度曲线[1]

除非降温速率无限慢，无论以何种速率降温，样品总要在一个温度偏离平衡，然后冻结在玻璃态，所以玻璃态必然是非平衡的。注意我们的"冻结"概念指的是"跟不上"而并非完全不能活动，处在非平衡的体系，总会通过缓慢的运动向平衡移动。回看图 5-7，样品到 C 点之后如果停止冷却，它不会停留在 C 点原地不动，而是缓慢地向平衡比容松弛，即沿 CD 线移动。

不论是比容的松弛还是焓的松弛，本质上是结构的松弛。具体到高分子链，就是构象的松弛。在玻璃化温度以上，分子链始终在运动、重排，从一个平衡构象变换到另一个平衡构象，但平均结构不会随时间而改变。在玻璃化温度以下，同样存在结构松弛以及向平衡的移动，直至达到平衡结构。这个过程非常缓慢，非常漫长，多数情况下也许永远也不会达到平衡。

图 5-9 是聚醋酸乙烯酯淬冷样品向平衡比容移动的数据。聚醋酸乙烯酯的玻璃化温度在 30 ℃ 左右。将 40 ℃ 的样品淬冷至玻璃化温度上下不同的温度，然后观察其比容向平衡值的移动。可以发现，不论淬冷的温度在玻璃化温度以上还是以下，向平衡值的移动是共同的规律，区别仅在于速度的快慢。如果在玻璃化温度以上，能够在较短的时间内达到平衡。如果在玻璃化温度附近，就需要 100 h 以上的时间来达到平衡。如果显著低于玻璃化温度，虽然也在移动，但在实验允许的时间内无法达到平衡。

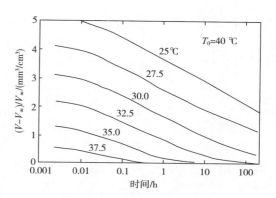

图 5-9　玻璃态聚醋酸乙烯酯的体积松弛[2]

在玻璃态的不平衡状态下，向平衡移动的不止是体积或比容，其他热力学性质都在同时移动，伴随着力学性质的显著变化。如拉伸模量与屈服应力随时间增加；断裂韧性、冲击强度与透过率随时间降低。这些力学性能的降低不涉及化学变化，故称作物理老化。物理老化的程度可通过比容或热容的变化来表征。

玻璃化温度可以在降温过程中测定，也可以在升温过程中测定。如图 5-10 所示，对处于玻璃态的样品进行升温，同时测定样品比容随温度的变化。但在升温过程中比容-温度曲线不会沿着冷却曲线原路返回，而会另走不同的路径。在刚开始加热时，比容的平衡线远在即时比容之下，当链段稍具热运动能力时，样品非但不会吸纳自由体积，而是排出体积，向平衡值移动。这样在一定的温度范围内，比容不是上升，而是下降。越过平衡线之后，样品开始吸纳体积，但非常缓慢。因为链段处在冻结状态，改变构象十分困难。即使样品的温度升高到了冷却法测定的玻璃化温度，比容的增加仍然较慢。直到一个更高的温度，链段完全解冻，获得了充分的运动能力，样品才能加速吸纳自由体积，重回平衡线。这样在玻璃化转变附近，冷却曲线与加热曲线形成一个回路。在同一比容水平时，加热曲线的温度一定高于冷却曲线，这一现象称作"滞后"。2 条曲线形成的回路称作"滞后环"。正是因为有这个滞后，加热法测定的玻璃化温度一定高于冷却过程测定的玻璃化温度。

冷却与加热过程的不同还可以用葡萄糖样品的体积松弛过程演示。见图 5-11，25 ℃ 和 40 ℃ 的样品突然被移置到 30 ℃ 的环境中，比较其比容的变化。结果显示冷却 10 ℃ 与加热 5 ℃ 的速率相差无几，表明加热过程比冷却要慢得多。这非常符合聚合物的结构特征。因为聚合物分子具有长链结构，体积收缩相当于链的卷曲，而体积膨胀相当于链的伸展。卷曲是长链的天然倾向，而伸展则需要做功。所以体积收缩要比膨胀容易得多。由此可知玻璃化温度附近的冷却与加热并非 2 个互逆的过程，而是 2 个不同的过程。冷却释放体积与加热吸纳体积的难度不同，向平衡移动的速率自然也不相同。这就是滞后环的由来。

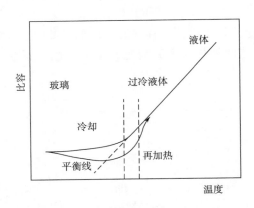

图 5-10　聚合物冷却与加热的环路

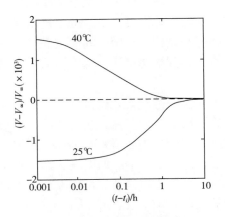

图 5-11　葡萄糖的收缩与膨胀松弛对比

在玻璃化转变温度附近，热焓与比容的松弛行为非常相似。如果我们用热焓代替比容进行冷却–再加热实验，也能重现图 5-10 中的滞后环，如图 5-12 所示。与比容的情况相似，样品经过冷却再重新加热进时，其热焓–温度曲线不是沿着冷却曲线原路返回，而是朝向平衡线移动。在与平衡线相交后，也必须在高于冷却法测定的玻璃化温度后，才能迅速增加热焓以追上平衡线。此时热容增加的斜率很大，在下方热容的曲线上表现为一个凸峰。这种热焓突增的现象称作"过冲"（overshoot）。过冲是加热曲线滞后于冷却曲线的必然后果，对玻璃化温度测定的直接影响是测定值过高。

为了消除滞后或过冲带来的测量误差，就要使样品尽量不要远离平衡线。在使用 DSC 测量玻璃化温度时，先要将样品用一般速率（比如 20 K/min）加热到预估 T_g 的

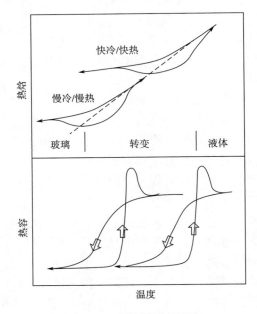

图 5-12　热焓滞后与过冲

50 ℃ 以上并消除热历史。然后以仪器允许的最大降温速率冷却到预估 T_g 的 50 ℃ 以下，不要停留，立刻以一般速率升温进行扫描。这样就会避免出现过冲，消除可能的测量误差。

5.3　玻璃化转变的动力学本质

无论是冷却还是加热，液体的结构松弛都是通过分子运动实现的。Eyring 建立了分子运动的"跳跃"模型，如图 5-13。将液体的分子视作一群粒子，以频率 ν_0 进行振动。当液体

局部受应力时，有一个粒子就会发生跳跃，逃离由邻居构成的笼子，消除所受的应力。

成功逃离的几率 P 服从 Boltzmann 分布：$P \sim \exp\left(-\dfrac{\Delta\varepsilon}{kT}\right)$，可知 $T \to 0$，$P \to 0$，而 $T \to \infty$，$P \to 1$（100% 成功）。$\Delta\varepsilon$ 为分子振动能垒。典型地，$\Delta\varepsilon \approx 0.4\, E_v/N_A$，$E_v$ 为摩尔气化能。成功逃离的频率 ν 为振动频率 ν_0 与成功几率 P 的乘积：

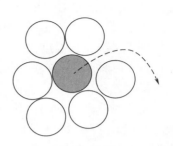

$$\nu = \nu_0 \exp\left(-\frac{\Delta\varepsilon}{kT}\right) \tag{5-3}$$

逃离频率的倒数 $1/\nu$ 即为粒子逃离笼子所需的时间，定义为松弛时间 τ。在液体中，τ 非常短，在 10^{-12} s 与 10^{-10} s 之间。因此，如通常所观察到的，液体中的应力几乎是瞬间松弛的。在熔融的聚合物中，τ 约为几毫秒。

图 5-13　跳跃模型

以上导出的松弛时间 τ 是分子运动速率的度量，是分子一次跳跃所用的时间。不需要证明，根据常识即可知道温度高时分子运动快，松弛时间短；相反，温度低时分子运动慢，松弛时间长。松弛时间与温度的具体关系是什么？由式（5-3），τ 的温度依赖性可写作：

$$\tau = \tau_0 \exp\left(\frac{\Delta\varepsilon}{kT}\right) \tag{5-4}$$

这是熟知的 Arrhenius 关系。松弛时间具有 Arrhenius 温度依赖性的液体称为"强液体"，反之称作"弱液体"[3]。聚合物熔体是典型的弱液体。

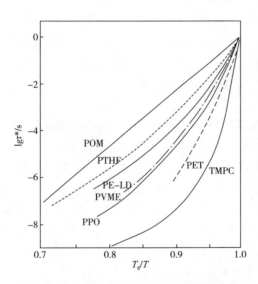

图 5-14　松弛时间对温度的依赖曲线[3]

不同聚合物的松弛时间 τ 对式（5-4）的偏离程度不同。用 $\lg\tau$ 对 $1/T$ 作图，得到图 5-14 的曲线。可看到 POM 得到一条直线，符合式（5-4），说明 POM 是强液体。PET 基本上是直线，可认为接近强液体。其他聚合物的曲线都是弯曲的，都表现出对式（5-4）的偏离，都属于程度不同的弱液体。由 T_g 附近的斜率可得到链段运动活化能 $\Delta\varepsilon$。但这种方法得到的活化能并不可靠。有些聚合物的活化能甚至高于 C—C 键的结合能。所以只能将得到的 $\Delta\varepsilon$ 视作经验参数。

由于绝大多数聚合物熔体都属于弱液体，松弛时间 τ 不能用 Arrhenius 公式来描述，一般可以用 WLF（Williams-Landel-Ferry）方程描述：

$$\lg a_T = \lg\left[\tau(T^*)/\tau(T)\right] = \frac{C_1(T - T^*)}{C_2 + (T - T^*)} \tag{5-5}$$

其中，T^* 为某个参考温度，一般取 T_g 作为 T^*。

弱液体松弛时间的另一个模型为 VFT（Vogel-Fulcher-Tammann）公式：

$$\tau_R = \tau_0 \exp\left(\frac{B}{T - T_0}\right) \tag{5-6}$$

B 和 T_0 为经验常数。WLF 与 VFT 方程基本上是等价的。二者之间的参数对应关系为：$C_2 = T^* - T_0$；$2.3 C_1 C_2 = B$；$C_1 (T^*) = \lg [\tau (T^*) / \tau_0]$。

VFT 公式表明当 $T \to T_0$ 时松弛时间趋向无穷。这一预测不能实验证明，但也向人们的直觉提出了挑战。当温度向特征点 T_0 趋近时，体系是变得无限远离平衡还是回归到平衡态？无论是哪一种状态，T_0 必然具有某种特殊含义，使它不单纯是经验常数。后面将会看到，人们在探索玻璃化温度的意义时，曾多次触摸到这个神秘的 T_0，但却始终没有抓住它的本质。

聚合物链段运动的松弛时间受相对分子质量的影响：相对分子质量越低，松弛时间越短。一般认为相对分子质量越低，链端越多，自由体积就越多，链段运动就越容易。在 PDMS 和 PS 上都观察到了相对分子质量对松弛时间的影响。二者不同的是，PDMS 的相对分子质量只影响松弛时间，不影响脆弱性[4]；而聚苯乙烯的相对分子质量不仅影响松弛时间，还影响脆弱性[5]。近年来的发现将脆弱性与主链刚性联系起来。认为刚性链不能紧密堆砌，故脆弱性高。

随着温度的下降，松弛时间不断加长。松弛时间非常长之际，就是玻璃化转变之时。这是人们对玻璃化转变的共同认识。长和短是相对概念，"非常长"的判据是什么？究竟要降到什么温度，才能使松弛时间变得"非常长"，乃至发生玻璃化转变？要回答这个问题，必须要有一个参考时间，这个参考时间称作观察时间。对"观察时间"这个词不可望文生义，认为是实验过程中进行观察的时间是不正确的。观察时间是指实验条件变化的特征时间。举例说，如果以 1 ℃/min 的速率进行降温，观察时间就是 1 min；如果以 1 ℃/h 的速率进行降温，观察时间就是 1 h。如果温度变化是非线性的，观察时间（t_{obs}）就由方程 $\left(\dfrac{dT}{dt} = -\dfrac{1}{t_{obs}} T \right)$ 来定义。有了观察时间作标准，就容易讨论松弛时间的长与短、分子运动的快与慢了。在高温下，松弛时间远远短于观察时间，分子运动快；低温下，松弛时间远远长于观察时间，分子运动被冻结。在某一温度，松弛时间与观察时间相当，分子运动发生迟滞、进而冻结，就是玻璃化转变。

可以用具体例子来说明松弛时间与观察时间的匹配如何影响玻璃化温度的测定。聚苯乙烯在不同温度下的松弛时间见表 5-2。如果以 1 ℃/min 的速率对样品降温，观察时间 t_{obs} 就是 60 s。为简化处理，假定聚苯乙烯的松弛时间符合 Arrhenius 公式，将松弛时间代入式（5-4），得到不同温度下 60 s 内自由体积的排出分数，见图 5-15（a）。在 95 ℃ 以上时，$\tau \ll 60$ s，排出分数几乎为 1；但随着松弛时间变大，在几度的温度范围内排出分数迅速降到零附近，转折点出现在 90 ℃。这表明在 1 ℃/min 的降温速率下，链段运动从 90 ℃ 起开始冻结，于是可认为玻璃化温度约为 90 ℃。如果降温速率提高到 6 ℃/min，则观察时间 t_{obs} 降低到 10 s，可得到图 5-15（b）。由于需要在更短的时间排出自由体积，链段冻结的温度向高温移动，约在 91 ℃。这说明了自由体积分数由"显著变化"向"基本不变"的过渡发生于几度的狭窄范围内，且取决于温度的变化速率。

表 5-2　　　　　　　　　　聚苯乙烯在不同温度下的体积松弛时间[6]

温度/℃	τ_R / s	温度/℃	τ_R / min	温度/℃	τ_R
100	0.01	90	2	85	5 h
95	1	89	5	79	60 h
91	40	88	18	77	1 a

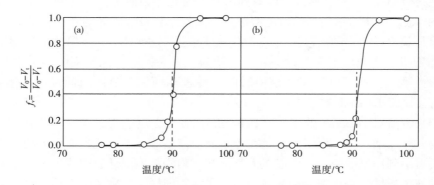

图 5-15　以 1 ℃/min（a）和 6 ℃/min（b）速率降温时样品的自由体积排出分数

　　玻璃化转变不仅是热力学和动力学性质的变化，同时也是液体与固体状态间的转化。引入观察时间的概念后，转变的发生由观察时间决定，似乎材料的固体或液体状态也要由观察时间决定了。如果观察时间短于光频时间（例如 10^{-18} s），任何液体中的分子都是冻结的，液体就变成了固体；在另一个极端，如果冷却速率无限慢，玻璃化温度就可能无限低，最终被推向绝对零度，那么无定形物质就永远是液体了。那么人们要问，固化的玻璃究竟是固体还是冷凝的液体？

　　为了证明无定形物质就是液体，澳大利亚昆士兰大学 Thomas Parnell 教授设计了一个有趣的实验[7]：沥青滴落。图 5-16 中是 2 位学生在观察沥青的流动。沥青在室温下是一种脆性的玻璃状固体，但设计者相信它是液体。虽然在短时间内看不到它的流动，但延长实验时间，一定能观察到它的流动。该实验始于 1927 年，将加热的沥青倒入一个漏斗，将出口封住。经过长达 3 年的室温冷却，可以认为沥青完全固化了。这时候（1930 年），打开漏斗的塞子，让

图 5-16　沥青滴落实验

沥青开始流动。8 年后，实验者等来了第一滴沥青的滴落。在此后的 40 年，又等到了 5 滴。到 2014 年，累计观察到了 9 滴沥青的滴落。下一滴预期在 2020 年，就是本书出版之时。

　　沥青的滴落实验似乎证明了玻璃态物质的液体属性。由沥青的滴落速率来推算，沥青的室温黏度在 10^6 Pa·s 和 10^8 Pa·s 之间。而传统上固体的黏度门槛是 10^{12} Pa·s。该项长达 90 多年的实验只能证明他们使用的沥青在室温处于液体状态，并没有证明玻璃态物质都是液体。但这个实验证明了一个事实：时间的变化确实能够改变人们对固体或液体的观念。

　　就松弛时间与观察时间的匹配而言，就要涉及到一个无量纲数：Deborah 数（De），定义为松弛时间与观察时间之比：即 $\mathrm{De} = \tau_\mathrm{R}/t_\mathrm{obs}$。De~1 就是发生转变的判据。

　　Deborah 是生活在公元前的一位圣女，她有一句名言："山峰在上帝面前流动"。这句话被现代人翻译成发生转变的通用判据：山峰的"流动"是非常慢的，即松弛时间 τ_R 非常长，

而上帝的观察时间 t_{obs} 更长，所以就能看到山峰的流动。因而把松弛时间与观察时间之比命名为 Deborah 数。出于对这句话的过度解读，有人就干脆否认固体的存在，认为一切物质都是流体，只是观察时间不同而已。为了证明这一观念的正确性，古希腊哲学家赫拉克利特的名言"万物皆流"也被借来作为论据。笔者认为，第一，不可以模糊哲学名言与科学理论之间的界限；第二，不可以站在"永恒时间"的极端而无视有限时间尺度上事物的性质。这样做也有违定义 Deborah 数的本意。

让我们来澄清对 Deborah 的误解。Deborah 的话有 2 层意思。第一层，山峰可以流动，可以像万物一样流动；第二层，山峰是在上帝面前流动而不是在人类面前流动。人类在世上的短暂光阴看不到山峰的流动，所以在人类面前，山峰是不流动的固体。不可以因为山峰在上帝面前的液体属性而否认在人类面前的固体属性。同样，在另一个极端，也不可因为水在光频下的固体属性而无视在普通条件下的液体属性。观察时间可以任意设定，但不能因观察时间的改变而否认固体与液体属性的客观存在。这个客观存在就是，固体与液体有本质的区别，区别就在于 Deborah 数的大小。如果 De≫1，就是固体；如果 De≪1，就是液体。如果 De~1，就是处于转变区。

玻璃化转变也正是固-液状态的转变，据此可以得到玻璃化转变的一般性动力学判据：$\tau_R \approx t_{obs}$，不论冷却还是加热，不论冷却或加热速率如何。这个判据为我们描绘了玻璃化转变的动力学本质，为我们提供了不同变温速率产生不同 T_g 的物理背景。这个判据不仅适用于玻璃化转变，也适用于一切动力学本质的过程。

5.4　玻璃化转变理论

玻璃化转变的理论林林总总，五花八门，其涵盖的范围远远超出高分子物理。美国物理学家 P. W. Anderson（1977 诺贝尔物理奖）曾说："固态理论中最深奥、最有趣的未解之谜可能就是玻璃的性质与玻璃化转变的理论"。

美国科学杂志归纳的新世纪 125 个前沿课题[8]中第 47 个课题是"玻璃态物质的本质是什么？"说明玻璃态的理论问题在当前尚未完全解决。

本节只能简单介绍与聚合物有关的几个理论[9-10]，分为动力学理论和热力学理论。

动力学理论的前提是承认玻璃化转变的动力学本质，即分子运动的松弛时间随温度降低而延长，到玻璃化温度 T_g 处松弛时间变得超长，实际上冻结了分子运动。动力学理论的目的是阐明松弛时间与温度的关系。自由体积模型与熵模型都属于动力学理论。

热力学理论不否认玻璃化转变的动力学本质，但也不排除存在真正的热力学转变在左右着分子运动的冻结。故热力学理论的使命是寻找这样一个转变，并确定一个热力学转变的温度。Gibbs-DiMarzio 理论是热力学理论的一个代表。

5.4.1　自由体积理论

物质的内部有 2 类体积：固有体积与自由体积。固有体积就是分子的范德华体积，而自由体积则是分子间的空隙。分子运动需要自由体积。液体之所以能够流动，是因为含有自由体积，这一点古希腊人就已经认识到了。当温度降低时，液体的比容下降，是因为自由体积分数在下降。当自由体积分数下降到一个临界点时，（不能结晶的）液体就发生玻璃化，因为体内不再有充分的自由体积支撑分子的平动。

分子的运动分为振动、转动与平动，都需要自由体积，但需要的程度不同。对小分子而言，振动与转动需要的自由体积少，平动需要的自由体积多，发生玻璃化时，分子的平动被冻结，振动与转动不受影响。大分子的体积庞大，整个分子的平动与转动都要通过链段运动来实现，而链段运动要比热振动所需的自由体积多很多。大分子的玻璃化转变，正是自由体积分数下降到不能支撑链段运动所致。

这样，玻璃化转变的自由体积理论就呼之欲出了：玻璃化转变温度是自由体积分数下降到临界点的温度。各种物质，至少是各种聚合物，在玻璃化温度具有相同的自由体积分数。Fox 与 Flory [11] 提出一个公式描述聚合物的自由体积分数：

$$f = K + (\alpha_L - \alpha_G)T \tag{5-7}$$

其中 f 代表自由体积分数，K 为 0 K 时的自由体积分数，α_L 与 α_G 分别为液态与玻璃态的热胀系数。Fox 与 Flory 认识到液态与玻璃态的热胀系数的差别源于自由体积的增长，首次用公式描述了自由体积分数与温度的线性关系，但式（5-7）没有把自由体积分数与玻璃化温度联系起来。

在 Fox-Flory 思想的基础上，Williams，Landel 与 Ferry[12]（并称 WLF）提出了等自由体积分数的概念，可以归结为下面的公式：

$$f = f_g + (\alpha_L - \alpha_g)(T - T_g) = f_g + \alpha_f(T - T_g) \tag{5-8}$$

$\alpha_f = (\alpha_L - \alpha_g)$ 代表自由体积的热胀系数，f_g 代表玻璃化转变点的自由体积分数，式（5-8）中的 α_f 代表自由体积膨胀系数，意义为单位体积、单位温度的体积变化量，通用值为 $\alpha_f = 4.8 \times 10^{-4}$ K^{-1}。式（5-8）中的理念示于图 5-17。

图 5-17 的纵坐标是按玻璃化转变点的样品体积折算的体积分数。下面的实线代表固有体积，上面的折线代表总体积，2 条线之间的空隙就是自由体积。式（5-8）秉承了 Fox-Flory 的基本思想：液态与玻璃态热胀系数之差就是自由体积的热胀系数，自由体积随温度线性变化。但 WLF

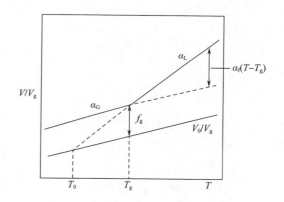

图 5-17　等自由体积分数概念

提出了新的理念：处于玻璃态时，由于链段运动被冻结，自由体积分数是个恒定值，保持在 f_g。当温度达到 T_g 时，链段运动启动，逐渐创造出活动的空间，自由体积持续增大。故自由体积随温度的线性增长只限于玻璃化温度以上的区域而不涉及玻璃化温度以下。从液体降温时，自由体积分数随温度线性下降，到达 f_g 时即告冻结，体系发生玻璃化转变。一般认为 $f_g = 0.025$。所有聚合物的玻璃化转变都应发生于同一个自由体积分数。这就是等自由体积分数的概念。

利用式（5-8），Williams，Landel 和 Ferry 导出了著名的 WLF 方程。这个方程可用于预测超长和超短时间的力学行为，我们将在第 8 章介绍。

图 5-17 还为探索 VFT 公式的 T_0 提供了思路。从液态降温时，如果无限放慢冷却速率，就不会出现自由体积分数的冻结，α_L 的斜率就会一直延伸到与下方的固有体积线相交。交点对应的温度下自由体积为零，链段运动完全停止，这个温度就应当是 T_0。关于这一思路在

后文中还会有详细讨论。

　　稍后 Simha 和 Boyer[13] 提出了一种不同的自由体积理论，但接受程度远不及 WLF。

　　自由体积理论的优点是物理图像简洁清晰，能够得到当时许多实验数据的支持。但"等自由体积分数"的理念是有缺陷的。链段运动需要一定的自由体积分数，但不同长度的链段所需要的自由体积分数应当是不同的，刚性链与柔性链的链段尺寸不同，运动所需自由体积分数也应当不同。例如聚碳酸酯 T_g 处的自由体积分数为 0.029，比普适值高了 20 %。人们还发现相对分子质量、交联、支化、共聚、侧基的性质与长度等都对 T_g 处的自由体积分数有影响。尽管如此，利用自由体积理论，可以对玻璃化温度的许多影响因素作出方便的解释，将在 5.5 节详细讨论。

5.4.2　熵模型

　　Adam 和 Gibbs[14] 提出一个理念，构型熵决定了结构松弛的速率。在结构松弛过程中，分子不断地克服能垒发生重排。在较高温度下，重排可以由单个分子独立进行，这时候的构型数目多，熵值高。但当温度降低时，分子不能独自重排，而必须与若干邻居协同运动，构成一个协同微区（图 5-18）。温度越低，需要协同的分子越多，协同微区体积 V 越大，可取的构型数目就越少，在不同构型间转变的活化能 ΔE 就越高。玻璃化转变附近的长松弛时间是由于构型数目减少，构型熵 S_c 下降。故可以认为 $\Delta E \sim V \sim 1/S_c$。

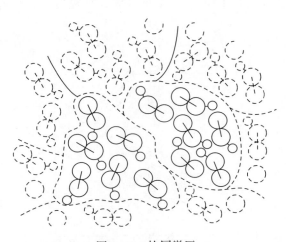

图 5-18　协同微区

　　设每个微区由 z 个单体组成，每个单体具有 c_1 个构型。每摩尔单体形成了 N_z 个微区，构象熵为：

$$S_c = N_z k \ln c_1 \tag{5-9}$$

每摩尔单体数除以微区数就得到每微区平均单体数：

$$z = \frac{N_A}{N_z} = \frac{N_A k \ln c_1}{S_c} = \frac{s^*}{S_c} \tag{5-10}$$

　　由式（5-10）的分子可以看出 s^* 是单体独立松弛情况下每摩尔单体的构型熵。在高温 $T > T^*$ 时，没有协同性，$S_c = s^*$。当低温 $T < T^*$ 时，单体运动的构型变化发生协同，S_c 快速下降，亦即 z 迅速增大。一个单体构型变化的能垒为 $\Delta\mu$，z 个单体协同的能垒即为 $z\Delta\mu$，故可以写出未协同与协同状态下松弛时间的方程：

无协同：
$$\tau^* = \tau_0 \exp\left(\frac{\Delta\mu}{k\,T^*}\right) \tag{5-11}$$

协同：
$$\tau = \tau_0 \exp\left(\frac{z\Delta\mu}{k\,T^*}\right) \tag{5-12}$$

　　设随温度降低 z 增大的方程为：

$$z = \frac{s^*}{S_c} = \frac{T^* - T_0}{T^*}\frac{T}{T - T_0} \tag{5-13}$$

上式右侧 2 个分式，前一个是不随温度改变的，后一个随温度的降低而增大。利用 z 的表达式可得到：

$$\ln(\tau/\tau^*) = \frac{\Delta\mu}{k}\left(\frac{z}{T} - \frac{1}{T^*}\right) = \frac{\Delta\mu}{k}\left(\frac{s^*}{TS_c} - \frac{1}{T^*}\right) = \frac{\Delta\mu}{kT^*}\frac{T - T^*}{T - T_0} \tag{5-14}$$

式中的 T^* 等同于玻璃化温度 T_g，T_0 相当于 VFT 方程中的 T_0。可知式（5-14）与 WLF 或 VFT 方程是等价的。

熵模型虽然是针对小分子玻璃建立的，但分子协同运动的理念更适合大分子聚合物。大分子中运动的基本单位是链段，而链段单独运动的情况并不多见，一般是几个链段协同运动。温度高，协同的数目少；温度低，协同的数目多。因此熵模型与大分子的运动模式恰好吻合。

5.4.3　Kauzmann 悖论

人们一方面认识了玻璃化转变的动力学本质，另一方面仍然没有放弃热力学方面的探索，毕竟在玻璃化转变前后，物质的热力学性质发生了变化。如图 5-19 所示，通过玻璃化转变，热焓发生了转折，而热焓的一阶导数——等压热容发生了突变；比容发生了转折，比容的一阶导数——热胀系数发生了突变。此外，折射率也发生了转折。这样就有理由认为，玻璃化转变是一个二级热力学转变。

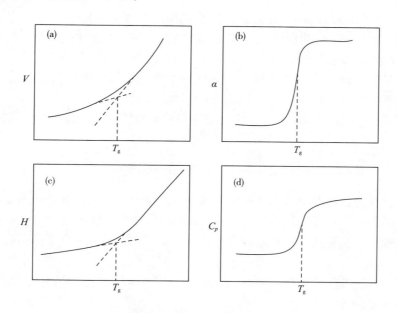

图 5-19　玻璃化转变过程中体积与热焓的变化

熵的行为与热焓类似，玻璃化转变处熵是连续的，只是出现一个转折。相比之下，物质结晶过程的熵变是不连续的，如图 5-20 所示。用不同的速率冷却样品，测定转折处玻璃态的熵值，可以发现玻璃的熵取决于冷却速度：冷却速率越慢，熵值越低。Kauzmann 通过不同冷却速率的实验结果，外推到了这样一个温度，此处玻璃的熵值与晶体熵值相等。这个温度被命名为 Kauzmann 温度，记作 T_K[15]。沿着这个思路，如果进一步降低冷却速率，玻璃态物质的熵值就会低于晶体！这怎么可能？玻璃的结构类似于液体，玻璃的无序度一定大于

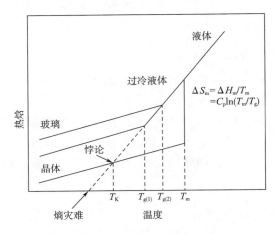

图 5-20　Kauzmann 悖论与熵灾难

晶体，也就是说，相同温度下玻璃的熵值一定高于晶体。所以，这个外推的预测是一个悖论。再严重些，称作"熵灾难"。

于是，物理学家和化学家们提出各种理论来解决这个悖论或者灾难。这些理论远远超出高分子物理的范围，在此不论。基本的结论是，T_K 是一个真正的热力学转变温度。既然 T_K 是一个热力学转变，那么继续向更低的温度外推就失去了意义，也就不会出现玻璃的熵低于晶体的情况，Kauzmann 悖论就这样被绕过去了。然而 Kauzmann 温度 T_K 的发现，使人们在玻璃化转变的热力学探索中看到了希望。由于 T_K 一般位于 T_g 以下 50 ℃，与 VFT 模型中的 T_0 几乎相同，那么 T_K 是否就是人们苦苦追寻的 T_0 呢？如果是的话，就一举解决了 VFT 模型与 Kauzmann 悖论 2 个问题，即 T_K 和 T_0 都是热力学意义上真正的玻璃化转变温度。

继续推论，如果说 T_K 或者 T_0 是真正的玻璃化温度，那么其他方式定义的就降格为表观的玻璃化温度。这 2 个玻璃化温度之间有什么区别呢？在于平衡性。如 5.2 节所述，温度低于表观玻璃化温度的体系是非平衡的，体积、热焓以及熵都高于平衡线，体系在缓慢地向平衡松弛。只有当温度到达 T_K 点时，体系再次回归平衡态，故此称作真正的玻璃化温度。前景非常美好，可惜实验上与理论上都不能得出这样的结论。

受 Kauzmann 的启发，出现了许多玻璃化转变的热力学理论，其中有代表性的是 Gibbs-DiMarzio 理论。

5.4.4　Gibbs-DiMarzio 理论

如前所述，从熔体降温冷却到玻璃化，降温速率越低，显示的玻璃化温度越低。所以人们认为玻璃化转变属于动力学现象。但 Gibbs 和 DiMarzio 认为这只是表象，背后一定潜藏着一个具有平衡性质的真正转变。通常以有限速率冷却时，会进入一个不平衡的玻璃态，其熵值高于同温度的晶态。玻璃态的熵没有被冻结，仍然会缓慢地向晶态的熵值松弛。如果以无限慢速率进行冷却，就不会出现不平衡态，最终达到一个玻璃相，其熵值与晶体是平衡的。材料向平衡玻璃相的转变是一个平衡的二级转变，这个转变温度才是真正的 T_g，由于是二级转变，记作 T_2。T_2 一般在表观 T_g 的 50 ℃ 以下。

T_2 的导出，是人们又一次触摸到 VFT 方程的 T_0。实际上，T_0、T_K、T_2 三者之间虽没有直接的联系，但思路是相通的。人们总不肯相信玻璃会将无序状态一直保持到绝对零度，在通向绝对零度的道路上总要遇到这样或那样的热力学转变。只是至今还没有找到一个公认的转变点。

Gibbs-DiMarzio 理论[16-17]可以说是晶格理论在玻璃化转变问题中的应用，通过高分子链在晶格中的摆放计算构象熵 S_c。该理论认为，分子链在晶格中可以取许多种构象，但只有一个最低能量的构象。当在晶格中摆放时，任何一个键对最低能量构象的偏离都会使能量升

高一个 $\Delta\varepsilon$，平均每根链发生偏离的键数为 f。摆放分子链剩余的空位填充溶剂分子。每个溶剂分子进入晶格，就会破坏一个分子间键，产生一份额外的空穴能。随着温度的下降，允许的分子构象数不断减少，这是因为：①低温下空穴数降低，大分子摆放的选择越来越少；②温度越低，分子越倾向于低能态，导致构象熵不断降低。构象熵降低到零的温度，就是用无限慢速率降温得到的热力学二级转变温度 T_2。

Gibbs-DiMarzio 理论还得出了 T_g 对相对分子质量依赖性的复杂公式：

$$\frac{x}{x-3}\frac{\ln v_0}{1-v_0} + \frac{1+v_0}{1-v_0}\ln\left[\frac{(x+1)(1-v_0)}{2xv_0}+1\right] + \frac{\ln 3(x+1)}{x}$$

$$= \frac{-2\left(-\dfrac{\Delta\varepsilon}{kT_g}\right)}{1+2\exp\left(-\dfrac{\Delta\varepsilon}{kT_g}\right)} - \ln\left[1+2\exp\left(-\frac{\Delta\varepsilon}{kT_g}\right)\right] \tag{5-15}$$

其中 x 为聚合度的 2 倍，v_0 为空穴的体积分数。式（5-15）能够很好地描述 T_g 对 M_n 的依赖性，并且预测了 T_g 的热容变化，T_g 对相对分子质量、交联密度、力学形变、增塑剂含量、共混的依赖性。

5.5　玻璃化温度的影响因素

尽管人们没有从理论上掌握玻璃化转变的本质，但至少掌握了大量玻璃化温度的影响因素。这些影响因素不外乎 2 个基本因素的延伸，即链段长度与链间距离。

链段长度由分子链的柔性决定。柔性越高，链段越短，玻璃化温度越低；反之刚性越强，链段越长，玻璃化温度越高。这个规律反过来也成立：玻璃化温度越低，可判断链的柔性越高。柔性的各种影响因素已在 2.1 节中讨论。链间距问题本质上就是自由体积问题，以下的许多影响因素将应用自由体积理论进行讨论。

5.5.1　相对分子质量

对线形分子而言，相对分子质量的影响实为链端的影响[18]。链端在任何温度下都比链的中间部分有更大的活动性，故带有更多的自由体积，称为过剩自由体积。设有一样品，相对分子质量为无穷大，其过剩自由体积为零，玻璃化温度为 $T_{g\infty}$。将样品中的无穷大分子打断，成为平均相对分子质量为 M 的线形分子链，则单位体积样品中分子链数为 $\rho N_A/M$ 个，产生了 $2\rho N_A/M$ 个链端。每个链端引入过剩自由体积 θ，则样品中的过剩自由体积为 $2\rho\theta N_A/M$。如图 5-21 所示，无穷大相对分子质量样品在 $T_{g\infty}$ 处的自由体积分数为 f_g，而有限相对分子质量样品在 $T_{g\infty}$ 处的自由体积分数为 $f_g+2\rho\theta N_A/M$。据等自由体积分数理论，有限相对分子质量样品必须降低温度排出过剩自由体积 $2\rho\theta N_A/M$ 以达到其玻璃化转变点。

自由体积的膨胀系数为 α_f：

$$\frac{2\rho\theta N_A}{M} = \alpha_f\left[T_g(\infty)-T_g(M)\right] \tag{5-16}$$

$$T_g(\infty)-T_g(M) = \frac{2\rho\theta N_A}{M\alpha_f} \Rightarrow T_g(M) = T_g(\infty)-\frac{K}{M} \tag{5-17}$$

其中：

$$K = \frac{2\rho\theta N_A}{\alpha_f} \tag{5-18}$$

用 $T_g(M)$ 对 M 的倒数作图应得一直线，斜率为 K。由 K 可得到 θ。计算表明 θ 一般为重复链节体积的量级。相对分子质量与 T_g 的关系见图 5-22。可看出当相对分子质量较低时，相对分子质量对 T_g 的影响较大，而当相对分子质量高于一定水平后，相对分子质量的影响十分微弱，因为样品中链端的含量已经微不足道。相对分子质量影响从显著到微弱的转折点正是临界相对分子质量。

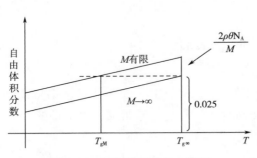

图 5-21　链端造成的自由体积

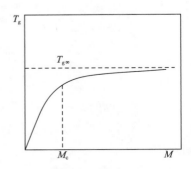

图 5-22　相对分子质量与玻璃化温度的关系

式（5-17）由 Fox 和 Flory 导出，故称作 Fox-Flory 公式。Fox-Flory 方程在较高相对分子质量范围的预测尚好，但在低相对分子质量处出现误差。而 Gibbs-DiMarzio 的公式（5-15）在低相对分子质量范围仍与实验数据有较好吻合。图 5-23 对两种模型进行了比较[19]。

链端过剩自由体积理念只能用于线形高分子，但不能用于没有链端的环状高分子。Gibbs-DiMarzio 公式是从构象熵导出的，与链端无关，故能做出准确预测。如图 5-24，随相对分子质量的增加，环状高分子的玻璃化温度是下降的，与线形链形成鲜明对比[20]。

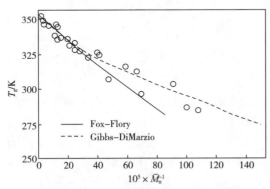

图 5-23　2 个模型对 PVC 的 T_g-$\overline{M}_n^{-1}$ 关系预测

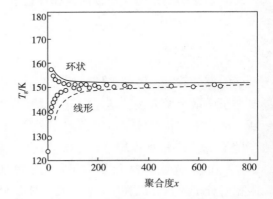

图 5-24　Gibbs-DiMarzio 理论预测的 PDMS 玻璃化温度

5.5.2　压　力

施加压力能够将部分自由体积排出聚合物。在相同的温度下，受压的样品比常压下的自由体积分数小。由玻璃化转变的等自由体积分数假设，受压样品必须提高温度以使其自由体积分数达到常压水平，这就等于提高了玻璃化温度[21]。

式（5-8）规定了常压下的自由体积分数 $f = f_g + \alpha_f(T - T_g)$。记常压下的玻璃化温度为 T_{g0}，自由体积分数为 f_g，受压力 ΔP 时，自由体积分数为 $f_g - \kappa_f \Delta P$，κ_f 为压缩系数。

为发生玻璃化转变，必须提高温度以增加自由体积以抵消压力的影响（图 5-25）：

$$\alpha_f(T_g - T_{g0}) = \kappa_f \Delta P \tag{5-19}$$

在 T_{g0} 附近，可认为压缩系数与自由体积膨胀系数为常数，T_g 对压力的变化率可写作：

$$\left(\frac{\partial T_g}{\partial P}\right)_f = \frac{\kappa_f}{\alpha_f} \tag{5-20}$$

上式表明 T_g 随压力的变化率为压缩系数与膨胀系数变化率之比。图 5-26 是一些物质的玻璃化温度随压力的变化情况。

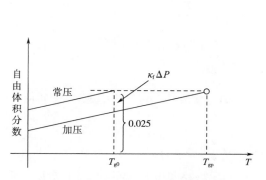

图 5-25　压力与自由体积分数的关系

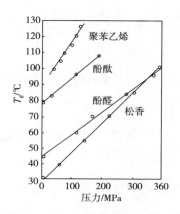

图 5-26　压力对玻璃化温度的影响

5.5.3　柔性侧基

较长直链脂肪烃，脂肪烃醚等构成的侧基都属于柔性侧基。多长的侧基可称作"长"没有确定的标准，但总的趋势是主链原子越多，柔性越大。

侧基尺寸越大，链的柔性越低，刚性侧基都符合这一规律。因为主链原子要带动侧基同时进行旋转，侧基尺寸越大，内旋越困难，链刚性越大。但柔性侧基本身也具有内旋能力，不必完全跟随主链一起旋转。侧基越长，自由运动的能力越强，对主链内旋的阻滞作用越小。另一方面，柔性侧基越长，在主链间形成的间隔也越大，降低了分子间力，故主链的运动能力越强，柔性越高。如图 5-27 所示，侧基越长，玻璃化温度越低。

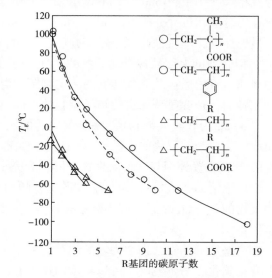

图 5-27　柔性侧基长度与玻璃化温度的关系[22]

5.5.4　共聚与共混

无规与交替共聚物中只含有一种链段，只有一个 T_g；而嵌段与接枝共聚物中可以含 2 种或 2 种以上的链段，于是可能出现 2 个或多个 T_g。为简便起见，只讨论二元共聚物。无规与交替共聚物的 T_g 一般介于 2 种单体均聚物的 T_g 之间。根据等自由体积分数理论，共聚物样品中的自由体积分数来自 2 种单体的各自贡献：

$$f_T = f_g + \alpha_1(T - T_{g1}) w_1 + \alpha_2(T - T_{g2}) w_2 \tag{5-21}$$

f_T 为共聚物中的自由体积分数，α_1 和 α_2、T_{g1} 和 T_{g2}、w_1 和 w_2 分别为 2 种均聚物的自由体积热胀系数、玻璃化温度和单体质量分数。处于共聚物的玻璃化温度 T_g 时：

$$\alpha_1(T_g - T_{g1}) w_1 + \alpha_2(T_g - T_{g2}) w_2 = 0 \tag{5-22}$$

从中解出共聚物的 T_g：

$$T_g = \frac{\alpha_1 w_1 T_{g1} + \alpha_2 w_2 T_{g2}}{\alpha_1 w_1 + \alpha_2 w_2} \tag{5-23}$$

上式为二元体系的 Tailor-Gorden 公式。令 $\alpha_2/\alpha_1 = k$，上式可写作：

$$T_g = \frac{w_1 T_{g1} + k w_2 T_{g2}}{w_1 + k w_2} \tag{5-24}$$

虽然 k 的物理意义为热胀系数之比 α_2/α_1，但在实际应用时常作经验常数处理。如果 $k = T_{g1}/T_{g2}$，上式就简化为 Fox 公式：

$$\frac{1}{T_g} = \frac{w_1}{T_{g1}} + \frac{w_2}{T_{g2}} \tag{5-25}$$

Tailor-Gorden 公式与 Fox 公式都是从均聚物的 T_g 估算共聚物的 T_g 时的常用公式。

2 种聚合物混合时，可以生成分子水平的混合物，也可以分为 2 相，取决于 2 种聚合物的相容性。2 种聚合物完全相容时，生成均相混合物，只有一个 T_g，服从 Tailor-Gorden 公式或 Fox 公式。不能完全相容时，就会发生分相，或为海岛结构，或为双连续相结构。微相区的尺寸也取决于 2 种聚合物的相容性。处于海岛结构时，相容性越高，分散相尺寸越小。当分散相尺寸小于 10 nm 时，不显示独立的 T_g，共混物的玻璃化转变行为形同分子水平混合物。当分散相尺寸介于 10 nm~1 μm 时，共混物虽然也显示一个 T_g，但玻璃化转变的温度范围显著加宽，本质是许多个转变叠加在一起。当分散相尺寸大于 1 μm 时，2 相显示各自的 T_g，但转变的温度从各自均聚物的 T_g 相互靠拢。双连续相的共混物也是这种情况。根据这种规律，可用通过玻璃化转变的测定判断共混物的相容性。如果只出现一个转变，共混物就是相容的；转变显著加宽的是半相容的，而出现两个 T_g 的体系则是不相容的。

图 5-28 为几类共混物模量-温度曲线的比较。图中虚线为 A、B 2 种均聚物的模量-温度曲线，实线为共混物的模量-温度曲线，模量的陡降代表玻璃化转变。体系（1）出现 2 个独立的 T_g，位置分别与 2 个均聚物相同，为完全不相容体系；体系（2）只出现一个 T_g，介于 2 个均聚物的 T_g 之间，为分子水平混合的均相混合物；体系（3）虽也出现 2 个 T_g，但从均聚物的 T_g 相互靠近，可判断略有相容性；体系（4）出现一个宽广的玻璃化转变，为半相容体系。

含有增塑剂的聚合物称为增塑体系。增塑剂是一种高沸点的小分子物质，混入聚合物后使聚合物软化、易于流动。可以将增塑体系看作聚合物与增塑剂的共混体系。因二者是相容的，只有一个 T_g，服从 Tailor-Gorden 公式：

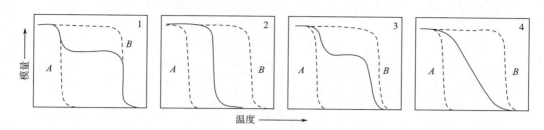

图 5-28　由模量-温度曲线判断共混物的相容性

$$T_g = \frac{\phi_p T_{gp} + k\phi_d T_{gd}}{\phi_p + k\phi_d} \tag{5-26}$$

式中下标 p 和 d 分别代表聚合物和增塑剂，与式（5-24）不同的是以体积分数取代了质量分数。

5.5.5　交　　联

交联往往包含 3 个过程：①相对分子质量增大；②分子链与交联剂的共聚；③交联点限制链段运动。如果不使用交联剂（如辐射交联或通过官能团交联），则没有共聚作用。

线形环氧树脂中加入马来酸酐，在 180 ℃下发生交联反应，形成网络结构。这个过程又称固化。固化过程中，线形分子链通过马来酸酐相互结合，链段运动逐步受到限制，T_g 从固化前的 $T_{g0} = 60.5$ ℃逐步升高到固化完成后的 $T_{ge} = 108.5$ ℃。固化过程中任意时刻 t 的固化程度 $x(t)$ 可用 T_g 的升高来度量，图中 phr 为 per hundred parts of resin 的缩写，代表每 100 g 树脂加入的质量（g）：

$$x(t) = \frac{T_g - T_{g0}}{T_{ge} - T_{g0}} \tag{5-27}$$

图 5-29 为不同马来酸酐加入量的体系中 T_g 随时间升高的情况。

以上环氧树脂的固化同时发生上述 3 个过程。环氧树脂预聚体与马来酸酐的反应可视作一种共聚，同时二者结合成为一个网络。环氧树脂预聚体本身是低聚物（聚合度＝2~4），形成的网链长度只能等于或低于这个值，故链段运动是天然受限的。

将天然橡胶用 3 种方式固化：硫化、过氧化二异丙苯（DCP）与辐射。后 2 种方式仅提供交联，并不发生共聚；而硫化则是通过与聚硫链的互接同时发生共聚与交联。对比 3 种产物的模量温度曲线（图 5-30）可发现单纯的交联并不引起 T_g 的显著提高。无论是提高 DCP 用量还是辐射剂量，T_g 的升高不超过 20 ℃。相比之

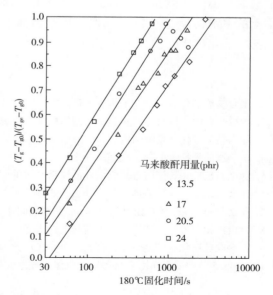

图 5-29　环氧树脂的 T_g 随交联过程的变化[23]

下，硫化则引起 T_g 的大幅度提高，可知 T_g 提高的主要原因是与聚硫链的共聚而非网链的变短。

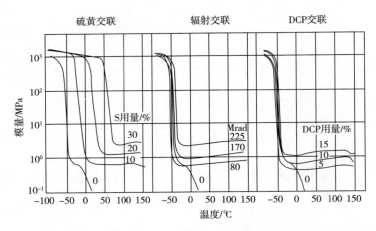

图 5-30　不同方式固化的天然橡胶的模量–温度曲线[24]

5.5.6　薄膜厚度

薄膜厚度对玻璃化温度的影响[25-28]本质上是界面对链段运动能力的影响。所以要分别考虑独立膜与基材附着膜的情况。独立膜表面的链段不受任何限制，所以膜的厚度降低，自由运动链段的比例增加，导致 T_g 降低。反之，膜厚增加导致 T_g 增加。当将聚合物膜附于基材上时，由于基材的压实作用，T_g 就会升高。聚苯乙烯是很好的例子。当薄膜厚度降低到 10 nm 时，T_g 可下降 30~50 K。

基材对聚合物薄膜的作用不仅限于压实。如果基材与薄膜之间有相互作用，也会影响薄膜的玻璃化温度。例如 Au 表面上的 PMMA 薄膜，T_g 随薄膜厚度变薄而下降；而二氧化硅表面上的 PMMA 薄膜，T_g 随薄膜厚度变薄而上升。这是因为 PMMA 与 Au 之间存在相互作用，与二氧化硅之间没有相互作用。

思　考　题

1. 聚合物玻璃化转变的分子机理是什么？
2. 橡胶平台的弹性行为与化学交联网络的弹性行为有何不同？
3. 什么是玻璃化转变的强度？
4. 玻璃态的平衡性的分子机理是什么？
5. 什么是玻璃化转变附近热焓曲线的滞后与过冲？
6. 什么是强液体与弱液体？各用什么公式描述？
7. 什么是 Deborah 数？如何用 Deborah 数判别固体与液体行为？
8. 自由体积理论是否道出了玻璃化转变的本质？
9. 在表观玻璃化温度之下是否存在一个真正的热力学转变？
10. 第 5.5 节中的影响因素全部用自由体积理论解释，这样做是否合理？

参　考　文　献

[1]　Greiner R, Schwarzl ER. *Rheol. Acta*. 1984, 23: 378.

［2］　A. J. Kovacs, Fortschr. Hochpolym, -Forsch. , 3, 1964, 394.

［3］　Relaxation in complex systems. NRL. Washington, Eds K. Ngai. G. Wright, 1984, p3.

［4］　Roland, Ngai, Macromolecules29, 5747（1996）.

［5］　Santangelo, Roland, Macromolecules31, 4581（1998）.

［6］　Mark JE. *Physical Properties of Polymers*, 3rd edition. American Chemical Society, 2003.

［7］　http：//www. physics. uq. edu. au/pitchdrop/pitchdrop. shtml.

［8］　SCIENCE VOL 309 1 JULY 2005.

［9］　Das SP, Reviews of Modern Physics 76（2004）785.

［10］　Dyre JP, Colloquium：Reviews of Modern Physics 78（2006）953.

［11］　Fox T. G. and Flory P. J. （1950）, J. Appl. Phys. , 21, 581.

［12］　M. L. Williams, R. F Landel, J. D Ferry, J. Am. Chem. Soc. , 77（1955）, 3701.

［13］　Simha, R. and Boyer, R. F. （1962）, J. Chem. Phys. 37, 1003.

［14］　G. Adam and J. H. Gibbs, J Chem Phys. , 43, （1965）, 139.

［15］　Kauzmann, Chem. Rev. 43, 219（1948）.

［16］　J. H. Gibbs and E. A. DiMarzio, J. Chem. Phys. , 28, 373（1958）.

［17］　E. A. DiMarzio and J. H. Gibbs, J. Polym. Sci. , A1, 1417（1963）.

［18］　Zeng XM, Martin GP, Marriott C. Int J Pharm 2001；218：63-73.

［19］　Pezzin, et al. Eur. Polym. J. 6, 1053（1970）.

［20］　McKenna, Compreh. Polym. Sci. 2, 311（1989）.

［21］　Eisenberg A. *J Phys Chem*. 1963, 67：1333.

［22］　Rogers SS, Mandelkern L. *J Phys Chem*. 1957, 61：985；Barb WG. *J Polym Sci*. 1959, 37：515；Dannis ML. *J Appl Polym Sci*. 1959, 1：121；Dunham KR, Vandenbergh J, Farper JWH, Contois LE. *J Polym Sci*. 1963, IA：751；Shetter JA. *Polym Lett*. 1963, 1：209.

［23］　Groenewoud WM. *Characterization of Polymers by Thermal Analysis*. New York：Elsevier, 2001.

［24］　Eisele U. *Introduction to Polymer Physics*. Berlin：Springer, 1990.

［25］　Phenomenon of the glass transition. Physical properties of polymers, Fall 2004. Available from：http：//www. gozips. uakron. edu/~alexei/

［26］　Roth CB, Pound A, Kamp SW, Murray CA, Dutcher JR. Eur Phys J E Soft Matter 2006；20：441-8.

［27］　Forrest JA, Dalnoki-Veress K, Stevens JR, Dutcher JR. Phys Rev Lett 1996；77：2002-5.

［28］　Forrest JA, Dalnoki-Veress K, Adv . Coll. Interf. Sci. 94, 167（2001）

第6章 半 晶 态

6.1 聚合物晶体结构

从液体冷却结晶是物质的本性。原因很简单，物质的组成单元（原子、分子、离子等）规整排列，降低能量。物质结晶是常态，不结晶的固体如松香、明胶、沥青等是例外。聚合物是更奇特的例外。聚合物的奇特之处在于虽然能够结晶，却不能完全结晶。不同聚合物之间没有能否结晶之分，只有结晶能力高低之分。几乎所有聚合物（指合成聚合物，下同）都是晶体与无定形体的混合物，区别仅在于比例不同。晶体部分所占的百分比称作结晶度。结晶度高者称作结晶聚合物，低者称无定形聚合物。结晶度的高与低并没有明确的标准，一般以 25 %作为分界线。无论结晶度高低，晶区都是嵌在无定形区之中，类似岛屿分布在大海之中。这种状态称作半晶态，但习惯上半晶态专指结晶聚合物而言。

促成聚合物结晶原因是显而易见的，阻碍聚合物结晶的原因也不难说明，即结构的不规整。不规整的结构不能或很难作规整排列，在第1章中我们已经接触到若干不规整的因素：

①相对分子质量分布。分子链尺寸长短不一，即使是"单分散"聚合物，链的长度也相差悬殊。

②侧基与支化。给分子链的整齐堆砌造成困难。

③几何异构与光学异构。

④共聚。不同化学结构的单体严重破坏规整性。

⑤冷却速率过快。分子链的整齐堆砌需要时间，冷却过快使聚合物冻结在无定形结构。这是一种不稳定结构，当材料再次加热到玻璃化温度以上时，仍会发生结晶，称作冷结晶。

任何一种合成聚合物都不可能是完全规整的，当然也不是完全不规整的，区别在于规整的程度。因此很难、也没有必要对半晶态作明确的界定。高分子物理的任务，则是了解聚合物晶体的结构、晶体的生成与解体的热力学与动力学过程。

如果单纯描述结晶聚合物中的晶体部分，金属学中描述小分子晶体的方法完全适用，所不同的仅是聚合物中结晶的单元不同，既不是原子，也不是离子，而是重复单元。如第1章所述，重复单元可以是一个链节，也可以是几个连续的链节，但必须是化学结构、立体结构基本重复的一个单元。同金属学中的方法一样，从晶体中选取对称性最高、最简单、体积最小的一个阵列，称作晶胞。晶胞的结构可以代表整个晶体的结构。晶胞的几何形状都是平行六面体，平行六面体的 6 个面称为晶面，晶胞的任何正截面或斜截面也都可称为晶面。平行六面体可以用 3 个边长（称作晶胞轴）和 3 个边长之间的夹角（称作晶胞夹角）来描述（图 6-1），合称晶胞参数。根据这 6 个晶胞参数的特征与相互关系可将晶胞结构分为 7 个晶系（图 6-2、表 6-1）。同一种晶胞中重复单元的排列方式可以不同，具体排列方式的晶胞称为 Bravais 晶格（Bravais lattice）。7 个晶系共有 14 种Bravais 晶格（图 6-2）。

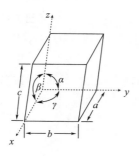

图 6-1 描述晶胞的 6 个参数

表 6-1 7 个晶系的晶胞参数

晶系	晶胞轴	晶胞夹角
立方（cubic）	$a=b=c$	$\alpha=\beta=\gamma=90°$
六方（hexagonal）	$a=b\neq c$	$\alpha=\beta=90°$，$\gamma=120°$
四方（tetragonal）	$a=b\neq c$	$\alpha=\beta=\gamma=90°$
三方（rohmbohedral）	$a=b=c$	$\alpha=\beta=\gamma\neq90°$
斜方（正交）（orthorhombic）	$a\neq b\neq c$	$\alpha=\beta=\gamma=90°$
单斜（monoclinic）	$a\neq b\neq c$	$\alpha=\gamma=90°$，$\beta\neq90$
三斜（triclinic）	$a\neq b\neq c$	$\alpha\neq\beta\neq\gamma\neq90°$

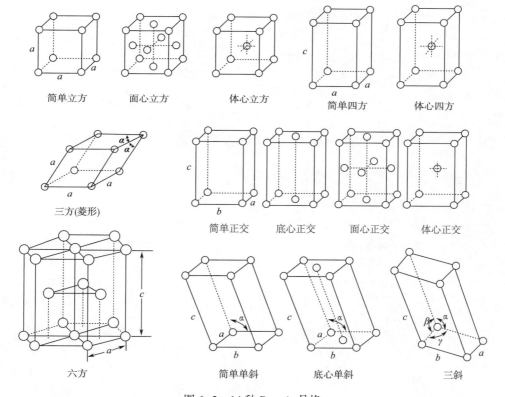

图 6-2 14 种 Bravais 晶格

由于高分子链的复杂结构，不会出现立方、四方晶系等高对称性晶格。在无定形态中，高分子链可以在诸多不同构象之间变换。但分子链要整齐堆砌构成晶体，就必须具有统一的构象。而这种统一的构象的要求就决定了聚合物晶体中重复单元的构成，也就决定了重复周期的长度。高分子链取何种统一构象要遵循两个原则，一是能量最低原则，二是重复周期最短原则。这 2 个原则决定了高分子链在晶体中的构象。

聚乙烯的最低能量状态为全反式状态。如果聚乙烯分子链上全为反式构象，就呈平面锯齿（zig-zag）构象。聚乙烯的这种构象由 2 个亚甲基构成，重复周期最短，如图 6-3 所示。

　　聚乙烯醇也能够以平面锯齿构象形成单斜晶胞。尽管聚乙烯醇中关于不对称碳的构型是无规的，却不影响聚乙烯醇分子链以平面锯齿构象进行结晶。这是因为—OH 的体积与氢原子相近，可认为聚乙烯醇的链节与聚乙烯的链节"基本相同"，故成为可结晶的"基本重复"的单元。

　　聚酰胺的堆砌方式比较特殊，不是按最短周期确定，而由生成最多的氢键决定，因为只有这样才能使能量最低。聚酰胺 6 或聚酰胺 66 中的分子都以平面锯齿构象形成分子片层（图 6-4）。虚线表示 O 与—NH 之间的氢键。

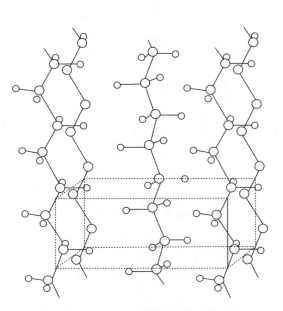

图 6-3　聚乙烯分子链在晶格中的排布

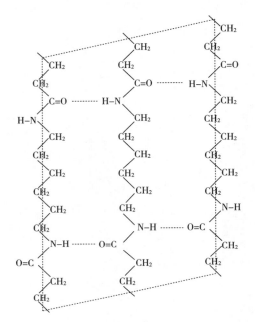

图 6-4　聚酰胺 6 晶体中的构象

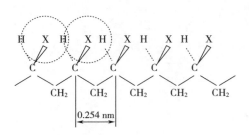

图 6-5　全同乙烯基聚合物

　　以聚丙烯为代表的一大类乙烯基类（—CH_2—CHX—）聚合物在晶体中不是平面锯齿构象，因为平面锯齿不是能量最低状态。假设可以将全同乙烯基聚合物伸直为平面锯齿构象，就成为图 6-5 中的排列方式。虚线代表纸面后方的键，粗箭头代表纸面前方的键，前后 2 个键垂直于分子链的轴向。虚线圆圈代表 X 基的直径。相邻 2 个 CHX 基间的距离为 0.254 nm，但如果 X 基的直径大于这个尺寸，就没有足够的空间容纳 X 基。例如聚丙烯中甲基的范德华半径为 0.4 nm，在 0.254 nm 的空间中就会发生强烈的排斥作用。为了降低能量，全同聚丙烯就必须取反-旁相间的构象以容纳甲基。这样 2 个相邻单元间的夹角为 120°，每 3 个（—CH_2—CHX—）单元刚好旋转 360°，形成一个重复周期［图 6-6（a）］。对聚丙烯而言，这种旋转符合周期最短原则。旋转的结果使分子链呈螺旋状，这种构象称为螺旋构象。

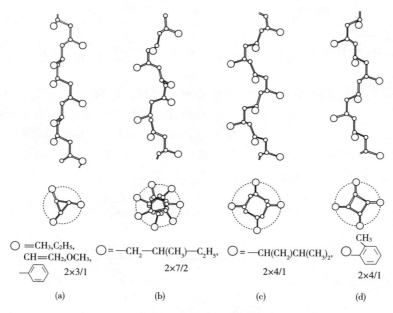

图 6-6 乙烯基聚合物的螺旋构象[1]

螺旋构象的表示法通式为 $A×u/t$。A 代表重复单元中的主链原子数，u 代表每个螺旋周期中的重复单元数，t 为每一等同周期旋转的周数。这样，每 3 个乙烯基链节旋转一周的螺旋结构就记作 2×3/1 螺旋。聚苯乙烯同聚丙烯一样，也是 2×3/1 螺旋。更大的侧基需要更大的空间，旋转角就会大于 120°，如聚甲基丙烯酸甲酯形成 2×5/2 螺旋，聚丁烯−1 则形成 2×8/5 螺旋。全同乙烯基聚合物无一例外地以螺旋构象结晶，图 6-6 中是一些示例。

以上螺旋构象的记号也可用来描述平面锯齿构象。如果把聚乙烯的重复单元看作$\leftarrow$CH$_2$—CH$_2\rightarrow$，就可以记作 2×1/1，即一个单元转一周；但如果将亚甲基视作重复单元，亦可记作 1×2/1，即 2 个单元转一周。

聚四氟乙烯（PTFE）有 2 种晶型。三斜晶型（Ⅰ）在 19 ℃ 以下稳定，19 ℃ 以上转变为三方晶型（Ⅱ）。聚四氟乙烯与聚乙烯化学结构相似，晶体结构也应相似。但氟原子比氢原子大得多，不能按平面锯齿构象排列。为容纳氟原子，聚四氟乙烯分子链也采取螺旋构象，但随温度变化：19 ℃ 以下采取 1×13/6 螺旋，19 ℃ 以上采取 1×15/7 螺旋。此两类聚四氟乙烯螺旋链都呈非常规则的圆柱状，因此造就了聚四氟乙烯的低摩擦系数。也正是由于这种螺旋构象，使 C—F 键上的偶极相互抵消，使聚四氟乙烯具有极低的介电常数。

聚氟乙烯（PVF）中所含的氟原子仅是聚四氟乙烯中的 1/4，氟原子的空间位阻相对减小，即使是无规立构的聚氟乙烯也能有类似聚乙烯的晶体结构。

间同乙烯基聚合物的构象也由侧基决定。由图 6-5 可以想像得出，处于平面锯齿构象时，间同乙烯基聚合物中 2 个 X 基的排斥可能性远小于全同聚合物。间同聚氯乙烯中的氯原子不会相互排斥，故能形成平面锯齿构象。

了解了晶胞结构，一个用途是可以计算晶体密度，并进而进行其他计算如结晶度。

例如，聚乙烯的 Bravais 晶格为体心斜方（即长方体），每个晶胞在 8 个角上各有一个重复单元，为 8 个晶胞所共享；晶胞正中有一个重复单元，故每个晶胞含 2 个重复单元。长方体 3 个轴的长度分别为 0.741、0.494、0.255 nm。据此可以计算出聚乙烯晶胞的密度：

$$\rho_c = \frac{N \cdot M}{N_A \cdot V} = \frac{2 \times 28}{6.023 \times 10^{23} \times 7.41 \times 4.94 \times 2.55 \times 10^{-24}} = 1.000 \ (\text{g/cm}^3) \tag{6-1}$$

式（6-1）中 N 代表每晶胞中的重复单元数，M 为单元摩尔质量，N_A 为 Avgadro 常数，V 为晶胞体积。

全同聚丙烯的晶胞如图 6-7 所示，属体心单斜晶格，只有一个非直角：$\beta = 99°20'$。聚丙烯的重复单元是含 3 个 —CH$_2$—CH$\{$CH$_3\}$ 链节的螺旋，每个螺旋垂直于纸面的投影就是图中的三角状体。聚丙烯晶胞的特殊性在于每个晶格位由 2 个重复单元共享，也可以认为聚丙烯的重复单元是一对螺旋。晶格中央有一对，8 个角上各有一对，故每个晶胞含 2 对重复单元，即 4 个 2×3/1 螺旋。据此可以计算聚丙烯晶胞的密度：

$$\rho_c = \frac{N \cdot M}{N_A \cdot V} = \frac{(4 \times 3) \times 42}{6.023 \times 10^{23} \times 6.65 \times 20.96 \times 6.5 \times \sin 99°20'} = 0.939 \left(\frac{\text{g}}{\text{cm}^3}\right) \tag{6-2}$$

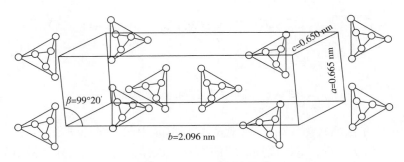

图 6-7　全同聚丙烯晶胞

了解了晶胞密度 ρ_c，再根据待测样品密度 ρ 以及完全无定形样品密度 ρ_a，即可求得重量结晶度 w_c 和体积结晶度 ϕ_c，这 2 个结晶度的定义分别为：

$$w_c = \frac{m_c}{m_c + m_a} \times 100\% \tag{6-3}$$

$$\phi_c = \frac{V_c}{V_c + V_a} \times 100\% \tag{6-4}$$

m 和 V 分别代表质量和体积，下标 c 和 a 分别代表晶区和无定形区。材料总体积为：

$$V = V_c + V_a \tag{6-5}$$

总质量：

$$m = m_c + m_a \tag{6-6}$$

不带下标的量代表待测样品。式（6-6）可写成密度 ρ 与体积 V 的乘积：

$$\rho V = \rho_c V_c + \rho_a V_a \tag{6-7}$$

代入 $V_a = V - V_c$ 并整理：

$$\frac{V_c}{V} = \frac{\rho - \rho_a}{\rho_c - \rho_a} = \phi_c \tag{6-8}$$

式（6-8）就是体积结晶度的计算公式。质量结晶度的计算公式为：

$$w_c = \frac{m_c}{m} = \frac{\rho_c V_c}{\rho V} \tag{6-9}$$

由式（6-8）：

$$w_c = \frac{\rho_c (\rho - \rho_a)}{\rho (\rho_c - \rho_a)} \tag{6-10}$$

由式（6-8）和（6-10），只需了解 3 个密度，即待测样品的密度 ρ，晶区密度 ρ_c 以及无定形区密度 ρ_a 就能够方便地得到 2 个结晶度。晶区的密度 ρ_c 即晶胞密度，待测样品密度可用多种方法测定（如密度梯度管）。无定形区密度 ρ_a 可用淬冷法制备完全无定形聚合物进行测定。也可以从高温下熔体的密度外推到测定温度下的密度。

结晶度对聚合物的力学性质、热学性质、光学性质以及透过性等都有重要影响。结晶度的测定不仅有本节介绍的密度法，还有 X 光衍射法及热熔法等。

6.2　X 光衍射

晶体的三维结构可用 X 射线衍射测定，基本公式为 Bragg 公式（图 6-8）：

$$2d\sin\theta = \lambda \tag{6-11}$$

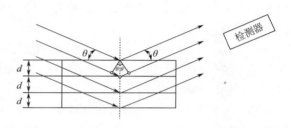

λ 为 X 光的波长，θ 为入射 X 光与样品表面的夹角，称作入射角。根据反射规律，将检测器与样品表面的夹角也设置为 θ，称作衍射角。d 为晶体结构中的重复周期尺寸，相当于晶面间距。符合 Bragg 公式时即发生衍射，检测器可观察到较强的衍射光；不符合时则很难观察到光强。检测到衍射光，由 $d = \lambda / 2\sin\theta$，就探测到晶体中一个晶面间距，

图 6-8　Bragg 公式的图示

从很多个晶面间距便能计算出晶胞轴与夹角等参数。实际测定时，可采用平板照相与衍射仪 2 种方法。

平板照相法的仪器布局如图 6-9。一束波长为 λ 的单色 X 光以水平方向照射在结晶聚合物样品上。如果样品为多晶体，晶面在空间各个方向上无规分布，则每一组晶面与入射方向的夹角可为 0°~180° 间的任何角度。如果晶体中存在一个晶面间距 d，就必然存在一个 θ 角与之匹配 Bragg 条件，并在与入射光成 2θ 的方向产生衍射光强。又由于样品是多晶，不仅有在纸面上与入射光成 θ 角的晶面，让纸面垂直翻转 360°，所经过的每个平面上都有符合 Bragg 条件的晶面，故射向照相底片的衍射光不是单束，而是顶角为 4θ 的一个圆锥，在底片出现一个衍射环。每一组晶面间距产生一个衍射环，底片上就出现一系列同心环，这种同心环称作 Debye 环。

由衍射环的半径以及样品至底片的距离，能够计算出每个 Debye 环所对应的晶面间距。由图 6-9，某衍射环的半径为 R，样品至底片的距离为 D，则衍射角：

$$2\theta = \mathrm{tg}^{-1}\left(\frac{R}{D}\right) \tag{6-12}$$

将所得 θ 角代入 Bragg 公式即得到一组晶面的间距。有多少个 Debye 环就能得到多少组晶面间距。

处于晶区的链段是三维有序周期性排列的，处于无定形区的链段也并非完全无序。如 5.1 节所述，无定形区中的链段具有近程序，具体说具有 0.4~0.5 nm 的平均链间距。平均链间距具有微弱的周期性，也能够产生微弱的衍射，多种不同周期的微弱衍射叠加在一起，形成了以 $2\theta = 20°$ 为中线的弥散圆（halo）。弥散圆的强度远远比不上晶面的 Debye 环，但与

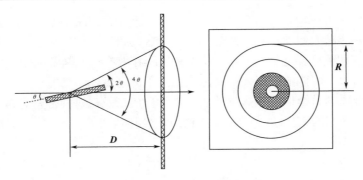

图 6-9　平板照相法 X 光衍射

背景相比又足以观察到，见图 6-9 中的灰色环带。结晶聚合物的 X 光平板相片总是 Debye 环与无定形的弥散圆同时出现的，正是通过这一现象 Debye 首次确认了聚合物中晶区与无定形区共存的事实。

Peter Debye（1884—1966），荷兰/美国物理化学家，1936 年获诺贝尔化学奖。在高分子科学领域中的代表性成果是 1928 年通过 X 光衍射确认了聚合物的结构，是继 Staudinger 大分子论以后的又一个里程碑。

不同于平板照相法，衍射仪法能够提供更便于辨识和处理的峰形曲线，即衍射图。衍射仪的配置如图 6-10 所示。实验开始时刻，X 光源、样品的基准平面与检测器都处于同一水平线上，光源与基准平面的夹角为零，检测器与基准平面的夹角亦为零。测定开始，光源保持静止，样品以角速度 ω 逆时针旋转，使基准平面与光源产生了夹角 θ；而检测器以角速度 2ω 旋转，这样检测器与基准平面的夹角（衍射角）始终保持相等。这种旋转扫描等于从小到大地逐一检验在哪个衍射角可观察到光强。由 Bragg 公式（6-11）可知，只要在某个 θ 角观察到一个光强，就必然存在一组晶面，其间距为 d。用光强强度对 2θ 作图，就得到衍射曲线。图 6-11 为结晶性聚苯乙烯的衍射曲线。曲线上的每个尖峰代表一组晶面，在 $2\theta=$ 20°左右的宽拱代表无定形区。从 X 光衍射图中各个衍射峰的 2θ 坐标换算为晶面间距，结合峰的强度，就能够确定晶体结构。

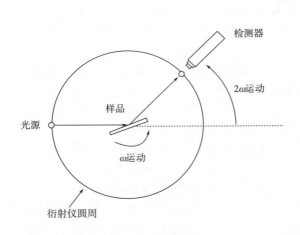

图 6-10　X 光衍射仪的几何配置

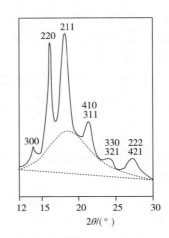

图 6-11　等规聚苯乙烯的广角 X 光衍射图[2]

X 光衍射在半晶态聚合物的研究中主要有 4 种应用：聚合物的物相鉴定、结晶度的测定、晶粒尺寸测定与取向度测定。取向度测定方法将在第 7 章介绍。

不同聚合物会生成不同的晶体，所属的晶系、晶格都不相同，在 X 光衍射实验中，会反映为一组不同的 Debye 环或衍射峰。一种物质衍射峰的位置和强度组合就像人的指纹一样，具有严格的一一对应关系。人们为已知物质的 X 光衍射数据建立了档案库（PDF 卡片），使 X 光衍射成为物相鉴定的有力工具。有经验的研究人员，对熟知的材料一望即知，对不熟悉的材料也可通过查阅 PDF 卡片进行了解。例如图 6-12 中的衍射峰（a）和 Debye 环（b），从 $2\theta=21.4°$ 和 $23.9°$ 即知为聚乙烯的 110 和 200 衍射。

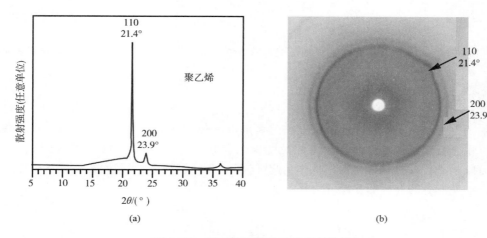

图 6-12　聚乙烯粒料的 X 光衍射数据

从衍射峰的变化，还可以监测结晶的进程[3]。如图 6-13 所示，聚对苯二甲酸乙二醇酯（PET）的特征衍射是 5 个相连的峰，聚对萘二甲酸乙二醇酯（PEN）的特征衍射是 3 个相连的峰。不同组成的 PET/PEN 合金在不同的温度下等温结晶后，进行 X 光衍射测试。发现富含 PEN 合金的衍射曲线中只有三连峰而没有五连峰，说明只有 PEN 结晶，PET 没有结晶；相比之下，富含 PET 合金的衍射曲线中只有五连峰而没有三连峰，说明只有 PET 结晶，PEN 没有结晶。中间一条曲线代表 40 %PEN/60 %PET 的合金，五连峰与三连峰都出现，说明两者都结晶。

用 X 光衍射测量晶粒尺寸是利用晶粒变小、衍射峰变宽的原理。晶粒尺寸与衍射峰宽的关系用 Scherrer（谢乐）公式表示：

$$t = \frac{k\lambda}{B\cos\theta} \tag{6-13}$$

其中 λ 为测量使用的 X 光波长，一般为 0.154 nm，t 为衍射峰代表的晶面法线方向上的平均尺寸（nm），B 为衍射峰的半高宽（弧度），k 称作 Scherrer 形状因子，一般取 $k=0.89$。B 与 θ 值的读取如图 6-14 所示。

用 X 光衍射测量结晶度的思路是根据晶区与无定形区对衍射贡献的强度比，可换算成二者的质量比。由图 6-11 可知，半晶聚合物中晶区对衍射强度的贡献用衍射峰的面积度量，而无定形区的贡献用一个拱的面积度量。假设峰与拱的面积比 A_c/A_a 等于二者的质量比 m_c/m_a，就能用下列公式计算出质量结晶度：

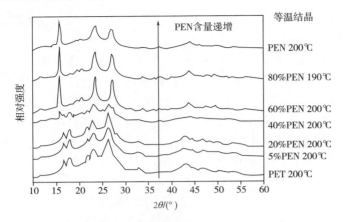

图 6-13　用 X 光衍射监测 PET/PEN 合金的结晶

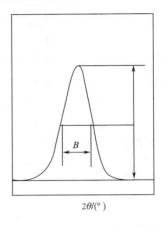

图 6-14　Scherrer 半峰宽测量

$$w_c = \frac{A_c}{A_c + A_a} \tag{6-14}$$

　　衍射图上峰与拱重叠在一起，需要将二者加以区分，称作分峰。最简单的分峰法是将曲线上的谷用光滑曲线连接，所得曲线即被视为无定形区的拱（图 6-11 中的虚线），其余的尖峰部分就是晶相的贡献。当前的 X 光衍射仪都配有分峰程序，只要输入高分子的基本参数就能自动完成分峰并计算出结晶度。

6.3　聚合物结晶模型

　　聚合物晶体的早期研究都是使用 X 光衍射，既研究静态结晶也研究应力结晶。应力结晶指聚合物熔体在拉伸或剪切作用下取向的情况下结晶。分子链的取向使结晶熵变降低，结晶就变得容易。这种结晶一般发生在纤维或薄膜的制备过程中，将在下章讨论，本章只研究静态结晶。

　　对结晶聚合物的早期研究得到一些基本信息：晶粒尺寸在 10~40 nm，晶粒无规取向，晶区与无定形区的体积各占 50 %。根据这些信息，Hermann [4] 提出了这样的图像：晶区嵌于无定形区之中，既像无定形区的增强体，又像无定形区的交联点，构成晶区的不是整根分子链，而是链的局部片断。这一图像称作缨状胶束模型（fringed micelle model）（图 6-15）。

　　缨状胶束模型这样描述晶粒的形成：聚合物溶液或熔体中的部分链段先自我排齐，形成束状结晶区。然后这些晶束或是沿链轴方向纵向增长，或是将相邻链段沿表面排齐而横向生长。晶区的生长会被缠结或应变区域所阻挡，故晶粒尺寸受到限制，留下无定形区域。"fringe" 这个词指红缨枪的缨，也指头发的刘海。从这两个含义可以想像提出这个模型的思路。缨状胶束模型满意地解释了结晶聚合物的早期发现，如两相共存，晶粒尺寸，晶粒的无规取向等。在 1930—1940 年，在学界占据统治地位。

　　对缨状胶束模型的第一个挑战是聚合物球晶（图 6-16）的发现。虽然在 1926 年就首次在聚合物中观察到了球晶，但直到 1940 年人们才确认球晶是聚合物晶体的主要形态[5-6]。缨状胶束模型描述的生长方式不容易解释球状结构的形成。按照该模型，晶区中的分子链应当是沿球晶的径向生长。然而光学显微镜对球晶的双折射测量表明，大多数聚合物球晶中的分子链是切向排列的，即垂直于径向的。虽然提出了若干个修正模型来解释球晶结构，但都没有成功。随着晶片模型的提出，缨状胶束模型就逐渐被否定了。

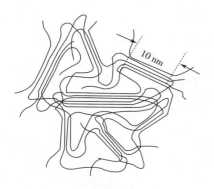

图 6-15　缨状胶束模型

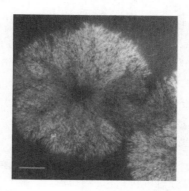

图 6-16　顺式聚异戊二烯中的球晶电镜照片[7]

　　虽然在总体上被否定，缨状胶束模型的改进版仍可以用来解释在聚合物结晶过程的几个特殊现象。聚合物在从熔体淬冷结晶时，或在稍高于 T_g 的温度结晶时，或从 5 ％ 左右的"较稀"溶液结晶时，都不能用显微镜辨认球晶的特征。在这些条件下都倾向于生成无规晶片，更适用缨状胶束模型。有些条件下，稀溶液结晶导致的整个体系凝胶化也可以用缨状胶束模型来解释。此外，缨状胶束模型还被用来描述高度取向的拉伸纤维结构，我们将在下章讨论。尽管如此，聚合物结晶的主流模型却要让位于后出现的折叠链模型。

　　Stocks[8]于 1938 年报道了杜仲胶晶体中的分子轴垂直于薄膜平面，而链的总长度远大于薄膜的厚度，并由此首次提出折叠链的晶片结构，但却没有引起学界的重视。

　　1957 年聚乙烯单晶的发现奠定了折叠链模型的基础。Keller，Till 和 Fischer 几乎同时独立地培养出聚乙烯单晶[9-11]。他们采用聚乙烯的稀溶液，以极其缓慢的速度降温，并使溶剂缓慢挥发，得到了中空金字塔状的聚乙烯单晶。单晶的厚度为 10～50 nm，边长为 500～1000 nm，基本上是片状，因此又被称为单晶片。

　　通过电子衍射研究，证实了晶片中分子主链垂直于表面，并且分子链的延伸度不超过10 nm。Keller 最初提出单晶片的物理图像[12-13]：由分子链的折叠构成晶片，折叠的方式是"邻位规则折返"［图 6-17（a）］。这个模型解释了分子链取向，尺寸，结晶度和表面堆积密度。

　　尽管折叠链表面的有序模型是针对溶液生长的单晶设计的，但同样的思路也扩展到熔体生长的晶体。这主要是因为在 2 种制备方法中晶片厚度对结晶温度具有相似的依赖性。"邻位规则折返"的思路用于稀溶液固然没有问题，当用于高度缠结的熔体中时就构成了挑战。"邻位规则折返"意味着晶片表面平整、光滑；还意味着一根分子链只在一个晶片内往复折叠，不会进入另一个晶片。这样的图像都不太容易被接受。

　　Hoffmann[14-15]根据表面能的测定对 Keller 的模型进行修正，提出"邻位不规则折返"模型［图 6-17（b）］。因为如果表面能很低，说明表面光滑，则可以证明是邻位折返；相反，如果表面能很高，说明链的弯折不是整齐划一的，是高低起伏的，那就是不规则折返。结果表明，数据证明晶片表面是粗糙的，"规则折返"受到了质疑。

　　"邻位"的假定也受到质疑。如果分子链只在一个晶片内折叠，首先，片与片之间没有连接链，半晶态材料就会呈现脆性，而实际上半晶态聚合物一般是韧性的；其次，分子结晶时必须由无规线团状迅速变化为薄片的形状，这对于运动缓慢的高分子链是难以想象的。

Flory[16-17]提出了独特的"插线板"模型，又称"随机折返折叠模型"[图6-17（c）]。分子链的折返点是随机选择的，可以返回同一晶片，也可以进入相邻晶片，邻位折返的可能性很小。上表面和下表面是不同尺寸的环套，构成漫散的相边界即过渡区，密度介于晶体和无定形区域之间。"插线板"模型同时否定了"邻位"与"规则折返"，还引入了系带链的概念，不仅解释了半晶态的韧性，也为他提出的晶体中链仍是高斯链的设想提供了理论基础。

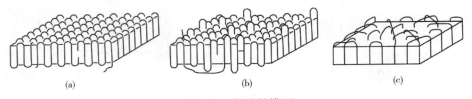

图6-17　折叠链模型

关于折叠方式的辩论延续时间很长而且很激烈，问题似乎集中到一点上，就是分子轨迹问题。如果是邻位规则折返，分子的均方回转半径将很小，如果是邻位不规则折返，均方回转半径就会较大；如果是随机折返，均方回转半径相当于高斯链。

1964年，出现了一种确定分子轨迹的有力工具——中子散射[18]。中子散射的优越之处在于它不限于稀溶液，可以对本体样品进行分析。将氘代聚合物溶解在相应的氢代聚合物中即可制备中子散射样品。用中子散射测定这种混合物样品就相当于用光散射测定稀溶液样品。同光散射一样，中子散射也可以同时测定3个参数：重均相对分子质量、Z均回转半径和第二维利系数。由该技术产生的最重要的结论之一是熔体中聚合物分子的回转半径与其在半晶态中以及Θ溶剂中的尺寸相同[19]。Wignall等[20]也表明，不论氢化聚苯乙烯中氘代物的含量如何变化，回转半径与重均相对分子质量的平方根之比始终保持恒定。中子散射数据有力地支持了Flory晶体中链为高斯链的观点。

为了解释中子散射检测到的晶态与无定形态回转半径的一致性，Fischer等[21-23]又提出了凝固模型，可以说是"缨状胶束"模型的复活（图6-18）。该模型认为分子链形成晶片并不是通过整链的折叠排齐，而是通过局部构象的调整。"适当"构象的链序列发生结晶，"不适当"的链序列保留在无定形区或构成系带链。图6-18中的粗线代表"适当"构象的链序列，可看出它们结合为晶片的过程中，并不需要链构象的显著重组。

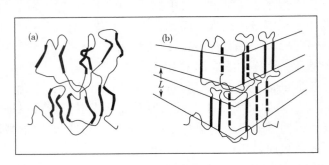

图6-18　凝固模型[23]

（a）熔体中的链构象　（b）"适当"构象在晶体中的排列

从表面上看，关于聚合物结晶模型的问题各持己见、莫衷一是，其实在一些基本点上已经达成了一致：聚合物晶体的基本结构是晶片，晶片由垂直于晶片表面的分子链排列而成。由于分子链的长度远大于晶片厚度，晶片中的分子链必然是折叠的。争论的焦点主要在折叠的方式，大致的分歧在于是否邻位折返，这是个重要分歧。如果认为无规折返，就是不承认邻位折返，就产生了系带链和晶叠的概念，对解释熔体结晶更为合理。而如果坚持邻位折返，系带链和晶叠都不存在，聚合物晶体的图像会变得十分简单，尤其是适合晶体生长的模型（见 6.6 节）。当前仍有不少学者固守这一观点。

熔体中由于分子链缠结严重，在晶面上的生长都是多个分子链同时进行的。根据 Flory 的插线板模型，由熔体中分子链折叠后的返回是无规的，一根分子链可以穿过若干个晶片并形成系带链（tie-molecule）。所以在结晶过程中生成的不是独立的晶片，而是由系带链相互联系的晶叠（crystal stack）（图 6-19）。相对分子质量越高，一根链穿越的晶片越多，形成的系带链也就越多。晶叠中的晶片几乎相互平行，晶片之间存在无定形区。同一个样品中，不仅晶片的厚度是基本一致的，晶片间距也几乎是一致的。一个晶片厚度加上一个片间无定形区厚度称作一个长周期（long period）（图 6-20）。同一个样品中长周期的尺寸也是一致的。

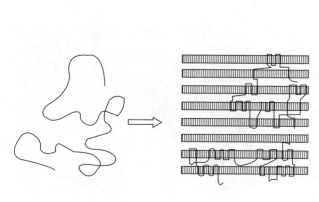

图 6-19　晶叠的形成[24]

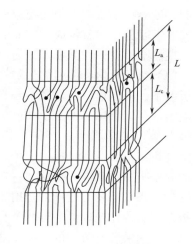

图 6-20　晶叠结构
L_c：晶片厚度　L_a：晶片间距　L：长周期

由于半晶态样品中晶片厚度 L_c、无定形区厚度 L_a 与长周期 L 的一致性，晶片厚度 L_c 与长周期 L 之比可定义为又一种结晶度，称作线性结晶度，可通过小角 X 光散射测定。

在熔体中，聚合物链取理想构象，与 Θ 状态等同。卷曲的链之间除了有缠结之外，还会有环链，打结等不规则因素。这些物种都将被排除在晶格之外，处于无定形区。晶片间的链段都处于无规构象，为各向同性，没有任何取向。它们也可以相互缠结，可以打结，可以在片间区行走一段后回到同一晶片，也可以成为连结两个相邻晶片的系带链。总之，可以有各种可能，所以构成了各向同性的结构。

聚合物结晶时，晶叠以一点为中心向四周放射状生长，得到一种球状的多晶体，称作球晶（spherulites）（图 6-21）。这种三维对称的大尺寸超分子结构不仅在聚合物中出现，无机

图6-21　球晶中的放射状晶叠结构

物与金属中也常见，连月球岩石样本中也有。哪里有岩石哪里就有球晶。从外形上看聚合物球晶与金属中的球晶相似，尺寸相近。但不同的是金属中的球晶是单晶，而聚合物中的球晶是从中心向外径向生长的多个晶片的集合体。

聚合物熔体中往往是多个晶叠同时从晶核出发向外生长。晶核越多，同时生长的球晶也越多，最后得到的球晶就越小。2个或多个球晶相遇后，分子链就在球晶的边缘上增长累积，所以球晶的交界处往往是平的。

晶叠沿径向向外伸展，链折叠的方向垂直于生长方向。仅仅是纤状晶片放射状生长还不是生成球晶的充分条件。要通过晶片的生长得到球晶，还必须具备高黏度和一定的杂质含量2项条件。晶片的生长过程中如果遇到较大的杂质，且因体系黏度高而不能及时将其排斥到两侧，就会把杂质留在中间而分权生长。如同一棵树的生长一样，在向各个方向放射性长大的同时不断分权，就构成了球晶的形状。

根据双折射，球晶可以分为以下几类：

（1）负双折射　切向的折射率大于径向的折射率，称作负球晶。是聚合物材料中最普遍的球晶。负球晶的光学特征是在交叉偏光镜下呈现一个黑十字图案，称为 Maltese 十字（图6-22）。Maltese 十字说明负球晶中的分子链是沿切向排列的。

（2）正双折射　径向的折射率大于切向的折射率，称作正球晶。这种类型的球晶较少见，因为沿着链方向的极化率通常超过沿另外2个主方向的极化率。如果聚合物中的强偶极与主链呈大的夹角，或分子链倾斜于生长方向时，可观察到这种球晶。

图6-22　Maltese 十字

（3）零双折射　当球晶的光轴平行于观察方向排列时，可观察到零双折射。球晶内晶粒的随机分布也可能导致这种结构。

传统上认为小尺寸球晶的强度和断裂伸长率较高。Sharples[25]发现聚酰胺66的球晶尺寸从50 μm 降低到3 μm，屈服强度增加了30%。Kargin[26]等研究了大范围的球晶尺寸变化，发现当球晶尺寸增加时，强度下降了2~3倍，断裂伸长率下降了25%~500%。Way等[27]发现随等规聚丙烯的球晶尺寸的增大，屈服强度先经过一个极大值，然后持续下降。这个先升后降被解释为形变机理的变化，从球晶内屈服转变为球晶间屈服。Reinshagen[28]观察到等规聚丙烯在低过冷度下显示脆性的球晶间断裂；而高过冷度下出现应力发白，先屈服再断裂。以上实验现象支持了球晶越小强度越好的传统观点，但类似结果并不多。球晶尺寸与力学性能之间并不存在简单关系。

6.4 结晶与熔融热力学

6.4.1 平衡熔点

高分子链处于熔体态时，液相每摩尔单元的化学势为：

$$\mu_u^0 = h^L - Ts^L \tag{6-15}$$

h^L 与 s^L 分别为温度 T 下每摩尔单元的焓与熵。如果高分子链从熔体结晶，晶相中每摩尔单元化学势为：

$$\mu_u^c = h^c - Ts^c \tag{6-16}$$

以上 2 式都未考虑链端的作用。处于平衡熔点 T_m^0 时应该有：

$$\mu_u^0 = \mu_u^c \tag{6-17}$$

所以有：

$$T_m^0 = \frac{\Delta h}{\Delta s} \tag{6-18}$$

式（6-18）中的 $\Delta h \equiv h^L - h^c$，$\Delta s \equiv s^L - s^c$。如图 6-23 所示，温度高于 T_m^0 时，μ_u^0 低于 μ_u^c，液相为稳定相；低于 T_m^0 时，μ_u^0 高于 μ_u^c，晶相为稳定相。恰在 2 条曲线的交叉点，晶体与液体的化学势相等，结晶与熔融是平衡的，故称平衡熔点。由液相生成晶相的热力学力为 $\mu_u^0 - \mu_u^c$：

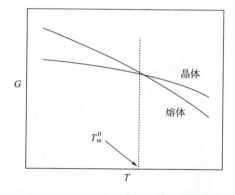

$$\mu_u^0 - \mu_u^c = \Delta h - T\Delta s = \Delta h \left(1 - \frac{T}{T_m^0}\right) \tag{6-19}$$

将结晶过程的化学势降定义为"自由能增益" $\Delta\mu$：

图 6-23 平衡熔点附近晶体与液体的自由能变化

$$\mu_u^0 - \mu_u^c = \Delta\mu = \Delta h \frac{\Delta T}{T_m^0} \equiv \Delta g \tag{6-20}$$

其中 $\Delta T \equiv T_m^0 - T$ 为过冷度。可知过冷度越大（温度越低），晶相化学势越低。

式（6-20）中最后的定义符号"$\equiv$"需要解释。自由能增益 $\Delta\mu$ 的初始定义为每摩尔单元的化学势降。但在使用晶格模型对结晶与熔融进行讨论时，一般让一个单元占据一个格位，就将单位数量与单位体积混为一谈了，故式（6-20）就同时定义了单位体积的自由能增益 Δg。Δg 又称作自由能密度，在后文中将会多次引用。

平衡熔点的简单公式（6-18）可为熔点的众多影响因素提供解释。Δh 反映的是分子间力，可直接推知极性大的聚合物熔点高于极性小的。Δs 反映的是链柔性，结晶过程中柔性链的熵值大而刚性链的熵值小，故柔性链的晶体熔点低。柔性分子链如聚二甲基硅氧烷、顺1,4聚异戊二烯的熵值很高，熔点就很低；在另一个极端，刚性分子链如聚醚醚酮、聚四氟乙烯、聚苯醚等，熵值低，熔点就高。硝酸纤维素的熔融热并不高，但由于链是高度僵硬的，熵值很低，故有很高的熔点。

分子间力与链柔性这 2 个因素的共同作用可用一组例子进一步演示。5 种聚合物同系物的熔点见图 6-24。横坐标为极性基团间的亚甲基数，纵坐标为熔点。5 类聚合物中聚脲的熔点最高，因为聚脲链上氢键的密度最高；聚酰胺与聚氨酯的氢键密度相当，但由于聚氨酯链上有碳氧键—C—O—，提高了柔性，故聚酰胺名列第二，聚氨酯居第三位。聚乙烯和聚酯中都无氢键，由于聚酯链中含碳氧键—C—O—，柔性高于聚乙烯，故熔点低于聚乙烯。当 $n \to \infty$ 时，所有聚合物的熔点都汇合于聚乙烯的水平线。极性基团间亚甲基数的奇偶性对熔点也有影响。如图 6-25 所示，同系聚合物中亚甲基数为偶数的熔点总是高于相邻为奇数的。这是由于亚甲基数为偶数时能够产生的氢键数比奇数时高 1 倍。

螺旋构象降低了链的柔性，使熔点提高。聚四氟乙烯和聚丙烯的 Δh 都低于聚乙烯，但熔点却比聚乙烯高得多。正是由于螺旋链的刚性使熔融熵大幅度降低。

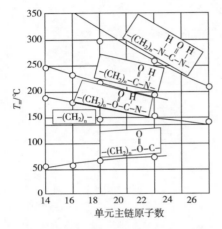

图 6-24 重复单元原子数与熔点[29]

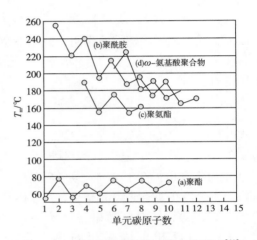

图 6-25 亚甲基数奇偶性对熔点的影响[30]

6.4.2 熔点降低

如果聚合物熔体中含有非结晶组分，可以是杂质或另一聚合物，其平衡熔点 T_m 就会显著低于纯聚合物的平衡熔点 T_m^0（本小节只讨论平衡熔点，以 T_m^0 代表纯聚合物的平衡熔点，以 T_m 代表含杂质聚合物的平衡熔点）。讨论一个具体例子，一个混合物含 n_1 摩尔聚合度为 N_1、n_2 摩尔聚合度为 N_2 的分子链。根据 Flory-Huggins 晶格理论[32]，混合自由能为：

$$\Delta G_m = RT(n_1 \ln \phi_1 + n_2 \ln \phi_2 + \chi n_1 N_1 \phi_2) \tag{6-21}$$

其中 χ 为 Flory 相互作用参数，R 为气体常数。2 组分的体积分数分别为 ϕ_1 和 ϕ_2：

$$\phi_1 = \frac{n_1 N_1}{n_1 N_1 + n_2 N_2}, \quad \phi_2 = \frac{n_2 N_2}{n_1 N_1 + n_2 N_2} \tag{6-22}$$

在聚合物溶液的特例 $N_1 = 1$。设第一组分不能结晶，第二组分能够结晶，其化学势为：

$$\mu_2 - \mu_2^0 = \left[\frac{\partial(\Delta G/RT)}{\partial n_2}\right]_{n_1, T} = \ln \phi_2 + \left(1 - \frac{N_2}{N_1}\right)(1 - \phi_2) + \chi N_2(1 - \phi_2)^2 \tag{6-23}$$

其中 μ_2^0 为可结晶组分纯液态的化学势。液相混合物中可结晶组分每摩尔重复单元的化学势为：

$$\mu_u^L - \mu_u^0 = \frac{\mu_2}{N_2(v_1/v_u)} = RT\left(\frac{v_u}{v_1}\right)\left[\frac{\ln \phi_2}{N_2} + \left(\frac{1}{N_2} - \frac{1}{N_1}\right)(1 - \phi_2) + \chi(1 - \phi_2)^2\right] \tag{6-24}$$

其中 (v_u/v_1) 为单元体积校正因子，v_u 和 v_1 分为结晶组分与不可结晶组分的单元摩尔体积。为简化讨论，假设两组分单元体积相等，则该因子可以省略。处于结晶组分的熔点 T_m 时，

$$\mu_u^c = \mu_u^L \tag{6-25}$$

注意，纯体系的熔点为 T_m^0，$\mu_u^c = \mu_u^0$；含杂质体系的熔点为 T_m，μ_u^c 不同于 μ_u^0。上式两侧减去 μ_u^0，$(\mu_u^c - \mu_u^0)$ 采用式（6-20），$(\mu_u^L - \mu_u^0)$ 采用式（6-24）的结果，得到：

$$\frac{1}{T_m} - \frac{1}{T_m^0} = -\frac{R}{\Delta h}\left[\frac{\ln\phi_2}{N_2} + \left(\frac{1}{N_2} - \frac{1}{N_1}\right)(1-\phi_2) + \chi(1-\phi_2)^2\right] \tag{6-26}$$

对于聚合物溶液，$N_1 = 1$，$N_2 \gg 1$，我们得到：

$$\frac{1}{T_m} - \frac{1}{T_m^0} = \frac{R}{\Delta h}\phi_1(1 - \chi\phi_1) \tag{6-27}$$

利用式（6-27），可同时确定 χ 参数与平衡熔点 T_m^0。对于理想溶液（$\chi = 0$），溶液中可结晶聚合物的熔融温度服从：

$$\frac{1}{T_m} - \frac{1}{T_m^0} = \frac{R}{\Delta h}\phi_1 \tag{6-28}$$

其中 ϕ_1 为溶剂的体积分数。因此熔融温度因溶剂的存在而降低。

在聚合物共混物中（第一组分不结晶），$N_1 \gg 1$，$N_2 \gg 1$，由式（6-26）得到：

$$\frac{1}{T_m} - \frac{1}{T_m^0} = -\frac{R}{\Delta h}\chi\phi_1^2 \tag{6-29}$$

对于均相共混物，$\chi < 0$，因此非结晶聚合物的存在降低了结晶聚合物的熔点。

式（6-28）具有通用性，第一组分不一定是溶剂，可为任何杂质。甚至纯聚合物的链端因不能插入晶体结构，也可处理为杂质。取 $\phi_1 = 2/N$，熔融温度将按下式随相对分子质量降低：

$$\frac{1}{T_m} - \frac{1}{T_m^0} = \frac{R}{\Delta h}\frac{2}{N} \tag{6-30}$$

该式与实验结果定性吻合[33]。类似地，如果聚合物链含有支化点，则 T_m 的降低定性符合式（6-28），其中 ϕ_1 为支化点的体积分数。

另一个例子是可结晶单体与不可结晶单体的共聚物。这种情况下，式（6-28）导致：

$$\frac{1}{T_m} - \frac{1}{T_m^0} = -\frac{R}{\Delta h}\ln p \tag{6-31}$$

其中 p 称作序列生长几率，乃是一个可结晶单体后面接续一个不可结晶单体的几率。对于无规共聚物，$p = x_2$。式（6-31）利用序列几率对共聚物熔点的预测非常成功[33]。

6.4.3 晶体形状的平衡

有一晶片体积为 V，尺寸如图 6-26 所示。晶片从熔体形成时的自由能变化为：

$$\Delta G = V\Delta g + 2L_1L_2\sigma_3 + 2L_1L_3\sigma_2 + 2L_2L_3\sigma_1 \tag{6-32}$$

其中 Δg 为单位体积自由能，σ_i 为垂直于 L_i 轴的单位表面自由能。我们寻求使 ΔG 最小化，得到平衡晶片的条件。

由 $V = L_1L_2L_3$，以 $L_2 = \dfrac{V}{L_1L_3}$ 代入上式：

$$\Delta G = V\Delta g + 2\frac{V}{L_3}\sigma_3 + 2L_1L_3\sigma_2 + 2\frac{V}{L_1}\sigma_1 \tag{6-33}$$

以 ΔG 分别对 L_1 和 L_3 求导，并令导数为零，可分别

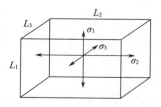

图 6-26 晶片平衡尺寸计算

得到：

$$\frac{\partial \Delta G}{\partial L_1} = L_3\sigma_2 - \frac{V}{L_1^2}\sigma_1 = 0 \Rightarrow \frac{L_1}{\sigma_1} = \frac{L_2}{\sigma_2} \tag{6-34}$$

$$\frac{\partial \Delta G}{\partial L_3} = L_3\sigma_2 - \frac{V}{L_3^2}\sigma_3 = 0 \Rightarrow \frac{L_2}{\sigma_2} = \frac{L_3}{\sigma_3} \tag{6-35}$$

合并上 2 式：

$$\frac{L_1}{\sigma_1} = \frac{L_2}{\sigma_2} = \frac{L_3}{\sigma_3} \tag{6-36}$$

可知一个平衡晶片中任一方向的尺寸与垂直该方向的表面能成正比。

聚乙烯的折叠面表面能为 90 mJ/m²，侧面表面能为 15 mJ/m²，故厚度尺寸应为侧向尺寸的 6 倍。但实际情况是晶片非常薄，厚度比侧向尺寸小几个数量级，表明晶片远离平衡状态。这就是说，晶片欲达到平衡，就必须增厚，亦即分子链必须从折叠状态伸展。分子链越伸展，就越接近平衡态。理论上当分子链完全伸展时，晶片就达到平衡态。显然这种状态仅存在于理论之中。首先分子链不仅在长度上，而且在构型、构造等微观结构上都存在多分散性，分子链一旦伸直，就变得参差不齐、杂乱无章，根本不符合结晶状态；其次，由于缠结的存在，根本不允许分子链伸展。尽管事实上不可能存在，平衡晶片仍不失其热力学上的理论意义。

6.4.4　晶片厚度与熔点的关系

聚合物样品熔融过程中，本体自由能 ΔG^* 升高，但会失去表面自由能，故熔融自由能可写作：

$$\Delta G = \Delta G^* - \sum A_i\sigma_i \tag{6-37}$$

式中 A_i 与 σ_i 分别为晶片表面 i 的面积与比表面自由能（图 6-27）。体系平衡时：

$$\Delta G = 0 \Rightarrow \Delta G^* = \sum A_i\sigma_i \tag{6-38}$$

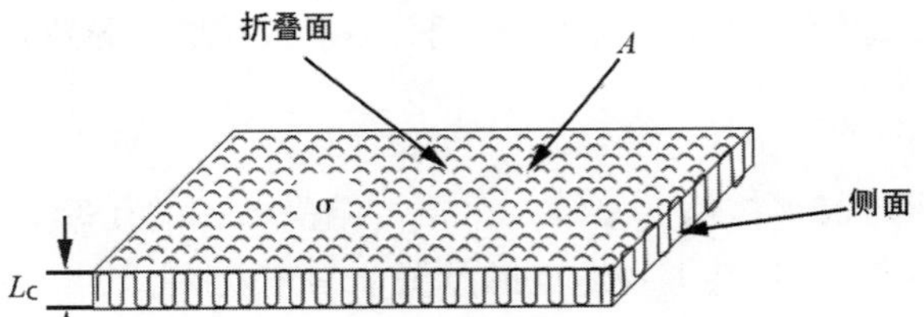

本体自由能项为：

$$\Delta G^* = \Delta gAL \tag{6-39}$$

图 6-27　晶片自由能计算

Δg 为自由能密度。L 为晶片厚度，A 为折叠面面积。熔融熵 Δs 与熔融热 Δh 这 2 项均可视作与温度无关，则可由式（6-20）引入 Δg：

$$\Delta G^* = \Delta h \cdot \frac{\Delta T}{T_m^0} \cdot AL \tag{6-40}$$

侧面的表面能与折叠面相比可以忽略：

$$\sum A_i\sigma_i \approx 2A\sigma_F \tag{6-41}$$

σ_F 为折叠面表面能。将（6-40）与（6-41）代入（6-38）：

$$\Delta h \cdot \frac{\Delta T}{T_m^0} \cdot AL = 2A\sigma_F \tag{6-42}$$

上式整理后便得到 Gibbs-Thompson 方程：

$$T_m = T_m^0\left(1 - \frac{2\sigma_F}{L\Delta h}\right) \tag{6-43}$$

式（6-43）表明，晶片厚度 L 越大，熔点越高。晶片厚度无限大时，即成为平衡晶片，其熔点便是平衡熔点。

6.4.5 最低晶片厚度

在熔体的结晶过程中，本体自由能降低，但获得了表面能。自由能变化为：

$$\Delta G = -\Delta G^* + \sum A_i \sigma_i \tag{6-44}$$

式（6-44）的形式与（6-37）十分相似，只是右侧 2 项符号反转。故可直接利用式（6-40）和（6-41）的结果：

$$\Delta G = -\Delta g AL + 2A\sigma_F \tag{6-45}$$

欲使 $\Delta G<0$，则必有：

$$L > \frac{2\sigma_F}{\Delta g} \tag{6-46}$$

反过来，如果 $L<2\Delta\sigma_F/\Delta g$，则 $\Delta G>0$，结晶不能发生。所以：

$$L_0 = \frac{2\sigma_F}{\Delta g} \tag{6-47}$$

L_0 便是可能的最低晶片厚度。给定过冷度，就给定了自由能密度 Δg，初生晶片的最低厚度 L_0 随之确定。晶片厚度会随着时间增加，需要人为引入一个增厚项：

$$L = L_0 + \delta L \tag{6-48}$$

其中 δL 是增加的厚度。将式（6-20）中的 Δg 代入式（6-47），得到：

$$L_0 = \frac{2\sigma_F T_m^0}{\Delta h \Delta T} \tag{6-49}$$

故初始晶片厚度与过冷度成反比。合并式（6-48）与（6-49），晶片厚度对结晶温度 T_c 的依赖性为：

$$L = \frac{2\sigma_F T_m^0}{\Delta h \Delta T} + \delta L = \frac{c}{\Delta T} + \delta L \tag{6-50}$$

上式得到了广泛的实验验证。

6.4.6 晶片增厚

如果 $\delta L/L_0$ 很小，由于链重排很慢，则 L_0 与 T_c 的关系类似 Gibbs-Thompson 方程：

$$T_c = T_m^0 \left(1 - \frac{2\sigma_F}{L_0 \Delta h} \right) \tag{6-51}$$

这种相似性似乎说明，对于一定的晶片厚度，熔融温度与结晶温度应相同。但观察到的现象不是这样。

现在来考虑晶片增厚在 T_c-T_m 关系中的角色。熔体在 T_c 结晶，初生晶片的厚度 L_0 由式（6-49）给出。一段时间以后，晶片增厚一个因子 β，$L=L_0\beta$。据 Gibbs-Thompson 方程（6-43），增厚晶片的熔点为：

$$T_{\rm m} = T_{\rm m}^0 \left(1 - \frac{2\sigma_{\rm F}}{\Delta h \, L_0 \beta} \right) \tag{6-52}$$

将式（6-49）中的 L_0 代入（6-52），整理得到：

$$T_{\rm m} = \frac{1}{\beta} T_{\rm c} + \left(1 - \frac{1}{\beta} \right) T_{\rm m}^0 \tag{6-53}$$

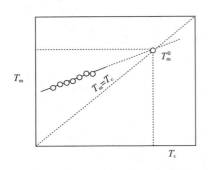

图 6-28　Hoffman-Weeks 作图法求平衡熔点[34]

将增厚因子 β 看作常数。将式（6-53）与 $T_{\rm m} = T_{\rm c}$ 的条件相结合，就可以得到 $T_{\rm m}^0 = T_{\rm m} = T_{\rm c}$ 的点。这就意味着，以 $T_{\rm m}$ 对 $T_{\rm c}$ 作图得直线，该线与 $T_{\rm m} = T_{\rm c}$ 线的交点即为平衡熔点 $T_{\rm m}^0$。这种作图称作 Hoffman-Weeks 作图。在实际操作中，测定不同结晶温度下所得样品的熔点，会发现随结晶温度的增加，结晶温度与熔点的差距逐步减小，两个温度合二而一的温度就是平衡熔点。这就是 Hoffman-Weeks 作图法的基本思路。在图 6-28 中可看到，$T_{\rm m}^0$ 即为式（6-53）与 $T_{\rm m} = T_{\rm c}$ 两条直线的交点。

6.4.7　结晶温度

在本节的热力学讨论中，结晶过程均是等温过程，"结晶温度"都是人为设定的温度。但在实际工作中，"结晶温度"还有一个完全不同的含义，指的是非等温（降温）过程中结晶速率最大值的温度。由于结晶是放热过程，一般将 DSC 测定的放热极大值温度作为结晶温度。"结晶温度"的这两个含义在概念上有本质的不同。等温结晶温度是人为设定的实验条件，研究者在此温度下观察聚合物的结晶行为；而非等温结晶温度是实验过程中观察到的材料性质。非等温结晶温度不仅因聚合物而异，也会因实验条件等外部因素而改变。在聚合物结晶行为的研究中，如果谈到材料组成或实验条件如何影响结晶温度，一定是指非等温的结晶温度。图 6-29 是聚酰胺 6 熔体以不同降温速率冷却的 DSC 曲线。可看到降温速率不同，出现放热极大值的温度就不同，亦即结晶温度不同。非等温结晶温度还会受异相成核作用的影响，成核作用越强，结晶温度越高。

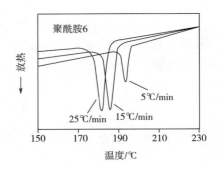

图 6-29　聚酰胺 6 熔体的 DSC 降温谱图

在降温条件下结晶，体系内不同晶片的生成温度是不同的。这种情况下，6.4.5 节中晶片厚度与（等温）结晶温度的关系依然适用，即（等温）结晶温度越高，初生晶片厚度越大。然而，一则聚合物冷却结晶的温度区域并不宽，二则初生晶片都会经历一个增厚过程，结晶完成后体系内的晶片厚度基本上仍是均匀的。

6.5　成　　核

6.5.1　成核的分类

将液体淬冷到熔点以下的温度，由于液体密度或有序度的涨落，会形成不同尺寸与形状的结晶物质，称作晶核。这一过程称作成核或一级成核。

成核是结晶的前提，晶核的形状、尺寸、数量对结晶过程以及晶体形态都有决定性影响。晶核的形状决定最后晶体的形态，临界晶核的尺寸决定晶片的初始厚度，而晶核的数量则影响结晶速率。晶核越多，结晶速度越快，且生成的球晶尺寸越小。球晶尺寸小可以使材料的韧性提高。如果球晶直径小于可见光的波长，还会使材料变得透明。

成核可以根据成核位点的性质进行分类。过冷熔体中仅由于密度涨落的自发成核，称为均相成核。如果需要任何形式的第二相物质（可以是相同聚合物的核或晶体，可以是外来粒子或容器表面），称为异相成核。Wunderlich 提出还有第三类自成核[35]。这种成核是由于存在未被熔融或溶解的残余晶粒。一级成核可以是均相的或非均相的，而二级成核本质上一定是非均相的。

还有一种对成核的分类方法是根据时间依赖性。如果所有的核在大约相同的时间开始生成，说明成核不需要热活化，称为无热成核。这种成核的特点是所有的晶核同时生成，同步生长，可以在等温结晶过程中形成大小相同的球晶。如果结晶过程中晶核是陆续形成的，表明成核需要一个热活化过程，称作热成核。不同时间形成的晶体处于不同的生长阶段，最终形成不同尺寸的球晶。不难理解，均相成核常常是热成核（热成核不一定是均相成核），而异相成核既可能是热成核也可能是无热成核。至于自成核，一般的观察是无热成核，但也存在例外。

在高分子材料的实际加工过程中，为提高结晶速度以及减小球晶尺寸，往往人为地在聚合物熔体中加入促成异相成核的物质，称作成核剂。成核剂还可以起到提高结晶温度以及控制晶型等作用。不仅是外来杂质上会发生异相成核，聚合物自身的不均匀结构如支化点、交联点上也会发生异相成核。

那么，在没有成核剂或外来杂质的"纯净"体系中，聚合物是否就一定发生均相成核呢？为此在聚乙烯熔体中进行过细致的研究。人们曾让一个样品反复地熔融、结晶、再熔融、再结晶，并用显微镜观察样品中成核点的位置。发现成核位置几乎没有变化。这是异相成核的特征。因为如果是均相成核，不可能总是在同一位置上发生分子链的聚集。

在第二项实验中，记录了晶核的平均距离之后，将熔体用惰性液体分散，使熔体液滴的尺寸小于成核的平均距离。用显微镜观察时，发现在较低过冷度下出现晶核的液滴非常少（图 6-30）。这也证明了液滴中为异相成核。如果是均相成核，不应因熔体尺寸变小而受影响；如果是异相成核，由于液滴的尺寸小于成核的平均距离，则每个液滴中含有一个异相成核点的几率很小，故发生成核的液滴很少。

人们又记录了不同温度下晶核数量随时间变化的曲线（图 6-31）。发现随温度下降，初始成核速率显著增大。但不论在什么温度，随时间的推移，晶核密度总会到达一个极限值，此后不再随时间变化。如果是均相成核，晶核密度应该是随时间不断增加且不会有极限值。这个实验事实再次证明了"纯净"体系仍为异相成核。这项关于聚乙烯成核的研究把均相成核置于纯理论的地位。当然，如果在很低的温度下，也不能排除会有均相成核。

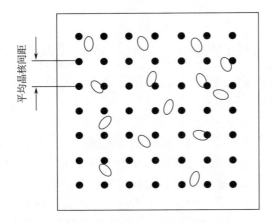

图 6-30   熔体尺寸小于晶核间距

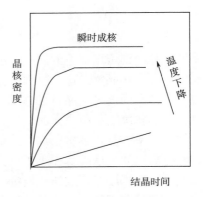

图 6-31   晶核密度与时间的关系

6.5.2   临界晶核

晶核的自由能有两种变化倾向：①晶相的形成使本体自由能下降，这是使晶核稳定的因素；②界面的创生使自由能增高，这是使晶核不稳定的因素。晶核有一个临界尺寸，小于临界尺寸的晶核是不稳定的，会溶回液相；大于临界尺寸的晶核获得了稳定，会诱导越来越多的分子在表面上继续结晶，称作二级成核。下一节将讨论的 L-H 理论将专门研究这个过程。晶核持续生长，最终完成体系的相转变。

欲生成稳定的晶核（无论一级或二级），必须克服结晶的自由能垒。临界晶核的尺寸和生成临界晶核的时间都取决于自由能垒，临界晶核越大，需要的时间越长。尽管晶核的形状可能是多种多样的，在此我们只讨论两种典型的形状：球状与柱状。

6.5.2.1   球状晶核

设球状晶核的尺寸为 r，由液相生成的自由能变化为：

$$\Delta G = -\frac{4}{3}\pi r^3 \Delta g + 4\pi r^2 \sigma \tag{6-54}$$

前一项为本体自由能，后一项是表面能。其中 σ 为表面张力，Δg 为自由能密度。

ΔG 随 r 的变化曲线如图 6-32（a）。随晶核体积的增大，本体自由能下降，是为负影响；而表面积的增大，使自由能上升，是为正影响。由于正负两方面的作用，ΔG 随半径的增大而上升，直至 r_c 处达到最大值，随后持续下降，导致的稳定的晶核。对 r 微分并令等于零，就可得到 r 的临界值：

$$r_c = \frac{2\sigma}{\Delta g} = \frac{2\sigma T_m^0}{\Delta h \Delta T} \tag{6-55}$$

过冷度对临界晶核尺寸与临界自由能都有重要影响。过冷度增大，临界尺寸变小，临界自由能降低 [图 6-32（b）]。过冷度极小时临界尺寸趋于无穷大。将此值代回式（6-54），得到临界晶核的自由能：

$$\Delta G_c = \frac{16\pi}{3}\frac{\sigma^3}{(\Delta g)^2} = \frac{16\pi}{3}\frac{\sigma^3 (T_m^0)^2}{(\Delta h)^2 (\Delta T)^2} \tag{6-56}$$

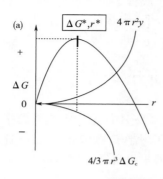
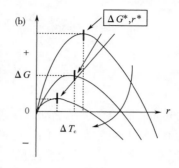

图 6-32 球状晶核自由能与半径的关系

（a）对自由能的正负两方面作用 （b）过冷度对临界尺寸与临界自由能的影响

可知临界自由能随 $(\Delta T)^{-2}$ 趋向无穷。晶相尺寸越大，比表面越小，总体自由能越低。

6.5.2.2 柱状晶核

柱状晶核如图 6-33，半径为 r，柱高为 L，折叠面与侧面表面能分为 σ_F 和 σ_L。

柱状晶核生成自由能为：

$$\Delta G = 2\sigma_F \pi r^2 + \sigma_L 2\pi rL - \Delta g \pi r^2 L \tag{6-57}$$

第一、二项分为底面、侧面的表面能，第三项为本体自由能。设柱状晶面被 ν 根折叠链所充满，分子链的截面积为 a，则有：

$$\pi r^2 = \nu a \tag{6-58}$$

解出晶核半径为：

$$r = \sqrt{\nu a / \pi} \tag{6-59}$$

代入式（6-57）：

$$\Delta G = 2\sigma_F \nu a + 2\sigma_L \sqrt{\pi \nu a}L - \Delta g \nu a L \tag{6-60}$$

通过自由能的最小化求最佳截面积与最佳高度：

$$\frac{\partial \Delta G}{\partial L} = 2\sigma_L \sqrt{\pi \nu a} - \Delta g \nu a = 0 \tag{6-61}$$

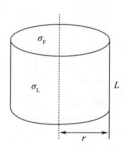

图 6-33 柱状晶核

$$\frac{\partial \Delta G}{\partial (\nu a)} = 2\sigma_F + \sigma_L \sqrt{\pi / \nu a}L - \Delta g L = 0 \tag{6-62}$$

解联立方程得到：

$$(\nu a)^* = \frac{4\pi \sigma_L^2}{(\Delta g)^2} \equiv 临界截面积 \tag{6-63}$$

$$L^* = \frac{4\sigma_F}{\Delta g} \equiv 临界高度 \tag{6-64}$$

将 2 个临界尺寸代入式（6-60）得出自由能垒：

$$\Delta G^* = \frac{8\pi \sigma_L^2 \sigma_F}{(\Delta g)^2} \tag{6-65}$$

由式（6-20）代入 Δg：

$$\Delta G^* = \frac{8\pi \sigma_L^2 \sigma_F (T_m^0)^2}{(\Delta h)^2 (\Delta T)^2} \tag{6-66}$$

过冷度越大，成核能垒越低，表明低温有利于成核。同时得到柱状晶核的形成速率：

$$成核速率 \propto \exp\left(-\frac{\Delta G^*}{kT}\right) = \exp\left[-\frac{8\pi\sigma_L^2\sigma_F(T_m^0)^2}{(\Delta h^0)^2(\Delta T)^2}\right] \tag{6-67}$$

6.6　生长动力学

Lauritzen-Hoffmann 的聚合物结晶动力学理论（L-H 理论）把晶体的生长看作分子链在已有晶体表面上的沉积过程[36-38]。他们把这种沉积称作二级成核，故 L-H 理论又称作二级成核理论。该理论有多个版本，这里介绍的是笔者根据自己的理解做了高度简化的版本。

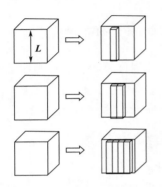

图 6-34　L-H 理论的生长模型

分子链的沉积是个非常复杂的过程，包括解缠结、扩散、伸直、折叠、吸附等。最简单的方法是抛开过程的细节，只关注始态与终态的能量，再根据能量计算所关心的参数。

假设聚合物分子是一段一段在表面上沉积的，如图 6-34 所示。每段是一根折叠链，彼此之间没有关系。每个独立的折叠链称作一个晶茎，晶茎的长度 L 就是晶片厚度。如同柱状晶核的假设，晶茎的截面为正方形，面积为 a。折叠面与侧面表面能分为 σ_F 和 σ_L。

先来看晶片自由能与晶茎数之间的关系。当表面上只有一根晶茎时，新增自由能等于两个折叠面与两个侧面的表面能、加上一个晶茎体积的本体自由能；当表面上有 2 根晶茎时，折叠面与本体自由能加倍，侧面表面能则没有变化：

$$\Delta G(1) = 2\sigma_F a + 2\sigma_L\sqrt{a}L - \Delta gaL \tag{6-68}$$

$$\Delta G(2) = 4\sigma_F a + 2\sigma_L\sqrt{a}L - 2\Delta gaL \tag{6-69}$$

当表面上有 ν 根晶茎时，折叠面与本体自由能加到 ν 倍，侧面表面能仍没有变化：

$$\Delta G(\nu) = 2\nu\sigma_F a + 2\sigma_L\sqrt{a}L - \nu\Delta gaL \tag{6-70}$$

每增加一个晶茎，自由能的变化为：

$$\Delta G(\nu+1) - \Delta G(\nu) = 2\sigma_F a - \Delta gaL = E \tag{6-71}$$

如果 $E < 0$，则晶片自由能持续下降，保持稳态生长。

沉积过程中体系的自由变化如图 6-35 所示。从图中折线可以看出，每一个晶茎的形成，都要经历能量的先爬坡、后下坡的过程。爬坡高度显然就是沉积过程的能垒。但如前所述，这个能垒包含若干复杂的过程，我们还不能将其定量化。粗略地说，可认为爬坡高度就是折叠面的表面能，下坡高度就是本体自由能的下降。如

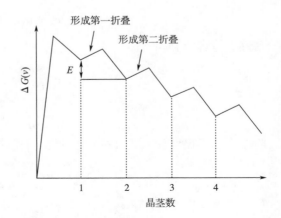

图 6-35　Lauritzen-Hoffmann 模型的自由能变化

果下坡大于爬坡，则有 $E < 0$，体系自由能就持续下降。

　　折线左侧有一个最大的爬坡，是第 0 个晶茎的生成能垒。第 0 个晶茎在图 6-34 中没有画出，因为它比较特殊，不能与后续晶茎统一处理。所谓第 0 个晶茎仅是分子链的附着，还没有发生折叠，所以不涉及折叠表面能，爬坡能垒基本相当于生成两个侧表面的能量。侧表面的表面能虽然只是折叠面的几分之一，但面积却是折叠面的几十倍，所以这个能垒比后续晶茎的能垒高得多。第 0 个晶茎生成时，生长过程尚未进入稳态，所以在生长速率或晶片厚度的讨论中就不需要考虑。

　　由图 6-35 及以上的分析，沉积能垒为 $2\,a\sigma_{\mathrm{F}}$，则沉积速率为：

$$g = \beta\exp\left(-\frac{2a\sigma_{\mathrm{F}}}{kT}\right) \tag{6-72}$$

其中 β 代表链段运动的方式。可以用 VFT 方程描述（参见第 5 章式 5.6）：

$$\beta = CT\exp\left[-\frac{U^{*}}{k(T - T_0)}\right] \tag{6-73}$$

其中 C 为指前因子，U^{*} 为重复单元局部运动自由能垒，T_0 为 VFT 特征温度，此处代表分子链停止扩散的温度。（6-72）中的沉积速率就是晶茎在表面上的铺展速率。

　　让我们回到式（6-71）。如果 $E = 0$，由式（6-71）可解出稳态晶片厚度：

$$L^{*} = \frac{2\sigma_{\mathrm{F}}}{\Delta g} + \delta L \tag{6-74}$$

引入 δL 的理由及意义在 6.4.5 节中已讨论过。第二个晶茎以后的稳态自由能为：

$$\Delta G^{*} = 2\sigma_{\mathrm{L}}\sqrt{a}\,L^{*} = \frac{4\sigma_{\mathrm{L}}\sigma_{\mathrm{F}}\sqrt{a}}{\Delta g} \tag{6-75}$$

　　注意，由稳态自由能可得到另一个沉积速率，即单位时间沉积的晶茎数：

$$i = \beta\exp\left(-\frac{4\sigma_{\mathrm{L}}\sigma_{\mathrm{F}}\sqrt{a}}{kT\Delta g}\right) \tag{6-76}$$

沉积速率 i 不同于铺展速率 g。比较式（6-72）与（6-76），前者只涉及折叠面表面能，而后者同时涉及折叠面与侧面的表面能，可知速率 g 只描述同一层的铺展，而速率 i 涉及新层的创建，代表了高分子链向任何新表面沉积的速率。在下面的讨论中，我们将 i 称作表面成核速率，g 称作侧向生长速率。

　　在不同的结晶温度区段，i 与 g 的相对大小，决定了 3 种生长模式。可以用图 6-36 说明。图中黑色长条代表生长表面，白色方块代表晶茎截面。在第 I 区 [图 6-36（b）] $g \gg i$，是侧向生长控制着生长速率 G；在第 III 区 [图 6-36（c）] 中，$i \gg g$，是多重成核控制生长速率 G。第 II 区出现的是中间模式 [图 6-36（d）] 为中间状态，g 与 i 大小相当。

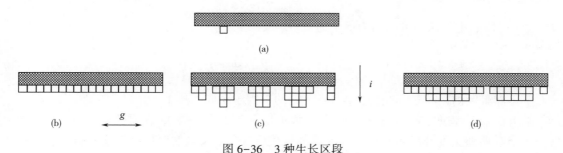

图 6-36　3 种生长区段

在第 I 区段，侧向生长速率（g）远大于表面成核速率（i），后者控制生长速率 G。随着第一个晶茎的成核，整个结晶面很快就被晶茎覆盖，一层接着一层。每个二级成核都导致一个厚度为 $\sqrt{a}$ 的单层。故线性速率 G_I 为：

$$G_I = \sqrt{a}\,i = \sqrt{a}\,\beta\exp\left(-\frac{4\sigma_L\sigma_F\sqrt{a}}{kT\Delta g}\right) \tag{6-77}$$

在第 II 区段，侧向生长速率接近或小于成核速率 i，在第一层尚未充满之前就会出现覆盖层。设有一晶茎在 $t=0$ 时刻成核。通过 2 个方向上的侧向生长，经过时间 t 该层长度为 $2gt$。侧向生长的同时，这一层又提供了新一层的成核。新核生成的速率为 $2gti$。时间 t 内的成核总数为：

$$\int_0^t 2gti \cdot \mathrm{d}t = gi\,t^2 \tag{6-78}$$

假定 g 和 i 都与时间无关。所以，生成一个新核的平均时间 $\langle t \rangle$ 为：

$$\langle t \rangle \sim \frac{1}{\sqrt{gi}} \tag{6-79}$$

形成新层的速率为 $\sqrt{a}/\langle t \rangle$，故有：

$$G_{II} = \sqrt{a} \cdot \sqrt{ig} \tag{6-80}$$

代入式（6-72）、（6-76）的结果：

$$G_{II} = \sqrt{a}\,\beta\exp\left(-\frac{a\sigma_F + 2\sigma_L\sigma_F\sqrt{a}/\Delta g}{kT}\right) \tag{6-81}$$

在第 III 区段，$i \gg g$，则普遍出现晶茎的多重成核，与侧向扩展速率无关，仍是表面成核速率控制，故总生长速率同第 I 区段：

$$G_{III} = \sqrt{a}\,\beta\exp\left(-\frac{4\sigma_L\sigma_F\sqrt{a}}{kT\Delta g}\right) \tag{6-82}$$

将式（6-82）中的指数因子改写：

$$\frac{4\sigma_L\sigma_F\sqrt{a}}{kT\Delta g} = \frac{4\sqrt{a}\,\sigma_L\sigma_F\,T_m^0}{kT\Delta h\Delta T} = \frac{K_g}{T\Delta T} \tag{6-83}$$

其中 K_g 称作成核因子：

$$K_g = \frac{4\sqrt{a}\,\sigma_L\sigma_F\,T_m^0}{k\Delta h} \tag{6-84}$$

3 个区段的生长速率可归纳为一个通式：

$$G_j = G_{j0}\exp\left(-\frac{U^*}{k(T-T_0)}\right)\exp\left(-\frac{z\,K_g}{T\Delta T}\right) \tag{6-85}$$

I 区和 III 区前因子是相同的，$z=1$；II 区的前因子不同，$z=1/2$。

式（6-85）表明，生长速率由两个指数项所控制，前一个指数项随温度升高而变大，后一个指数项随温度升高而变小，综合效果是在某一个中间温度出现生长速率的最大值。这种综合效果在下节还会提及。

成核常数 K_g 和前因子 G_{j0} 可用球晶生长速率的数据作图求得。式（6-85）两侧取对数，以 $\ln G + \dfrac{U^*}{k\,(T-T_0)}$ 对 $1/T\Delta T$ 作图，由截距可得 G_{j0}，由斜率得到 K_g。此类作图称作 L-H 作图，图 6-37 是高密度聚乙烯的数据作图。多数聚合物 U^* 和 T_0 分别取 6 J/mol 和 T_g-30K。L-H 作图还被广泛用来求 T_m^0。如果 T_m^0，Δh 和 $\sqrt{a}$ 已知，则可以作图求取 σ_L 与 σ_F。表 6-2 是聚乙烯 3 个结晶温度区域的情况。

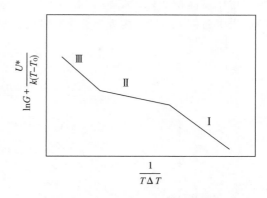

图 6-37　生长速率的 L-H 作图

表 6-2	高密度聚乙烯的结晶分区情况		
	I 区	II 区	III 区
$\Delta T/K$	<17	17～23	>23
g/i	≫1	<1	≪1
超分子结构	枝晶	球晶	球晶

L-H 理论能够作出一些正确的预测，如晶片厚度与部分条件下的生长速率。但由于其立足点是邻位规则折返，也一直受到批评，其拥护者也一直在修正。最重要的修正是引入现代的爬行理论：让所有 3 个区中的线性生长速率都与 $1/M_z$ 成正比：

$$\beta = CT \frac{1}{M_z} \exp\left(-\frac{\Delta E_r}{kT}\right) \tag{6-86}$$

其中 ΔE_r 为爬行活化能。如果采用这个 β 值，本节的许多公式就又要作系统调整了。

6.7　总体结晶动力学

6.7.1　总体结晶速率

我们已经知道聚合物的结晶要经历两个关键步骤：成核与生长。首先要通过一级或二级成核生成晶核，然后是分子链在晶核上的附着，晶核不断地长大，直至完成整个体系由熔体态转变为半晶态。对非常小的局部而言，成核与生长是先后发生的，但对整个体系而言，成核与生长同时发生在不同的局部，同时将熔体中的分子链转化为聚合物晶体。晶体形成的速率我们称作总体结晶速率，亦可简称为结晶速率。

结晶速率有多种研究方法，常用的是以下三种方法：

(1) 直接观测球晶半径的增大　以球晶半径对时间作图，可发现球晶半径（R）随时间（t）线性增长（图 6-38），生长速率 $G=dR/dt$ 是个常数。

(2) 膨胀计法　将聚合物颗粒样品装入充满水银的样品室中（图 6-39），加热到熔点以上成为熔体，再放入恒温池，测量等温结晶过程中样品体积的收缩。以水银在毛细管中的高度变化代表体积变化。结晶初始的水银高度为 h_0，很长时间以后结晶终了的高度为 h_∞，结晶过程中时间 t 的高度为 h_t，则 t 时刻的结晶分数为：

$$\theta = \frac{h_t - h_\infty}{h_0 - h_\infty} \tag{6-87}$$

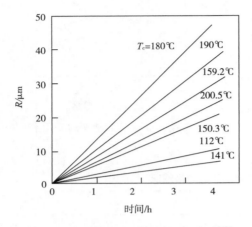

图 6-38　球晶半径与增长时间的关系[39]

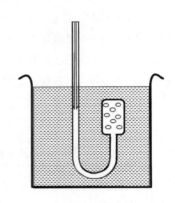

图 6-39　膨胀计

注意结晶分数不是结晶度，而是即时结晶度与最后结晶度的比值，也称作结晶程度。

（3）DSC 法　将聚合物样品装入样品池，加热到熔点以上保温后，迅速冷却到设定的结晶温度，记录结晶热随时间的发展，如图 6-40 上图。随结晶过程的进行，DSC 谱图上出现一个结晶放热峰。当曲线回到基线时，表明结晶过程已经完成。记放热峰总面积为 A_0，从结晶起始时刻（t_0）到任一时刻 t 的放热峰面积 A_t 与 A_0 之比记为结晶分数：

$$\theta = \frac{A_t}{A_0} = \frac{\Delta H(t)}{\Delta H(\infty)} = \frac{\int_0^t (\mathrm{d}H/\mathrm{d}t)\,\mathrm{d}t}{\int_0^\infty (\mathrm{d}H/\mathrm{d}t)\,\mathrm{d}t} \tag{6-88}$$

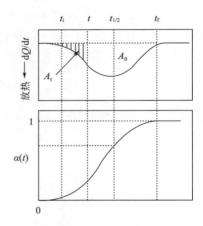

图 6-40　DSC 法测定结晶速率

用 DSC 法测量结晶热或熔融热也可以测定结晶度：将放/吸热量与标准熔融焓 ΔH^0（从手册中查到）相比较即可得到质量结晶度：

$$w_c = \frac{\Delta H}{\Delta H^0} \tag{6-89}$$

例如测得聚丙烯样品结晶峰的热效应为 94.4 J/g，查表知聚丙烯的熔融热为 $\Delta H = 8.79$ kJ/mol，并已知聚丙烯链节相对分子质量为 42 g/mol，其熔融热为（8790 J/mol）÷（42 g/mol）= 209 J/g，结晶度则为（94.4 J/g）÷（209 J/g）= 45 %。DSC 法所得结果为质量结晶度。可用下式换算成体积结晶度：

$$\phi_c = \frac{w_c/\rho_c}{w_c/\rho_c + (1 + w_c)/\rho_a} = \frac{w_c}{w_c + (1 - w_c)\rho_c/\rho_a} \tag{6-90}$$

温度与相对分子质量都对结晶速率有显著影响。

比较图 6-38 中不同温度下的球晶生长速率可以发现，生长速率随温度变化经历了一个极大值，出现一个最大结晶速率温度 T_{max}，处于熔点与玻璃化温度之间。这是结晶过程中两个控制因素相互竞争的结果，即成核速率与扩散速率。成核速率控制结晶场所的多寡，而扩散速率控制链段扩散的快慢。温度高于熔点时一定不能成核；而温度低于玻璃化温度时链段无法扩散，所以结晶必然发生在熔点与玻璃化温度之间。在这两个温度之间，温度越高，扩散速率越高，但成核速率越低；温度越低，成核速率越高，但扩散速率越低。这两种竞争因素可用式（6-85）进行定性描述。作为两种因素平衡的结果，就会出现一个 T_{max}。T_{max} 一般是聚合物熔点［势力学温度（K）］的 0.8~0.85。

相对分子质量对结晶速率的影响比较简单。图 6-41 为一种聚硅氧烷相对分子质量与结晶速率的关系。可明显看出相对分子质量越高，结晶速率越低。这显然是结晶速率主要受扩散控制的结果。

以结晶分数 θ 对时间作图，可得图 6-40 下方的 S 形曲线。这种形状代表了三个不同的结晶阶段。第一阶段相当于曲线起始的低斜率段，代表成核阶段，又称为结晶的诱导期；第二阶段曲线斜率迅速增大，为晶体放射状生长、形成球晶的阶段，称为一次结晶，又称主期结晶；曲线斜率再度变小处即进入第三阶段，到这一阶段大多数球晶发生相碰，结晶只能在球晶的缝隙间进行，生成附加晶片，称为二次结晶。这种 S 形曲线是聚合物等温结晶的普遍形式。

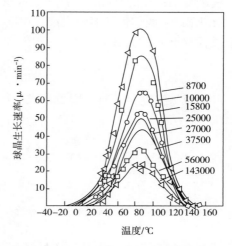

图 6-41　球晶生长速率与相对分子质量的关系[40]

结晶速率曲线可以用 Avrami 方程进行描述。

6.7.2　Avrami 方程

Avrami 方程是研究结晶总速率的理论基础。该方程是 Avrami 等人为研究金属及小分子结晶过程推导出来的，略加修正就可以适用于聚合物。Avrami 方程并非严格的理论方程，但因其形式简洁，很适合计算机仿真程序，所以有广泛应用。

Avrami 方程有多种推导方式。但最终形式是一样的。假定结晶无规地从不同点开始向四周生长。这个过程类似一个古典数学问题：雨点无规地落在水面上，每个雨点引起一个波环向四周扩散。求时间 t 内经过指定点 P 的波环数为 c 的几率。这个问题于 1837 年首次为 Poisson 解决，得到 Poisson 分布：

$$p(c) = \frac{\exp(-E)\, E^c}{c!} \tag{6-91}$$

其中 E 为经过的波环平均数，无波环经过的几率为：

$$P(0) = \exp(-E) \tag{6-92}$$

我们先选择一个最简单的情况：无热成核，继之以三维生长。所有的晶核都在 $t=0$ 时刻生成并开始生长。球状晶体以恒速 r 生长（在纯熔体中的球晶以恒定的线速度生长是公认的事实）。以 P 点为中心，rt 为半径的球状空间内所有的核所形成的球形波都会在时间 t 内

经过 P 点。所以在时间 t 内经过 P 点的球形波数为：

$$E(t) = \frac{4\pi}{3}(\dot{r}t)^3 g \tag{6-93}$$

其中 g 为晶核的体积浓度。几率 P（0）等于仍处于熔体状态的聚合物的体积分数（$1-\phi_c$），ϕ_c 为晶体的体积分数：

$$P(0) = 1 - \phi_c \tag{6-94}$$

结合式（6-93，6-94），得到：

$$1 - \phi_c = \exp\left(-\frac{4\pi}{3}\dot{r}^3 g\, t^3\right) \tag{6-95}$$

稍微复杂一点的情况是热成核。晶核无论是在空间还是时间上都匀速生成，相当于前面的"无规雨"。我们仍按照恒定线性速度三维生长考虑。在半径 r 与 $r+dr$ 的球壳层间的晶核可经过任意点 P 的波数为：

$$dE = 4\pi r^2 \left(t - \frac{r}{\dot{r}}\right) I^* \, dr \tag{6-96}$$

I^* 为成核密度（每秒每立方米成核数）。将 dE 在 0 和 $\dot{r}t$ 间积分，得到经过的总波数为：

$$E = \int_0^{\dot{r}t} 4\pi r^2 \left(t - \frac{r}{\dot{r}}\right) I^* \, dr = \frac{\pi I^* \dot{r}^3}{3} t^4 \tag{6-97}$$

代入（6-92）和（6-94）后得：

$$1 - \phi_c = \exp\left(-\frac{\pi I^* \dot{r}^3}{3} t^4\right) \tag{6-98}$$

不同成核机理的结晶过程可表为统一形式：

$$1 - \phi_c = \exp(-K t^n) \tag{6-99}$$

式（6-99）为在金属和陶瓷材料范围内通用的 Avrami 方程，K 和 n 为 Avrami 参数，K 称作总体结晶常数，n 称作 Avrami 指数。由以上分析可知，K 依赖于增长的晶体形状、数量与成核类型；指数 n 依赖于成核类型与增长几何，但与晶核数量无关。一般将结晶的维度作为 Avrami 指数 n 的物理意义。不同成核类型与晶体几何的 Avrami 指数见表6-3。

表 6-3　　　　　　　　　**各类结晶生长几何的 Avrami 指数**

Avrami 指数	晶体形状	成核类型	速率控制步骤
0.5	棒	无热	扩散
1.0	棒	无热	成核
1.5	棒	热	扩散
2.0	棒	热	成核
1.0	棒	无热	扩散
2.0	盘	无热	成核
2.0	盘	热	扩散
3.0	盘	热	成核
1.5	球	无热	扩散
2.5	球	热	扩散
3.0	球	无热	成核
4.0	球	热	成核

欲将"通用"Avrami 方程应用于聚合物结晶过程，就必须根据聚合物的特征进行修正。主要的修正是用结晶程度 θ 取代结晶度 ϕ_c。因为聚合物只能部分结晶，最终结晶度不可能达到 100 %，而是某个有限的体积结晶度，记作 $\phi_{c,\infty}$。结晶程度则为：$\theta = \phi_c / \phi_{c,\infty}$。Avrami 方程就写作：

$$1 - \theta = \exp(-Kt^n) \tag{6-100}$$

如果考虑结晶前后的密度变化（体系的体积变化），Avrami 方程可进一步修正为：

$$1 - \theta = \exp\left\{ -K \left[1 - \phi_c \left(\frac{\rho_c - \rho_L}{\rho_L} \right) \right] t^n \right\} \tag{6-101}$$

ρ_c 与 ρ_L 分别为晶体和熔体的密度。密度修正不常遇到，最常用的形式仍是式（6-100）。

DSC 和膨胀计法都可用于测定结晶动力学，两种方法中使用的结晶分数分别由式（6-87）与（6-88）所确定。

将 Avrami 方程（6-100）两侧取双对数写成如下形式：

$$\ln[-\ln(1-\theta)] = \ln K + n\ln t \tag{6-102}$$

以 $\ln[-\ln(1-\theta)]$ 对 $\ln(t)$ 作图。由图线的初始斜率确定 Avrami 指数 n。K 值通常由 $t = t_{1/2}$ 处的 θ 代入式（6-100），稍加推导可得：

$$K = \frac{\ln 2}{t_{1/2}^n} \tag{6-103}$$

图 6-42 是一个典型的 Avrami 作图。由图看出方程与低转化率的情况吻合良好。高转化率情况下就发生偏离。说明 Avrami 方程只适用于一级结晶。无法描述二级结晶。

虽然 Avrami 方程的推导像模像样，但推导的前提却是大量假定，而这些假定大多数不适用于聚合物体系。我们把这些假定与聚合物体系的吻合情况总结如下，在使用 Avrami 方程时应予以注意：

①假设结晶过程体积不变。实际：聚合物结晶时体积收缩。

②假设球晶恒速径向生长。基本吻合。

③假设没有引导期，结晶从零时刻开始。实际：聚合物结晶有引导期。

④假设成核类型是单一的，或无热成核或热成核，不能混杂。实际：有混杂。

⑤假设样品能完全结晶。实际：聚合物不能完全结晶。

⑥假设晶核无规分布。吻合。

⑦假设只有主期结晶。实际：聚合物体系中既有主期结晶，也有二次结晶。

⑧假设增长的结晶前锋一定会重叠。实际：由于无定形区的存在，结晶前锋不一定重叠。

由于聚合物的这些特殊情况，经常会出现非整数的 n 值。从表 6-3 所列情况，晶体几

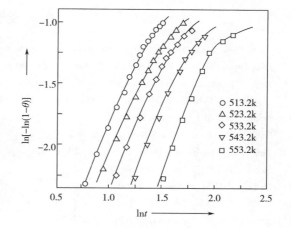

图 6-42　聚酰亚胺等温结晶动力学
数据的 Avrami 作图[41]

何形状与 Avrami 指数之间似乎有对应关系，但这只是一般经验。如果没有实在的电镜证据而根据经验指定 Avrami 指数不免会出错，文献中常见此类错误。在结晶动力学的研究工作中，一定要用电镜确认晶体的几何形状，然后才可以对 n 值进行指认，单从拟合的数据得出结论往往是不可靠的。

思　考　题

1. 高分子在晶体中的典型构象是哪两种？

2. 如何由晶片构建成球晶？什么是负球晶？

3. 聚合物结晶模型有几种？各是什么内容？

4. 测定聚合物结晶度有哪几种方法？

5. X 光衍射在聚合物结构分析中有哪些应用？

6. Debye 环与衍射峰是如何产生的？

7. Avrami 方程如何描述整体结晶速率？常数 n 的物理意义为何？

8. 聚合物晶片为什么会增厚？厚度与熔点是什么关系？

9. 如何通过晶片增厚测定平衡熔点？

10. 平衡熔点的物理意义？哪些因素引起平衡熔点的降低？

11. 聚合物结晶成核如何分类？常见的成核形式是什么？

12. 聚合物熔点的影响因素有哪些？

参　考　文　献

［1］　Gaylord NG，Mark HF. *Linear and Stereoregular Addition Polymers*. New York：Interscience，1959.

［2］　Li J，Organ SJ，Terry AE，Hobbs JK，Barham PJ. *Polymer*. 2004，45：8937~8946.

［3］　Terry D. Patcheak，Saleh A. Jabarin Structure and morphology of PET/PEN blends. Polymer 42 2001，8975.

［4］　Hermann K，Gerngoss 0 and Abitz W 1930 Z. Phys. Chem. 10 371.

［5］　Bryant WMD. *J Polymer Sci*. 1947，2：546.

［6］　Bunn C W and Alcock 1945 Trans. Farad. Soc. 41 317.

［7］　Phillips PJ　Engineering Dielectrics vol IIa ed R Bartnikas and R M Eichhorn（Philadelphia：ASTM）1983.

［8］　Storcks，K. H. J. Am. Chem. Soc. 1938，60，1753.

［9］　26 Till，P. H. J. Polym. Sci. 1957，24，301.

［10］　Keller，A. Phil. Mag. 1957，2，1171.

［11］　Fischer，E. W. Z. Naturforsch. 1957，12a，753.

［12］　Keller A.　（1957）*The Philosophical Magazine* 2，1171~1175.

［13］　Mandelkern，L. in Characterization of Materials in Research：Ceramics and Polymers，Syracuse Univ. Press，Syracuse，New York，1975，pg. 369.

［14］　Hoffman，J. D. and Lauritzen，J. I.，Jr. J. Research NBS，1961，65A，296.

［15］　Hoffman，J. D. SPE Transactions，Oct 1964，315.

［16］　Flory，P. J. J. Amer. Chem. Soc. 1962，84，2856.

［17］　Flory，P. J. in Structural Orders in Polymers Ed. Ciardelli，F. andGusti，P. 1981 Permagon Press，New York.

［18］　McIntyre D andGornick F 1964 Light Scattering from Dilute Polymer Solutions（New York：Gordon and Breach）.

［19］　Margerison D and East G C 1967 Introduction to Polymer Chemistry（London：Pergamon）.

［20］　Wignall G D，Hendricks R W，Koehler W C，Lin J S，Wai M P，Thomas E L and Stein R S 1981 Polymer，22，886.

［21］　34 Fischer，E. W. Pure Appl. Chem. 1978，50，1319.

［22］　Fischer，E. W. Stamm，M.，Dettenmair，M. and Herchenroder，P. ACS Pol. Prepr. 1979，20，1，219.

［23］　Fischer，E. W. Stamm，M. and Dettenmair，M. Organization of the Macromolecules in the condensed Phase，Faraday Discussions of the Royal Society of Chemistry，n68，1979，263.

[24] Gedde UW. *Polymer Physics*. New York: Chapman & Hall, 1995.

[25] Sharples, A. Introduction on Polymer Crystallization, Arnold, London, 1966.

[26] Kargin, V. A. , Sogolova, T. I. and Nadareishvilli, L. I. Polym. Sci. USSR 1964, 6, 1404.

[27] Way, J. L. , Atkinson, J. R. and Nutting, J. J. Mater. Sci. 1974, 9, 293.

[28] Reinshagen, J. H. and Dunlap, R. W. J. Appl. Polym. Sci. 1975, 17, 3619.

[29] Hill R, Walker EE. Polymer Constitution and Fiber Properties. *J Polym Sci*. 1948, 3: 609.

[30] Bannerman DG, Magat EE. Polyamides and Polyesters. // Schildknecht CE ed. *Polymer Processes*. New York: Wiley-Interscience, 1956.

[31] Edgar OB, Hill R. The p-Phenylene Linkage in Linear High Polymers: Some Structure-Property Relationships. *J Polym Sci*. 1952, 8: 1-22.

[32] P. J. Flory, Principles of Polymer Chemistry (Cornell Univ. Press, 1953) .

[33] L. Mandelkern, in Physical Properties of Polymers, J. E. Mark, ed. [American Chemical Society (ACS), Washington, DC, 1984] .

[34] J. D. Hoffman and J. J. Weeks, J. Res. Natl. Bur. Std. (U. S.) A66, 13 (1962) .

[35] Wunderlich, B. , "Macromolecular Physics", Academic Press, New York, 1976, 2, (163) .

[36] J. I. Lauritzen and J. D. Hoffman, J. Res. Nat. Bur. Std. 64A, 73 (1960) .

[37] J. D. Hoffman, G. T. Davis, and J. I. Lauritzen, in Treatise on Solid State Chemistry, N. P. Hannay, ed. , Vol. 3 (Plenum, New York, 1976), Chap. 7, pp. 497-614.

[38] Special issue on the organization of macromolecules in the condensed phase, D. Y. Yoon and P. J. Flory, eds. , Disc. Faraday Soc. 68, 7 (1979) .

[39] Suzuki T, Kovacs A. *Polym J*. 1970, 1: 82.

[40] Magill JH. J appl phys. 1964, 35: 3249.

[41] Heberer, D. P. , Cheng, S. Z. D. , Barley, J. S. , Lien, S. H. S. , Bryant, R. G. and Harris, F. W. Macromolecules 1991, 24, 1890.

第7章 取 向 态

聚合物分子最显著的特征是各向异性，首先表现在几何形状上。以相对分子质量为 5 万的聚乙烯分子链为例，截面积为 0.183 nm²，而伸直长度却为 448 nm，长径比接近 1000；如果是相对分子质量为 500 万的超高相对分子质量聚乙烯，长径比就会达到 10 万。

其次是物理性质的各向异性。如果聚合物分子沿一个方向排齐，不同方向上的物理性质就会是天差地别，原因在于沿链与链间作用本质的不同。沿分子链的是化学键作用，最典型的是 C—C 共价键；而分子链之间的作用是弱得多的范德华力。有些聚合物的链间有氢键，但也远远弱于共价键。由于这个原因，沿链与链间的许多物理性质大不相同，如折光率、导热系数、声速等，而最显著的差异则是力学性能。以聚乙烯为例，沿链 C—C 键的作用能为 346 kJ/mol，而链间的分子间力作用能只有 3.7 kJ/mol，相差 2 个数量级。

为了充分利用沿链的力学性能，人们为了特定的需要，往往采取特殊的加工手段，让聚合物链在特定的方向或特定的平面上排齐，获得单向或双向上力学性能的大幅度改进。分子链的这种排齐即称作取向（orientation）。沿某特定方向的排齐称作一维取向，关于某特定平面的排齐称二维取向。取向的聚合物材料可显示出不寻常的性质。如聚苯乙烯是脆性材料，而二维取向的聚苯乙烯薄膜则是韧性的。二维取向的聚对苯二甲酸乙二醇酯（PET）或聚氯乙烯（PVC）薄膜扭转变形后会逐渐恢复，而单轴取向的同类薄膜一经扭转，形变就能固定，所以可用作扭结膜，一个例子是日常生活中的糖纸。而人们最熟悉的取向材料莫过于聚合物纤维。

聚合物纤维是一维取向材料，分子链沿纤维轴方向程度不同地排齐，使得沿轴向的力学性能远远高于侧向。取向不仅赋予纤维特殊的力学性能，也呈现了一种迥异于各向同性材料的分子结构，使得纤维不仅在性能上，而且在结构与形态上显示出鲜明的特点，在高分子材料中与塑料、橡胶鼎足而立。取向并没有创造出新的凝聚态，但取向使聚合物的晶体结构、结晶度、结晶与熔融行为、结构性能关系等都与各向同性材料都有了较大的差异，故值得专辟一章进行讨论。本章将涉及取向度的定义及测定，拉伸取向的晶体形态，流场中的结晶行为，流场中的典型晶型——串晶，以及一类特殊的取向材料——液晶聚合物。

7.1 取 向 度

取向指结构单元关于特定方向排列的倾向性，取向度则是倾向的程度。如果没有方向的倾向性，就可以说结构单元是无规排列的，体系是各向同性的。而如果对作任一方向具有了倾向性，就是发生了取向，体系就呈各向异性。

取向是具体结构单元的取向，可以是基团，可以是链段，可以是晶片，可以是末端矢量，也可以是整个分子链。取向可以是一维的，也可以是二维的。图 7-1 中细杆代表任一种取向单元，一维取向时单元倾向于平行于某特定方向排列，在垂直于该方向的平面上是各向同性的，例如纤维；二维取向时单元倾向于垂直于某特定方向排列，但在所处平面上也是各向同性的，例如薄膜。这个特定方向称为参考方向，一般记作 Z 轴，垂直于参考方向的

平面就是 XOY 平面。

同一样品中，不同取向单元会有截然不同的取向程度。例如单晶中链段取向程度非常高，90％以上的链段都整齐排列；但单晶中分子链的末端矢量却是无规取向的，与完全无规的高斯链相差无几（图 7-2）。高度取向纤维的模量与晶片取向程度关系不大，却与拉伸比密切相关，因为后者反映了分子整链的取向。由此可知，一些性质依赖于链段取向，而另一些性质依赖于整链的取向。链段取向与晶片取向只具有近程意义，与样品的力学性能没有直接的关系；而末端矢量与分子整链的取向则具有远程意义，关系到整个长度方向上的力学性能。

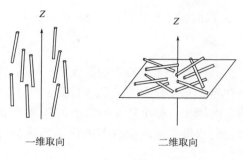

一维取向   二维取向

图 7-1 取向维度

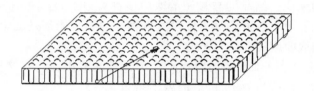

图 7-2 单晶中的链与高斯链

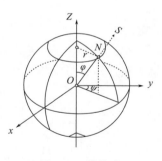

图 7-3 单位球

链段或晶片的取向程度就是一般意义上的取向度，用 Herman 取向因子表示。不论取向单元是什么，不论是链段还是晶片还是晶面的法线，一律都抽象为长度为 1 的线段。因为研究取向时只关心取向单元的方位而不关心长度，这样的处理可将问题简化。定义一个半径等于 1 的单位球如图 7-3，让取向单元一端处于球心，另一端指向 S 方向，交球面于 N 点。取向单元与 Z 轴的夹角为 φ，在 Z 轴上的投影则为 $\cos\varphi$，大量取向单元投影的均方值 $\langle \cos^2\varphi \rangle$ 可作为取向程度的度量。定义 Herman 取向因子为：

$$f = \frac{1}{2}(3\langle \cos^2\varphi \rangle - 1) \tag{7-1}$$

如果取向单元完全平行于参考方向，则 $\varphi = 0$，$\langle \cos^2\varphi \rangle = 1$，$f = 1$，相当于完全的一维取向；如果取向单元完全垂直于参考方向，则 $\varphi = \pi/2$，$\langle \cos^2\varphi \rangle = 0$，$f = -1/2$，相当于完全的二维取向。如果取向单元在所有方向上的几率相等，$\langle \cos^2\varphi \rangle = 1/3$，$f = 0$，相应体系为零取向。

测定取向度就是测定 Herman 取向因子，有多种方法。双折射，广角 X 光衍射，红外法和声学模量法等。本节只介绍一维取向程度的测定。

（1）双折射法 各向异性材料在平行于参考方向与垂直于参考方向上的折射率不同，二者之差称为双折射（birefringence）：

$$\Delta n = n_\perp - n_\parallel \tag{7-2}$$

Herman 取向因子 f 与双折射 Δn 成正比：

$$f = \frac{\Delta n}{\Delta n^0}, \quad \Delta n = \Delta n^0 f \tag{7-3}$$

Δn^0 为理论上的双折射最大值，实际工作中往往处理为经验常数。

在半晶态聚合物中，晶区与无定形区的取向度往往是不同的。将晶区与无定形区看作各自独立的两相，整个样品的双折射就是两相取向度的加权平均值。类似地，也可以认为嵌段共聚物的双折射由两种嵌段的比例与取向度所决定。一般假定样品中的双折射具有线性加和性：

$$\Delta n = \phi_1 \Delta n_1 + \phi_2 \Delta n_2 \tag{7-4}$$

ϕ_1 和 ϕ_2 为两相的体积分数，Δn 为整个样品的双折射，Δn_1 和 Δn_2 分别为两相的双折射。由于 $\Delta n_i = \Delta n_i^0 f_i$，故：

$$\Delta n = \phi_1 \Delta n_1^0 f_1 + \phi_2 \Delta n_2^0 f_2 \tag{7-5}$$

上式表明，知道了两相的体积分数以及任一相的取向度，就可以通过双折射数据计算出另一相的取向度。对半结晶聚合物来说，结晶度与晶相的取向度都可以通过广角 X 光衍射测定，由式（7-5）就能得到无定形相的数据。对于嵌段共聚物，两相可能都是无定形的，就需要通过其他方法测定某一相的取向度。

（2）声速法　声速取决于模量。沿链轴传播的声速远大于在链间的声速。在这种意义上，声速法类似于双折射。下式就是声速与 Herman 取向因子间的关系：

$$f = 1 - \left(\frac{C_u}{C} \right)^2 \tag{7-6}$$

$$\langle \cos^2\varphi \rangle = 1 - \frac{2}{3} \left(\frac{C_u}{C} \right)^2 \tag{7-7}$$

C_u 为各向同性材料的声速，C 为待测样品沿参考方向测定的声速。

（3）红外二色法　聚合物分子中的基团受红外辐射作用时，会发生伸缩、扭转、摇摆等运动，同时吸收红外辐射的能量。吸收能量 A 依赖于电场矢量与跃迁矩矢量间的夹角 κ：

$$A \sim \left[|E| \cdot |M| \cdot \cos\kappa \right]^2 \tag{7-8}$$

当电场矢量平行于跃迁矩矢量时，产生的吸收最大；当电场矢量垂直于跃迁矩矢量时，吸收为零。图 7-4 演示了这种关系。

当红外光在聚合物取向参考方向偏振时，平行与垂直于参考方向上的吸收会有显著的不同，二者的比值称作二色比：

$$D = \frac{A_\parallel}{A_\perp} \tag{7-9}$$

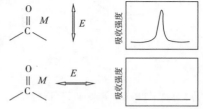

图 7-4　羰基红外吸收与电场方向的关系

$A_\parallel$ 与 $A_\perp$ 分别为平行与垂直于参考方向上的吸收能量。二色比代表了分子链上某种基团的取向程度，实际上也代表了该基团附近链段的取向程度。二色比与 Herman 取向因子的关系为：

$$f = \frac{D-1}{D+2} \tag{7-10}$$

图 7-5 为聚氧化乙烯（POE）的偏振红外谱图。位于 1101 cm⁻¹ 的吸收峰代表—C—O—

C—基团的伸缩振动，最能代表聚氧化乙烯的取向情况。测定得到该吸收峰的二色比 $D = 5.3$，可求得 Herman 取向因子 $f = 0.59$。

（4）广角 X 光衍射法 通过广角 X 光衍射，可以定性地或定量地表征取向程度。

定性表征采用平板照相法。各向同性材料的平板衍射图由一系列同心圆环组成。如果样品发生取向，同心圆就会发生间断，退化为圆弧。取向度越高，圆弧越短。取向度很高时，圆弧就退化为点。图 7-6 是高倍拉伸的聚丙烯纤维的照片。拉伸比等于 20 时，衍射图案就已经退化为短弧，然后随拉伸比的继续增大收缩为衍射点。

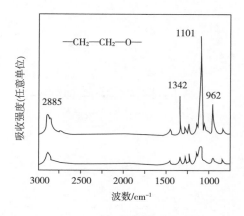

图 7-5 聚氧化乙烯红外谱图
上：偏振方向平行于参考方向 下：垂直于参考方向

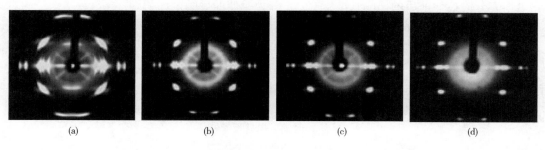

图 7-6 聚丙烯纤维的拉伸比与 X 光衍射图
（a）$\lambda = 8$ （b）$\lambda = 20$ （c）$\lambda = 44$ （d）$\lambda = 69$

定量的取向程度，即 Herman 取向因子可用衍射仪方便地测定。设有一组晶片的晶面间距为 d，由 Bragg 方程规定了入射与衍射角 θ。欲测定这组晶片的取向度，可以在衍射仪上固定这一几何配置 [图 7-7 (a)]，让样品在平面上旋转，测定不同方位角上的光强并对方位角作图，一般可得到图 7-7 (b) 中的曲线。由于样品中的晶片各有不同取向，在固定的方位角只有部分晶片符合 Bragg 条件。而当样品转动时，取向不同的晶片会依次与 Bragg 条件相符，并给出光强。同一方位角上，符合 Bragg 条件的晶片越多，光强越强。只要得到 $I(\varphi)$ 曲线的解析式，就可由下列公式计算得到 $\langle \cos^2 \varphi \rangle$：

$$\langle \cos^2 \varphi \rangle = \frac{\int_0^{\pi/2} \cos^2 \varphi I(\varphi) \sin\varphi \mathrm{d}\varphi}{\int_0^{\pi/2} I(\varphi) \sin\varphi \mathrm{d}\varphi} \tag{7-11}$$

以上各种方法都只能表征晶片或链段的取向度，不能表征分子整链的取向程度。分子整链的取向度程度不仅没有直接的表征手段，甚至连明确的定义都没有。这不能不说是高分子物理的一项缺憾。但整链取向作为一个概念、作为一个现象在事实上是存在的，人们也想出一些间接方式进行描述，通常的方法是用拉伸比表示：

$$\lambda = \frac{L}{L_0} = \frac{A_0}{A} \tag{7-12}$$

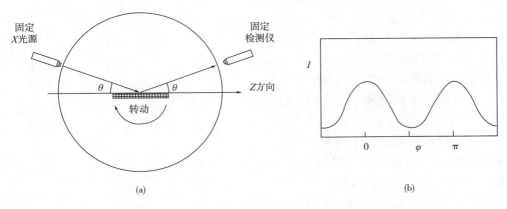

图 7-7　测定取向度和方位角扫描

（a）衍射仪法测定取向度　（b）方位角扫描曲线

L_0，L 分为拉伸前后的样品长度，A_0，A 分为拉伸前后的截面积。

末端矢量取向度可表示为：

$$R = \sqrt{\langle R^2 \rangle_r / \langle R^2 \rangle_0} \tag{7-13}$$

其中 $\langle R^2 \rangle_r$ 与 $\langle R^2 \rangle_0$ 分别为取向样品与完全不取向样品的均方末端距。末端矢量取向度可以用小角中子散射测定。由于一般的实验室没有机会使用这种仪器，常采用一种简单的表征方法：将取向样品缓慢加热至其熔点以上，测定其加热前后长度的比值：

$$R = \frac{收缩后样品长度}{加热前样品长度} \tag{7-14}$$

这个宏观收缩比 R 可以近似表征末端矢量的取向度。

聚合物分子链的各向异性使取向具有了非常的意义。通过取向，纤维轴方向的模量可成数量级地提高。弹性模量与拉伸比之间有密切关系，但与 Herman 取向因子之间却没有什么关系。根据 Sadler 与 Barham[1] 的数据，在较低的拉伸比下就可达到较高的取向度，继续拉伸，取向度只有很少的提高。纤维轴向分子链的连续性只能使用拉伸比进行度量。

7.2　拉伸与纤维晶

人们早就注意到纤维素的高结晶度与高强度。对纤维素的结构研究表明，这种材料处于半晶态，其形态可以用 Hess 和 Kiessig 的"缨状微纤"模型来描述（图 7-8）。这使我们回想起上一章中提到的"缨状胶束"模型。这两个模型非常相似而略有不同。相同点是：一根分子链可以穿过若干个晶区与若干个非晶区，链在晶粒中没有折叠。不同点在于，缨状胶束模型中，晶粒的形状与空间分布都是无规的；而在缨状微纤模型中，晶区是纤维状的，分子链平行于微纤的轴向。非晶区的长度非常短，仅有

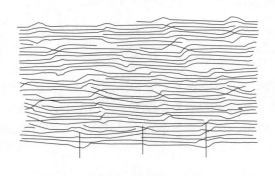

图 7-8　纤维素结构的"缨状微纤"模型

4~5 个结构单元。微纤之间具有天然相互凝聚的倾向[2]。

简而言之，在天然纤维素中，晶区取向并非无规，而是大致平行于纤维轴的。这就是说，以纤维素为代表的天然聚合物纤维是各向异性的，即链倾向于沿纤维轴排列。显然，各向异性程度越高，模量越高，纤维的强度越高。

大自然为我们提供了先进纤维结构的样板，虽然也是半晶的，但有高度的各向异性。达到这种高度的各向异性正是合成纤维的加工目标。怎样达到需要的各向异性？答案似乎是显而易见的：高倍拉伸。

并不是所有的聚合物都可以被高倍拉伸，也不是所有的聚合物高倍拉伸之后都能得到各向异性的纤维结构。让我们先对拉伸过程进行考察，进而研究纤维晶。

7.2.1　拉伸

卷曲是高分子链的天然倾向。欲使之发生取向，最有效的方法就是进行拉伸。单轴拉伸造成单轴取向，双轴拉伸造成双轴取向。例如在纺丝过程中，在制得单丝之后都要进行拉伸。拉伸的次数不同，拉伸的倍率也会不同，但总要将纤维拉到最大倍率，以使纤维中的分子链最大程度地沿纤维轴取向，使纤维强度达到最高。

描述聚合物拉伸行为最直观的方式是作应力-应变曲线。应力有工程应变与真应力之分，应变也有相应的两种，故应力-应变曲线有工程的和真实的两种。

最常用的是工程应力-应变曲线。工程应力与应变的定义分别是：

$$\sigma_e = \frac{f}{A_0}, \quad \varepsilon_e = \frac{\Delta L}{L_0} \tag{7-15}$$

其中 f 为外力，A_0 和 L_0 分为样品初始截面积和初始长度，ΔL 为伸长。

当样品受到拉伸时，长度变大的同时截面积也在缩小，此时材料的真实应力应为外力除以实际截面积 A 而非初始截面积 A_0（$A<A_0$）。由此我们可以定义出真应力：

$$\sigma_t = \frac{f}{A} \tag{7-16}$$

与真应力配合的真应变乃是位移增量 dL 除以即时的长度 L：

$$d\varepsilon_t = \frac{dL}{L} \Rightarrow \varepsilon_t = \int_{L_0}^{L} \frac{dL'}{L'} = \ln\frac{L}{L_0} \tag{7-17}$$

无论材料如何变形，一般认为体积保持不变，故可以写出：

$$dV = 0 \Rightarrow AL = A_0 L_0 \Rightarrow \frac{L}{L_0} = \frac{A_0}{A}$$

将伸长率 L/L_0 记作 λ，容易写出真与工程应力应变之间的关系：

$$\sigma_t = \sigma_e(1 + \varepsilon_e) = \sigma_e \lambda, \quad \varepsilon_t = \ln(1 + \varepsilon_e) = \ln\lambda \tag{7-18}$$

利用以上关系式可从工程应力-应变曲线导出真应力-应变曲线。

尽管真应力与真应变的定义更加真实，在实际工作中人们仍乐于采用工程定义，这一方面是由于工程定义非常方便，另一方面是由于在低应变范围内二者是重合的。应变较大时，材料会发生塑性流动，就脱离了工程应用领域，工程业者就不再考虑了。

用 σ_e 对 ε_e 作图，就得到工程应力-应变曲线。不同类型聚合物的工程应力-应变曲线见图 7-9。

曲线（d）是我们熟悉的橡胶拉伸行为，在此不作讨论。曲线（a）代表低温下高度交联的热固性塑料，（b）代表玻璃化温度以下的无定形塑料；（c）是典型的半晶态塑料。

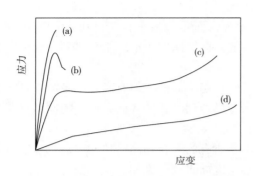

图 7-9　不同类型聚合物的工程应力-应变曲线

（a）～（c）的共同点是在低应变区有一个线性段，即应力与应变成正比，服从虎克定律：$\sigma_e = E\varepsilon_e$，比例系数 E 即为弹性模量。

随应变增加，应力与应变偏离线性关系，偏离点称作比例极限。非线性的出现是由于应力引起的塑性流动。塑性流动造成的分子或微观结构重组是不可逆的，故比例极限就是弹性极限。发生塑性流动时应力不再随应变线性增加，反而会下降，这一现象称作材料的屈服。应变增加时应力的下降称作应变软化。

（a）曲线只有线性段，在出现屈服点以前就发生断裂，这种断裂是脆性的；而（b）曲线可观察到屈服点。应力在屈服点之后下降，同时样品上会出现细颈（necking），即材料的局部被拉细，然后在 10%～20% 的伸长率处断裂。材料发生屈服以及出现细颈，表明材料在应力作用下发生了塑性流动。由于塑性流动发生在玻璃化温度或熔点以下，故又称冷拉。

值得关注的是图 7-9 中的曲线（c），它描述了大规模冷拉过程，这是半晶态聚合物的典型拉伸行为。在弹性形变阶段，样品截面积随长度的增加而均匀变小，但到达屈服点后这一情况发生了变化。某一局部的截面积迅速变细，形成一个"脖子"，这就是上面提到的"细颈"（图 7-10），而与细颈相邻的未变细部分则被称为"肩"。在继续拉伸的过程中，细颈部分的截面积不再变化，而是沿长度方向扩展，即肩部被不断拉细而成为细颈的一部分，直至样品的全部长度变为细颈的截面积。当整个样品都变细以后，发生应变硬化，应力上升，直至样品断裂。细颈的扩展使样品被大幅度拉长，往往会达到数百乃至上千的伸长率。由图 7-10 可以看出，细颈部分的直径为初始样品的 1/2，即截面积是 1/4，照此推算，伸长率可达 400%。

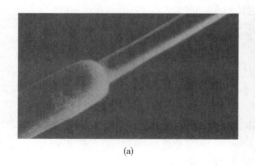

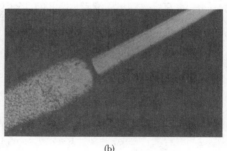

（a）　　　　　　　　　　　　　（b）

图 7-10　显微镜图

（a）细颈普通显微镜　　（b）偏光显微镜

不同的聚合物细颈稳定性不同。某些金属也有细颈现象，但多数金属都不能形成稳定的细颈，越拉越细，直至断裂。细颈的稳定性可以用 Considère 构图，即用真应力对工程应变（拉伸比）作图来判定。见图 7-11，以真应力 σ_t 为纵坐标对拉伸比 $\lambda = L/L_0$ 作图。由式（7-18），$\sigma_e = \mathrm{d}\sigma_t/\mathrm{d}\lambda$，这就说明，与真应力 σ_t 相对应的工程应力 σ_e 就是从坐标原点（$\lambda = 0$

处而非 $\lambda = 1$）向 σ_t–λ 曲线上的 σ_t 点所作割线的斜率［图 7–11（a）］。

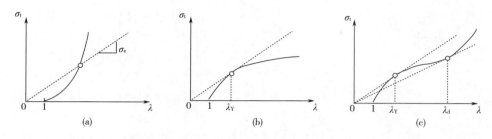

图 7–11　Considère 构图，真应力–拉伸比曲线

（a）无切点，无细颈，无冷拉　　（b）一个切点，有细颈，无冷拉　　（c）两个切点，有细颈，有冷拉

　　图 7–11 中的三种真应力–拉伸比曲线，分别为上弯、下弯与反 S 形三种情况。它们的区别在于从原点引直线可得切点的数量。（a）无切点。曲线一直上弯，故割线的斜率持续上升，即工程应力持续上升，直至断裂。这种曲线代表断裂先于屈服的材料；（b）一个切点：曲线下弯，割线会在某一点成为切线，该点上 $\lambda = \lambda_Y$。不难看出切线的斜率乃是割线斜率的最大值。斜率所代表的工程应力在切点之后开始下降，从此开始了屈服的过程。λ_Y就是屈服伸长率。从这一点开始，割线斜率持续下降，阻力越来越小，直至断裂；（c）两个切点：曲线必须呈反 S 形。工程应力先是在某个延伸率 λ_Y 开始下降，然后又在 λ_d 处重新上升。像单切点的情况一样，当 $\lambda = \lambda_Y$ 时，材料开始在一个位置屈服，产生一个细颈。材料在细颈位置延伸到 λ_d 处，颈部的材料停止伸长，而肩部的材料不断被拉入颈部。此时的材料有两个拉伸比：细颈缩进区的材料保持在 λ_d，而肩部以外的材料保持在 λ_Y。λ_d 在字面上是形变拉伸比，确切含义是初始材料被拉成细颈发生的拉伸比，可简称细颈拉伸比。当所有材料被拉入细颈区后，应力开始在样品全程均匀上升，直至最终断裂。

　　X 光衍射发现不论是无定形还是结晶聚合物，拉伸过程中分子链都沿拉伸方向排列。由于这种分子取向造成的各向异性，尤其是形成细颈，拉伸后所支撑的真应力比拉伸前大得多，即材料通过取向得到了强化。不同的材料所能达到的取向程度不同，强化程度也不同。而只有图 7–11（c）所代表的材料能够全程细颈化，达到很高程度的取向与强化。

　　材料的强化仅是宏观现象，而拉伸造成的强化有结构上的深层原因。拉伸使分子链沿纤维轴取向，使结晶变得更加容易，结晶度变得更高，而一个更重要的因素便是纤维晶的生成。

7.2.2　纤维晶

　　纤维的高倍拉伸是纤维强化的技术手段，同时也是人类向天然纤维结构逼近的探索过程。通过材料的高倍拉伸，分子链能够在很大程度上沿拉伸方向取向，使材料的模量和强度都大幅度提高。当然，纤维强度与模量的提高不仅仅是取向那么简单，而是通过拉伸，将原先材料体内的球晶结构转化为纤维晶结构。

　　在拉伸过程中，原有的半晶态结构发生了一系列变化，可以分为 5 步：①折叠晶片间的无定形系带链的伸展、取向；②晶片倾斜或旋转，沿外力方向排齐；③较大晶片破碎为小晶粒（部分熔融）；④熔融的链伸展并沿外力取向，无定形链进一步伸展，材料内形成孔隙，应力发白（样品折皱处泛白）；⑤发生重结晶，新老晶片均沿外力取向，纤维晶生成，应变

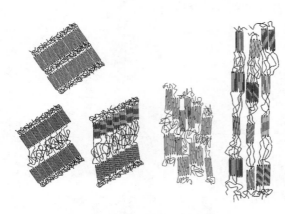

图 7-12　拉伸过程中纤维晶的形成

硬化。伴随拉伸的纤维晶的形成过程见图 7-12。

由图 7-12 的示意，我们了解到纤维晶是这样构成的：小晶粒沿纤维轴向排齐，通过系带链的纵向连接，形成纤维的基本单元微纤。微纤在横向上也通过系带链牢固地相互捆绑在一起。微纤维在分子水平上高度取向，它的宽度大约为 10～20 nm，长度会达到 10 μm。对比图 7-12 中的纤维晶与图 7-8 中纤维素的晶体结构，从表面上看已经十分接近，其实二者之间存在两个显著差别。第一个是晶区的差别。纤维素中的链是单向延伸的，没有折叠；而纤维晶中的链是折叠的。纤维素中的晶区可以用"缨状微纤"模型描述，由一根根单向的分子链堆砌而成。一根链可以穿过若干个晶区，但从不在晶区发生折叠。而纤维晶中的晶区则由折叠链构成。第二个是无定形区的差别，即晶区间的连接方式。纤维素中的无定形区仅是纤维素中"缨状微纤"的缺陷，长度非常短，仅有 4～5 个结构单元。分子链经过短小的缺陷之后立即进入下一个晶区。晶区之间并无系带链的概念。而纤维晶的晶区是由系带链连接的，无定形区的长度一般与晶区相当。

不同的聚合物纤维有不同的纤维晶结构，并不是整齐划一地符合图 7-12 的结构。图 7-13 是 Prevorsek 为 PET 纤维提出的模型[3]。这一模型表明 PET 纤维晶中有两类系带链：第一类是对晶粒起串联作用的系带链，此类系带链能够协助承担载荷，但在数量上少于晶体中的分子数；第二类是微纤之间无定形的伸直链，此类系带链提供微纤之间的连接性，可视作并联性的系带链。串联与并联系带链都对晶粒起到偶合作用。并联偶合能够在不同微纤间起到协同作用，能显著提高纤维的模量；而串联偶合在不同微纤中"各自为政"，对模量的贡献不大。

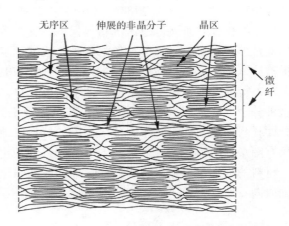

图 7-13　Prevorsek 的 PET 纤维晶体模型

并联或串联的偶合是纤维晶材料内晶区与无定形区相分离造成的。随着相分离过程的进行，微纤间的无定形链会以松弛的方式逐步过渡到晶区的长度方向之间，成为串联系带链，换句话说，串联偶合的程度在相分离过程中不断提高，相分离的程度越高，串联偶合的成分越高，并联偶合的成分越低。如果让纤维自由退火（不受张力），就会发生这种情况。纤维中无定形区的取向度低，弹性模量低。图 7-14 是 PET 纤维在不同温度下退火后的弹性模量。可以看到高温退火的相分离严重，主要造成串联偶合，弹性模量可下降 4 倍。而在低温退火，保留大量有并联偶合，样品有相对高的无定形取向，弹性模量较高。

为改变这一情况，在工业过程中，纤维是在较大张力限定下进行热定型（退火）。在张力作用下，原先无定形区中的伸直链无法松弛，并联偶合的成分得以保留，故退火后的弹性模量得以保持。

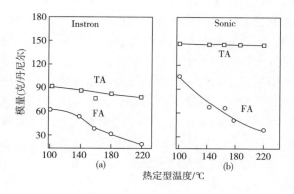

图 7-14　不同温度下限定与自由退火纤维的模量
（a）测定仪器 Instron　（b）测定仪器 Sonic

不同类型的偶合也表现在不同的应变机理上。当对不同热定型的 PET 纤维进行轴向拉伸时，发现张力定型的纤维在很低的应变就发生了晶体的变形；而自由定型的纤维则必须拉伸到 20 % 的应变以上才会发生。这是由于张力定型的纤维中无定形链本已基本伸直，故从一开始就需要由晶粒承担应力；而自由定型的纤维中，无定形链都以无规线团处在晶粒之间，它们可以单独承受应变，必须要在 20 % 的应变后才会影响到晶粒。

热定型过程中的纤维晶重组可以从表 7-1 得到反映。变化最明显的是无定形区的取向度。如果不限定纤维的长度，无定形区的取向度几乎可以下降到零。也就是说，系带链能够完全松弛到无规线团状态。即使限定了纤维的长度，系带链也会发生严重的松弛。晶区的情况好得多。考虑到实验误差，可以认为施加张力基本抑制了晶区的链松弛，退火温度对晶区形态没有影响。这一点突出反映在熔点上。张力退火样品的熔点比自由退火的要高 6~9 ℃。这也反映出纤维晶材料与球晶材料的一个区别。球晶材料经过退火，晶体会得到完善，熔点会有显著提高；而纤维晶材料的自由退火会使晶体完善程度退化，取向度降低，熔点下降。读者可以思考一下这个区别的物理背景。

表 7-1　　　　　　　　　　PET 单丝热定型对取向度与熔点的影响[4]

定型温度/℃	晶区取向度	无定形区取向度	自由定型熔点/℃	张力定型熔点/℃
张力 100	0.952	0.519	254.6	263.8
张力 220	0.934	0.433	255.5	263.6
张力 250	0.944	0.318	256.2	262.0
自由 100	0.944	0.522	255.6	263.7
自由 220	0.912	0.258	254.8	262.2
自由 250	0.860	0.039	255.8	261.4

纤维热处理过程中，无定形链不是只发生松弛，也会发生部分伸直导致结晶与生长。这一过程反映在纤维的玻璃化温度随退火温度变化的有趣现象。将 PET 纤维在 100 ℃ 和 255 ℃ 之间的多个温度热处理 5 min，发现随热处理温度的升高，纤维的玻璃化温度先是随热处理温度的升高而升高，到 180 ℃ 达到最大值，然后随温度的升高而下降。如图 7-15（a）所示[5-6]。

对于这个现象，我们可以从图 7-15（b）中得到启示。可以看到，纤维中无定形区体积随热定型温度先降后升，在 180 ℃ 出现最小值，或者说，180 ℃ 出现晶区体积最大值。这个现象，就给了玻璃化温度的最大值一个合理的解释。在热定型过程中，发生了两种形式的结晶：①不完善的小晶粒熔融再重新结晶；②无定形区系带分子链的结晶化。后一过程中，系带分子链从热能中获得足够的运动能力，局部形成小晶粒以降低自由能。低温热定型时先生成不完善小晶粒，再部分熔融重结晶进行完善化。在较高温度热定型时，能够直接生成完善的微晶粒，晶粒随时间增厚，但长周期不发生变化。微晶粒的生成限制了无定形链的运动，使玻璃化温度提高。PET 的熔点大约为 260 ℃，根据最大结晶速率在 $0.85T_m$ 的规律，180 ℃ 刚好是结晶速率最大的温度，在此温度形成的微晶粒最多，出现了晶区体积的最大值，同时也出现了玻璃化温度的最大值。

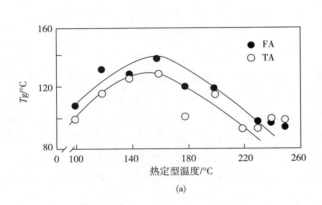
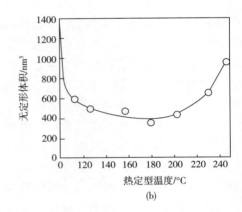

(a)   (b)

图 7-15   PET 纤维

（a）PET 纤维的 T_g 随定型温度的变化   （b）纤维的无定形体积随定型温度的变化

7.3   应变诱导结晶

聚合物纤维和薄膜都是以熔体或溶液状态通过拉伸成型，大多数塑料产品是通过挤出和注塑由熔融熔体制造，在流动过程中结晶。固态拉伸也通常是在熔融条件下通过高速拉伸进行。以上加工过程有一个共同点，就是聚合物都是在应变条件下结晶，产品的结构和性能都取决于分子在应变状态结晶的方式。从技术的角度看，应变诱导结晶比静态结晶更为重要。

当应变速率大于分子链松弛时间的倒数时，应变引起的取向不会被松弛消散，而是在拉伸结晶中被固定。结晶的过程没有活化能垒，不需要成核，仅受局部分子松弛的限制。在外力作用下，卷曲构象成为伸直构象，自发排齐结晶。所生成晶体的熔点高于常规熔点。这就是所谓应变诱导结晶。

应变诱导结晶的过程与产物都不同于静态结晶。应变诱导结晶的产物可以是伸直链晶，也可以是传统的折叠晶片，或者是二者结合的产物——串晶。应力条件下会生成伸直链晶，速度非常快，只需几秒钟；在应力松弛期间发生折叠链晶片的形成。伸直链晶的熔点明显高于折叠链晶片，甚至高于静态结晶的平衡熔点。应变诱导结晶的机理与熔体的静态等温结晶完全不同，许多问题都在不断认识探讨之中。

7.3.1　熵效应

应变施加于熔体时，使高分子链取向，结晶过程与晶体形态都会发生剧变。熔体中分子链的变形类似橡胶网络中的网链。我们完全可以把 4.2 节中的推导搬过来，导出形变过程的熵变。唯一不同的是，在熔体中我们考虑的是高分子整链而非网链。为方便读者，不妨再重复几个公式。设大分子链含 N 个单元，每单元长度为 b。将分子链的一端固定在直角坐标系的原点，另一端出现在 (x, y, z) 点的几率符合高斯分布：

$$\Omega(x, y, z) = \left(\frac{3}{2\pi\langle R^2\rangle}\right)^{3/2} \exp\left[-\frac{3(x^2 + y^2 + z^2)}{2\langle R^2\rangle}\right] \tag{7-19}$$

利用 Boltzmann 的熵公式 $(S = k\ln\Omega)$：

$$S = k\ln\Omega = C - \left(\frac{3k}{2Nb^2}\right)(x^2 + y^2 + z^2) \tag{7-20}$$

发生形变时 3 个维度上的拉伸比分别为 λ_1、λ_2 和 λ_3，变形前后的熵变为：

$$\Delta S_{形变} = -\frac{Nk}{2}(\lambda_1^2 + \lambda_2^2 + \lambda_3^2 - 3) \tag{7-21}$$

只考虑单向拉伸形变，设被拉伸的是 x 轴，则 $\lambda_1 = \lambda$；拉伸过程体积不变：$\lambda_1\lambda_2\lambda_3 = 1$，$\lambda_2 = \lambda_3 = 1/\lambda^{1/2}$：

$$\Delta S_{取向} = -\frac{Nk}{2}\left(\lambda^2 + \frac{2}{\lambda} - 3\right) \tag{7-22}$$

对聚合物熔体或溶液施加应变引起大分子变形，在构象上更接近晶体，故取向结晶的熵变在静态结晶熵变 ΔS_0 的基础上降低了一个取向熵 $\Delta S_{取向}$。假定静态结晶与取向结晶的结晶热 ΔH 是相同的，取向结晶样品的熔点 T'^0_m 为：

$$T'^0_m = \frac{\Delta H}{\Delta S_0 - \Delta S_{取向}} \tag{7-23}$$

$$\frac{1}{T'^0_m} = \frac{\Delta S_0}{\Delta H} - \frac{\Delta S_{取向}}{\Delta H} = \frac{1}{T^0_m} + \frac{1}{\Delta H}\frac{Nk}{2}\left(\lambda^2 + \frac{2}{\lambda} - 3\right)$$

$$\frac{1}{T'^0_m} - \frac{1}{T^0_m} = \frac{Nk}{2\Delta H}\left(\lambda^2 + \frac{2}{\lambda} - 3\right) \tag{7-24}$$

这样，分子链的取向引起熵的降低与平衡熔点的升高。还可以得出，取向提高了熔体的自由能，加大了熔体与晶体之间的自由能差，亦即提高了结晶的驱动力，提高了结晶速率。

7.3.2　伸直链晶的熔点

半晶态聚合物平衡熔融转变时，单位体积的自由能变化为本体自由能密度减去表面能：

$$\Delta g = \Delta g^* - E_d = 0 \tag{7-25}$$

其中 Δg^* 为自由能密度，E_d 为单位体积的表面能。由于表面能的变化使熔点降低，由上式可得出实际熔点与平衡熔点间的关系：

$$T_m = T^0_m\left(1 - \frac{E_d}{\Delta h}\right) \tag{7-26}$$

故实际熔点由表面能所决定。对于折叠晶片，表面能可按下式计算：

$$E_d = \frac{1}{d^2L}(4dL\sigma_L + 2d^2\sigma_F) \approx \frac{2\sigma_F}{L} \tag{7-27}$$

其中 σ_L 和 σ_F 分别为单位侧面和折叠面的表面能。由于折叠面比侧面大得多，且 σ_F 一般

为 σ_L 的 6 倍，故侧面的贡献可以忽略，晶片熔点只依赖于折叠面表面能：

$$T_m = T_m^0 \left(1 - \frac{2\sigma_F}{L\Delta h}\right) \tag{7-28}$$

伸直链晶的主要特征是没有普通晶片中的链折叠。但分子链形成晶体时，从晶-液界面出发，横跨晶体的长度，构造了一个缨状结构（图 7-16）。伸直链晶是细长的，侧向尺寸与长度相比非常小。由于底面上晶相与无定形相的密度差别，其自由能比普通折叠面要大 3~10 倍，而侧向表面能与折叠晶片的侧面相似。根据图 7-16 的几何形状，伸直链晶的单位体积表面能为：

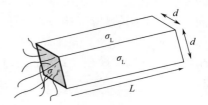

图 7-16　伸直链晶的形状

$$E_d^f = \frac{1}{d^2 L}(4dL\sigma_L + 2d^2 \sigma'_F) \tag{7-29}$$

由式（7-27），可得到伸直链晶的熔点：

$$T_m = T_m^0 \left(1 - \frac{4\sigma_L}{d\Delta H} - \frac{2\sigma'_F}{L\Delta H}\right) \tag{7-30}$$

与静态结晶的晶片不同，尽管侧向表面能低，然而侧向尺寸比底面大得多，故侧面表面能非但不能忽略，其重要性反而超过底面。如果 L/d 比值很大，上式括号中最后一项可以忽略，熔点仅依赖于伸直链晶的侧向尺寸。相应地，伸直链晶形态在热力学上比折叠晶片稳定，因为在伸直链晶中低表面能的侧表面占主导，而在折叠晶片中是高表面能的折叠面主导。因此从热力学的角度看，伸直链晶的生成更加有利。但多数结晶过程生成的却是折叠晶片，可见控制结晶的乃是动力学因素。

7.3.3　卷曲-伸直转变

应变诱导结晶的特征是伸直链晶的生成，但链伸直的机理又是什么呢？de Gennes [7] 提出了一种卷曲-伸直转变，即无规线团会在一个临界应变速率突然转变为伸直链构象，且没有中间过渡态。de Gennes 认为是链段间的流体力学相互作用随分子链伸展程度而改变。当分子为无规线团时，只有外层链段会直接感受到流场；而伸直时，所有链段都会感受到，所以流体力学相互作用随分子伸直而降低，这就成为链伸直的动力。当达到某个临界速度梯度时，为了降低流体力学相互作用，聚合物线团就会突然伸直。

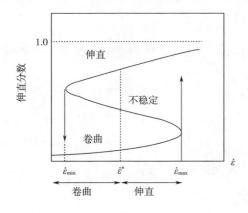

图 7-17　拉伸流中卷曲-伸直转变曲线

利用简单的动力学理论，de Gennes 得出一条 S 形曲线（图 7-17），以聚合物稳态伸长对应变速率作图而得。图 7-17 中的 S 形曲线应当这样看：最初拉伸速率的增大，并不能使伸长分数显著增加。而当达到临界应变速率时，就会由无规线团突变为完全伸直链。虽然理论如此，实际情况中会有滞后，如图中箭头所示。尽管有滞后，从线团到伸直链也是一个尖锐的一级转变。当然，也存在逆向的转变与逆向的滞后，以向下的箭头指示。

Keller[8]为 de Gennes 的假说提供了提供了一个证据，观察到临界应变速率处双折射的突变。这表明在稳流中，聚合物分子或为无规线团或为伸直链，没有可能是中间构象（中间构象仅是瞬态）。Keller 的实验还表明，给定温度下，临界应变速率是相对分子质量的函数，对于单分散体系：

$$\dot{\varepsilon}_c \sim M^{-1.5} \tag{7-31}$$

相对分子质量的负指数说明，相对分子质量越高，伸直所需的应变速率越低。换言之，给定一个应变速率，只有长于临界相对分子质量的分子链可被伸直，提高应变速率，只会使相对分子质量高端伸直的分子链比率升高[8]［图 7-18（a）］。所以线团-伸展转变具有双重临界性：①固定 M 具有临界 $\dot{\varepsilon}$；②固定 $\dot{\varepsilon}$ 具有临界 M^*。在一个多分散溶液中，固定应变速率，流动可造成线团的两极分化：长于临界 M^* 的链完全伸直；而短于 M^* 的链则保持无规线团构象。增高 $\dot{\varepsilon}$ 不影响链伸展的程度（因为只有伸直与线团 2 种可能），只会增加伸直链的量。

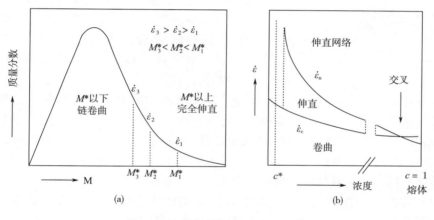

图 7-18　卷曲-伸直转变的临界值
（a）双重临界性　（b）临界值随浓度的变化

在浓溶液或熔体中，存在链的重叠与缠结。相互缠结的分子链构成物理网络，不同链间的物理接触成为网络的结点。链构象处于不断变换之中，缠结点处于统计平衡，不断形成与解体。这一过程的时间标尺与流场时间标尺的相对性决定了链/网络伸长的本质与程度。Keller 证明了聚合物的拉伸流中有 2 个临界应变速率：$\dot{\varepsilon}_c$ 与 $\dot{\varepsilon}_n$。在第一个临界应变速率 $\dot{\varepsilon}_c$ 发生卷曲-伸直转变；到第二个临界应变速率 $\dot{\varepsilon}_n$，全体分子链形成伸直链的网络。根据假设，当应变速率达到 $\dot{\varepsilon}_c$ 时，部分分子链独立地解缠结并伸直；当应变速率继续提高，达到 $\dot{\varepsilon}_n$ 时，全体分子链协同运动像个网络。在这一点上，溶液的黏度急剧增加。第一个临界速率是在远低于传统重叠浓度处发现的。两个临界速率都随浓度增加而降低，但 $\dot{\varepsilon}_c$ 的降低速率慢于 $\dot{\varepsilon}_n$，理论上应该产生一个交叉点［图 7-18（b）］。由于没有做聚合物熔体和浓溶液的实验，并不清楚在高浓度下是否有交叉点。这种交叉的存在是非常重要的，如果存在交叉，就意味着在足够高的浓度下 $\dot{\varepsilon}_c$ 不存在，即在熔体或浓溶液中不发生单链的卷曲-伸直转变。由于分子链的重叠或缠结，聚合物单链不能独自伸直，只会协同运动直接形成伸直网络。

7.4 串　晶

串晶指一种聚合物晶体结构（图7-19），由两部分组成：中央的伸直链晶纤维和附在纤维上的折叠晶片。这种结构很像羊肉串，故在英语中直接将串晶称作羊肉串—shish-kebab。Shish 是签子，kebab 是肉片。由于 kebab 与传统的折叠晶片并无区别，人们关心的只是shish。为行文方便，我们将只使用英语原文而不使用签子或肉片。

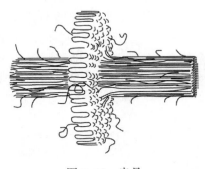

图 7-19　串晶

7.4.1　Shish-kebab 现象

根据传统说法，Shish 是由完全伸直链结晶构成的，高度稳定，熔点比普通球晶高 15～20 ℃。Kebab 则肯定是折叠链晶片结构。Kebab 的生长方向垂直于 shish。Kebab 中的链方向是平行于 Shish 轴向的。这种结构是应变诱导结晶的产物，既发生于拉伸流也发生于剪切流，唯一的要求是平行于链轴的速度梯度足够高，高于某个临界形变速率。

从宏观上看，shish 的作用是一排沿流动方向排列的晶核，在其上 kebab 垂直于流动方向连续生长。晶片可以像在球晶中那样扭曲，也可以平直，取决于应力的高低。人们发现有两类 kebab。一类 kebab 可被溶剂冲走，并在高温下完全熔融，称作宏观 kebab。另一类再强的溶剂也冲不走，像 shish 一样稳定，称作微观 kebab。微观 kebab 被认为是永久贴附在 shish 之上的。而宏观 kebab 是生长在微观 kebab 之上的，与 shish 只是间接的依附关系，所以能够被冲走。

同稀溶液一样，浓溶液与熔体在流场中也能生成 shish-kebab。Schultz[9] 用透射电子显微镜（TEM）观察到 PET 体系中存在直径约 5 nm 的微纤结构。轻微热处理之后，发现沿微纤轴向布满了晶粒，即 kebab。Petermann[10] 也用 TEM 观察到聚苯乙烯中直径 18 nm、长约数微米的成行结构。聚苯乙烯的棒状晶体熔点高达 270 ℃，可认为是由伸直链构成的。

人们还发现 141 ℃ 的 iPP 熔体受到 0.06 MPa 的剪切作用 12 s 后，取向表层厚度 55 μm，在这里生成 Shish-kebab 结构，而未受剪切的中间层生成球晶[11]。通过这些实验现象，人们自然而然地将 shish-kebab 结构同拉伸或剪切应变联系起来了。

7.4.2　Shish-kebab 生成的分子机理

关于 Shish-kebab 的生成机理，传统的观点都基于 de Gennes 的卷曲-伸直转变理论。在流场中，一部分分子链发生了卷曲-伸直转变，继而结晶成为伸直链晶，就成为 shish。被流场伸直的那部分分子链不是随机的，而是相对分子质量分布中最高相对分子质量的尾部，由式（7-31）所决定，其余部分保持不变。流场的流动速率越大，相对分子质量分布中被伸直的部分越宽。所以流动速率决定了伸直分子链的相对量。在热力学上，链的伸直通过提高熔点，增加了晶体的稳定性；在动力学上，伸直链比无规链更接近晶体，结晶速率大加快。这些伸直链晶（即 shish）数量有限，不足以影响材料整体的性质，但 Shish 构成行成核的场所，其余处于线团状态的链在其上生长，形成垂直于 shish 的折叠链晶片，成为 kebab。这就是串晶生成机理的主流观点。

Keller 等的研究[8]为卷曲-伸直转变在结晶中的作用提供了实验证据。他们发现，对聚合物稀溶液进行拉伸作用，随应变速率增高，在临界应变速率观察到双折射的突变，这就是著名的"闪光实验"。他认为双折射的突变标志着链的完全伸直链。正是根据这一实验结果，Keller 提出了 shish-kebab 模型，并很快得到学界的公认。但除了这个实验证据，其他的证据都是间接的。因为是在稀溶液中，卷曲-伸直转变比较容易，de Gennes 的理论便被人们所接受，并用来解释 shish-kebab 的形成机理。但要将该理论用在浓溶液和熔体中就不那么容易了。有人使用反推法进行论证：既然在浓溶液与熔体中发现了与稀溶液一致的 shish-kebab 结构，那么也可以认为浓溶液与熔体中也可发生卷曲-伸直转变。但是这种反推论证一厢情愿的色彩太浓，不能够以理服人。

随着时间的推移，聚合物熔体中伸直链晶的实证不断出现。De Jeu 等[12-13]在单轴拉伸的 PET 和 PEN 中发现应变诱导的伸直链结晶相。Schultz[14]研究了 4 种聚合物熔纺时的早期结晶阶段：高密度聚乙烯（PE-HD）、聚偏氟乙烯、聚酰胺 6 和聚甲醛。结晶都在临界应变水平启动，结晶单元是高度取向、甚至是完全伸直的聚合物链，可以判断发生了卷曲-伸直转变。但高分子链如何从高度缠结的熔体状态伸直，仍然需要一个合理的解释。为行文方便，浓溶液和熔体在下文中只用熔体指代。

熔体中的缠结成为中心问题，不能想像对熔体中的链施加一个应变速率就能够立即发生解缠结并使链伸直。Keller 提出，在熔体的拉伸流中存在 2 个临界应变速率，$\dot\varepsilon_c$ 与 $\dot\varepsilon_n$。固定浓度，$\dot\varepsilon_c$ 以下为线团，$\dot\varepsilon_n$ 以上链伸展为协同网络，图 7-20 描述了这种情况。Keller 的提法实质上是修正了 de Gennes 的理论，使之能够应用于熔体。他的本意是，在熔体中虽不能发生单链的卷曲-伸直转变，却完全可以发生协同网络的卷曲-伸直转变。伸直的单链可以生成伸直链晶，伸直的协同网络当然也可以。这样，离熔体中 shish 的形成近了一大步。

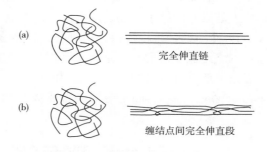

(a)

完全伸直链

(b)

缠结点间完全伸直段

图 7-20
（a）卷曲-伸直转变　（b）协同网络结构

即便是伸直网络结晶的说法也不太容易被接受。Somani[15]又提出了"平行链段"的概念，将 de Gennes 的"立即伸直"提法修正为"逐渐伸直"。所谓"平行链段"就是平行于流动方向的链段。在流动初期，聚合物链会含有若干平行链段，无规地沿链分布。如果流场作用于一个非平行链段，就会迫使它成为平行链段。当一个平行链段形成时，它的紧邻，以前是被屏蔽的，现在完全暴露于流场，又会沿流动方向取向，被迫成为平行链段。这样通过连锁反应，拓扑缠结点之间的所有链段可以解弯曲并自动经历卷曲-伸直转变，构成一个完全伸直段。在流动的早期，完全伸直的长度只是持续长度的水平。但通过链段不断地解弯曲，不断地转换为平行链段，就会逐步积累成具有一定长度的完全伸直段。

与橡胶的交联体系不同，在熔体中缠结点不是永久的，在快速流动中不断形成与消失。变形之后一些缠结点会消失，一些链区会变得自由。这样，变形后会有相当长的链区完全伸直，如图 7-20（b），许多完全伸直的链区相互平行排列，只有少数不与流场排齐的区段不会取向而保持缠结。但这些缠结点的存在已经不影响大多数链区的伸直，也就不影响伸直段的结晶。这样在浓溶液与熔体中 shish 的生成就有了合理的解释。

7.4.3　新发现与新解释

图 7-21 是有代表性的 Shish-kebab 的 SEM 照片，样品是一种低相对分子质量共聚 PE（MB-50k）与 UHMWPE 的共混物。图（a）中，外围 kebab 平均直径为 300 ~ 400 nm。Shish-kebab 整体非常长，至少是微米级，有的甚至在 10 μm 以上。已知 UHMWPE 在熔体中的回转半径约 110 nm，平均伸展链长度 25 μm。Shish-kebab 实体能够达到微米尺寸，表明结晶前确实有高度伸展的链在熔体中存在。

图 7-21（b-d）是 shish-kebab 的精细结构。最引人注目的特征是串起相邻 kebab 的不是中央的单根 shish，而是数根较短的、相互平行的 shish，shish 之间不必相连。Shish 的平均间距为十到几十纳米，Kebab 的平均间距为 30~60 nm。Shish 还会产生分支，甚至生成网络。这种现象称作"多重 shish"。

多重 shish 的发现颠覆了许多传统观念。过去人们曾经为 de Gennes 理论[7] 是否适用于浓溶液与熔体而艰辛探索，因为让高度缠结的分子长链在流场中伸直实在是太难了，以至于经过苦思冥想才得到貌似合理的解释。现在这些努力似乎都没有必要了。熔体中并不需要分子链的完全伸直来构成 shish，只需要缠结网络结点间的链伸直就可以了。将 de Gennes 理论应用于缠结点间的链区，只让一段较短的链区经历卷曲-伸直转变，造成局部的完全伸直，在理论上就没有问题了。在长度方向上，单链上的多个区段经历卷曲-伸直转变，通过多个区段 shish-kebab 的线性连接，不难达到微米级的实体长度。Shish-kebab 在横向上的结合，是通过网络结点实现的。由于伸直链相互钩连且不能解缠结，就会形成多根伸直链晶；另一种可能是近似平行取向的多个 shish 相互靠近，kebab 的生长可以跨越两个或多个相互平行的 shish。总之，多重 shish 结构或者是缠结网络自我形成的，或者是 kebab 的后续生长构成的。

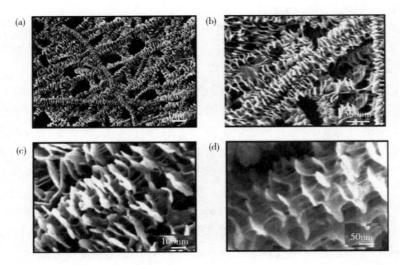

图 7-21　UHMWPE 的场发射 SEM 照片 ［原载 Phys rev let 2005；94（11）：117802］

近年的实验证据中另一个重要发现是 shish 不一定是结晶体[15]，可以是中间相甚至是无定形相。3 种半晶聚合物 PET，iPP，聚二乙基硅氧烷（PDES）在流场下都显示中间相行为。中间相可以独立存在，也可以作为结晶前体。例如在 iPP/aPP 共混物中，形成的 shish

是亚稳的中间相，而不是伸直链晶。因为 iPP 的常规晶形（α 晶）要求特殊的螺旋链构型，在刚形成的伸直链 shish 中不一定含有这种构型。至于 aPP 的 shish，就更容易做出推断。aPP 的分子链即使伸直，也不会发生任何相转变，只能保持在无定形态。

de Gennes 的卷曲-伸直转变与 Keller 的 shish-kebab 模型已经流行几十年了，本来就质疑声不断，尤其是流变学界绝对不相信在熔体或浓溶液中会发生解缠结及链的伸直。在图 7-21 的新发现面前，有必要对旧的理论体系做较彻底的更新。由于熔体中不能直接观察链的运动，任何一种假说都缺乏实证。在直接观察熔体的技术出现之前，有关分子机理的辩论仍将继续。

7.5　液　晶　态

人类学习天然纤维的结构，通过让高分子链取向，制造出了强度不亚于天然产物的合成纤维。在液晶聚合物出现以前，实现取向的单一方法就是拉伸。拉伸倍率越高，得到的取向度程就越高，得到的纤维模量与强度就越高。人类不断发明出新的技术，尽可能地提高拉伸倍率，UHMWPE 已经可以拉伸到 30 倍以上。但其他聚合物并不能实现这样高的拉伸比，所制得的纤维与钢铁相比，仍存在 1~2 个数量级的差距。怎样才能在拉伸取向的路上走完这最后 1km？或者，换一个思路，能不能不单纯依赖人工拉伸，让高分子链自己来伸直取向？

对后一个问题的回答是能。由聚合物可以制造出强于钢铁的超强纤维，但必须依赖聚合物的液晶态。这是一类特殊的黏流态，是各向异性的聚合物液体。

7.5.1　液晶基础

液晶是有序流体。最早发现液晶现象的是奥地利植物学家 Friedrich Reinizer。他早在 1888 年就发现苯甲酸胆甾中有两个一级转变：在 418 K 由固态晶体变为混浊液体，在 452 K 又变为清晰透明的液体。随后 Lehmann 又发现这种混浊液体是各向异性的（具有双折射），便将此类各向异性液体命名为液晶。因为液晶态介于晶态与普通液态之间，故又常被称为**中间相**（mesophase）。

任何物质必须具有刚性结构才能在流动中保持分子的有序性。刚性结构又称液晶元，可为棒状也可为盘状。棒状液晶元的长径比必须大于 3/1，盘状液晶元的厚径比必须小于 1/3 方能保证稳定的各向异性。我们在此只关注棒状液晶。先来看小分子液晶，小分子中的液晶概念在高分子液晶中基本都适用。

图 7-22 为几类棒状液晶分子的组织结构。为便于理解，图中只画出液晶元而省略了尾链。向列液晶（nematic）是最常见的液晶相 [图 7-22（a）]，是一种圆柱对称的流体。Nematic 一词的本义是"线状"，顾名思义，在向列液晶中刚性的液晶元倾向于平行排列。液晶元轴向之间没有远程平动序，平行排列的方向就是局部液晶元的平均方向，称作指向（director），在图 7-22 中用粗箭头表示。但是液晶元的质心在任一方向上都是无规分布的，所以向列液晶只具有一维取向序，没有平动序。

近晶液晶（smectic）是具有流动方向的层状流体。Smectic 一词的本义是"皂感"，因为 smectic 液晶给人一种肥皂水的感觉。分子在层内容易作轴向运动，也可以不同程度地作层间运动。近晶液晶有许多种结构，不同结构间几乎是连续过渡的。图 7-22（b）是最简单的 S_A 相，其指向垂直于层面。所以 S_A 液晶具有一维取向序，一维平动序。Sc 相 [图 7-

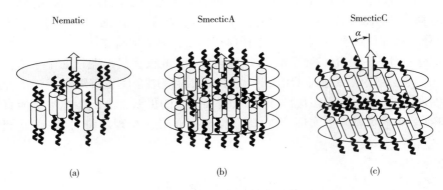

图7-22　棒状液晶分子的组织结构

（a）向列相　（b）近晶A相　（c）近晶C相

22（c）］的液晶元在层内有固定角度的倾斜，即其指向与层面的法线有确定的夹角 α，所以其有序程度高于 S_A，有二维取向序和一维平动序。

液晶的取向程度可以定量描述，使用的物理量就是7.1节定义的 Herman 取向因子。但液晶的语境中，人们习惯另一个名称：有序度（order parameter）；并换一个符号：

$$S = \left\langle \frac{1}{2}(3\cos^2\varphi - 1) \right\rangle \tag{7-32}$$

其中 φ 指液晶元与指向 n 的夹角，如图7-23所示。在常见的液晶材料中，smectic 的有序度在 $0.85 \sim 0.95$，nematic 在 $0.45 \sim 0.6$。

在热平衡条件下，液晶中的分子并不是像图7-22那样整齐划一地取向。液晶之中会分成许多个微米尺寸的微区，而取向只发生在微区范围之内。每个微区都有各自的指向，微区中的分子关于各自的指向排齐。在大尺度上，不同微区的指向是无规分布的，如图7-24。只有通过摩擦、电、磁场或排齐基底的作用，才会使微区的指向发生排齐，液晶分子才会大尺度排齐。

图7-23　液晶元与指向的夹角

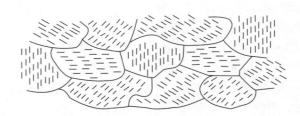

图7-24　液晶中的微区

样品内分子的取向情况用取向分布函数 $f(\varphi)$ 描述。$f(\varphi)\mathrm{d}\Omega$ 为立体角 $\mathrm{d}\Omega = 2\pi\sin\varphi\mathrm{d}\varphi$ 内与指向夹角为 φ 的分子分数。$\mathrm{d}\Omega$ 的概念如图7-25所示。平面角（弧度）为弧长或半径之比［图7-25（a）］，立体角则为球冠面积与半径平方之比［图7-25（b）］，$\mathrm{d}\Omega$ 实际上就是一个环状微分面积与半径平方之比［图7-25（c）］。

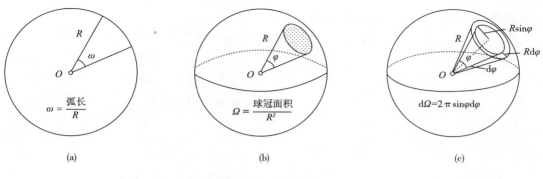

图 7-25 dΩ 概念

（a）平面角 （b）立体角 （c）立体角的微分

无序液体中，分子在立体角 4π 范围内各方向取向机会均等。这种情况下 $f(\varphi)$ 函数为常数，$f(\varphi) = 1/(4\pi)$［图 7-26（a）］。在取向样品中，$f(\varphi)$ 在 0 和 π 角出现峰值，对 nematic 而言，0 和 π 是等价的［图 7-26（b）］。$f(\varphi)$ 函数的宽度与幅度代表样品的有序度。

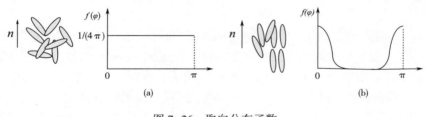

图 7-26 取向分布函数

（a）各向同性液体 （b）nematic

用 $f(\varphi)$ 函数表示的有序度为：

$$S = \left\langle \frac{1}{2}(3\cos^2\varphi - 1) \right\rangle = \int \frac{1}{2}(3\cos^2\varphi - 1)f(\varphi)\mathrm{d}\Omega = 2\pi\int \frac{1}{2}(3\cos^2\varphi - 1)f(\varphi)\sin\varphi\mathrm{d}\varphi \quad (7\text{-}33)$$

液晶物质可通过 2 个途径由固态进入液晶态：熔融或溶解。加热熔融形成的液晶称为热致液晶，溶于溶剂形成的液晶称为溶致液晶。

热致液晶物质在低温下也处于固体晶态，与普通晶态没有区别。但当被加热到熔点 T_m 后，不是直接转变成各向同性的液体，而是先变成各向异性的、不透明的 nematic 液体。如果继续加热，到清亮点 T_c（clear 温度）就会发生第二个转变，变成透明的各向同性液体。这个转变温度又被记作 N-I 转变温度 T_NI 或 T_IN。图 7-27 为相应的 nematic 液晶 DSC 谱图和体积-温度曲线。

热致液晶在特定温度发生 I-N 转变，溶致液晶则是在特定的浓度发生类似的转变。在低浓度下，液晶物质并不出现液晶态，溶液仍是各向同性液体。随着浓度的升高，到达一个临界浓度线，可记作 c_I，溶液中各向同

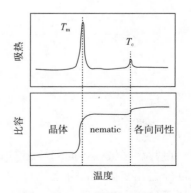

图 7-27 液晶物质的热力学转变

性相与 nematic 相共存。浓度再提高到第二个临界浓度线，可记作 c_N，体系完全转变为 nematic 液晶。c_I 与 c_N 之间的浓度为两相共存区。

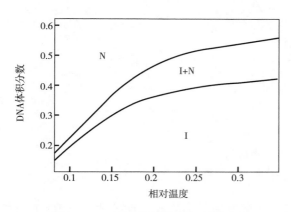

图 7-28　一种溶致液晶 DNA 的相图

虽然从各向同性液体到 nematic 的转变由浓度控制，温度的影响也不能忽视。如图 7-28，温度不仅影响转变浓度 c_I 与 c_N 的位置，还影响共存区的宽度。当然，不同的材料影响方式不同。

热致 nematic 相是熔驱动的，即相互作用驱动的。分子发生排齐，取向熵的损失必须由分子间的相互作用来补偿。这意味着温度是热力学控制因素。将各向同性液体冷却，用有序参数对温度作图，会发现在转变温度 T_{IN}，有序度会从 $S=0$ 跳跃到 $0.3\sim0.4$，见图 7-29（a）。转变是不连续的，为一级热力学转变。如果将 nematic 加热到 T_{IN}，液体就会从乳白外观变得无色透明，故这个温度又称清亮点。

溶致 nematic 的驱动力是两种熵的竞争：平动熵与取向熵。分子在排齐过程中损失取向熵，增加平动熵。如果平动熵的增加占优势，就会发生向 nematic 的转变。平动熵取决于自由体积，而自由体积取决于一定体积内存在多少粒子，所以浓度必然是控制因素。如图 7-29（b）所示，根据温度不同，相行为可分为两个区域。在温度较高的无热区，能量作用不大，nematic 转变完全由熵控制。随浓度增加，有序度从零跳跃到 $0.5\sim0.8$。在温度较低的热动区，能量作用很大，不仅会发生凝胶化与溶解度极限等效应，还会加宽相间隙。

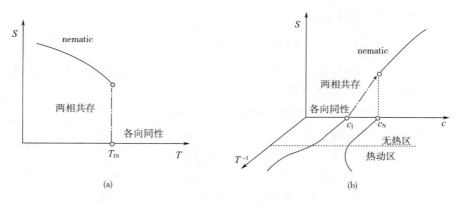

图 7-29　液晶有序与温度、浓度的关系
（a）热致液晶　（b）溶致液晶

在共存区域，各向同性相与 nematic 相不仅有序度不同，粒子浓度也不同。浓度差别可从百分之几变化到百分之几百。转变点的体积分数随长径比变化，也取决于溶液条件如 pH 与离子强度，与粒子的多分散性等。

7.5.2　大分子液晶

以上我们对小分子液晶态的描述，完全适用于大分子体系。

高分子液晶可分为两类。一类由含液晶元的单体聚合而成，称作聚液晶；另一类的单体不含液晶元，而聚合之后的聚合物具有了液晶的性质，称为液晶聚合物。

聚液晶的单体本身就是小分子液晶，但必须与一些非液晶的单体共聚，才能形成聚液晶。非液晶单体聚合后成为聚液晶链中的间隔链（spacer）。间隔链是必须的。如果只有刚性的液晶元，缺乏柔性，反而无法取向了。

聚液晶可以是①主链液晶：液晶元通过间隔链相互连接；②侧链液晶：液晶元通过间隔链接在柔性主链上，图 7-30 和图 7-31 是液晶元组合形式的一些示例。侧链液晶中的主链或主链液晶中的间隔链都是柔性链，可为脂肪链、聚硅氧烷、聚乙二醇链。它们都可被看作是单体液晶的稀释剂。聚液晶保留了单体液晶的性质，二者的区别仅在于将液晶元连在一个聚合物链上。如果液晶元与间隔链都具有理想化结构，聚合物液晶与单体液晶的行为应当完全一样。只要间隔链足够柔，足够长，液晶元的行为可与主链完全分离。

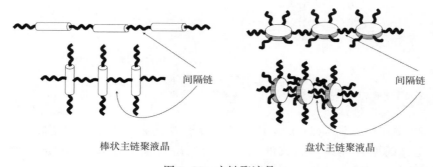

棒状主链聚液晶　　　　　　　　　　盘状主链聚液晶

图 7-30　主链聚液晶

液晶聚合物的单体不是小分子液晶。只是通过聚合后形成了刚性结构，成为了液晶。

液晶聚合物没有明确的液晶元，分子链的每个局部都呈一定的刚性，但又不像液晶元的刚性那样强，所以被称为"半刚性聚合物"。聚合物链的柔性或刚性取决于持续长度。

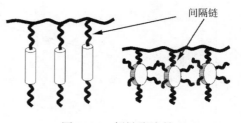

图 7-31　侧链聚液晶

只要聚合物的持续长度远大于其链直径 d，就易于生成液晶。例如 α 螺旋多肽、DNA、芳香聚酰胺，纤维素醚、聚异氰酸酯等。这些大分子的链段具有刚性棒的形状，也可认为这些分子的链段就是液晶元。工业上重要的两类液晶聚合物是芳香聚酰胺与芳香聚酯。两类聚合物的单体都没有刚性结构，而在聚合之后分子链上出现了连续的共轭结构，导致整个分子链呈现了"半刚性"。半刚性的结构大大降低了分子链之间的缠结，使这种材料易于在加工过程中形成分子链高度取向的 nematic 液晶，高性能纤维就是用此类液晶聚合物制成。分子链的高度取向既造成了加工过程中的低黏度，又保证了纤维的高模量与高强度。

　　液晶聚合物也可分为热致与溶致两大类。

7.5.2.1　热致液晶聚合物

　　热致液晶聚合物主要是芳香聚酯，多用缩聚的方法将苯环、萘环或杂环与以下基团线形连接：

$$-C\equiv C-;\quad -CO-NH-;\quad \overset{O}{\underset{\|}{-C}}-O-;\quad -CH=N-;\quad -N=N-;\quad -O-$$

　　几个芳香聚酯的例子是 Hoechst Celanese 公司的 Vectra 和 Amoco 公司的 Xydar（图7-32）。

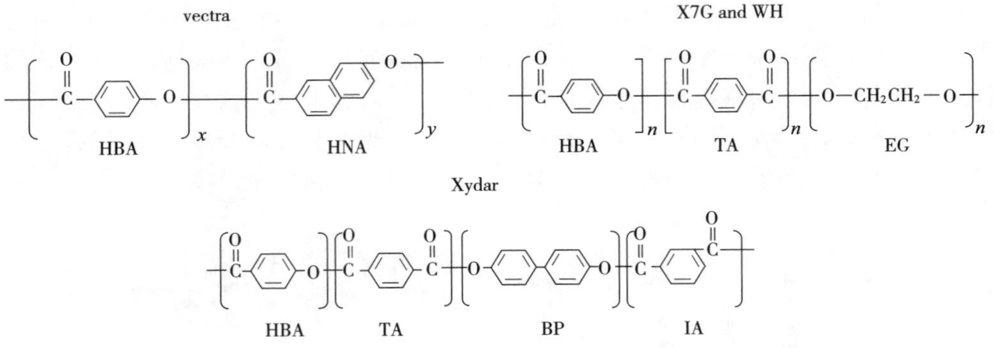

图 7-32　芳香聚酯

HBA—羟基苯甲酸　HNA—羟基萘甲酸　TA—对苯二甲酸　EG—乙二醇　BP—双酚　IA—间苯二甲酸

　　从图7-32中 Vectra 和 Xydar 的结构看到，分子中形成了连续的共轭体系，使整个分子链成为一个完整的刚性体系。热致液晶聚合物的持续长度在 40~60 nm，熔点在 400~450 ℃，能够在熔融状态进入液晶态。

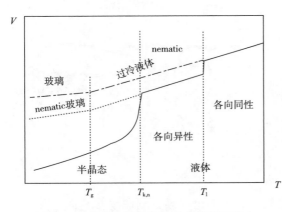

图 7-33　热致液晶聚合物的各种凝聚状态

　　热致液晶聚合物同普通热塑性聚合物一样，随温度变化可以呈现多种凝聚态。这些变化可以用图7-33中的体积-温度曲线进行说明。设想一种热致液晶聚合物从高温降温。在很高的温度下，如果不发生分解，它将处于各向同性的流体状态。在降温过程中，将可以观察到各种不同的相态。由于凝聚状态的转变涉及分子的重排，需要一定时间，所以欲观察到依次出现的各种状态，降温应当比较缓慢。如果快速降温，各向同性液体状态将一直保持，直至到玻璃化温度转变为普通的玻璃（如图中的点划线所示），这样就观察不到任何液晶现象。

　　缓慢降低温度，各向同性液体将在一个转变温度 T_i 转变为各向异性的 nematic 液晶。从这种状态如果快速降低温度，nematic 液晶将一直保持，直至转化为玻璃（如图中的虚线所示）。但此时的玻璃不再是各向同样的，而是各向异性的 nematic 玻璃。这种玻璃会具有特殊的力学与光学性质。

从 nematic 状态缓慢降温，会遇到另一个转变温度 $T_{k, n}$，在此发生结晶，转变为半晶态。应注意液晶对结构规整度的要求高于结晶，故液晶聚合物，不论是热致还是溶致，只要不是淬冷，低温下一定会结晶。

低温状态的样品重新加热，普通玻璃，nematic 玻璃或半晶态，会沿着各自的路线，经历或不经历 nematic 液晶态，最后成为各向同性液体。

为保证在熔体状态形成向列液晶而进行纺丝，需要采取措施使其熔点低于分解温度。故降低熔点成为设计热致液晶聚合物的关键。可以采用多种单元共聚，降低结构的规整性，将不同形状、不同尺寸的液晶元组合在一起，如使用大侧基单体、弯曲单体、非线性芳环如邻位或间位苯环破坏主链的直线性。导入氧、硫等原子可使大分子具有旋转性。还可以引入间隔链降低僵硬性，产生链折叠，例如导入不同长度的脂肪链是提高加工性的常用手段：

$$\begin{array}{c} CH_3 \qquad CH_3 \\ \vert \qquad \vert \\ \text{[O—} \bigcirc \text{—C=N—N=C—} \bigcirc \text{—OCO—}(CH_2)_m\text{—CO]}_n \end{array}$$

$$m = 8, 10, 12$$

热致主链液晶聚合物都用缩聚方法合成，有时也采用酯交换法进行。例如以下插入 PET 的例子：

$$HO[C\text{—}\bigcirc\text{—COO—}(CH_2)_2\text{—O]}_nH + AcO\text{—}\bigcirc\text{—COOH} \xrightarrow{-AcOH}$$
$$\qquad\quad \Vert \qquad\qquad\qquad\qquad\qquad\qquad\qquad\qquad\qquad\qquad\qquad\qquad$$
$$\qquad\quad O$$

$$HO[C\text{—}\bigcirc\text{—COO—}(CH_2)_2\text{—OOC—}\bigcirc\text{—O]}_nH$$
$$\qquad\quad \Vert$$
$$\qquad\quad O$$

上述热致液晶的改性基团都列于表 7-2 中。

表 7-2　　　　　　　　　　　热致液晶聚合物中常用的改性基团

柔性间隔	[CH₂]ₙ[CH₂O]ₙ 或 [Si—O]ₙ（R）	脂肪侧基	[CH₂]ₙCH₃ $n=3\text{-}15$
体积基元	（萘基） （联苯基）	转轴单体	[—⬡—X—⬡—]ₙ X=O, S
		弯曲单体	间位苯基酯单体

7.5.2.2　溶致液晶聚合物

溶致液晶聚合物的熔点高于分解温度，必须以溶液形式获得液晶性。

如果说导致热致液晶形成的关键因素是温度，那么导致溶致液晶形成的关键因素是溶质的浓度。在低浓度下，液晶溶液并不出现液晶态，而呈现各向同性液体。随着浓度的升高，超过一个临界浓度区后，就会发生 I-N 转变，如图 7-34 所示。溶致液晶不会出现其他液晶

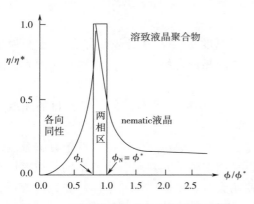

图 7-34　溶致液晶浓度与黏度的关系[16]

形态，只出现 nematic 一种。图中浓度用溶质的体积分数 ϕ 标记，转变起始的浓度记为 ϕ_I，转变完成的浓度记为 ϕ_N，定义为基准浓度 ϕ^*。浓度低于 ϕ_I 时溶液为各向同性的，浓度高于 ϕ_N 时为向列液晶，ϕ_I 与 ϕ_N 之间为转变区。在低于转变区的浓度时，溶液黏度随浓度急速上升，如在普通聚合物溶液中一样。浓度进入 I-N 转变区，体系分为两相，无序区与有序区共存，体系黏度持续上升，直至达到一个最高点（记作 η^*）。继续提高浓度，黏度开始迅速下降。浓度达到 ϕ_N 时，体系完全转变为均匀的 nematic 相，黏度仍然随浓度下降，直至到达一个很低的水平。处于向列相时，分子链取向水平很高，缠结程度很低，因此出现了体系的低黏度。

人们对溶致聚合物液晶的早期研究完全是出自理论兴趣，直到 20 世纪 60 年代芳香聚酰胺的诞生。芳香聚酰胺是由芳香二酰卤与芳香二胺的缩聚合成的，两类代表性品种[17]如图 7-35 所示：

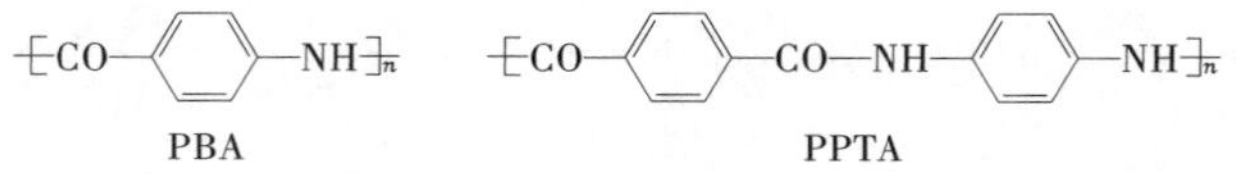

图 7-35　芳香聚酰胺，PBA：聚对苯甲酰胺；PPTA：聚对苯二甲酰对苯二胺

芳香聚酰胺是液晶聚合物的典型代表，开发出了液晶聚合物，人类便掌握了使分子链自发取向的钥匙。可以从各向同性的液晶熔体或溶液出发，直接获得高度取向的超强纤维。虽然仍然需要进行拉伸，但此时的拉伸变得轻而易举，所获得的取向程度会远远高于普通仅靠拉伸造成的取向。这种技术被称作液晶纺丝。液晶纺丝引发了合成纤维的工业革命，生产出了一系列超强纤维，模量与强度都超过了钢铁，展示了聚合物材料无尽的魅力。

7.5.3　液晶理论

无论是溶致（L）还是热致（T）液晶，从各向同性液体到 nematic 的转变都是一级转变，都适用热力学理论进行深入分析。解释 I-N 转变有大量理论。包括 Landau 理论（T 和 L），Flory 晶格理论（T 和 L），广义范德华理论（T），Maier-Saupe 理论（T），Onsager 理论（L），Khokhlov-Semenov 理论（L），积分方程理论（T 和 L）以及聚合物参照点理论（polymer reference interaction site theory）（L）。这些理论博大精深，远非本书所能企及。本节所谓液晶理论，就是回答一个问题：液晶生成的原因是什么？或者说，为什么刚性的液晶元或半刚性聚合物能够自动地进行各向异性的排列呢？

先来看一个直观的例子。随便抓一把火柴扔到一个木框之中［图 7-36（a）］。只要木框的面积足够大，撒在里面的火柴是无规取向的，或者说是各向同性的。把木框缩小，火柴还能勉强保持无规取向，这就是［图 7-36（b）］的情况。把木框进一步缩小到某一个程度，虽然此时火柴尚未紧密排列，但已经不能无规取向了，火柴除了排齐别无选择［图 7-

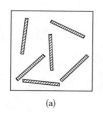

(a)　　　　　　(b)　　　　(c)

图 7-36　二维火柴实验

（a）面积很大　（b）面积缩小　（c）面积狭小

36（c）]。

用分子来代替火柴，液晶就出现了。现在有一个棒状分子的体系——溶液。逐渐提高溶液的浓度，会发生什么？低浓度时可以看到图 7-36（a）的图案：分子取向是各向同性的；然后，随着浓度提高，势必会经过图 7-36（b），而最终达到图 7-36（c）的情形。显然在高浓度下，溶液只能是各向异性的。那么在熔体中呢？显然熔体的浓度是最高的，硬棒分子的熔体一定是各向异性的。

不论是在浓溶液中还是熔体中，各向异性的发生不需要外力推动，只是因为长棒的密堆体系中空间不够用，各向异性是挤出来的。

关于 nematic 液晶的生成有 2 种解释：几何论与能量论。以上火柴的例子就是几何论的一个代表。这个理论被 Flory 发展到极致，我们将放到在本节的最后讨论。先来看两个能量论的例子。

（1）Maier-Saupe 理论　该理论假定分子间的相互作用有一个势能场：

$$V(\varphi) = -wS\frac{(3\cos^2\varphi - 1)}{2} \tag{7-34}$$

这个势能场取决于有序度也取决于相互作用参数 w。在各向同性液体中 $S=0$，势能场为零。势能场 $V(\varphi)$ 中分布函数 $f(\varphi)$ 为：

$$f(\varphi) \propto \exp\left(-\frac{V(\varphi)}{kT}\right) = \exp\left[wS\frac{(3\cos^2\varphi - 1)}{2kT}\right] \tag{7-35}$$

于是有序度成为温度与 w 的函数，应从下式求出：

$$S = \frac{\int_0^\pi \frac{1}{2}(3\cos^2\varphi - 1)\exp\left(-\frac{V(\varphi)}{kT}\right)\sin\varphi\,d\varphi}{\int_0^\pi \exp\left(-\frac{V(\varphi)}{kT}\right)\sin\varphi\,d\varphi} \tag{7-36}$$

经过一轮概念的循环，有序度 S 又被含有其本身的函数所定义，构成一个自洽的方程式。显然这个方程不会有解析解。以偶氮二苯甲醚（p-azoxyanisole，PAA）为模板，用双折射法测定其有序度与温度的关系，对方程（7-36）进行数值解，得出转变发生于 $T_c = 0.22w/k$ 以及 $S_c = 0.43$。图 7-37 表明 Maier-Saupe 理论的预测非常成功，但在大分子液晶上的应用不够理想。

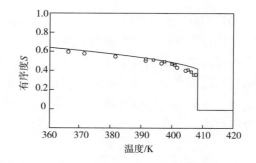

图 7-37　为偶氮二苯甲醚的有序度与温度的关系，实线为 MS 理论线

（2）Onsager 理论　不论是气体还是高分子，都可以采用 virial 展开的方式研究体系中的相互作用。Onsager 把这个思想移植于液晶元之间的相互作用。体积 V 中含 n_p 个聚合物棒（长径比 $x = L/d$），将其 Helmholtz 自由能作 virial 展开：

$$\frac{\Delta F}{n_p kT} \approx \frac{\mu^0}{kT} + \ln\left(\frac{n_p}{V}\right) - 1 + \int f(\varphi)\ln[\,4\pi f(\varphi)\,]\mathrm{d}\Omega + A_2\frac{n_p}{V} + \cdots \tag{7-37}$$

其中 φ 为硬棒与指向的夹角，$f(\varphi)$ 为取向分布函数。第二 virial 系数 A_2 由积分定义：

$$A_2 = \iint A(\Omega_1,\ \Omega_2)f(\varphi_1)f(\varphi_2)\mathrm{d}\Omega_1\mathrm{d}\Omega_2 \tag{7-38}$$

其中 $A(\Omega_1,\ \Omega_2)$ 是一对硬棒（长度 L，直径 d，交角为 γ）的自由体积（图 7-38）：

$$A(\Omega_1,\ \Omega_2) = 2\mathrm{d}L^2\,|\,\sin\gamma\,| \tag{7-39}$$

Onsager 把 $f(\varphi)$ 近似为：

$$f(\varphi) = \frac{\alpha}{4\pi\sinh\alpha}\cosh(\alpha\cos\varphi) \tag{7-40}$$

其中 α 为可调参数，可通过将自由能 $\Delta F/n_p kT$ 极小化来确定。各向同性相 $\alpha = 0$，nematic 相 $\alpha \gg 1$。

令两相共存时的渗透压与化学势分别相等：

$$\pi_\mathrm{I}(c_\mathrm{I}) = \pi_\mathrm{N}(c_\mathrm{N}),\ \ \mu_\mathrm{I}(c_\mathrm{I}) = \pi_\mathrm{N}(c_\mathrm{N}) \tag{7-41}$$

Onsager 按多种尝试函数 $f(\varphi)$ 解出了两相的共存浓度 c_I 与 c_N，解出临界有序度 $S_\mathrm{crit} = 0.8 \sim 0.99$，并画出了关于长径比与体积分数的相图（图 7-39）。

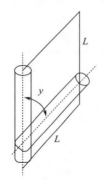
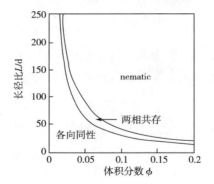

图 7-38　一对硬棒的几何位置　　图 7-39　Onsager 对溶致液晶相转变的预测

（3）Flory 的晶格模型　Flory 的液晶晶格模型与普通晶格模型没有什么不同，只是将半刚性聚合物看作由刚性棒相互连接而成的链。它主要适用于硬棒分子和溶剂组成的溶致液晶，也有人将其修正后应用于半刚性的热致液晶。设想有 n_p 个硬棒分子，将其填入具有 n_0 个格位的晶格之中。晶格中除了填充硬棒分子之外，其余空位由溶剂分子充满，溶剂分子数为 $n_s = n_0 - x n_p$。通过计算填充方法的数目，求出混合熵，再在忽略相互作用的条件下计算混合自由能。

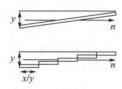

图 7-40　处理硬棒液晶分子的 Flory 模型

棒状分子与指向的夹角是这样处理的：因分子的长径比为 $x = L/d$，在纵向上占据 x 个格位；相对指向的倾斜则处理为侧向的格位跨度。如图 7-40 所示，所示分子的侧向跨度为 y，则分子被分为 y 个刚性的链段，每个段占据 x/y 个格位。这样摆放下来的构象总数为：

$$N_{\text{conf}} = \frac{(n_s + y\,n_p)!}{n_s!\;n_p!\;(n_s + x\,n_p)^{n_p(y-1)}}\left(\frac{y}{x}\right)^{2n_p} \tag{7-42}$$

由晶格模型得出的混合自由能为：

$$\frac{\Delta G_{\text{mix}}}{n_p kT} = \frac{x}{v}(F_1 \ln F_1 - F_2 \ln F_2) + y - 2\ln y - 1 \tag{7-43}$$

其中：

$$F_1 = 1 - \phi + \frac{\phi}{x},\; F_2 = 1 - \phi + \frac{\phi y}{x} \tag{7-44}$$

ϕ 代表硬棒的体积分数：

$$\phi = \frac{x\,n_p}{n_s + x n_p} \tag{7-45}$$

出现液晶相的临界体积分数 ϕ_1 可表示为溶质长径比的函数：

$$\phi_1 = \frac{8}{x}\left(1 - \frac{2}{x}\right) \tag{7-46}$$

可知长径比越大转变浓度越低。用此公式即可对溶致液晶聚合物的 I–N 转变进行预测。该式符合多种溶致液晶的实验事实。在溶液中当高分子浓度超过一个临界体积浓度 ϕ_1 时，便由无序态突然转变为部分有序态。这一理论的推论之一是多分散的硬棒体系（具有 x 的分布）会发生分级：长棒处于各向异性的液晶相，短棒处于各向同性相。此理论亦可推广到三元混合物：聚合物硬棒、聚合物线团和溶剂。

上述统计理论仅从分子几何形状的角度进行推导，没有涉及聚合物分子与溶剂之间的相互作用。作为对理论的改进，Flory 引入了混合热：

$$\frac{\Delta H_{\text{mix}}}{n_p kT} = \chi x(1 - \phi) \tag{7-47}$$

用 χ 值与聚合物体积分数表示的相图见图 7-41。当 χ 为负值时，硬棒分子与溶剂相互吸引，只有很窄的两相区。在 $\chi = 0.055$ 处出现一个临界点，高于临界点后两相区开始加宽，到 $\chi = 0.070$ 时出现一个三相点。在三相点上三相共存：各向同性相，各向异性稀相与各向异性浓相。χ 再增大时，体系就是各向同性相与各向异性相的混合物了。

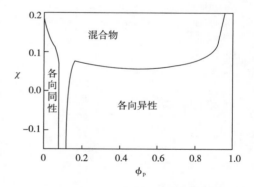

图 7-41　长径比为 100 的硬棒液晶分子的相图

思 考 题

1. 取向度或有序度的定义是什么？可用什么方法测定？
2. 为什么取向单元的方位各向同性时 $\langle \cos^2\varphi \rangle = 1/3$，此时 $\langle \varphi \rangle = $？
3. 用广角 X 光衍射法如何测定聚合物的取向度？
4. 合成纤维高倍拉伸所得纤维晶与纤维素中的纤维晶有何不同之处？
5. 纤维晶中的系带链对纤维模量有何作用？
6. 为何应变诱导结晶速度快于静态结晶？
7. 什么是卷曲–伸直转变？什么是双重临界性？
8. 聚合物的拉伸流中有哪两个临界应变速率？

9. 近年来关于串晶结构有哪些新发现？

10. 热致液晶从熔体冷却，都会出现哪些相态？

11. 何谓 I-N 转变，在溶致聚合物液晶中如何发生？

12. 你能否定义出何为整链取向？如何表征？

参 考 文 献

［1］ D. M. Sadler, P. J. Barham, Polymer, 1990, 31（1）, pp 46-50.

［2］ Nishiyama et al. Biomacromol. 2003, 4, 1013; Suchyet al. Biomacromol. 2010, 11, 515.

［3］ Prevorsek DC, Kwon YD, Sharma RK. J Mater Sci, 29（1977）3115.

［4］ Jain AK, Kupta VB. J Macromol Sci［B］Phys, 29（1）（1990）49.

［5］ Marvin DN. J Soc Dyers Color, 70（1954）16-21.

［6］ Dumbleton JH, Murayama T. Kolloid-Z Polym, 220（1964）41.

［7］ de Gennes PG. J phys Chem 1974; 15; 60.

［8］ Keller A, Kolnaar HWH. Meijer HEH, editor, Processing of Polymers. v17. New York, VCH; 1997. p189.

［9］ Chang H, Lee KG, Schultz JM. J Macromol Sci. Phys 1994; B33; 105.

［10］ Petermann J, Gleiter H. J Polym Sci. Polym Lett 1977; 15; 649.

［11］ G. Kumaraswamy, A. M. Issaian, and J. A. Kornfield. *Macromolecules*, 32; 7537, 1999.

［12］ Li L, Jeu WH. Macromolecules 2003; 36; 4862.

［13］ Li L, Jeu WH. Phys rev let 2004; 92; 075506.

［14］ Samon M, Schultz JM, Hsiao BS. Polymer 2002; 43; 1873.

［15］ Somani RH et al. Polymer 46（2005）8587-8623.

［16］ Samulski ET. *Physics Today*. 1982, 35; 40.

［17］ Volokhina, A. V., Kudruyavtsev, Y. A. 1983 Liquid crystalline polymers, New York, Plenum Press, pp 383-418.

第8章 线性黏弹性

8.1 基本概念

受到外力作用时，材料有 3 种响应方式：①在晶体中，原子或离子之间的平衡距离被改变，外力所做的功以势能的方式被储存；②在非晶态聚合物中，分子链的平衡构象被改变，外力所做的功以熵能（$T\Delta S$）的方式被储存；③在黏性液体中，分子发生流动，外力做功用于克服摩擦阻力，形变是永久性的，没有能量储存，在流动过程全部耗散。

第①类响应方式以金属和陶瓷为代表。这些材料都具有良好的有序结构。当相邻原子间距为 0.1~0.2 nm 时，原子间的排斥力平衡了吸引力，处于平衡位置。当材料被拉伸或压缩时，原子被迫离开它们的平衡位置相互远离或靠近，直到它们之间产生的力（吸引力或排斥力）与外力平衡。对于大多数固体材料，只要拉伸或压缩量小于键长的 10 %，力和位移之间的关系基本上是线性的。当外力被移除时，原子将恢复到初始的平衡位置。此类响应我们在 4.1 节已经介绍过，可参考图 4-1。

为了描述外力与位移间的线性关系，规定了力与伸长的标准计量。将单位长度的增量定义为工程应变或 Cauchy 应变：

$$\varepsilon_c = \frac{\Delta L}{L_0} \tag{8-1}$$

将单位截面积上的力定义为工程应力：

$$\sigma = \frac{f}{A_0} \tag{8-2}$$

应力与应变间的线性关系即为虎克定律：

$$\sigma = E\varepsilon_c \tag{8-3}$$

E 称作弹性模量，是材料僵硬性的度量。E 越大，材料越僵硬。晶体材料大都服从虎克定律。它们的另一个特点是具有弹性。也就是说，它们可以在外力作用下变形，并且在外力移除后几乎瞬间恢复到原始形状。弹性模量是简单拉伸或压缩中僵硬性的度量。拉伸模量的倒数定义为拉伸柔量：

$$D = \frac{\varepsilon}{\sigma}, \quad \varepsilon = D\sigma \tag{8-4}$$

柔量是材料延展性的度量。对于一般的固体材料，样品长度的增加伴随着侧向尺寸的减少。如果是长方形样品，受力方向为 z 方向，则该方向上的应变记作 ε_z（>0），2 个侧向上的应变记作 ε_x 和 ε_y，$\varepsilon_x = \varepsilon_y < 0$。定义侧向应变与受力方向上应变之比为**泊松比**：

$$\nu = -\frac{\varepsilon_x}{\varepsilon_z} \tag{8-5}$$

如果样品在拉伸过程中体积不变，则 $\nu = 0.5$。

另一种使材料变形的方式是剪切，定义为施加大小相等、方向相反，不作用于一条直线上的一对力。剪切应力定义为（图 8-1）：

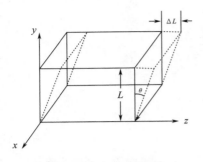

图 8-1　弹性材料剪切形变

$$\sigma = \frac{f}{A_s} \tag{8-6}$$

定义剪切应变为剪切位移与外力间距之比：

$$\gamma = x/H \tag{8-7}$$

剪切模量为剪切应力与剪切应变之比（后文中将简称剪应力与剪应变）：

$$G = \frac{\sigma}{\gamma}, \quad \sigma = G\gamma \tag{8-8}$$

剪切柔量为剪切模量的倒数：

$$J = \frac{\gamma}{\sigma}, \quad \gamma = J\sigma \tag{8-9}$$

剪切模量与杨氏模量的关系为：

$$G = \frac{E}{2(1 + \nu)} \tag{8-10}$$

其中 ν 为 Poisson 比。

　　第②种响应方式以橡胶为代表。橡胶是一种聚合物网络，由分子长链相互交联而成。交联点之间的网链可看作自由连接的理想链，链端的结点可以大范围地自由运动。当从外部施加拉伸力时，网链的末端距增大，链端的运动受到限制，可能出现的构象数大幅度降低，外力所做的功便以熵能 $T\Delta S$ 的形式储存在体系内。一旦外力去除，这个能量以熵增的形式释放，网链末端距回缩，链构象恢复到拉伸前的水平。欲将分子链固定在任何非零末端距 R 需要的力为：

$$f = \frac{3kT}{Nb^2}R \tag{8-11}$$

　　这里我们又看到了一个虎克定律。但这个虎克定律与式（8-3）是不同的。至少从表面上看，它的力常数具有温度依赖性：随着温度的升高，分子运动变得猛烈，力常数增大。相反，随着温度降低，分子运动强度降低，力常数也随之降低。温度的影响显示，第（2）类材料表现的弹性响应与第一类材料有本质的不同，同为弹性响应，但它的弹性是熵弹性而不是能弹性。

　　橡胶材料的响应并不永远是熵弹性，它会随着温度的降低发生转变。持续冷却到某一个温度，分子链运动停止，外力改变的不再是构象，而是共价键的键角，发生转变的温度就是玻璃化温度。此时材料进入了另一种状态：玻璃态。它对外力的响应就不再是熵弹性，而是与第一种材料相同的能弹性。

　　第③种响应方式是小分子液体所共有的，以水为代表。首先，将水定义为一种理想的不可压缩黏性流体，由可移动的上板和固定的下板限定，板的面积为 A，如图 8-2 所示。

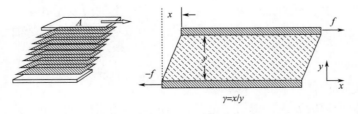

图 8-2　液体的剪切

首先将流体分成无数平行流动的层，每层流动速度不同。约定紧邻固定表面的一层流体流速为零，这就是所谓无滑动假设。施力 f 于上板，该板与紧邻的一层流体就会被加速，直至达到一个恒定的速度。只要所施的力保持恒定，速度就不会改变。这种与时间无关的流动称作稳态流动，这也是我们主要关心的状态。在稳态之前的加速过程中，速度是时间的函数，服从牛顿第二定律。因为我们关心的是稳态，加速过程有多长没有关系。单位面积的力称作应力，记作 σ 。有时为表明是剪切力，会加下标 s。

在实验中，下板固定不动，上板作匀速运动，这就要求两板间流体的速度逐层变化。设想流体的层间距为 Δy ，速度差为 Δv ，比值 $\Delta v/\Delta y$ 具有时间倒数的量纲，称作速度梯度或剪切速率。前一个名称是不言而喻的，后一个名称描述了剪切力作用下样品的实际形变。取一很短的时间 Δt ，上层流体相对于下层流体的移动为 Δx ， Δv 可写作 $\Delta v = \Delta x/\Delta t$ ，速度梯度可写作 $\Delta v/\Delta y = (\Delta x/\Delta t)/\Delta y = (\Delta x/\Delta y)/\Delta t$ 。层间位移 Δx 除层间距 Δy 就是剪切应变 $\Delta \gamma$ ，故 $\Delta v/\Delta y$ 就是剪切应变的速率 $\Delta \gamma/\Delta t$ ，记作 $\dot{\gamma}$ 。将以上讨论小结为微分符号：

$$\dot{\gamma} = \frac{\mathrm{d}v}{\mathrm{d}y} = \frac{\mathrm{d}}{\mathrm{d}y}\left(\frac{\mathrm{d}x}{\mathrm{d}t}\right) = \frac{\mathrm{d}}{\mathrm{d}t}\left(\frac{\mathrm{d}x}{\mathrm{d}y}\right) = \frac{\mathrm{d}}{\mathrm{d}t} \tag{8-12}$$

字母上一点代表对时间的导数。由式（8-12）可知剪切速率的量纲为时间的倒数，单位为 s^{-1} 。剪切速率是流体流动快慢的度量，从表 8-1 中可初步建立数量级概念。

表 8-1　　　　　　　　　　　一些常见过程的剪切速率

过程	剪切速率/s^{-1}	过程	剪切速率/s^{-1}
沉降	$10^{-6} \sim 10^{-4}$	吹塑成型，泵压	$10^2 \sim 10^3$
压制成型，咀嚼	$10^1 \sim 10^2$	注射成型，喷雾	$10^3 \sim 10^4$
挤出成型，搅拌	$10^1 \sim 10^3$	纺丝，刷涂	$10^4 \sim 10^5$

由常识知道，欲引起速度梯度必须施力，欲达同样的速度梯度，对不同的液体必须施加不同的力，这是由于液体的黏度不同。黏度定义为应力与应变速率之比：

$$\eta = \frac{\sigma}{\dot{\gamma}} \tag{8-13}$$

如果在流动过程中黏度为常量，流体的运动就可用牛顿流体定律描述：

$$\sigma = \eta\dot{\gamma} \tag{8-14}$$

黏度的量纲为 $\mathrm{Pa} \cdot \mathrm{s}$ 。符合牛顿流体定律的流体称作牛顿流体，又称理想黏流体。牛顿流体在流动中不储存任何能量，外力对流体所做的功全部用于克服流动中的摩擦阻力，即全部转化为热量耗散掉。

关于黏度需要预先说明的是，流体中的黏度不一定是常量。在下一章将学习到，大分子流体的黏度一般是剪切速率的函数。但在本章中的讨论中，均假定剪切速率极低，接近为零，故黏度可认为是常量。这种黏度有时称作稳态黏度，或称作零切黏度，记作 η_0 。

以上讨论的材料的 3 种响应方式都是理想材料的响应方式。但在黏弹性的研究中，需要将响应方式进一步理想化：将能弹性与熵弹性合并，只考虑弹性与黏性响应两个极端。弹性响应储存全部应变能，形变完全可逆，形变与回复都是瞬时的；黏性响应耗散全部应变能，形变完全不可逆，形变是依时的。主要表现弹性响应的材料称为固体，主要表现黏性响应的材料称作液体或流体。

　　真实的材料不会处于弹性或黏性的任何一个极端，它们总是处在两端之间的某个中间位置。从能量的角度看，形变过程的能量损耗来自形变过程的摩擦阻力。只有理想弹性材料中不存在摩擦阻力，真实材料中或多或少都会有摩擦阻力，而有摩擦阻力就一定会有能量损耗，所以真实的弹性响应中必然伴随一定成分的黏性。从形变的可逆性看，只有绝对刚性粒子的流动才会是完全不可逆的。真实流体中流动单元的形变或多或少都是可逆的。所以真实的黏性响应中必然伴随一定成分的弹性。这种弹性与黏性交织的性质就称作黏弹性或者弹黏性。尽管二者都是弹性与黏性响应的组合，但二者是不同的。很多著作对二者不加区别，但本书认为二者有本质的不同。

　　可以用图 8-3 中的两个模型来说明二者的不同。黏弹性材料用图 8-3（a）中液体中的理想弹簧来代表。如果液体的黏度为零，即为理想弹性体，形变与回缩都是瞬时的且完全没有能量损耗。如果液体具有一定的黏度，形变与回缩都依赖时间且会有能量耗散。但无论液体的黏度多大，形变后回缩的速度多慢，弹簧终究会回缩到初始长度，不会留下永久形变。这种性质称为黏弹性。

　　弹黏性材料用图 8-3（b）中小弹簧构成的流体来代表，小弹簧代表流动单元。流动开始时，小弹簧在流场作用下发生形变，这种形变在流动过程中一直保持。流动停止时，弹簧的形变得到回复，导致流体的总形变发生部分的回复。这就是流体中的弹性，即所谓弹黏性。以上两类材料并没有覆盖所有的真实材料。例如真实橡胶。橡胶并非流体，但样品在反复加载-卸载循环之后，往往会留下一些永久形变。此类行为不能纳入任何现有模型之中。

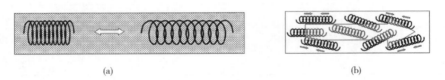

图 8-3　模型
（a）黏弹性　　（b）弹黏性

　　图 8-3 中的模型是笔者杜撰的，却并非创新，图中的模型与前人的某些模型是相似的。发现相似性的工作就留给睿智的读者了。

　　由以上分析可以看出，黏弹性与弹黏性是两类不同的行为，所代表的是两类完全不同的材料。但在许多著作中都将二者统称为黏弹性，依照约定俗成，本书也不作严格区分。但弹性行为与黏性行为之间，亦即黏弹性材料与弹黏性材料之间事实上存在着一条难以跨越的鸿沟。黏弹性材料不会因黏性成分的增大而过渡为弹黏性材料，反之亦然。这道鸿沟所分割的正是固体与液体之间的界限。在低应力作用下，固体的特征是形状恢复而液体的特征是不可逆流动。故可以把黏弹性材料称作黏弹性固体，把弹黏性材料称作黏弹性液体，并依据这个分类安排本书的内容：有关黏弹性固体小形变行为的内容归为线性黏弹性，在本章中介绍；有关黏弹性液体的流动行为称作流变学，将在第 9 章介绍。第 8、9 两章的内容均为现象学研究，即只关注宏观的表面现象而不问其分子层次的原理。有关分子及微观层次的探究构成第 10 章的内容。

　　何为线性黏弹性？我们已经看到，截至目前我们所说的黏弹性只是虎克定律的弹性与牛顿定律的黏性的组合。虎克定律中应力与应变成线性关系，牛顿定律中应力与应变速率成线性关系。不仅有瞬态响应的线性关系，在给定时间的测量值上也呈线性关系。图 8-4 为黏弹性样品在不同恒定应力作用下的应变随时间发展的曲线。在任何给定时间，例如 t_1，应变总是与所受应力成正比的。如果所受应力从 σ_0 变化到 $3\sigma_0$，给定时刻发展的应变也变化 3 倍。

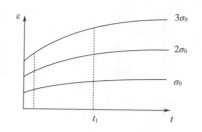

图 8-4　不同应力下的应变-时间曲线

线性黏弹性是低应力或低应变下的合理近似，对金属、陶瓷或高分子材料都是如此。至于何谓"低"对不同材料及不同场合有不同的标准。但有一条标准适用于任何材料、任何场合：即材料的形变必须具有可逆性。一旦应力或应变大到发生不可逆形变，即跨越了固体与液体之间的鸿沟，本章中有关黏弹性固体的一切规律将不再适用。那么是否就适用黏弹性液体的规律了呢？也不尽然。因为大的形变往往伴随结构的改变，问题就不是形变或流动那么简单了。第 7 章中结晶聚合物的高倍拉伸就是最好的例子。拉伸过程伴随着球晶的解体、分子链的重新取向、纤维晶的形成等一系列结构重组，这些过程不是应力-应变关系或能量的储存与耗散所能描述的。

当然在某些场合下，大的应力或应变会造成材料的流动，即发生不可逆的形变。这种情况下的材料表面上仍是坚硬的固体，实则发生了流体的流动，例如金属或无定形高分子材料的塑性形变。出现这种情况是因为同一种材料在不同应力下会有不同的表现：小应力下表现为固体而大应力下表现为液体。读者会问，这种情况下固体与流体之间的"鸿沟"是否被跨越了呢？我们说，鸿沟仍然是存在的。小应力下材料服从的是虎克定律，大应力下材料服从的是牛顿定律，两种行为有本质的不同，只有运动机理的切换，没有平滑的过渡。我们将在 9.2.2 小节接触到这种切换。

8.2　静态黏弹响应

黏弹性材料有两种测试方法：静态法和动态法。静态实验是固定应力和应变其中的一个，监测材料随时间的响应。这样就产生了两种实验方法。①蠕变实验：对样品施加恒定应力，记录应变或柔量随时间的变化。在应力作用下，分子的链段发生旋转和滑动，其速度由材料的黏度，应力，温度及受力时间所决定。用应变除以应力即得到蠕变柔量 $J(t)$，即模量的倒数。②应力松弛实验：将材料保持在恒定形变，监测应力或模量随时间的衰减。这里的松弛是衰减的意思。

另一种主要类型的实验是动态实验。让应力或应变（通常是应变）随时间周期性地变化，变化的方式通常为正弦或余弦，在各种不同的频率下测量响应。

无论是静态还是动态实验方法，观测的都是材料的宏观行为，如应力、应变、模量、柔量，有时还包括黏度等，将观测到的数据用某种模型进行数学描述。这种研究方法称作现象学方法，所使用的模型的称作现象学模型。

现象学模型用两个基本元件模拟材料的力学行为，即弹簧和黏壶。用弹簧描述弹性行为是每个人都会想到的，用黏壶描述流动行为则是奇思妙想的产物。黏壶由一个活塞和油缸组成，油缸中的液体通过活塞的缝隙进行流动，以液体的黏度代表材料的黏度。仅仅这两个基本元件通过各种并联和串联的排列组合构成多种模型，其中使用最广的是一个弹簧与一个黏

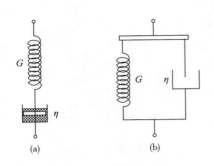

图 8-5　现象学模型

（a）Maxwell 模型　（b）Kelvin 模型

壶的串联与并联，串联的称 Maxwell 模型，并联的称 Kelvin 模型，如图 8-5。其他的模型也将择要讨论。

8.2.1　应力松弛

在应力松弛实验中，对样品一步施加一个应变，在保持应变恒定的情况下，观察样品的应力随时间的衰减。在应力松弛实验的语境中，松弛与衰减是同义词。因应力除以恒定应变等于模量，故应力与模量的松弛行为是等效的。图 8-6 是两条聚合物的应力松弛实验曲线。由于是模量对时间的双对数作图，又称模量-时间曲线。

虽然两条曲线出自两种不同的聚合物，却变化趋势相同，说明变化机理相同。图 8-6 中的模量-时间曲线的形状很像第 5 章图 5-3 中的模量-温度曲线，对曲线的解释也十分类似：模量的变化可以分作 4 个区段，分别是两个平台和两次下降，从模量的变化可解读出运动状态的变化。不同结构单元运动的启动是需要时间的，所以可以将模量的下降解读为某种结构单元运动的启动。第 1 区是时间极短处的平台，由于时间太短，能够发生的运动仅有基团的振动与转动，不能引起模量的显著变化。在

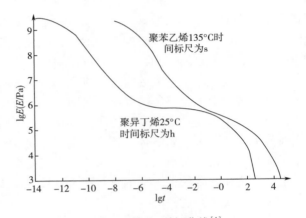

图 8-6　模量-时间曲线[1]

聚异丁烯 $M = 1.56 \times 10^6$；聚苯乙烯 $M = 2.0 \times 10^5$

10^{-6} s 附近发生第一次模量下降，这个时间是链段的运动开始启动，即发生玻璃化转变，这是第 2 区。玻璃化转变又可称为 α 转变，我们就把开始转变的时间称作链段运动的松弛时间，记作 τ_α。玻璃化转变使模量下降 3～4 个数量级到 10^6 Pa。在转变区之后，第二次模量下降之前的第 3 区，模量维持在一个平台上，保持在交联橡胶的模量水平，故称作橡胶平台。在这个区域链段可以自由运动，但由于缠结的缘故，整链不能运动。到达整链运动的松弛时间 τ_0 时，进入第 4 区，发生第二次模量的下降，此时发生的是整个分子链的流动。分子整链是最大的运动单元，运动的启动发生在橡胶平台的末端，故 τ_0 又称末端松弛时间或最长松弛时间。

此处的松弛时间亦称微观松弛时间，物理意义是结构单元移动一个身位所需的时间，即 τ_α 是链段移动一个链段长度所需的时间，τ_0 则为整链移动一个分子链尺寸所需的时间。正是结构单元在尺寸上的悬殊差异产生了 τ_α 与 τ_0 间的巨大间隔，相差的时间尺度就是橡胶平台的长度。这就是缠结作为临时交联点的本质。

线形无定形聚合物的应力松弛行为可用 Maxwell 模型［图 8-5（a）］模拟。普通的受力方式有两种，即拉伸与剪切，各有一套标记符号。本书中一律采用剪切符号，除非是拉伸与剪切过程对比的场合。模型中弹簧的模量为 G，黏壶中液体黏度为 η。一步施加并保持一个

应变 γ，该应变应为弹簧应变 γ_e 与黏壶应变 γ_v 之和：

$$\gamma = \gamma_e + \gamma_v \tag{8-15}$$

总应变速率亦为两项应变速率之和：

$$\frac{\mathrm{d}\gamma}{\mathrm{d}t} = \frac{\mathrm{d}\gamma_e}{\mathrm{d}t} + \frac{\mathrm{d}\gamma_v}{\mathrm{d}t} \tag{8-16}$$

代入虎克定律（8-8）和牛顿流体定律（8-14）：

$$\frac{\mathrm{d}\gamma}{\mathrm{d}t} = \frac{1}{G}\frac{\mathrm{d}\sigma}{\mathrm{d}t} + \frac{\sigma}{\eta} \tag{8-17}$$

式（8-17）称为 Maxwell 模型的运动方程。由于模型上的总形变 γ_0 保持不变，$\mathrm{d}\gamma/\mathrm{d}t = 0$，式（8-17）变为：

$$\frac{1}{G}\frac{\mathrm{d}\sigma}{\mathrm{d}t} + \frac{\sigma}{\eta} = 0 \tag{8-18}$$

$$\frac{\mathrm{d}\sigma}{\mathrm{d}t} = -\frac{\sigma}{\eta/G} \tag{8-19}$$

对于一个特定的 Maxwell 模型，比值 η/G 是一个常数，令 $\eta/G = \tau$：

$$\frac{\mathrm{d}\sigma}{\mathrm{d}t} = -\frac{1}{\tau}\sigma \tag{8-20}$$

方程的形式为一阶齐次微分方程，可直接写出：

$$\sigma(t) = \sigma_0\, \mathrm{e}^{-t/\tau} \tag{8-21}$$

σ_0 为初始应力，$\tau = \eta/G$ 就是这个过程的松弛时间。至于松弛时间为什么具有这样的定义，在后面的学习中会逐渐弄清。用 γ_0 除式（8-21）两边：

$$G(t) = G_0\, \mathrm{e}^{-t/\tau} \tag{8-22}$$

式（8-22）中的 G_0 是初始模量，为初始应力 σ_0 与恒定应变 γ_0 的比值。以相对模量 G/G_0 对相对时间 t/τ 作图，可得图 8-7 中的曲线，（a）为线性作图，（b）为对数作图。

由式（8-22）可知，当 $t\to\infty$ 时，$G(t) = 0$。这符合线形聚合物的情况。事实上一旦观察时间大于整链的松弛时间后，材料就会发生流动，模量就会很快降低到零。发生流动是黏弹性液体的行为，故 Maxwell 模型在本质上是线形聚合物的模型，无论多少个模型并联，也无法模拟交联聚合物。因为交联聚合物有一个平衡模量，由橡胶状态方程所规定，无论应力怎样松弛也不会低于平衡模量。

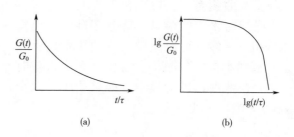

图 8-7　Maxwell 模型的应力松弛曲线
（a）线性作图　（b）对数作图

欲模拟这个平衡模量，可以用一个弹簧（称作平衡弹簧）与 Maxwell 模型并联，如图 8-8 左。这个 3 元件模型称作标准线性固体模型，施加应变的初始时刻，模型的初始模量 $G_总$ 是平衡弹簧的模量 G_e 与 Maxwell 模型中弹簧模量 G_0 的加和。G_0 随时间松弛，而平衡模量 G_e 是不会松弛的，当 $t\to\infty$ 时，$G(t)\to G_e$。不需推导，可直接写出交联聚合物的即时模量为：

$$G(t) = G_e + G_0\mathrm{e}^{-t/\tau} \tag{8-23}$$

也可以写出相应的应力方程：

$$\sigma(t) = \sigma_e + \sigma_0 \, e^{-t/\tau} \tag{8-24}$$

图 8-8 右为标准线性固体模型模拟的模量松弛曲线。

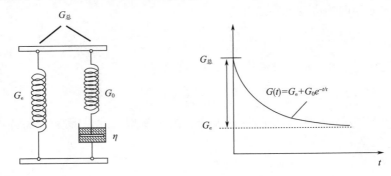

图 8-8　标准线性固体模型及其模拟曲线

欲检验 Maxwell 模型与实际应力松弛曲线的吻合情况，显然要用图 8-7（b）中的曲线与图 8-6 进行对比。对比的结果令人失望。Maxwell 模型的曲线仅与实验曲线的末端流动有些相像，完全不能模拟实验曲线的其他特征。问题出在什么地方？很显然，松弛过程与松弛时间都不匹配。实验曲线中至少可以观察到两个模量下降，对应两个松弛过程，而 Maxwell 模型只能模拟其中一个。欲解决这个问题，可以用两个 Maxwell 模型并联的方法进行模拟。从图 8-6 上可以读出两个松弛时间：$\tau_1 = 10^{-8}$ s，$\tau_2 = 10^3$ s；还可读出两个初始模量：$G_{10} = 10^{10}$ Pa，$G_{20} = 10^6$ Pa。两个 Maxwell 并联的方程为：

$$G(t) = G_{10} \, e^{-t/\tau_1} + G_{20} \, e^{-t/\tau_2} \tag{8-25}$$

将读出的参数代入式（8-25），计算得到的曲线如图 8-9 中的实线。

与实验曲线对比，发现在趋势上已有所接近，但模拟曲线中的模量下降过于陡峭，而实验曲线相对平缓。可以想像实际的松弛过程应该是一系列小台阶的叠加，需要用多个松弛时间、多个松弛过程进行模拟。如果使用有限个 Maxwell 模型，公式变为：

$$G(t) = \sum_{i=1}^{n} G_{i0}(t) \, e^{-t/\tau_i} \tag{8-26}$$

多个 Maxwell 模型所得模型称作广义 Maxwell 模型，再与平衡弹簧并联，就成为图 8-10 所示的模型。

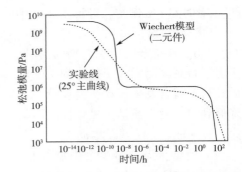

图 8-9　两个 Maxwell 模型并联的模拟曲线与实验曲线的对比

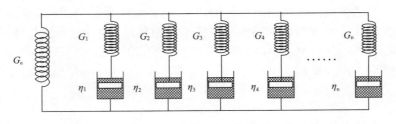

图 8-10　广义 Maxwell 模型

如果并联的模型数量很大，就可认为 Maxwell 模型的参数是连续分布的。Maxwell 模型有两个参数，即弹簧的模量与黏壶的黏度，更准确地说是初始模量与松弛时间。由图 8-6和图 8-9 可知，欲用有限个或无限个 Maxwell 模型对聚合物各个阶段的应力松弛行为进行模拟，模型的松弛时间将从无限小变化到无限大，相应地，而初始模量将从 10^9 Pa 下降到 10^3 Pa，由此可知，初始模量是松弛时间的函数。这样，依时模量的求和就转化为对松弛时间 τ 的积分：

$$G(t) = \int_0^\infty G(\tau)\,e^{-t/\tau}d\tau \tag{8-27}$$

其中 $G(\tau)$ 是 τ 与 $\tau+d\tau$ 间的模量密度函数。如果 $G(\tau)$ 已知，则模量可以准确预测。由于描述黏弹行为时习惯使用对数时间标尺，故将依时模量写作下列形式：

$$G(t) = \int_0^\infty \tau G(\tau)\,e^{-t/\tau}\frac{d\tau}{\tau} \Rightarrow G(t) = \int_0^\infty H(\tau)\,e^{-t/\tau}d\ln\tau \tag{8-28}$$

$\tau G(\tau)$ 称作松弛时间谱，习惯记作 $H(\tau)$。

原则上，一个松弛时间谱 $H(\tau)$ 描述一种材料的松弛时间分布。如果这种分布函数能够实验测定，就能用于计算其他变形模式的模量或柔量，测量方法见文献[1]中 Ferry 的专著。

8.2.2　蠕变与回复

蠕变与回复是两个实验，但是可以连贯进行。在蠕变实验中，对样品施加一个恒定的应力，观测应变随时间的发展。在应变发展的任何阶段将应力去除，就能随即观察到应变随时间的回落，这个过程称作回复。图 8-11 是无定形线形聚合物的典型蠕变与回复曲线，其纵坐标为柔量，横坐标为时间。因为柔量是单位应力引起的应变，用柔量进行讨论可以消除应力大小的影响，比使用应变更具普遍性。由以上应力松弛实验我们建立了松弛时间的概念，蠕变过程就很容易理解了，从蠕变曲线也可以清楚地辨认不同的结构单元运动的启动及其松弛时间。

图 8-12 为 2 种真实聚合物的蠕变曲线。同图 8-6 的应力松弛曲线一样，可以大致将柔量变化区分为 4 个区段：①短时间的玻璃区；②转变区；③平台区；④末端流动区。由于图 8-12 中没有回复数据，我们将根据模型化曲线图 8-11 进行讨论。

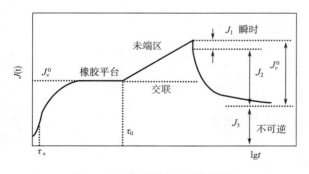

图 8-11　典型蠕变与回复曲线

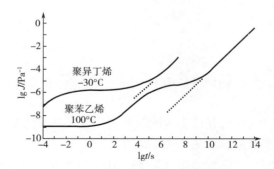

图 8-12　2 种真实聚合物的蠕变曲线[2]

首先可以注意到，蠕变曲线不是从零开始的，而是开始于一个有限柔量。这是由于在应力施加时，样品会发生一个瞬间的小形变，这是键角变化以及链节级的小单元运动引起的。

此形变从超短时间直到 10^2 s 保持不变，构成一个跨越 5~6 个数量级时间段的玻璃区。在大约 10^2 s 发生玻璃化转变，柔量增加 4 个数量级，到达一个平台。在平台段，由于缠结点的限制，链段运动与应力出现暂时的平衡，平台的高度由橡胶状态方程所规定。平台的柔量称作平衡柔量，记作 J_e^0，因这个柔量是可以恢复的，故又称作可复柔量。如果样品是交联聚合物，平台就是蠕变曲线的尽头。如果为线形聚合物，即为黏弹性液体，达到末端松弛时间 τ_0 时，会启动分子链的流动，进入末端区。由于蠕变实验中所用应力很小，引起的应变速率也很小，分子链的流动服从牛顿流体定律，柔量线性发展。从末端区曲线的斜率可确定样品流动时的黏度，即为零切黏度 η_0。

如果在末端区某点消除应力，瞬间恢复的是小单元提供的柔量，接着是依时恢复的链段运动部分，二者之和就是平衡柔量。末端区流动造成的柔量是不可逆的，构成永久形变。

模拟蠕变过程的传统模型是 Kelvin 模型（图 8-5b），由弹簧与黏壶并联而成，故总应力 σ_0 为二元件上应力之和：

$$\sigma_0 = \sigma_e + \sigma_v \tag{8-29}$$

分别代入虎克定律和牛顿流体定律：

$$\sigma_0 = G\gamma + \eta \frac{d\gamma}{dt} \tag{8-30}$$

上式称为 Kelvin 模型的运动方程。两边除以 G：

$$\frac{\sigma_0}{G} = \gamma + \frac{\eta}{G} \frac{d\gamma}{dt} = \gamma + \tau \frac{d\gamma}{dt} \tag{8-31}$$

仍将 η/G 作为松弛时间 τ。σ_0/G 是 Kelvin 模型可发生的最大形变，即由虎克定律规定的平衡形变，记作 $\sigma_0/G = \gamma_\infty$，整理上式：

$$\gamma_\infty - \gamma = \tau \frac{d\gamma}{dt} \Rightarrow \frac{d\gamma}{dt} = \frac{1}{\tau}(\gamma_\infty - \gamma) \tag{8-32}$$

解此方程：

$$\gamma(t) = \gamma_\infty(1 - e^{-t/\tau}) \tag{8-33}$$

两边除以恒定应力 σ_0：

$$J(t) = J_\infty(1 - e^{-t/\tau}) \tag{8-34}$$

J_∞ 就是弹簧模量的倒数 $1/G$。

如果要模拟形变的回复过程，将 $\sigma_0 = 0$ 代入运动方程（8-30）：

$$G\gamma + \eta \frac{d\gamma}{dt} = 0 \tag{8-35}$$

$$\frac{d\gamma}{\gamma} = -\frac{dt}{\eta/G} = -\frac{dt}{\tau} \tag{8-36}$$

初始条件为 $t=0$，$\gamma(t) = \gamma_t$。积分得：

$$\gamma(t) = \gamma_t e^{-t/\tau} \tag{8-37}$$

γ_t 是应力去除时刻的应变。蠕变回复与应力松弛的函数形式相同。这并非由于过程机理相同，而是同为一级过程。

蠕变方程（8-34）的曲线形状如图 8-13 所示：

由对数作图的（b）与图 8-11 以及 8.12 进行对比，发现 Kelvin 模型可以对玻璃化转变前后的曲线进行较好的模拟，不能模拟的是瞬间的小形变以及末端区的流动。而瞬间形变与液体的流动正好是弹簧与黏壶的运动方式。我们可以将应力一步施加到 Maxwell 模型上，观察应变如何发展。

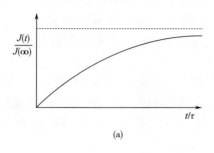
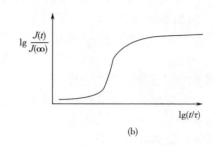

图 8-13 Kelvin 模型的蠕变曲线

（a）线性作图 （b）对数作图

以 $\sigma = \sigma_0$ 代入式（8-17）：

$$\frac{\mathrm{d}\gamma}{\mathrm{d}t} = \frac{\sigma_0}{\eta} \Rightarrow \mathrm{d}\gamma = \frac{\sigma_0}{\eta}\mathrm{d}t \tag{8-38}$$

两边积分：

$$\int_{\gamma_0}^{\gamma(t)} \mathrm{d}\gamma = \int_0^t \frac{\sigma_0}{\eta}\mathrm{d}t \tag{8-39}$$

$$\gamma(t) = \gamma_0 + \frac{\sigma_0 t}{\eta} = \sigma_0\left(G^{-1} + \frac{t}{\eta}\right) \tag{8-40}$$

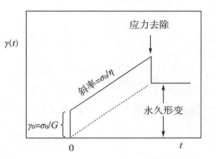

上式第一项为应力施加时的瞬间应变，第二项是流动产生的应变。由于 Maxwell 模型是弹簧与黏壶的串联，模拟的柔量只是弹簧与黏壶运动的简单加和，如图 8-14 所示。

将 Kelvin 模型与 Maxewll 模型串联，就成为四元件的 Burger's 模型，其蠕变方程如下：

图 8-14 Maxwell 模型模拟的蠕变与回复

$$\gamma(t) = \gamma_1 + \gamma_2 + \gamma_3 = \frac{\sigma_0}{G_1} + \frac{\sigma_0}{G_2}(1 - e^{-t/\tau}) + \frac{\sigma_0}{\eta_3}t \tag{8-41}$$

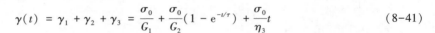
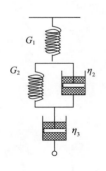
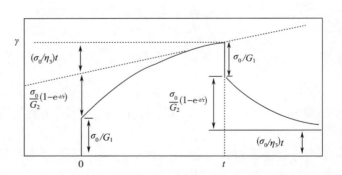

图 8-15 四元件模型及其蠕变与回复曲线

可看出 Burger's 模型的应变由弹簧（γ_1）、Kelvin 模型（γ_2）和黏壶（γ_3）3 项应变线性加和而成。施加应力 σ_0 时，弹簧首先发生瞬时的弹性形变 γ_1，Kelvin 模型的应变与黏壶的黏性流动随时间发展。弹簧与 Kelvin 模型的形变都有一定限度，而黏壶的形变可以无限增大。在回复过程中，弹簧的应变是瞬时可逆的，Kelvin 模型的应变可以随时间逐渐回复，而黏壶的形变是完全不可逆的。Burger's 模型的应变与回复运动和曲线见图 8-15。可发现形变回复时向一个固定形变趋近，这个固定形变是黏性流动造成的，故不可回复。

现在剩下的问题和应力松弛中遇到的一样。用一个 Kelvin 模型或 Burger's 模型得到的曲线变化都非常陡峭，不像实验曲线那样平缓。这仍然是因为实际样品中的变化是由一系列小台阶叠加而成的，包括一系列的松弛时间，应当用广义 Kelvin 模型进行处理。有限个 Kelvin 模型串联的柔量方程为：

$$J(t) = \sum_{i=1}^{n} J_i(\infty)(1 - e^{-t/\tau_i}) \tag{8-42}$$

无穷个 Kelvin 模型串联的柔量方程：

$$J(t) = \int_0^\infty J(\tau)(1 - e^{-t/\tau})\mathrm{d}\tau \tag{8-43}$$

写作对数形式：

$$J(t) = \int_0^\infty L(\tau)(1 - e^{-t/\tau})\mathrm{d}(\ln\tau) \tag{8-44}$$

$L(\tau)$ 称作推迟时间谱。与松弛时间谱相对应，可以全面描述样品的蠕变与回复性质。若与 Maxwell 模型串联（图 8-16），还可以描述瞬时形变与流动。若推迟时间谱 $L(\tau)$ 已知，便可模拟实际聚合物的蠕变过程：

$$J(t) = J(0) + \frac{t}{\eta} + \int_0^\infty L(\tau)(1 - e^{-t/\tau})\mathrm{d}(\ln\tau) \tag{8-45}$$

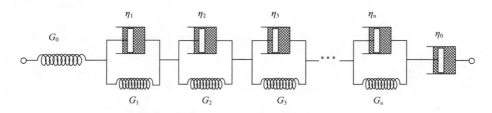

图 8-16　广义 Kelvin 模型

8.3　Boltzmann 叠加原理

由于聚合物体系对外力作用的响应迟缓，外力作用的影响会维持很长一段时间。因此聚合物的形变不仅取决于现时刻的应力，还取决于过去时间的受力史。在线性行为的范围内，外力的影响是具有加和性的。据此，Boltzmann 提出一个叠加原理，可以概括为两句话：①样品的响应是整个受力史的函数；②每次受力造成的响应都是独立可叠加的。第一条可以称为记忆功能：即历史上的每次受力都会被记住，都对当前状态产生影响；第二条阐明的是线性加和性，每次受力产生的效果都可处理为独立的、可线性加和的。第二条还包含负受力的情况，即某个负荷被移除时，样品也会产生相应的负响应。玻尔

兹曼原理对黏弹性研究的重要性并不在
于它解释了什么现象，而在于它为建立
数学模型提供了基础，可以导出不同应
力或应变系列的黏弹行为的数学公式。

图 8-17 描述了多步受力过程的蠕变
响应，在过去时刻 s_1、s_2、s_3 顺序施加应
力 $\Delta\sigma_1$、$\Delta\sigma_2$、$\Delta\sigma_3\cdots$，每个应力将引起
的最大应变分别为 $\Delta\gamma_{1,\infty}$、$\Delta\gamma_{2,\infty}$、
$\Delta\gamma_{3,\infty}\cdots$。到当前时刻 t，这 3 个应力作
用的时间分别为 $(t-s_1)$、$(t-s_2)$、$(t-$
$s_3)\cdots$，假设样品服从 Kelvin 模型，应力
$\Delta\sigma_j$ 在时刻 t 造成的应变为：

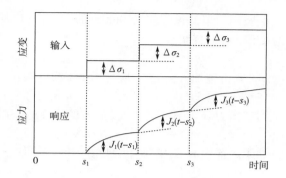

图 8-17　线性黏弹性材料对多步受力的响应[3]

$$\Delta\gamma_j = \Delta\gamma_{j,\infty}\left[1 - \mathrm{e}^{-(t-s_j)/\tau}\right] = \Delta\sigma_j J_{j,\infty}\left[1 - \mathrm{e}^{-(t-s_j)/\tau}\right] \tag{8-46}$$

摆脱具体的模型，写作一般的柔量函数形式：

$$\Delta\gamma_j = \Delta\sigma_j J(t - s_j) \tag{8-47}$$

时刻 t 处的总形变量为各个外力造成形变的线性加和：

$$\gamma(t) = \sum_j \Delta\sigma_j J(t - s_j) \tag{8-48}$$

如果所受应力是连续的，式（8-48）可写作积分形式：

$$\gamma(t) = \int_{-\infty}^{t} J(t - s)\,\mathrm{d}\sigma(s) \tag{8-49}$$

把应力写作时间函数的形式，并多加一项瞬时的弹性响应：

$$\gamma(t) = \frac{\sigma}{G} + \int_{-\infty}^{t} J(t - s)\,\frac{\mathrm{d}\sigma(s)}{\mathrm{d}s}\mathrm{d}s \tag{8-50}$$

σ 代表时刻 t 处的总应力，G 为作为瞬时弹性响应的未松弛模量。积分限为 $-\infty$ 至 t，这
意味着过去一切受力都考虑在内。

应力松弛模量亦可用类似的方法进行处理。考虑应变 $\Delta\gamma_j$，在时刻 s_j 施加，引起的瞬时
应力为 $\Delta\sigma_{j0}$。到当前时刻 t，该应变作用的时间为 $(t - s_j)$。假设样品服从 Maxwell 模型，应
变 $\Delta\gamma_j$ 造成的应力为：

$$\Delta\sigma_j = \Delta\sigma_{j0}\,\mathrm{e}^{-(t-s_j)/\tau} = \Delta\gamma_j G_{j0}\,\mathrm{e}^{-(t-s_j)/\tau} \tag{8-51}$$

摆脱具体的模型，用 $G(t - s_j)$ 表示随时间衰减的模量函数。时刻 t 处材料中的总应
力为：

$$\sigma(t) = \sum_j \Delta\gamma_j G(t - s_j) \tag{8-52}$$

如果所受为连续应变，上式可写为积分形式：

$$\sigma(t) = \int_{-\infty}^{t} G(t - s)\,\mathrm{d}\gamma(s) \tag{8-53}$$

把应变写作时间函数的形式，并多加一项瞬时的弹性响应：

$$\sigma(t) = G_e\gamma + \int_{-\infty}^{t} G(t - s)\,\frac{\mathrm{d}\gamma(s)}{\mathrm{d}s}\mathrm{d}s \tag{8-54}$$

G_e 为材料的平衡模量，$G_e\gamma$ 则为材料的平衡应力。线形聚合物无此项。每项应变所引起
的应力都处于衰减过程，每个经历长时间的应力都会趋于消失。只有较近的应变对当前状态
才会有明显影响，较远应变的影响已经模糊，因此黏弹性固体常被称为"记忆减退材料"。

下面用简单的过程演示 Boltzmann 原理的应用（图 8-18）。在零时刻施加应力 σ_0，材料中应变沿 OB 线发展：

$$\gamma_0 = \sigma_0 J(t) \tag{8-55}$$

t_1 时刻再施加外力 σ_1，应变沿 PA 线发展：

$$\gamma_1 = \sigma_0 J(t) + \sigma_1 J(t - t_1) \tag{8-56}$$

第二个力 σ_1 在第一个力 σ_0 造成的形变的基础产生的附加形变为：

$$\gamma'_2 = [\sigma_0 J(t) + \sigma_1 J(t - t_1)] - \sigma_0 J(t) = \sigma_1 J(t - t_1) \tag{8-57}$$

如果先前没有 σ_0 的施加，只在 t_1 时刻施加 σ_1，形变将沿 QC 线发展：

$$\gamma_2 = \sigma_1(t - t_1) \tag{8-58}$$

显然，$\gamma_2 = \gamma'_2$。以上推算在图 8-18 中用曲线表示为：时刻 t 处 σ_1 单独引起的形变为 DC 等同于在 σ_0 基础上引起的附加形变 BA，即 $BA = DC$。由此得到 Boltzmann 叠加原理的第一个推论，即施加力 σ_1 产生的附加形变等于独立施力 σ_1 产生的形变。

在图 8-19 中，仍是在零时刻施力 σ_0，形变沿 AC 线发展；在 t_1 时刻除去该力，形变应沿 CG 线回复。这一过程相当于材料先后受到两个应力，一个是零时刻的 σ_0，一个是 t_1 时刻的 $-\sigma_0$。在 $t>t_1$ 时刻材料的形变也应为两项之和：

$$\gamma_1 = \sigma_0 J(t) = DE; \quad \gamma_2 = -\sigma_0 J(t - t_1) = -DG \tag{8-59}$$

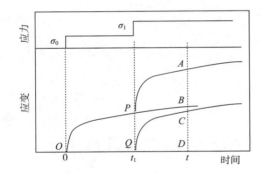

图 8-18　两步应力的叠加

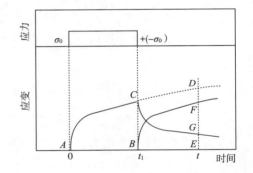

图 8-19　蠕变回复相当于负应力的叠加

二者分别代表外力施加与外力消除。故总形变为：

$$\gamma(t) = \sigma_0 J(t) - \sigma_0 J(t - t_1) = DE - DG = GE \tag{8-60}$$

由图 8-19 可以看出回复量为 DG。而初始应力造成的形变与 t 时刻的形变之差就是材料的外力消除后的回复量：

$$\gamma_r(t - t_1) = \sigma_0 J(t) - [\sigma_0 J(t) - \sigma_0 J(t - t_1)] = \sigma_0 J(t - t_1) \tag{8-61}$$

这个量既是回复量 DG，又等于在时刻 t_1 施力 σ_0 造成的形变 FE，故我们有 $DG = FE$。由是我们演示了 Boltzmann 叠加原理的第二个推论：蠕变回复相当于负应力的叠加。

以上式（8-50）与（8-54）并非严格导出，而是从离散受力的情况直接过渡到连续受力的情况。事实上，这两个积分形式的方程都可以直接从相应模型的微分方程导出。由于积分形式的方程考虑了从过去无穷远开始的受力史对当前时刻材料状态的影响，又称作遗传积分。

先用 Maxwell 模型导出遗传积分。Maxwell 模型的微分方程为：

$$\frac{d\sigma}{dt} + \frac{G}{\eta}\sigma = G\frac{d\gamma}{dt} \tag{8-62}$$

两侧乘上积分因子 $e^{t/\tau}$（其中 $\tau = \eta / G$），

$$\frac{d}{dt}[e^{t/\tau}\sigma(t)] = G\,e^{t/\tau}\frac{d\gamma(t)}{dt} \tag{8-63}$$

两侧在 $[-\infty, u]$ 区间积分：

$$(e^{t/\tau}\sigma)_u - (e^{t/\tau}\sigma)_{-\infty} = \int_{-\infty}^{u} G\,e^{t/\tau}\frac{d\gamma(t)}{dt}dt \tag{8-64}$$

得到：

$$\sigma(u) = \int_{-\infty}^{u} G\,e^{-(u-t)/\tau}\frac{d\gamma(t)}{dt}dt \tag{8-65}$$

改换一下符号：

$$\sigma(t) = \int_{-\infty}^{t} G(t-s)\frac{d\gamma(s)}{ds}ds \tag{8-66}$$

其中的 $G(t)$ 就是 Maxwell 模型中的松弛模量 $G(t) = G\,e^{-t/\tau}$，式（8-66）就是同（8-50）等价的遗传积分，若 $[-\infty, t]$ 间应变史已知，即可求出当前应力。其实，积分方程（8-66）是用 Boltzmann 原理阐释的 Maxwell 模型，与微分方程（8-62）是完全等价的。

Kelvin 模型的微分方程为：

$$\frac{d\gamma}{dt} + \frac{G}{\eta}\gamma = \frac{1}{\eta}\sigma \tag{8-67}$$

利用积分因子 $e^{t/\tau}$：

$$\frac{d}{dt}[e^{t/\tau}\gamma(t)] = \frac{1}{\eta}e^{t/\tau}\sigma(t) \tag{8-68}$$

两侧在 $[-\infty, u]$ 区间积分：

$$(e^{t/\tau}\gamma)_u - (e^{t/\tau}\gamma)_{-\infty} = \int_{-\infty}^{u}\frac{1}{\eta}e^{t/\tau}\sigma(t)dt \tag{8-69}$$

得到：

$$\gamma(u) = \int_{-\infty}^{u}\frac{1}{\eta}e^{-(u-t)/\tau}\sigma(t)dt \tag{8-70}$$

进行分部积分：

$$\gamma(t) = \frac{\sigma(t)}{G} - \int_{-\infty}^{t}\frac{\sigma(t)}{G}e^{-(t-s)/\tau}\frac{d\sigma(s)}{ds}ds \tag{8-71}$$

写作柔量的一般形式：

$$\gamma(t) = \int_{-\infty}^{t} J(t-s)\frac{d\sigma(s)}{ds}ds \tag{8-72}$$

其中的 $J(t) = \frac{\sigma}{G}(1 - e^{-t/\tau})$ 就是 Kelvin 模型中的蠕变柔量。

通过 Boltzmann 叠加原理。不仅可以利用材料的受力史计算当前时刻的应力或应变，还可以将不同的黏弹性参数联系起来，例如将稳态黏度、平衡柔量与剪切模量 $G(t)$ 联系起来。

由式（8-66），$t<0$ 时，流体并不受力；而当处于稳态时 $t\to\infty$，方程变为：

$$\sigma(t) = \int_{0}^{\infty} G(t)\frac{d\gamma}{dt}dt \tag{8-73}$$

此时 $\dot{\gamma} = \mathrm{d}\gamma/\mathrm{d}t$ 为常数，可以移出积分号外：

$$\sigma(t)/\dot{\gamma} = \int_0^\infty G(t)\,\mathrm{d}t \qquad (8\text{-}74)$$

即：

$$\eta_0 = \int_0^\infty G(t)\,\mathrm{d}t \qquad (8\text{-}75)$$

$G(t)$ 与其他参数的联系需要借助动态测试方法导出，将在下节讨论。

将式（8-75）应用于广义 Maxwell 模型，可以得出：

$$\eta = G(\tau)\int_0^\infty \mathrm{e}^{-t/\tau}\mathrm{d}t = G(\tau)\tau\int_0^\infty \mathrm{e}^{-s}\mathrm{d}s = G(\tau)\tau \qquad (8\text{-}76)$$

在本章的开始部分，曾定义现象学模型中的松弛时间为黏壶黏度 η 与弹簧模量 G 之比：$\tau = \eta/G$，却一直没有给出解释，式（8-76）似乎给出了松弛时间的一个定义。如果对这个定义不满意，后面将会提供更明确的释义。

8.4　动态力学响应

蠕变与松弛实验是静态实验，实验时间受人的反应能力与耐心的限制，只能提供几分之一秒到几天之间的数据，故不能提供黏弹材料力学行为的完整信息。高分子链的结构单元的响应时间一般在微秒到毫秒级，链节和侧基的响应时间在更短的时间。要了解这些短时间的数据，就需要进行动态测试。

在静态的应力松弛与蠕变实验中，应力和应变中有一个是恒定的，另一个则发生线性响应。在动态测试中，输入的应力或应变是周期性变化的，一般是正弦或余弦振荡，输出的响应也是正弦或余弦变化的。

设给样品输入一个正弦变化的应变：

$$\gamma = \gamma_0\sin\omega t \qquad (8\text{-}77)$$

γ_0 为应变振幅最大值。

虎克固体的应力随应变线性变化且与应变同相（图 8-20a）：

$$\sigma(t) = G\gamma_0\sin\omega t = \sigma_0\sin\omega t \qquad (8\text{-}78)$$

牛顿液体的应力随应变速率线性变化，而应变速率为：$\dot{\gamma} = \gamma_0\omega\cos\omega t$，导前应变 $\pi/2$，故牛顿液体中的应力也导前应变 $\pi/2$（图 8-20b）：

$$\sigma(t) = \eta\dot{\gamma} = \eta\,\gamma_0\omega\cos\omega t \qquad (8\text{-}79)$$

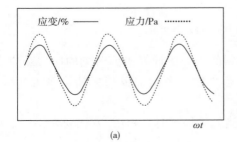
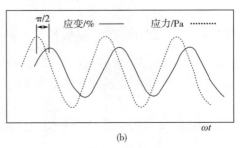

图 8-20　虎克弹性体（a）与牛顿流体（b）的动态应变与应力关系

从直觉可以预测，黏弹性材料的响应介于虎克固体和牛顿液体之间，应力会导前应变一个介于 0 和 $\pi/2$ 之间的**相角** δ（$0 \leqslant \delta \leqslant \pi/2$），如图 8-21 所示：

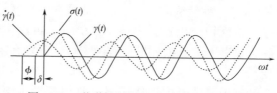

图 8-21　黏弹性材料的动态应力应变关系

故可将黏弹性材料的应力写作：

$$\sigma(t) = \sigma_0 \sin(\omega t + \delta) \qquad (8\text{-}80)$$

将式（8-80）展开并代入 $\gamma(t) = \gamma_0 \sin(\omega t)$：

$$
\begin{aligned}
\sigma(t) &= \sigma_0 \cos\delta \sin\omega t + \sigma_0 \sin\delta \cos\omega t \\
&= \gamma_0 \left(\frac{\sigma_0}{\gamma_0} \cos\delta \sin\omega t + \frac{\sigma_0}{\gamma_0} \sin\delta \cos\omega t \right) \\
&= \gamma_0 \sin\omega t \left(\frac{\sigma_0}{\gamma_0} \cos\delta \right) + \gamma_0 \cos\omega t \left(\frac{\sigma_0}{\gamma_0} \sin\delta \right) \\
&= \gamma(t) \left(\frac{\sigma_0}{\gamma_0} \cos\delta \right) + \left(\frac{\dot{\gamma}}{\omega} \right) \left(\frac{\sigma_0}{\gamma_0} \sin\delta \right)
\end{aligned}
\qquad (8\text{-}81)
$$

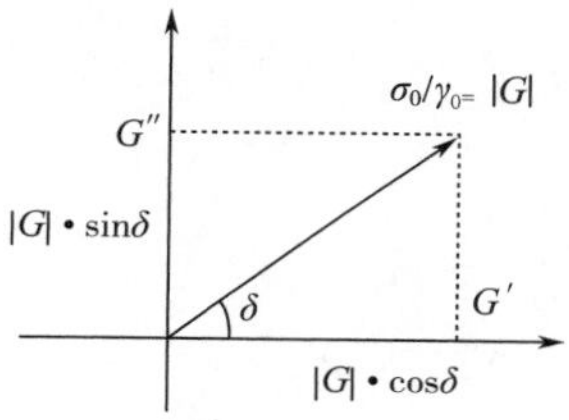

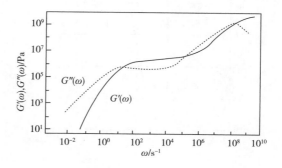

图 8-22　复模量

可看出上式最后一行第一项与应变呈线性关系，为弹性响应；第二项与应变速率呈线性关系，为黏性响应，总应力由弹性应力与流动应力共同贡献而成。由图 8-22 定义的复模量，$\sigma_0/\gamma_0 = |G|$ 为复模量的模，则可记：

$$G' = |G| \cos\delta, \quad G'' = |G| \sin\delta \qquad (8\text{-}82)$$

式（8-81）可写作：

$$\sigma(t) = G'\gamma + \frac{G''}{\omega} \cdot \frac{\mathrm{d}\gamma}{\mathrm{d}t} \qquad (8\text{-}83)$$

G' 为弹性响应的模量，称为储能模量；G''/ω 为黏性响应的黏度，习惯上将 G'' 称为损耗模量，2 个模量合称动态模量。G' 与 G'' 分别为复模量的实部与虚部：

$$G^* = G' + iG'' \qquad (8\text{-}84)$$

复模量的模为：

$$|G| = \frac{\sigma_0}{\gamma_0} = \sqrt{G'^2 + G''^2} \qquad (8\text{-}85)$$

G' 与 G'' 的相对大小反映了 2 种响应对应力贡献的比例，用 $\tan\delta = G''/G'$ 来描述，称作损耗角正切。相角 δ 是模量的模与实轴的夹角，就是图 8-21 中应力导前于应变的角度。$\tan\delta = 0$ 时，没有能量损耗，为理想弹性体。黏弹性材料的 $\tan\delta$ 是个有限值，$\tan\delta$ 越大，能量损耗越大。

G' 与 G'' 都是频率的函数，一般写作 $G'(\omega)$ 和 $G''(\omega)$，二者随频率的变化见图 8-23。对频率的依赖性等价于对时间的依赖性，低频相当于长时间，高频相当于短时间。所以，从图 8-23 中的实线也可以看到 4 个黏弹区段，但与图 8-6 的顺序正好相反。在最低频，$G'(\omega)$ 远低

图 8-23　储能模量与损耗模量随频率的变化

于 $G''(\omega)$，黏性响应主导。2 条曲线在中频区相交，$G'(\omega)$ 高于 $G''(\omega)$，在平台段弹性响应主导。再次相交后进入转变区，$G''(\omega)$ 再次主导。最后在玻璃区 $G'(\omega)$ 水平化为 G_g，而 $G''(\omega)$ 显著下降。损耗模量有两个峰，分别在末端区和转变区，分别对应黏流转变与玻璃化转变。

动态模量的具体表达式要从具体模型求取。将动态应变施加于 Maxwell 模型，微分方程为：

$$\omega\,\gamma_0\cos\omega t = \frac{1}{G}\frac{\mathrm{d}\sigma}{\mathrm{d}t} + \frac{1}{\eta}\sigma \tag{8-86}$$

γ_0 为应变最大振幅。设通解的形式为：

$$\sigma = B\sin\omega t + C\cos\omega t \tag{8-87}$$

$$\frac{\mathrm{d}\sigma}{\mathrm{d}t} = \omega B\cos\omega t - \omega C\sin\omega t \tag{8-88}$$

只需要确定 B 和 C 两个常数即可。将 σ 和 $\mathrm{d}\sigma/\mathrm{d}t$ 代入式（8-86）：

$$\omega\gamma_0\cos\omega t = \frac{1}{G}(\omega B\cos\omega t - \omega C\sin\omega t) + \frac{1}{\eta}(B\sin\omega t + C\cos\omega t) \tag{8-89}$$

令等式两侧三角函数的系数分别相等：

$$\omega\gamma_0 = \frac{\omega B}{G} + \frac{C}{\eta}, \quad 0 = -\frac{\omega C}{G} + \frac{B}{\eta} \tag{8-90}$$

其中第二个方程可写作 $C = B/\omega\tau$，代入第一个方程，解得：

$$B = G\,\gamma_0\,\frac{\omega^2\tau^2}{1 + \omega^2\tau^2}, \quad C = G\,\gamma_0\,\frac{\omega\tau}{1 + \omega^2\tau^2} \tag{8-91}$$

将 B 和 C 代入通解（8-87）并通除以 γ_0，得到模量函数：

$$G(\omega) = \frac{G\,\omega^2\tau^2}{1 + \omega^2\tau^2}\sin\omega t + \frac{G\omega\tau}{1 + \omega^2\tau^2}\cos\omega t \tag{8-92}$$

式中的三角函数仅代表振荡的相位，而真正有意义的是前面的系数，代表材料的黏弹行为。

由是可以定义储能模量与损耗模量：

$$G'(\omega) = \frac{G\,\omega^2\tau^2}{1 + \omega^2\tau^2}, \quad G''(\omega) = \frac{G\omega\tau}{1 + \omega^2\tau^2} \tag{8-93}$$

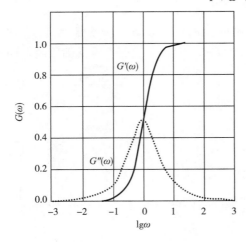

虎克固体的 $G'(\omega) = G$，$G''(\omega) = 0$。牛顿液体的应力与应变差 90°，与应变速率 $\gamma_0\omega\cos(\omega t)$ 同相，$G'(\omega) = 0$，$G''(\omega) = $。黏弹性物质的 $G'(\omega)$，$G''(\omega)$ 响应是类固与类液的混合体。

以动态模量对 $\lg\omega$ 作图所得曲线见图 8-24。储能模量的曲线可与图 8-6 中的模量-时间曲线相对照。这一点在图 8-23 中解释过。有趣的是 $G''(\omega)$ 曲线的峰形，峰顶位于 $\omega\tau = 1$ 的位置。损耗模量的峰与储能模量的台阶一起描述了一个转变的发生，将在下节详述。

与图 8-23 比较，可发现很大的差异。

图 8-24　动态模量对频率的依赖性

必须清楚式（8-93）的基础是 Maxwell 模型，只包含一个松弛时间。而高分子链中则包含很多个松弛时间。图 8-24 与图 8-23 的差别就相当于图 8-7 与图 8-6 的差别。若要用黏弹模型模拟出图 8-23 中的曲线，也必须使用多个或无限个 Maxwell 模型并联才有可能。这里就不展开了。

柔量与模量之间的倒数关系保持于复数量之间，即 $J^* = 1/G^*$：

$$J^* = \frac{1}{G^*} = \frac{1}{G' + iG''} = \frac{G' - iG''}{(G')^2 + (G'')^2} \tag{8-94a}$$

$$= \frac{\left(\dfrac{\sigma_0}{\gamma_0}\right)\cos\delta - i\left(\dfrac{\sigma_0}{\gamma_0}\right)\sin\delta}{\left(\dfrac{\sigma_0}{\gamma_0}\right)^2 \cos^2\delta + \left(\dfrac{\sigma_0}{\gamma_0}\right)^2 \sin^2\delta} = \left(\frac{\gamma_0}{\sigma_0}\right)\cos\delta - i\left(\frac{\gamma_0}{\sigma_0}\right)\sin\delta$$

$$= J' - iJ'' \tag{8-94}$$

与式（8-94a）比较，可以得到：

$$J' = \frac{G'}{(G')^2 + (G'')^2}, \quad J'' = \frac{G''}{(G')^2 + (G'')^2} \tag{8-95}$$

相应地，

$$G' = \frac{J'}{(J')^2 + (J'')^2}, \quad G'' = \frac{J''}{(J')^2 + (J'')^2} \tag{8-96}$$

动态柔量的具体表达式可以从 Kelvin 模型得到。在 Kelvin 模型上施加动态应力 σ，则弹性与黏性响应为：

$$\sigma = \sigma_0 \cos\omega t = G\gamma + \eta\frac{\mathrm{d}\gamma}{\mathrm{d}t} \tag{8-97}$$

σ_0 为应力最大振幅。以下的求解过程与动态模量几乎相同，得到储能柔量与损耗柔量：

$$J'(\omega) = \frac{1}{G(1 + \omega^2 \tau^2)}, \quad J''(\omega) = \frac{\omega\tau}{G(1 + \omega^2 \tau^2)} \tag{8-98}$$

图 8-25 为两个柔量的曲线形状，与相应的模量曲线是镜像对称的。曲线的形状不难理解。低频下运动慢，能量损耗可以忽略。位移主要由弹簧提供，故储能柔量为常数。在式（8-98）中，$\omega \to 0$ 时 $J'(\omega) \to 1/G$。频率增加时，运动加快，应力较平均地分配于弹簧和黏壶。弹性部分变小，黏性部分增加。在很高频率下，黏壶阻力变大，有效抑制了弹簧的运动，黏壶自身运动也有限。位移不大，损耗也不大。故损耗柔量也随 $\omega\tau$ 的增加而下降。由式（8-98），$\omega\tau \to \infty$ 时，$J''(\omega) \to (G\omega\tau)^{-1} \to 0$。

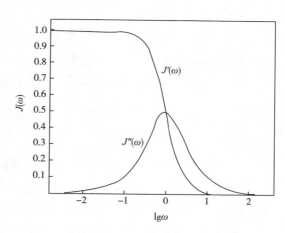

图 8-25　动态柔量对频率作图

通过类似式（8-81）的推导，可以导出复黏度及其实部（实黏度）与虚部（虚黏度）的定义：

$$\eta' = \left(\frac{\sigma_0}{\gamma_0\omega}\right)\sin\delta, \quad \eta'' = \left(\frac{\sigma_0}{\gamma_0\omega}\right)\cos\delta \tag{8-99}$$

将式（8-99）与（8-81）对比，可以得到模量与黏度的实部与虚部之间的关系：

$$G' = \eta''\omega, \quad G'' = \eta'\omega \tag{8-100}$$

以上通过层层推导，得到了令人眼花缭乱的各种黏弹性参数，可以总结为 3 组：模量，包括松弛模量 $G(t)$、储存模量 G' 与损耗模量 G''；柔量，包括蠕变柔量 J，储存柔量 J' 与损耗柔量 J''；黏度，包括零切黏度 η_0，实黏度 η' 与虚黏度 η''；此外还要包括上节提到的平衡柔量 J_e^0。在这众多的参数中，松弛模量 $G(t)$ 居于核心地位。通过 Boltzmann 叠加原理，可以将任何黏弹性参数与 $G(t)$ 联系起来。先来看储存模量与损耗模量。

输入的应变为 $\gamma(t) = \gamma_0\sin(\omega t)$，$\dfrac{\mathrm{d}\gamma}{\mathrm{d}s} = \gamma_0\omega\cos(\omega t)$，代入式 $\sigma(t) = \displaystyle\int_{-\infty}^{t} G(t-s)\dfrac{\mathrm{d}\gamma}{\mathrm{d}s}\mathrm{d}s$

得到：

$$\sigma(t) = \gamma_0\omega\int_{-\infty}^{t} G(t-s)\cos(\omega s)\mathrm{d}s \tag{8-101}$$

作变量代换：$u = t - s$：

$$\sigma(t) = \gamma_0\omega\int_{0}^{\infty} G(u)\cos[\omega(t-u)]\mathrm{d}u \tag{8-102}$$

展开三角函数：

$$\sigma(t) = \gamma_0\omega\int_{0}^{\infty} G(u)(\cos\omega t\cos\omega u + \sin\omega t\sin\omega u)\mathrm{d}u$$

$$\sigma(t) = \gamma_0\omega\cos\omega t\int_{0}^{\infty} G(u)\cos\omega u\mathrm{d}u + \gamma_0\sin\omega t\omega\int_{0}^{\infty} G(u)\sin\omega u\mathrm{d}u$$

$$= \gamma(t)\omega\int_{0}^{\infty} G(u)\sin\omega u\mathrm{d}u + \frac{\mathrm{d}\gamma}{\mathrm{d}t}\int_{0}^{\infty} G(u)\cos\omega u\mathrm{d}u$$

$$= \gamma(t)\omega\int_{0}^{\infty} G(t)\sin\omega t\mathrm{d}t + \frac{\mathrm{d}\gamma}{\mathrm{d}t}\int_{0}^{\infty} G(t)\cos\omega t\mathrm{d}t \tag{8-103}$$

与式（8-83）对比，

$$G'(\omega) = \omega\int_{0}^{\infty} G(t)\sin\omega t\mathrm{d}t \tag{8-104}$$

$$G''(\omega) = \omega\int_{0}^{\infty} G(t)\cos\omega t\mathrm{d}t \tag{8-105}$$

频率极低时，$\sin\omega t \approx \omega t$，$\cos\omega t \approx 1$：

$$G'(\omega) = \omega\int_{0}^{\infty} G(t)\sin\omega t\mathrm{d}t \approx \omega^2\int_{0}^{\infty} tG(t)\mathrm{d}t \tag{8-106}$$

$$G''(\omega) \approx \omega\int_{0}^{\infty} G(t)\mathrm{d}t = \eta_0\omega \tag{8-107}$$

动态黏度：

$$\lim_{\omega\to0}\eta'(\omega) = \eta_0, \quad \lim_{\omega\to0}\frac{\eta''(\omega)}{\omega} = \int_{0}^{\infty} tG(t)\mathrm{d}t \tag{8-108}$$

零切区域的动态柔量需要经过以下的推导。牛顿流体 $\sigma = \eta_0\dfrac{\mathrm{d}\gamma}{\mathrm{d}t}$，施以动态应力 $\sigma = \sigma_0\sin\omega t$，则应变 $\gamma = J^*\sigma_0\sin\omega t$。对应变求导并代入牛顿黏度公式：

$$\sigma_0\sin\omega t = \eta_0 J^*\sigma_0\sin\omega t \tag{8-109}$$

$$J^* = \frac{1}{\eta_0\omega} \tag{8-110}$$

因牛顿流体中的柔量纯粹为损耗项，这个值就是复柔量中的 J''。如果是黏弹性流体，柔量的实部就是平衡柔量，处于零切范围时：

$$J^* = J_e^0 - \frac{i}{\eta_0 \omega} \tag{8-111}$$

可知当 $\omega \to 0$ 时，平衡柔量即为储存柔量，而损耗柔量为零切黏度所控制，即：

$$J'(\omega \to 0) = J_e^0, \quad J''(\omega \to 0) = 1/(\eta_0 \omega) \tag{8-112}$$

下面来求平衡柔量 J_e^0 与松弛模量 G (t) 的关系。取复柔量的倒数求复模量：

$$G^* = \frac{1}{J^*} = \frac{1}{J_e^0 - i/(\eta_0 \omega)}$$

$$= \frac{J_e^0 + i/(\eta_0 \omega)}{(J_e^0)^2 + 1/(\eta_0 \omega)^2} = \frac{J_e^0 (\eta_0 \omega)^2 + i(\eta_0 \omega)}{(J_e^0)^2 (\eta_0 \omega)^2 + 1} \tag{8-113}$$

当 $\omega \to 0$ 时，分母第一项必然远小于 1，于是得到：

$$G^*(\omega \to 0) = J_e^0 (\eta_0 \omega)^2 + i(\eta_0 \omega) \tag{8-114}$$

$$G'(\omega \to 0) = J_e^0 (\eta_0 \omega)^2 \tag{8-115}$$

将此式与式（8-108）联立，再结合式（8-100）：

$$J_e^0 \eta_0^2 = \int_0^\infty t G(t) \, \mathrm{d}t \tag{8-116}$$

这样就将平衡柔量与松弛模量联系起来：

$$J_e^0 = \frac{1}{\eta_0^2} \int_0^\infty t G(t) \, \mathrm{d}t \tag{8-117}$$

而平衡柔量与零切黏度的乘积是 2 个积分之比，这个比值定义了一个时间 $\bar{\tau}$，称作平均黏弹松弛时间。

$$\bar{\tau} = J_e^0 \eta_0 = \frac{\int_0^\infty t G(t) \, \mathrm{d}t}{\int_0^\infty G(t) \, \mathrm{d}t} \tag{8-118}$$

由于柔量是模量的倒数，式（8-119）再次证明了松弛时间等于黏度与模量之比。但该式与式（8-76）类似，解释都不够直白。到第 10 章，我们将会看到一个简单、直白的解释。

在无缠结熔体中，$\bar{\tau}$ 与相对分子质量的平方成正比，在缠结熔体中，与相对分子质量的 3.4 次方成正比。因 J_e^0 为平台高度，与相对分子质量无关，而零切黏度与相对分子质量的 3.4 次方成正比。而在无缠结熔体中，平衡柔量与零切黏度都与相对分子质量的一次方成正比。

8.5　损耗与阻尼

橡胶是典型的黏弹性固体，可以通过橡胶样品的拉伸和回缩过程观察弹性响应与黏性响应的不同贡献。如图 8-26 所示，应变先从零增大到 γ，再从 γ 减小到零。如果样品是理想橡胶，链段运动不受任何阻力，则只有弹性响应而无黏性响应，应力与应变的平衡是瞬时的且为线性关系，σ-γ 关系曲线就是 OA 线。但实际橡胶中存在内阻，拉伸与回缩过程都不可能与外加应变同步。拉伸过程中，外加应变引起的应力高于平衡值，应力线始终高于平衡线 OA；回缩过程等于负应变的施加过程，引起的响应与拉伸过程正好相反，样品的应力低于平衡值。应力松弛需要时间，故出现平衡态的滞后，拉伸与回缩过程的 σ-γ 线不是重复地在 OA 线上移动，而是画出了一个闭合环，称作滞后环。

　　从能量的角度分析，我们可以得出滞后环的物理意义。当应变从零增大时，外力对样品做的功一部分被储存，其大小相当于 OA 线下的三角形面积；另一部分用于克服内阻做功，相当于 $O1AO$ 的弓形面积，以热能形式耗散。开始回缩时，能够释放的只有 OA 线下三角形面积的能量。同样由于运动的阻力，释放的能量中必须有一部分用于克服内阻，$OA2O$ 弓形面积的能量被转化为热能耗散，故实际向环境释放的能量仅为 $A2O$ 线下的面积。应变每变化一周，就会有 $O1A2O$ 环形（滞后环）面积中的能量被耗散，这一现象称为力学损耗，亦称内耗。

　　应变与应力的公式是个椭圆的参数方程：

$$\gamma(t) = \gamma_0\sin\omega t, \quad \sigma(t) = \sigma_0\sin(\omega t + \delta) \tag{8-119}$$

　　可由参数 t 的值画出一个椭圆，故完整的动态应力–应变曲线是个椭圆形的滞后环，如图 8-27。应力每变化一周，椭圆所代表的能量 ΔW 不可逆地转化为热能。椭圆的面积为：

$$\Delta W = \int_{t_0}^{t_0+T} \sigma \mathrm{d}\gamma = \int_{t_0}^{t_0+T} \sigma \frac{\mathrm{d}\gamma}{\mathrm{d}t}\mathrm{d}t \tag{8-120}$$

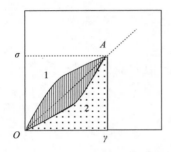

图 8-26　橡胶样品的动态应力应变关系

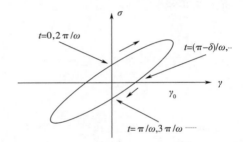

图 8-27　完整动态应力–应变滞后环

其中 t_0 为起点时间，$T = 2\pi/\omega$ 为振荡周期。代入式（8-120）中的应变与应力形式：

$$\Delta W = \omega\sigma_0\gamma_0\int_{t_0}^{t_0+T}\sin(\omega t + \delta)\cos(\omega t)\mathrm{d}t$$

$$= \frac{1}{2}\omega\sigma_0\gamma_0\int_{t_0}^{t_0+T}\left[\sin(2\omega t + \delta) + \sin\delta\right]\mathrm{d}t$$

$$= \frac{1}{2}\omega\sigma_0\gamma_0\left[-\frac{\cos(2\omega t + \delta)}{2\omega} + t\sin\delta\right]_{t_0}^{t_0+T} \tag{8-121}$$

代入 $t_0 = 0$，得到：

$$\Delta W = \pi\sigma_0\gamma_0\sin\delta \tag{8-122}$$

这是滞后环的通用方程。根据受力形式，可导出不同条件下具体的耗散方程：

a）等应变状态 ［图 8-28（a）］：$\gamma_{01} = \gamma_{02} = \gamma_{03} = \cdots$

$$\Delta W = \pi\gamma_0^2 G_0\sin\delta = \pi G''\gamma_0^2 \tag{8-123}$$

可知等应变状态下损耗模量为决定性的量：

$$\frac{\Delta W_1}{\Delta W_2} = \frac{G''_1}{G''_2} \tag{8-124}$$

b）等应力状态 ［图 8-28（b）］：$\sigma_{01} = \sigma_{02} = \sigma_{03} = \cdots$

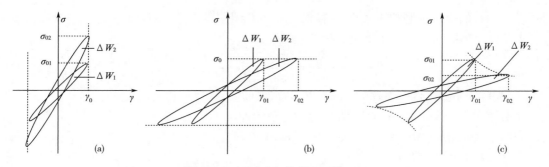

图 8-28　不同受力状态下的滞后环

$$\Delta W = \frac{\pi \sigma_0^2 \sin\delta}{G_0} = \pi J'' \sigma_0^2 \tag{8-125}$$

可知等应力状态下损耗柔量为决定性的量：

$$\frac{\Delta W_1}{\Delta W_2} = \frac{J''_1}{J''_2} \tag{8-126}$$

c) 等能量状态［图 8-28（c）］：$(\gamma_0 \sigma_0)_1 = (\gamma_0 \sigma_0)_2 = (\gamma_0 \sigma_0)_3 = \cdots$

$$\Delta W = \pi \gamma_0 \sigma_0 \sin\delta \tag{8-127}$$

恒能状态下相角决定损耗能量：

$$\frac{\Delta W_1}{\Delta W_2} = \frac{\sin\delta_1}{\sin\delta_2} \approx \frac{\tan\delta_1}{\tan\delta_2} \tag{8-128}$$

　　应力或应变经历一个完整循环时，储存的能量为零，因为材料又回到了初始状态。在每个周期中，总是发生能量的储存从零到最大值，然后又完全释放。将 $\sigma \mathrm{d}\varepsilon$ 从零到最大应力积分，即可求出每周期储存的最大能量。这样的积分区域就是 1/4 个周期，从 $t_1 = -\delta/\omega$（此处 $\sigma = 0$）到应力最高点的 $t_2 = t_1 + \pi/2\omega$，见图 8-29。

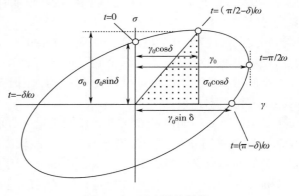

图 8-29　最大储能计算

　　将积分限 t_1 与 t_2 代入式（8-121），可求得：

$$W = \sigma_0 \varepsilon_0 \left[\frac{\cos\delta}{2} + \frac{\pi}{4}\sin\delta \right] \tag{8-129}$$

其中第二项为 $\pi \sigma_0 \varepsilon_0 \sin\delta/4$，刚好是每周能量损耗的 1/4；而第一项为图 8-29 中阴影面积，可认为是储存的能量 $W_s = \sigma_0 \varepsilon_0 \cos\delta/2$。弹性材料 $\delta = 0$，$W_s = \sigma_0 \varepsilon_0/2$。滞后角 δ 越大，储存的能量越少。定义阻尼因子为储存的能量与每周能量损耗的 1/4 之比：

$$\frac{\Delta W}{W_s} = \frac{\pi}{2}\tan\delta \tag{8-130}$$

可知线性黏弹材料的阻尼能力仅取决于损耗角正切，测定阻尼能力就是测定 $\tan\delta$。

不仅阻尼性质，冲击过程中的能量损耗也由损耗角正切所决定。一个黏弹性材料的球从高度 h_d 坠落在坚硬的地板上。在冲击过程中，初始势能 mgh_d 中一部分转化为动能 $1/2mv^2$ 被消耗了，剩余的少量能量被储存。储存的能量又转化为动能使球反弹，到达一个高度 $h_r <$ h_d，又转化为势能 mgh_r，2 个高度之比为：

$$f \equiv \frac{h_r}{h_d} = \frac{mgh_r}{mgh_d} = \frac{W_s}{W_s + W_d} \tag{8-131}$$

其中 W_s 为冲击过程中储存的能量，W_d 为损耗的能量。

冲击过程可以近似为半个周期的应力–应变曲线，如图 8-30。在 $[0,\ \pi/\omega]$ 或 $[-\delta/\omega,\ (\pi - \delta)/\omega]$ 区间积分，得到损耗能量：

$$W_d = \frac{1}{2}\sigma_0 \varepsilon_0 [\cos\delta + \pi\sin\delta] \tag{8-132}$$

由于储存的能量为 $W_s = \sigma_0 \varepsilon_0 \cos\delta/2$，可定义"冲击损耗因子"为：

$$f = \frac{W_d}{W_s + W_d} \approx \frac{W_d}{W_s} = 1 - \pi\tan\delta \tag{8-133}$$

式（8-133）表明了冲击过程中能量损耗由损耗角正切所决定。以上过程仅是大略估算，至少忽

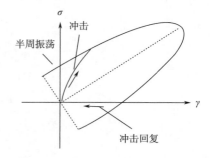

图 8-30　冲击能近似为半个滞后环

略了空气的阻力与摩擦，声能的辐射。此外，实际冲击过程中，应力与应变的初始值都是零。而利用滞后环进行分析时，令一项为零，另一项必为有限值，多少会造成一些误差。

在以上的讨论中我们得知 $\tan\delta$ 是动态载荷下能量损耗的决定性因素。$\tan\delta = G''/G'$，而由式（8-93）可得到 $\tan\delta = 1/(\omega\tau)$ 的关系。松弛时间是温度的函数，所以能量损耗的决定因素是温度和频率。

当然实际情况不可能这样简单。因式（8-93）得自只有一个松弛时间的 Maxwell 模型，不能描述真实的聚合物体系。欲全面了解聚合物在各种温度和频率下的能量损耗与储存行为，需要使用动态黏弹谱仪进行系统测定，称作扫描。可以固定频率进行温度扫描，也可以固定温度进行频率扫描。

频率扫描时，储能模量 G' 的变化形同模量–时间曲线，不再赘述，值得注意的是损耗模量 G'' 与损耗角正切 $\tan\delta$ 的变化趋势，在较低和较高频率都保持低水平，在过渡区出现一个峰。二者的物理意义相近，故这里只讨论 $\tan\delta$。因在玻璃化转变附近的主要运动单元是链段，故 $\tan\delta$ 反映的是链段克服内阻运动时消耗的能量。运动阻力可以用松弛时间 τ 来度量，而运动量用频率 ω 度量。τ 具有时间量纲，而 ω 是单位时间应变（或应力）变化的弧度，可近似为周数，二者的乘积 $\omega\tau$ 反映了松弛时间 τ 内变化的周数，可以同时描述运动阻力与运动量。温度不变时，τ 是个常数，$\omega\tau$ 由频率控制。在低频率下 $\omega\tau \ll 1$，链段有充裕的时间松弛应力，外力的方向尚未逆转而链段运动已经完成，体系接近平衡态，故损耗不大；在高频率下 $\omega\tau \gg 1$，外力方向的变化极快，链段尚未运动而外力方向已经逆转，运动量非常有限，损耗也不大。而当 $\omega\tau = 1$ 的中间频率下，在每个松弛时间之内，链段都跟随外力变化一周，始终处于克服阻力的运动之中，故出现损耗的最大值。根据峰位上 $\omega\tau = 1$ 的规律，可以进行松弛时间的测定。

在实际工作中，更多的是研究温度对 G'、G'' 与 $\tan\delta$ 的影响，这显然是由于变化温度比变化频率容易得多。温度对 G'' 与 $\tan\delta$ 的影响也可以通过对 $\omega\tau$ 的讨论得出。固定频率时，ω 是常数，$\omega\tau$ 由温度控制。低温下 τ 很大，$\omega\tau \gg 1$，链段运动量很小，故损耗不大；高温下 τ 很小，$\omega\tau \ll 1$，损耗也不大。恰好处于某一个温度时 $\omega\tau = 1$，会出现损耗的峰值。$\omega\tau = 1$ 处 τ

值对应的温度就是链段运动启动或冻结的玻璃化转变，可以从 G'' 或 tanδ 对温度的谱图上最大的峰值确定。这样，由 G'' 或 tanδ 的峰位可以测定玻璃化温度，且这种方法是测定灵敏度最高的方法。

动态黏弹谱仪不仅可以测定链段运动启动（冻结）的玻璃化温度，还可以测定小单元运动启动（冻结）的转变温度。不同的聚合物含有不同种类的小单元。以 PMMA 为例（图 8-31），除了链段运动之外，还可以有 α-甲基绕与主链连接键的旋转，酯基绕 C—C 键的旋转，以及酯甲基绕 C—O 键的旋转等。小单元的运动各有其松弛时间，各有其启动温度（即转变温度）。因重要性不如玻璃化转变，小单元的转变统称次级转变或次级松弛。次级转变的温度都低于玻璃化温度。小单元的运动也需要克服内部阻力，所以在每个次级转变温度也都会出现 G'' 或 tanδ 的峰值，如图 8-32 的聚苯乙烯的 tanδ-温度谱图。

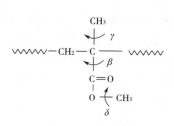

图 8-31　聚甲基丙烯酸甲酯的次级转变

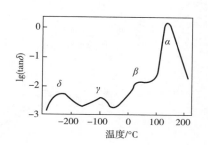

图 8-32　聚苯乙烯的次级转变[2]

由于不同聚合物中的次级转变千差万别，不能用统一的命名加以识别。习惯的做法是按照峰温度的高低用希腊字母标识。温度最高的峰为玻璃化转变，标为 α，其他的峰依次标识为 β，γ，δ 等。聚苯乙烯的 β 转变据认为是苯基绕主链的运动，γ 峰为头头结构处两个苯环的协同振动，而 δ 峰归属于苯环绕与主链连接键的转动。

8.6　介电响应

考虑一个电容系统。在两块金属极板（图 8-33）之间施加一个电场 E。如果板间为真空，极板上电荷密度为 D_0。单位电场强度下的电荷密度 $\varepsilon_0 = D_0/E$ 即为真空电容率，其值为 8.85×10^{12} F/m。

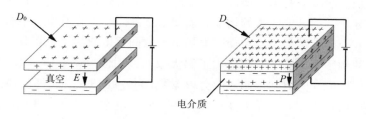

图 8-33　平板电容系统

如果有电介质存在于两极板之间，极板的电容会因此而增大。电荷密度从 D_0 增大到 D，电容率从 ε_0 增加到 $D/E = \varepsilon_d$。电荷密度的增大是由于电介质中电荷的位移所致，即正电荷向负极板靠近，负电荷向正极板靠近，故电荷密度又称介电位移，其增大量记作极化率 P：

$$P = D - D_0 \tag{8-134}$$

描述电介质极化程度的物理量称作相对介电常数，为电介质存在下的电容率 ε_d 与真空电容率 ε_0 之比：

$$\varepsilon_r = \varepsilon_d / \varepsilon_0 \tag{8-135}$$

这个比值又同时是介电位移之比，即 $\varepsilon_r = D/D_0$。故我们又有：

$$D = \varepsilon_0 \varepsilon_r E \tag{8-136}$$

因本章的讨论内容只限于相对介电常数，如非必要，将省略"相对"二字。

电介质中的极化可以有多种形式，大致可以分为电子极化、离子极化和取向极化 3 种。

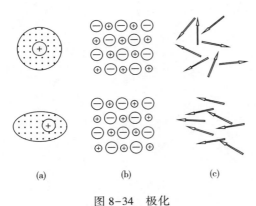

图 8-34　极化
（a）电子极化　（b）离子极化　（c）取向极化

（1）电子极化　原子由原子核和围绕它的电子组成。原子核带正电，电子带负电。如果没有电场作用，正电与负电的中心是重合的，纯粹共价键分子的正、负电荷中心也是重合的。如果将原子或分子置于电场下，就会发生电子云中心的偏移。原子核虽也会发生位移，但与电子云的位移相比是微不足道的，所以这种极化称为电子极化［图 8-34（a）］。

（2）离子极化　许多陶瓷材料的结构单元是离子。例如人们熟知的氯化钠，是由带正电的钠离子和带负电的氯离子组成的。无电场作用时，正离子和负离子的电荷中心是重合的。在电场作用下，正离子会向负极运动，负离子向正极运动，在材料内形成一个偶极矩，即发生了极化［图 8-34（b）］。此类极化是因离子的运动产生的，故称离子极化。

（3）取向极化　如果分子中极性键的排列不对称，就形成一个永久偶极。例如在水分子中，氧原子带负电，且 O—H 键的键角固定为 105°，分子中正电与负电的中心不重合，就产生一个永久偶极。无电场作用时，偶极的方向在空间是无规分布的，材料整体呈电中性；在电场作用下，偶极会沿电场方向取向而产生极化。这种因永久偶极取向而产生的极化称为取向极化［图 8-34（c）］。

电子极化与离子极化都使材料内部结构发生变形，统称为变形极化。变形极化与取向极化间有一重要差别。前者只有电子或离子的运动，所需时间极短，一般情况下可认为是瞬时的；而后者涉及分子的部分或整体的运动，需要一定的时间。在静电场下分子有充分的时间实现完全取向，故介电常数最高。在交变电场下的取向程度取决于电场频率与取向时间的相对数值。在很低的频率下，频率的倒数大于偶极取向的时间，则介电常数与静电场下相同。如果频率较高，偶极取向受时间限制，故介电常数随频率的升高而下降。在很高的频率下，取向极化根本不可能发生，只能发生变形极化，此时介电常数最低。我们将静电场下发生的极化记作 P_s，介电常数记作 ε_s，极高频率下的介电常数记作 ε_∞。图 8-35 描述了材料的介电常数由最大值 ε_s 随频率升高降低到 ε_∞ 的过程。

这样我们知道，在变形极化基础上发展的取向极化为：

$$P = \varepsilon_0(\varepsilon_s - \varepsilon_\infty)E = \varepsilon_0 \Delta\varepsilon E \tag{8-137}$$

$\Delta\varepsilon$ 称作介电强度。在极板上一步施加电场，极化依赖时间发展，当前极化与最大极化率 P_s 间的差距为 $P_s - P(t)$，假设为一级过程：

$$\frac{\mathrm{d}P}{\mathrm{d}t} = \frac{1}{\tau}[P_s - P(t)] \tag{8-138}$$

τ 是极化松弛时间，本质上是一级反应常数的倒数。这样的过程称 Debye 过程，它的含义是体系中只有一种偶极发生极化，只有一个松弛时间。式（8-137）中 ε_0，ε_∞，$\Delta\varepsilon$ 也都是关于单松弛过程定义的。如果体系中有多于一个松弛过程，每个松弛过程都要定义各自的参数。

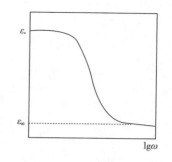

图 8-35　介电常数随频率的变化

如果电场为：

$$E(t) = E_0 \exp(i\omega t) \tag{8-139}$$

结合式（8-137），解得介电位移谱为：

$$D(\omega) = \frac{\varepsilon_0(\varepsilon_s - \varepsilon_\infty)}{1 + i\omega\tau}E(\omega) + \varepsilon_0\,\varepsilon_\infty E(\omega) \tag{8-140}$$

据式（8-138）：

$$\varepsilon_r = \frac{\varepsilon_s - \varepsilon_\infty}{1 + i\omega\tau} + \varepsilon_\infty \tag{8-141}$$

将 ε_r 拆分为实部与虚部，得到 Debye 方程：

$$\varepsilon' = \frac{\varepsilon_s - \varepsilon_\infty}{1 + \omega^2\tau^2} + \varepsilon_\infty, \quad \varepsilon'' = \frac{\varepsilon_s - \varepsilon_\infty}{1 + \omega^2\tau^2}\omega\tau \tag{8-142}$$

常常将 ε' 和 ε'' 写作复介电常数的实部和虚部：

$$\varepsilon^* = \varepsilon' - i\varepsilon'' \tag{8-143}$$

复平面上 ε^* 与 ε' 的夹角 δ 的正切称为损耗因子：$\tan\delta = \varepsilon''/\varepsilon'$。图 8-36 中规定了这些物理量之间的关系。

虽然 ε' 为复介电常数的实部，人们习惯把它当作介电常数本身，往往省略 ε' 中的一撇，将实介电常数记作 ε。在交变电场下，电介质中的电流可分为 2 种：一种是电容电流，与电场的相位相差 90°，在电容的充放过程中不做功，不消耗能量。由其产生的极化由介电常数 ε 代表；另一种是电阻电流，即电介质中的电荷因极化而做往复运动，与电场的相位相同，故会消耗能量，其表现形式就是介电损耗 ε''。

介电常数与介电损耗随频率的变化如图 8-37 所示。介电损耗是取向极化的结果。由于取向极化要克服电介质的内阻，不能严格跟随电场的变化，所以不仅依赖于频率，还依赖偶极的松弛时间，这一点同力学损耗极为相似（对比图 8-30）。当 $1/\omega \gg \tau$ 时，取向极化几乎与电场同步，介电损耗很小；$1/\omega \ll \tau$ 时，取向极化难以发生，介电损耗也很小。在 $1/\omega = \tau$ 即 $\omega\tau = 1$ 处，介电损耗出现极大值。图 8-37 描述了 ε'' 和 $\tan\delta$ 随 ω 变化出现极大值的情况。

如果聚合物中只存在一种偶极，就可以用式（8-142）和图 8-37 描述，单个的松弛过程称作 Debye 过程。但聚合物的长链分子一般都存在多种偶极，都不是单松弛过程，而会出现若干个松弛，每个松弛有各自的松弛强度与松弛时间，ε'' 随频率变化时就会出现多个极大值而不是一个。

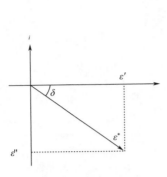
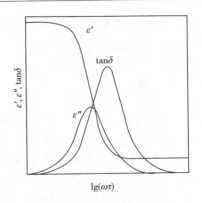

图 8-36　复介电常数　　　　图 8-37　介电常数与介电损耗随频率的变化

检验一个体系是否符合 Debye 松弛最有效的方法是 Cole-Cole 作图。在式（8-142）的两个等式之间消去 $\omega\tau$ 便得到下列方程：

$$\left(\varepsilon' - \frac{\varepsilon_s + \varepsilon_\infty}{2}\right)^2 + \varepsilon''^2 = \left(\frac{\varepsilon_s - \varepsilon_\infty}{2}\right)^2 \tag{8-144}$$

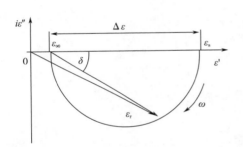

图 8-38　Cole-Cole 作图

这是一个圆的方程。以 ε'' 为纵坐标，以 ε' 为横坐标作图便得到一个半圆，半径为 $(\varepsilon_s - \varepsilon_\infty)/2$，原点在 $\{(\varepsilon_s - \varepsilon_\infty)/2, 0\}$（图 8-38）。如果图形偏离半圆，表明该体系偏离 Debye 松弛。

Cole-Cole 作图还方便了 $\Delta\varepsilon$ 和 τ 两个参数的确定。理论上松弛时间可以由损耗极大值或介电常数曲线的拐点确定；松弛强度乃是 $\omega \to 0$ 与 $\omega \to \infty$ 处 $\varepsilon'(\omega)$ 的差距。但实际工作中很难确定 $\Delta\varepsilon$ 和 τ，因为真实介电谱线比 Debye 谱线要宽，其真实形状也极不规则。由于技术原因，实测频率范围也是有限的。而利用 Cole-Cole 作图，测定中间频率的一段 ε' 和 ε'' 在复平面上作图，将半圆外推到 ε_s 和 ε_∞。由式（8-145）和图 8-38 得到松弛时间：

$$\tan\delta = \frac{\varepsilon''}{\varepsilon' - \varepsilon_\infty} = \omega\tau \tag{8-145}$$

液体和固体的介电响应一般大大偏离 Debye 类型。损耗最大值非对称且不规则变宽。因为 Debye 过程不包括粒子相互作用，只适用于气体或稀溶液。为了实验数据的描述与比较，需要对 Debye 方程进行修正。但修正不能改变 $\Delta\varepsilon$ 和 τ 的原有意义，同时又能够描述损耗峰的不对称性和宽度。人们提出过多种修正方法，其中包括 Cole-Cole 修正方程[4]：

$$\varepsilon_r = \varepsilon_\infty + \frac{\varepsilon_s - \varepsilon_\infty}{1 + (i\omega\tau)^\beta} \quad 0 < \beta \leqslant 1 \tag{8-146}$$

Davidson-Cole 修正方程[5]：

$$\varepsilon_r = \varepsilon_\infty + \frac{\varepsilon_s - \varepsilon_\infty}{(1 + i\omega\tau)^\gamma} \quad 0 < \gamma \leqslant 1 \tag{8-147}$$

灵活性最高的是 Havriliak-Negami（HN）方程[6-7]：

$$\varepsilon_r = \varepsilon_\infty + \frac{\varepsilon_s - \varepsilon_\infty}{[1 + (i\omega\tau)^\alpha]^\beta} \tag{8-148}$$

$0 < \alpha \leq 1$ 与 $0 < \beta \leq 1$ 为形状因子，都没有物理意义。现在描述松弛过程需要 4 个参数：松弛强度，松弛时间以及 2 个形状因子。一般是使用最小二乘法将损耗函数的数据拟合于 HN 方程，称作 HN 分析。这种方法特别适用于将 2 个重叠的松弛过程分离，或将低频端的电导项分离开。如图 8-39，可看到高频端的 α 松弛、低频处的标准模式松弛以及低频端的电导信号。

α 松弛与标准模式松弛的关系就像力学测试中玻璃化转变与末端流动的关系，即链段运动与整链运动的关系，可以参照图 8-23 中 $G''(\omega)$ 曲线的两个峰。但在介电测试中，检测到的是偶极的松弛而不是结构单元的松弛。是什么样的偶极呢？聚合物结构中的偶极一般都具有垂直分量 $p_\perp$ 与平行分量 $p_\parallel$，如图 8-40。在电场作用下，相同的分量会进行叠加，或称重组。由于高分子链几何形状的不对称性，垂直分量的叠加程度十分有限，不会超过分子链的侧向尺寸，所以发生 α 松弛的本质只是分子链的侧向运动，是链段级的运动，所以 α 松弛时间与玻璃化转变的松弛时间同数量级。而偶极的平行分量会沿轮廓长度方向进行大规模重组，其叠加的长度可达到分子链长度的数量级。所以标准模式松弛相当于力学测试中的整链运动，其松弛时间就是"构象完全重组所需时间"（Strobl）。

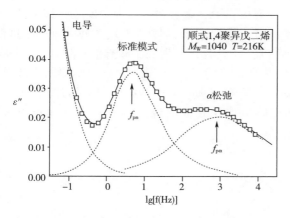

图 8-39　介电损耗对频率作图，分离出 α 松弛，
标准模式与电导信号

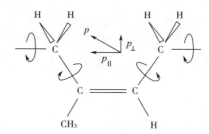

图 8-40　聚异戊二烯中偶极的
垂直与平行分量

了解了标准模式松弛的本质，我们可以说，并不是所有极性聚合物都具有标准模式松弛。首先，偶极没有平行分量的聚合物没有标准模式松弛，如聚乙烯醇[8]。其次，相对分子质量太低的聚合物也没有标准模式松弛，因为其平行分量不能叠加到足够的长度。如相对分子质量为 4000 的 PPO 显示清晰的标准模式松弛，而相对分子质量为 400 的 PPO 就检测不到[9]。

以上讨论的都是固定温度作频率扫描的情况。也可固定频率作温度扫描。以 ε'' 或 tgδ 对温度作图，就会得到多个峰组成的谱图，每个峰代表一种结构单元的运动的启动或冻结。同力学测试类似，将每个峰所代表的转变称作一个介电松弛，这种谱图就称为介电松弛谱。

介电松弛谱与力学松弛谱一样，是研究次级转变的手段之一。介电峰的标记方法也同力学松弛一样，将温度最高的峰记为 α，以下依次为 β，γ，$\delta\cdots$，聚合物不同，损耗峰所代表的转变机理也不同。图 8-41 为聚四氟乙烯和聚丙烯的介电松弛谱[10]。

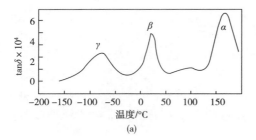 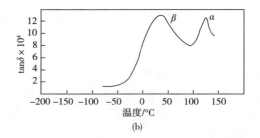

图 8-41　介电松弛谱

（a）聚四氟乙烯，10^4 Hz　　（b）聚丙烯，10^4 Hz

　　与动态力学方法相比，介电方法灵敏度更高，可使用的频率范围更宽。动态力学法能够使用的频率不超过 1000 Hz，而介电方法覆盖的频率范围从低频的 10^{-4} Hz 到光频的 10^{14} Hz。介电方法不仅能够测到小尺寸运动单元的运动，还可以测到支化点、晶格缺陷等处的松弛过程。例如聚乙烯晶格中的 α 转变只能用介电方法才能够清晰检测到。

　　图 8-42 为 2 种聚乙烯的介电与力学松弛谱的比较。4 条谱线都出现 α、β、γ 3 个主要的松弛峰，但相对强度不同，峰位也不尽相同。γ 峰是 5~7 个单键进行同轴旋转的曲柄运动，β 峰为无定形区的玻璃化转变。α 峰代表一种晶区特有的构象扭曲运动，称作晶区 α 转变，发生在玻璃化温度与熔点之间。在该转变温度以上，聚合物晶体中会发生一种运动，即分子链的扭曲缺陷沿着分子链的方向往复扩散，在聚乙烯晶体中表现为锯齿平面的扭转（图 8-43）。因发生于晶格之内，外力作用不到，故只有介电测试能够清晰检测到。由图 8-42 可以看到，由于 PE-HD 的结晶度高，故它的 α 峰明显强于 PE-LD。力学测试不能反映晶区中的运动，只能检测无定形区中被带动的分子链运动。PE-LD 由于结晶度低，可观察到一个明确的峰；而 PE-HD 中链段运动受限，其 α 转变就像玻璃化转变一样难以被探测到。

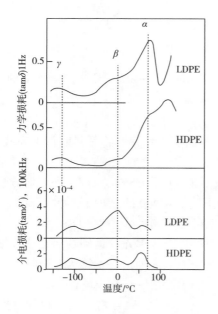 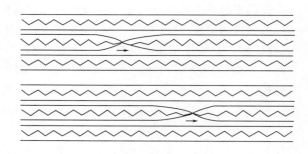

图 8-42　2 种聚乙烯介电与力学松弛谱的比较[11]　　　　图 8-43　聚乙烯晶体中的 α 转变

作为本节的结尾，我们需要说明动态力学响应与介电响应的相似性。事实上，材料对力学激励和电学激励的响应在许多方面是等价的。在动态力学领域，弹簧与黏壶的各种组合为我们提供了研究应力松弛与蠕变的多种方式。而在电学领域，电容与电阻的组合完全可以进行平行的模拟。弹簧的柔量等价于电容，黏壶的黏度等价于电阻。机械能储存于弹性元件而耗散于黏性元件，电能储存于电容而耗散于电阻。

本节中对复介电常数的推导过程完全适用于复柔量的推导：当应力 σ 突加于一个 Kelvin 模型时，应变的发展是一个一级过程，即速率正比于即时应变与极限值的差距成正比：

$$\frac{d\gamma}{dt} = -\frac{1}{\tau}\left[\gamma(t) - \Delta J\sigma\right] \tag{8-149}$$

ΔJ 为蠕变强度。代入 $\sigma(t) = \sigma_0 \exp(i\omega t)$，$d\gamma/dt = -(1/\tau)\left[\gamma(t) - \Delta J\sigma_0\exp(i\omega t)\right]$，解出动态柔量为：

$$J^*(\omega) = \frac{\Delta J}{1 + i\omega t} \tag{8-150}$$

这个动态柔量的公式也称作 Debye 过程，其实部与虚部分别为：

$$J^*(\omega) = J' - iJ'' = \frac{\Delta J}{1 + \omega^2\tau^2} - i\frac{\Delta J\omega\tau}{1 + \omega^2\tau^2} \tag{8-151}$$

结果与 8.4 节的复柔量完全等价，且与本节的复介电常数完全一致。此外，用于描述介电常数的模型式（8-146）~（8-148）也完全可以适用于蠕变。

在力学与电学的平行类比过程中，静态过程对应静电场，动态过程对应交流电场。唯一需要注意的是并联与串联是相反的，即力学中的串联变成电路时要变成并联。具体的对应因素见表 8-2。

表 8-2　　　　　　　　　　**力学模型与电路模型的对应关系**

力学	电路		力学	电路
应力	电动力		黏度	电阻
应变	电量	Maxwell 模型	串联	并联
应变速率	电流	Kelvin 模型	并联	串联
柔量	电容			

8.7　时温等效原理

高分子材料有一个不同于其他材料的弱点，就是老化。在高分子材料的工程设计中经常要问到的一个问题是：使用寿命有多长？要用数据回答这个问题，就需要进行加速老化实验：就是在比实际使用温度高很多的条件下监测性能变化的过程，得到一条性能-时间曲线，再将高温下的曲线转换为使用温度下的曲线。这样就完整地回答了使用寿命的问题。在解决使用寿命的问题的过程中，我们应用了这样一个原理，同样一个过程，低温下进程慢，高温下进程快。与其说是原理，不如说是常识，高端如空间探索，低端如泡方便面，无不体现着这个原理。

把技术语言换成科学语言，就是时温等效：温度高等效于时间长，温度低等效于时间

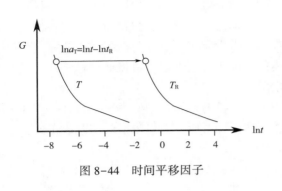

$$\ln a_T = \ln t - \ln t_R$$

图 8-44　时间平移因子

短。以最简单的应力松弛过程为例，图 8-44 为不同温度下两段应力松弛曲线。因出自同样的数理模型，不同温度下的曲线形状基本相同。但因松弛时间不同，模量完成同样松弛过程的时间标尺就不同。但如果在时间坐标上进行平移，就能够将一个温度下的曲线转换为另一个温度下的。移动的方向很容易确定：如果从高温向低温移动，松弛时间变长，则向长时间方向（向右）移动，从低温移向高温则向左移动。那么，任意温度 T 下的曲线要在时间标尺上移动多少距离才能转变成参考温度 T_R 下的曲线呢？

时间标尺的移动可以记作不同温度下的时间比 $t/t_R \equiv a_T$。这个时间比，也就是任意温度 T 向参考温度 T_R 在时间轴上的移动量，称作时间平移因子。为求出 a_T 因子，让我们回顾应力松弛公式（8-22）：$G(t) = G_0\, e^{-t/\tau}$。可以看出，一个过程的完成并非依赖绝对时间，而是依赖相对时间，即观察时间 t 与松弛时间 τ 之比：t/τ。不同温度下松弛时间不同，欲在不同温度下欲完成同一过程，就必须满足：

$$\frac{t}{\tau} = \frac{t_R}{\tau_R} \Rightarrow \frac{t}{t_R} = \frac{\tau}{\tau_R} \tag{8-152}$$

可知时温等效背后的原理就是松弛时间。求平移因子的问题转化为求松弛时间之比。最简单的方法自然是 Arrhenius 公式：

$$\tau = \tau_0 \exp\!\left(\frac{\Delta E}{RT}\right) \tag{8-153}$$

很容易求得：

$$\ln a_T = \ln \frac{\tau}{\tau_R} = \frac{\Delta E}{R}\left(\frac{1}{T} - \frac{1}{T_R}\right) \tag{8-154}$$

由第 5 章的学习可知，Arrhenius 公式只适用于强液体，不适用弱液体。而绝大部分聚合物在（$T_g \sim T_g + 100\ ℃$）的温度范围都是弱液体。有 2 个公式可供弱液体选用，其一为 WLF 公式（5-5）：

$$\ln a_T = \ln \frac{\tau}{\tau_R} = \frac{C_1(T - T_R)}{C_2 + (T - T_R)} \tag{8-155}$$

C_1 和 C_2 为取决于聚合物种类和参考温度的常数。其二为 VFT 公式（式 5-6）：

$$\ln a_T = \frac{B(T_0 - T)}{(T - T_R)(T_0 - T_R)} \tag{8-156}$$

B 为经验常数。T_0 在 VFT 公式中具有特殊含义，曾在第 5 章中多次提及。VFT 方程与 WLF 方程与基本上是等价的。

式（8-153）源自第 5 章分子的逃逸速率（式 5-3）：

$$\nu = \nu_0 \exp\!\left(-\frac{\Delta E}{RT}\right) \tag{8-157}$$

而液体中分子的逃逸速率本质上就是流动速率 $\dot\gamma$，而据牛顿黏度公式 $\sigma = \eta\dot\gamma$，固定应力下，黏度与流动速率成反比，由式（8-157）可以得到：

$$\eta = \eta^0 \exp\left(\frac{\Delta E}{RT}\right) \qquad (8-158)$$

η^0 为经验参数。可知黏度与松弛时间服从同样的规律。对于强液体，黏度与温度的关系服从 Arrhenius 公式，对于弱液体，服从 WLF 方程或 VFT 方程：

$$\ln a_\text{T} = \ln \frac{\tau}{\tau_\text{R}} = \ln \frac{\eta}{\eta_\text{R}} \qquad (8-159)$$

在讨论图 8-6 中松弛曲线时我们留下这样一个疑问：时间跨度超过 10^{16} h 的模量数据是如何测定的？是否有仪器能够记录 10^{-14} h 处的模量？这个悬案到此不解自明。图 8-6 不是一条完整的实验曲线，而是在多个温度下的曲线移动叠合的结果。这种叠合而成的、具有巨大时间跨度的曲线称作主曲线。图 8-45 的左侧是不同温度下聚异丁烯的应力松弛模量数据，右侧是通过平移得到的主曲线。

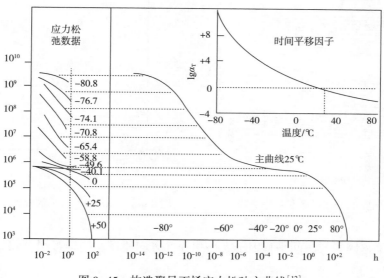

图 8-45 构造聚异丁烯应力松弛主曲线[12]

以上公式中移动因子仅为温度的函数。聚合物的密度随温度变化，会对模量造成影响。严格地构造主曲线，还应对数据点进行纵向移动。但如果对精度要求不高，这种影响可以忽略。

时温等效原理不仅适用于静态测试得到的性能-时间曲线，也同样适用于动态测试得到的性能-频率曲线。道理很简单，频率相当于时间的倒数，频率越高，则观察时间越短；频率越低，观察时间越长。下面的例子演示了温度与频率的等效性。图 8-46 为聚对苯二甲酸乙二醇酯（PET）在不同频率下测定的 DMTA 谱图。将数据点在每个频率下纵向比较，会发

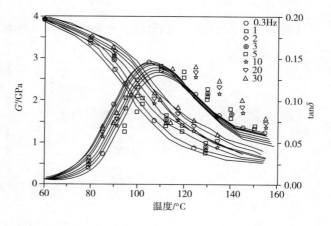

图 8-46 不同频率下 PET 的模量温度曲线[13]

现温度越高，模量越低；将相同温度的数据点纵向比较，可发现频率越低，模量越低。数据的这种趋势已经定性地表明，升高温度与降低频率具有同等的效应。根据这一规律，就可以将随温度的变化转化为随频率的变化，得到很宽频率范围内的变化规律。

首先将图 8-46 重画，以频率为横坐标，得到不同温度下的模量-频率曲线（图 8-47）。可以注意到实验覆盖的频率范围是较窄的，跨度仅为 3 个数量级。选定一个参考温度 T_R（本例中为 100 ℃），固定参考温度下的曲线，在对数频率坐标上平移其他曲线，使迭合为图 8-48 中的主曲线，其频率跨度达到 24 个数量级。

横坐标上的平移量称作频率平移因子，记作 a_F。因频率相当于时间的倒数：

$$\lg a_F = \lg\omega - \lg\omega_0 = \lg\left(\frac{\omega}{\omega_0}\right) = \lg\left(\frac{t_0}{t}\right) = \lg\left(\frac{\tau_0}{\tau}\right) = -\lg a_T \tag{8-160}$$

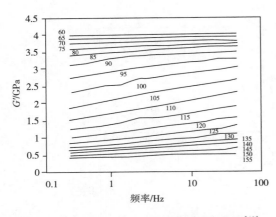

图 8-47　不同温度下 PET 的模量频率曲线[13]　　　图 8-48　100 ℃下 PET 的模量-频率主曲线[13]

可知频率平移因子与时间平移因子大小相等、方向相反，同样可用 WLF 方程或 VFT 方程求出。

虽然 WLF 方程为经验公式，却可以从式（8-159）导出[14]。利用 Doolittle 黏度公式[15]：

$$\eta = A\exp\left(\frac{B}{f}\right) \tag{8-161}$$

A 为常数，f 为自由体积分数，一般令 $B=1$。引入式（8-159）并以 T_g 为参考温度：

$$a_T = \frac{\eta}{\eta_g} = \frac{\exp\left(\dfrac{1}{f}\right)}{\exp\left(\dfrac{1}{f_g}\right)} = \exp\left(\frac{1}{f} - \frac{1}{f_g}\right) \tag{8-162}$$

由第 5 章式（5-8）引入自由体积分数 $f = f_g + \alpha_f(T - T_g)$：

$$a_T = \exp\left(\frac{1}{f_g + \alpha_f(T - T_g)} - \frac{1}{f_g}\right) = \exp\left\{\frac{-\alpha_f(T - T_g)}{f_g[f_g + \alpha_f(T - T_g)]}\right\}$$

$$a_T = \exp\left\{\frac{(-1/f_g)(T - T_g)}{f_g/\alpha_f + (T - T_g)}\right\} \tag{8-163}$$

取常用对数：

$$\lg a_T = \frac{-[1/(2.303 f_g)](T - T_g)}{f_g/\alpha_f + (T - T_g)} \tag{8-164}$$

可以写作：

$$\lg a_{\mathrm{T}} = \frac{-C_1(T - T_{\mathrm{g}})}{C_2 + (T - T_{\mathrm{g}})} \tag{8-165}$$

采用 $f_{\mathrm{g}} = 0.025$，$\alpha_{\mathrm{f}} = 4.8 \times 10^{-4}\,\mathrm{K}^{-1}$，则可近似求出 $C_1 = 17.44$，$C_2 = 51.6$。故可将 WLF 方程写作：

$$\lg a_{\mathrm{T}} = \frac{-17.44(T - T_{\mathrm{g}})}{51.6 + (T - T_{\mathrm{g}})} \tag{8-166}$$

这两个系数称作普适常数。普适常数来自在 T_{g} 处有普适性的自由体积分数与热胀系数。这些数据均来自经验，普适性并不强，故在实际工作中，不同聚合物仍须取不同的常数。如果将参考温度换作 $T_{\mathrm{g}} + 50\ ^{\circ}\mathrm{C}$，则 $C_1 = 8.86$，$C_2 = 101.6$。WLF 方程又可写作：

$$\lg a_{\mathrm{T}} = \frac{-8.86(T - T_{\mathrm{g}})}{101.6 + (T - T_{\mathrm{g}})} \tag{8-167}$$

本节的重点是介绍时温等效，从中用到了 WLF 方程。WLF 的应用远不止此，在后面将会陆续看到。

思　考　题

1. 什么是黏弹性？什么是线性黏弹性？
2. 何谓现象学模型？用弹簧与黏壶可组成多少种模型组合？
3. 如何用 Maxwell 模型模拟应力松弛？
4. 如何用 Kelvin 模型模拟蠕变与回复？
5. 什么是 Boltzmann 叠加原理的 2 个推论？
6. 图 8-23 的模量-频率曲线反映了哪些信息？
7. 为什么损耗峰会出现在 $\omega\tau = 1$ 的位置？
8. 为什么动态力学方法可测定玻璃化转变及次级转变？
9. 什么是滞后环？为什么会出现滞后环？
10. 主曲线是怎样构造的？
11. 介电标准模式的本质是什么？
12. 取向极化与蠕变有哪些相似之处？

参 考 文 献

［1］　Data of A. V. Tobolsky and E. Catsiff and of H. Fujita and K. Ninomiya. From Ferry, J. D. *Viscoelastic properties of polymers*, Interscience, New York, 1980.

［2］　Data of D. J. Plazek and V. M. O'Rourke and of N. Nemoto, M. Moriwaki, H. Odani, and M. Kurata. From Ferry, J. D. as ［1］.

［3］　Ward IM, Hadley DW. *An Introduction to the Mechanical Properties of Solid Polymers*. New York：Wiley, 1992.

［4］　Cole RH and Cole KS. J Chem Phys 1941, (9)：341.

［5］　Davidson DW-Cole RM. J Chem Phys 1950, (18)：1417.

［6］　Havriliak, S; Negami, S. J Polym Sci 1966, (C14)：98.

［7］　Havriliak, S; Negami, S. Polymer 1967 8, 161.

［8］　Y. Ishida, M. Matsuo, and K. Yamafuji. *Kolloid Z.*, 180：108, 1962.

［9］　J. Mijovic, J. -W. Sy / Journal of Non-Crystalline Solids 307-310 (2002) 679-687.

［10］　Kramer H, Helf KE. *Kolloid Z.* 1962, 180：114.

［11］　Popli R, Glotin M, Mandelkern L, Benson RS. *J Polym Sci Polym Phys Ed.* 1984, 22：407.

［12］　Castiff E. Tobolsky AV. *J Colloid Sci.* 1955, 10：375; 1956, 19：111. Nielsen LE. *Mechanical Properties of Polymers*.

New York：Reinhold，1962.

[13] http：//www. anasys. co. uk/library/macrota. htm

[14] M. L. Williams, R. F Landel, J. D Ferry, J. Am. Chem. Soc. , 77 (1955) , 3701.

[15] A. K. Doolittle, J. Appl. Phys. , 1471 (1951) .

第 9 章　流　变　学

9.1　概　　述

按照标准的定义，流变学（Rheology）是流动和变形的科学。根据这个定义，前一章"线性黏弹性"也都属于流变学的范围，而经典的流变学教程也是这样做的。但本书的做法则是把小应变下的线性黏弹行为与大应变的非线性流动行为区分开。故本章的内容就是大应变的流动行为。

液体的流动本是流体力学的研究内容。在经典流体力学中都假定流体服从牛顿定律：

$$\sigma = \eta\dot{\gamma} \tag{9-1}$$

即应力 σ 与应变速率 $\dot{\gamma}$ 成正比，比例系数即为黏度，黏度是个常量。随着人们的眼界日益开阔，各种新型的流体不断出现，出现了多种多样的应力-应变速率关系，必须要用新的数学公式来描述。故在流体力学之外开辟了新的领域，创建了新的学科——流变学。

流变学创建于 20 世纪 20 年代，此时适逢另一个重大学说的诞生，即 Staudinger 的高分子学说。高分子流体（溶液和熔体）向人们呈现了千奇百怪的独特流动行为。人们不仅看到了超高的黏度，宏观的松弛时间，黏度对应变速率的各种依赖性，还看到了出口膨胀、流体爬竿、无管虹吸、次级流动等在小分子流体中看不到、甚至想不到的奇异行为。高分子流体大大丰富了流变学的内容，使流变学逐步远离它的母学科——流体力学，最终成为一门独立的学科。

流变学的学习有一定难度。因为流变学是在流体力学基础上对高分子流体流动行为的研究，流体力学的数学处理方法已经有一定深度，何况在流变学中还要结合高分子的复杂流动行为。所以在流变学的学习之前，先要对所需要的数学物理工具作简要的介绍。

任何流体的运动，必须遵循 3 个守恒定律，即物质守恒、动量守恒与能量守恒。这 3 个守恒定律在流体运动中的描述是 3 个方程，分别为连续方程、运动方程与能量方程。在解决恒温过程时，只需要使用连续方程和运动方程，涉及温度变化时还要用到能量方程。方程的形式十分繁复，我们不作推导，只将直角坐标与柱坐标的连续方程与运动方程列出，以备讨论与例题讲解时参考。

直角坐标连续方程：

$$\frac{\partial}{\partial x}(\rho v_x) + \frac{\partial}{\partial y}(\rho v_y) + \frac{\partial}{\partial z}(\rho v_z) = 0 \tag{9-2}$$

柱坐标连续方程：

$$\frac{1}{r}\frac{\partial}{\partial r}(\rho\, r v_r) + \frac{1}{r}\frac{\partial}{\partial \theta}(\rho v_\theta) + \frac{\partial}{\partial z}(\rho v_z) = 0 \tag{9-3}$$

直角坐标运动方程：

$$\rho\left(\frac{\partial v_x}{\partial t} + v_x\frac{\partial v_x}{\partial x} + v_y\frac{\partial v_x}{\partial y} + v_z\frac{\partial v_x}{\partial z}\right) = -\frac{\partial \rho}{\partial x} + \left(\frac{\partial \sigma_{xx}}{\partial x} + \frac{\partial \sigma_{yx}}{\partial y} + \frac{\partial \sigma_{zx}}{\partial z}\right) + \rho g_x \tag{9-4}$$

$$\rho\left(\frac{\partial v_y}{\partial t} + v_x \frac{\partial v_y}{\partial x} + v_y \frac{\partial v_y}{\partial y} + v_z \frac{\partial v_y}{\partial z}\right) = -\frac{\partial \rho}{\partial x} + \left(\frac{\partial \sigma_{xy}}{\partial x} + \frac{\partial \sigma_{yy}}{\partial y} + \frac{\partial \sigma_{zy}}{\partial z}\right) + \rho g_y \qquad (9\text{-}5)$$

$$\rho\left(\frac{\partial v_z}{\partial t} + v_x \frac{\partial v_z}{\partial x} + v_y \frac{\partial v_z}{\partial y} + v_z \frac{\partial v_z}{\partial z}\right) = -\frac{\partial \rho}{\partial x} + \left(\frac{\partial \sigma_{xz}}{\partial x} + \frac{\partial \sigma_{yz}}{\partial y} + \frac{\partial \sigma_{zz}}{\partial z}\right) + \rho g_z \qquad (9\text{-}6)$$

柱坐标运动方程：

$$\rho\left(\frac{\partial v_r}{\partial t} + v_r \frac{\partial v_r}{\partial r} + \frac{v_\theta}{r} \frac{\partial v_r}{\partial \theta} - \frac{v_\theta^2}{r} + v_z \frac{\partial v_r}{\partial z}\right) = -\frac{\partial \rho}{\partial r} + \frac{1}{r}\left[\frac{\partial}{\partial r}(r\sigma_{rr}) + \frac{\partial \sigma_{r\theta}}{\partial \theta} - \sigma_{\theta\theta} + \frac{r\partial \sigma_{rz}}{\partial z}\right] + \rho g_r \qquad (9\text{-}7)$$

$$\rho\left(\frac{\partial v_\theta}{\partial t} + v_r \frac{\partial v_\theta}{\partial r} + \frac{v_\theta}{r} \frac{\partial v_\theta}{\partial \theta} - \frac{v_r v_\theta}{r} + v_z \frac{\partial v_\theta}{\partial z}\right) = -\frac{1}{r}\frac{\partial \rho}{\partial \theta} + \frac{1}{r}\left[\frac{1}{r}\frac{\partial}{\partial r}(r^2\sigma_{r\theta}) + \frac{\partial \sigma_{\theta\theta}}{\partial \theta} + \frac{r\partial \sigma_{\theta z}}{\partial z}\right] + \rho g_\theta \qquad (9\text{-}8)$$

$$\rho\left(\frac{\partial v_z}{\partial t} + v_r \frac{\partial v_z}{\partial r} + \frac{v_\theta}{r} \frac{\partial v_z}{\partial \theta} + v_z \frac{\partial v_z}{\partial z}\right) = -\frac{\partial \rho}{\partial z} + \frac{1}{r}\left[\frac{\partial}{\partial r}(r\sigma_{rz}) + \frac{\partial \sigma_{\theta z}}{\partial \theta} + \frac{r\partial \sigma_{zz}}{\partial z}\right] + \rho g_z \qquad (9\text{-}9)$$

3 个平衡方程只能解决流体的共性问题。要解决具体流体的问题，还必须有方程来描述流体的特性。流体的特性方程称作本构方程（constitutive equation），也叫流体状态方程（fluid equation of state），其实就是应力与应变速率的关系公式。此类方程我们已经多次遇到过了，例如虎克定律 $\sigma = E\varepsilon$，理想气体状态方程，橡胶状态方程等，本质上都是本构方程。流变学中最重要的本构方程就是式（9-1）的牛顿定律，它定义了剪切应力与速率间的线性关系，规定了无数种流体在低应变速率下的流动方式。它是一切流体运动规律的基础。一切符合或基本符合牛顿定律的流体就称作牛顿流体，而不符合牛顿定律的流体就称作非牛顿流体。非牛顿流体构成流变学的主要研究对象。

非牛顿流体的形式多种多样，它们的共性是黏度随应变速率变化。黏度随应变速率增大而下降的，称作假塑性流体；黏度随应变速率增大而上升的，称作膨胀性流体。此外还有许多非典型的非牛顿流体，有的具有应力屈服行为，有的黏度具有时间效应，更为奇特的是高分子流体都具有记忆效应与弹性效应，这些流体都将在本章中介绍。

通过平衡方程与本构方程的联立，可以解出反映流体结构与特性的各种参数，称作材料函数。最重要的材料函数无疑就是黏度。它可以是应变速率的函数，也可以是时间的函数，同时也是温度的函数。

除了黏度，还有 2 个重要的材料函数，称作第一和第二法向应力差。在流体中取一个方体元，在体元上建一个直角坐标系，垂直于 3 个坐标轴的平面上的应力分别称作法向应力 σ_{xx}、σ_{yy}、σ_{zz}，如图 9-1。由于流体静压力的存在，这 3 个法向应力的绝对值是不可测定的，但两两之间的差值是可以测定的，分别记作第一法向应力差和第二法向应力差：

$$N_1 = \sigma_{xx} - \sigma_{yy}, \quad N_2 = \sigma_{yy} - \sigma_{zz} \qquad (9\text{-}10)$$

关于应力的标记符号这里要作一说明。一般著作中正应力用"σ"标记，剪应力用"τ"标记，或者都用"τ"标记。本书有意把"τ"留给松弛时间，所以不分正应力还是剪应力，一律用"σ"标记。

如果说黏度表征的是流体的黏性，法向应力差表征的就是流体的弹性。牛顿流体中没有弹性，所以 2 个法向应力差均为零。高分子流体都是具有弹性的，都存在法向应力差。

从图 9-1 可以看出，流体的标记不是简单的标量或矢量能够胜任的。在流体的标记与运算中，常常要用到一种更复杂的量，叫作张量。标量是没有方向的量，矢量是具有一个方向的量，而二阶张量则是具有 2 个方向的量。张量可有任意阶，即可以有任意个方向。在本书中我们只涉及二阶张量，故省略"二阶"二字而只称张量。可以把应力张量写成一个矩阵的形式：

$$\boldsymbol{\sigma}_{ij} = \begin{pmatrix} \sigma_{xx} & \sigma_{yx} & \sigma_{zx} \\ \sigma_{xy} & \sigma_{yy} & \sigma_{zy} \\ \sigma_{xz} & \sigma_{yz} & \sigma_{zz} \end{pmatrix}$$

张量有 2 个下标。应力张量的 2 个下标代表 2 个方向：第一个下标代表力的方向，第二个下标代表力作用截面的法向。故 σ_{ij} 的意义是 i 方向的力作用于法线为 j 方向的截面上的应力分量（图 9-1）。主对角线上 2 个下标相同的分量是张应力，即法向应力，而下标不同的 6 个分量是剪切应力。

前面提到的本构方程都应是张量方程，平衡方程也应是张量方程。就连第 8 章中关于线性黏弹性的定义与计算，严格地讲都应该是张量的运算，只是我们都做了必要的简化。

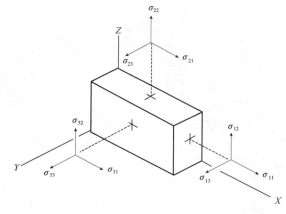

图 9-1　应力张量的定义

在大多数流动问题中，我们都不涉及流体的旋转，故张量是关于主对角线对称的，即 $\sigma_{ij} = \sigma_{ji}$ ，这样只有 6 个独立的分量。在较为简单的流动中，有些分量为零，独立的分量就更少。最简单的情况是牛顿流体的简单剪切，只有 $\sigma_{yx} = \sigma_{xy}$ 2 个分量不为零，即只有一个独立分量。在计算中只涉及一个分量：$\sigma_{yx} = \eta \dot{\gamma}_{yx}$ ，这样就简化成为标量的运算。在第 8 章以及在本章中，都是设法将计算与推导都简化为标量形式。

9.2　广义牛顿流体

温度不变的情况下，牛顿流体的黏度是个常量，法向应力差为零。非牛顿流体的行为偏离牛顿流体，主要表现为 2 个方面，其一是黏度为变量，可以是应变速率的函数，也可以是时间的函数；其二是流体具有弹性，存在法向应力差。第一种情况偏离程度较低，数学处理较为简单，且有广泛的实际应用。故将这种黏度为变量而无弹性的流体称作广义牛顿流体。必须明确，这些流体大多数并非没有弹性，只是我们在理论处理时不加考虑而已。

9.2.1　剪切变稀流体

顾名思义，此类流体的剪切黏度随剪切速率的增高而降低。绝大多数高分子流体（溶液与熔体）属于此类，因而是最重要的一类非牛顿流体。当黏度为变量时，黏度仍保持牛顿流体时的定义，即应力与应变速率之比，或者说剪切黏度为剪切应力与剪切速率之比： = $\sigma_{yx}/\dot{\gamma}_{yx}$ 。为区别于牛顿流体的常量黏度，将变量黏度称作表观黏度。

图 9-2 为典型的高分子流体的表观黏度-应变速率曲线。可以发现表观黏度并不是从一开始就随剪切速率的增加而单调下降。在剪切速率较低时，高分子流体的剪切应力与剪切速率仍保持线性关系，黏度为常数，称为零切黏度，记作 η_0 。这个区域内高分子流体的行为是牛顿流体，故将这一区域称为第一牛顿区。剪切速率超过临界剪切速率 $\dot{\gamma}_0$ 后，剪应力开始偏离线性关系，黏度随剪切速率增大而下降，下降幅度可跨越若干个数量级。

高分子流体的剪切变稀可以用取向来解释。在剪切作用下，高分子链发生取向，大大

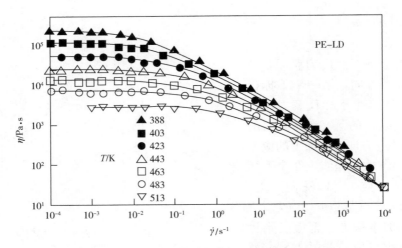

图 9-2　PE-LD 在不同温度下的剪切变稀行为[1]

降低了彼此间的摩擦阻力。剪切作用越强，取向程度越高，表观黏度也就越低。但须注意，剪切变稀不可用解缠结来解释。在熔体中通过剪切发生解缠结是不可思议的事。在 7.5 节中对此已有充分的讨论。通过第 10 章中爬行模型的学习，就能理解得更加透彻。

　　剪切变稀流体不限于高分子流体，许多悬浮液、乳液、液晶等也会表现出剪切变稀。图 9-3 解释了不同结构的流体的剪切变稀机理：悬浮液是由于粒子的聚集体被打散，乳液是由于乳胶粒子的变形，棒状液晶分子与高分子相同，也是发生了取向。当然以上机理都只是定性的解释与推测。

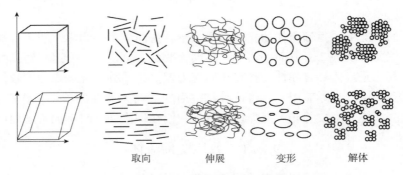

取向　　　　伸展　　　　变形　　　　解体

图 9-3　不同流体的剪切变稀机理

　　不管剪切变稀是什么机理，如果剪切速率充分大，黏度降低的因素发展到尽头，应该出现第二个牛顿行为区，流体的黏度将回复到常数，记作无穷剪切黏度 η_∞。这种推测是合理的，因为图 9-3 中的各种结构变化终有一个极限。但推测的合理不等于在现实中可以发生。就高分子流体而言，η_∞ 只在稀溶液中观察到过，其值略高于溶剂的黏度，在浓溶液与熔体中从未观察到。原因是在达到那样高的剪切速率之前聚合物已经发生了降解。乳液、悬浮液中也都没有观察到无穷切黏度。

　　怎样描述这种剪切变稀行为？人们提出过众多数学方程，有经验的也有理论的，最常用的是幂律方程：即 Ostwald-de Waele 方程[2-3]：

$$\sigma = m\dot{\gamma}^n \tag{9-11}$$

表观黏度为:

$$\eta = m\dot{\gamma}^{n-1} \tag{9-12}$$

以 $\lg\eta$ 对 $\lg\dot{\gamma}$ 作图,可得一条直线,由斜率得到 n 值,称为幂律指数,亦称非牛顿指数,假塑性流体的 n 值永远小于 1,牛顿流体的 n 值等于 1。

非牛顿指数 n 值越低,剪切变稀程度越高。细颗粒悬浮液的幂律指数很低 ($n\sim0.1\sim0.15$),如高岭土/水和膨润土/水等。说明它们有较高的剪切敏感性。聚合物熔体和溶液的 n 值在 0.25 以上。根据前面提到的取向机理,在剪切中取向程度变化越大,则剪切变稀越严重,n 值越小。所以柔性分子 n 值低,刚性分子 n 值高。可以对比下列常用高分子的 n 值:高密度聚乙烯 0.41;低密度聚乙烯 0.39;聚丙烯 0.38;聚苯乙烯 0.28;聚氯乙烯 0.26;聚酰胺 66:0.66;聚碳酸酯 0.98。

虽然幂律公式为剪切变稀行为提供了最简单的描述,但不能预测特征剪切速率与牛顿平台,n 和 m 的值也只在较窄的剪切速率范围为常数。

为弥补幂律方程的缺点,提出了许多经验方程,在此只介绍以下 2 个:

Cross 方程[4]:

$$\frac{\eta - \eta_\infty}{\eta_0 - \eta_\infty} = \frac{1}{1 + m\dot{\gamma}^n} \tag{9-13}$$

当 $n<1$ 时可以描述剪切变稀行为。而当 $m\rightarrow0$ 时,$\eta = \eta_0$,就是牛顿流体。Cross 最初提出 $n = 2/3$,适用于若干个体系。后来人们发现,如果将 n 处理为经验参数就能有更广泛的适用性。从方程的形式可以看出,当 $\dot{\gamma}\rightarrow0$ 和 $\dot{\gamma}\rightarrow\infty$ 时,分别有 $\eta = \eta_0$ 和 $\eta = \eta_\infty$。

Ellis 模型:其形式就是简单的黏度公式:

$$\eta = \frac{\eta_0}{1 + (\sigma/\sigma_{1/2})^{\alpha-1}} \tag{9-14}$$

η_0 为零切黏度,$\sigma_{1/2}$ 和 $\alpha>1$ 为经验参数。显然,$\alpha>1$,则随剪切速率增加,剪切黏度下降。当 $\sigma_{1/2}\rightarrow\infty$ 时就回到牛顿流体;$(\sigma/\sigma_{1/2})\gg1$ 时,式 (9-14) 又回到幂律模型。

9.2.2　黏塑性流体

此类非牛顿流体的行为特征是存在一个临界应力 (亦称屈服应力 σ_0),必须超过这个应力值流体才能发生流动,低于此应力值时物质的行为像一个弹性固体。而在屈服应力以上,流体或表现出牛顿行为 (恒定黏度) 或表现出剪切变稀行为 $[\eta\,(\dot{\gamma})]$。可以这样认为,即使没有表面张力,这种材料也不会在重力下流平形成自由平面。对黏塑性的定性表述如下:流体在静止时具有一个三维刚性结构,可以抵抗任何小于 $|\sigma_0|$ 的应力而不发生流动,尽管仍会发生弹性形变。而当应力高于 $|\sigma_0|$ 时,这种结构被破坏,行为转变为黏性材料。某些情况下,这一结构的构造与破坏是可逆的,即初始的屈服应力值是可以恢复的。

当 $|\sigma|>|\sigma_0|$ 时发生线性流动的流体称作 Bingham 塑性流体,具有恒定黏度 η_B。在一维剪切中的 Bingham 模型为:

$$\sigma_{yx} = \sigma_0^B + \eta_B\dot{\gamma}_{yx} \qquad |\sigma_{yx}|>|\sigma_0^B| \tag{9-15a}$$

$$\dot{\gamma}_{yx} = 0 \qquad |\sigma_{yx}|<|\sigma_0^B| \tag{9-15b}$$

当 $|\sigma|>|\sigma_0|$ 时发生剪切变稀的流体称作屈服-假塑性流体,其行为可用 Herschel-Bulkley 模型描述,其一维形式如下:

$$\sigma_{yx} = \sigma_0^H + m(\dot{\gamma}_{yx})^n \qquad |\sigma_{yx}| > |\sigma_0^H| \qquad (9\text{-}16a)$$

$$\dot{\gamma}_{yx} = 0 \qquad |\sigma_{yx}| < |\sigma_0^H| \qquad (9\text{-}16b)$$

黏塑性流体另一个常用模型称作 Casson 模型，起初是为了描述血液提出的，后来发现近似于许多其他物质：

$$\sqrt{\sigma_{yx}} = \sqrt{|\sigma_0^H|} + \sqrt{\eta_C \dot{\gamma}_{yx}} \qquad |\sigma_{yx}| > |\sigma|_0^C \qquad (9\text{-}17a)$$

$$\dot{\gamma}_{yx} = 0 \qquad |\sigma_{yx}| < |\sigma_0^C| \qquad (9\text{-}17b)$$

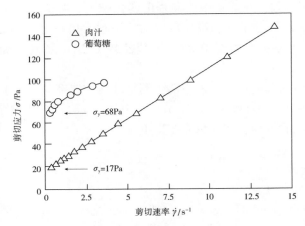

图 9-4 Bingham 流体和 Herschel-Bulkley 流体

图 9-4 对比了 Bingham 流体和 Herschel-Bulkley 流体的流动曲线。上曲线代表一种丙烯酸共聚物（carbopol）溶液，属于 Herschel-Bulkley 流体，可读出屈服应力为 $\sigma_0 = 68$ Pa。下曲线是肉汁的流动曲线，为 Bingham 流体，屈服应力 $\sigma_0 = 17$ Pa。

典型的屈服应力流体包括血液、酸奶、番茄汁、番茄酱、熔融巧克力、指甲油、悬浮液等。值得指出的是，关于屈服应力是否真的存在一直有不同意见。有人认为，所谓屈服应力只是固态行为向液态行为的过渡，表现为在狭窄的剪切速率范围黏度的突然下降。显然，屈服应力是否存在的问题，取决于观察时间的选择。但在工程应用上，不管称作屈服还是称作状态过渡，一个表观上的临界应力总是是存在的，这在食品、化妆品、医药工业都是非常重要的。

9.2.3　依时流体

许多液体物质，尤其是食品、药品和化妆品等，表观黏度不仅是剪应力或剪切速率的函数，还是剪切时间以及先前运动史的函数。例如，将样品装入黏度计的方式，是缓慢倾倒还是快速注射，就会影响以后的剪切应力和剪切速率的值。类似地，如膨润土/水悬浮液、煤粉/水悬浮液、红泥悬浮液、水泥浆、粗蜡油、护手霜等，用一个恒定的速率剪切，它们的黏度会逐渐降低。这是由于剪切破坏了某种内部结构，类似 Bingham 流体在临界应力以下的结构。随着可解体的结构分数下降，黏度变化的速率逐渐趋近为零。剪切停止后，体系中的重构作用开始起作用。随着结构解体速率的下降，重构的速率在上升，最后达到一个解体与重构动态平衡，黏度可恢复到剪切以前的水平。

相似地，文献中也有相反的报道，剪切造成内部结构的构建，结果表观黏度随剪切上升。根据材料对剪切时间的响应，依时流体行为又可以分为 2 类，触变体与流凝体。

在恒定剪切速率下，材料的表观黏度 $\eta = \sigma / \dot{\gamma}$ 随时间下降，就称作触变体，如图 9-5 中的红泥悬浮液（59 % 固含量）。随 $\dot{\gamma}$ 逐步上升，达到 σ 值所需时间剧烈下降。当 $\dot{\gamma} = 3.5$ s^{-1}，需要 1500 s 使应力降到平衡值，而在 56 s^{-1}，则需要 500 s。

如果在一个实验中，以恒定速度将剪切速率从零提高到某最大值，再以同样速度降回零，就得到图 9-6 中的滞后环。环线的高度、形状与面积都取决于剪切速率的升/降速度、最大剪切速率以及样品的运动史。依时行为程度越高，环线面积越大。显然，如果是纯牛顿流体，就没有滞后环，面积为零。如上所述，结构的解体是可逆的，停止剪切后停留较长时间，流体结构就能恢复，回到初始的黏度。图 9-6 中的护肤霜就具有这种性质。在 $\dot{\gamma} = 100\ \mathrm{s}^{-1}$ 下剪切 5~10 s，表观黏度从 80 Pa·s 降到 10 Pa·s，停止剪切后静置 50~60 s，又回到初始黏度。

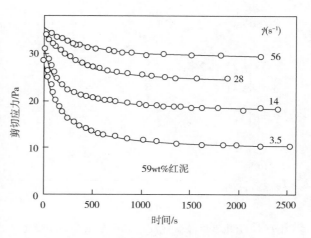

图 9-5　红泥悬浮液的触变行为[5]

　　表观黏度随剪切时间而上升的流体称作流凝体（图 9-7），这种体系比较稀少。与触变流体相反，外剪切力不是破坏结构而是构建结构。如果浓度与剪切速率组合合适，可以同时呈现出触变性与流凝性。常见的流凝体系包括中等剪切速率下的油酸铵，五氧化二钒悬浮液，煤/水淤浆以及蛋白质溶液等。

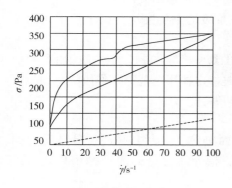

图 9-6　护肤霜的触变环

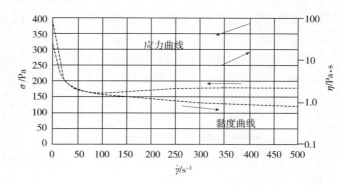

图 9-7　流凝环

9.3　剪切增稠

　　回到幂律公式（9-11）。当 $n<1$ 时可以描述剪切变稀行为，而当 $n>1$ 时是否就可以描述剪切增行为呢？数学上没有问题。许多专著、教材上也都是这样讲述的，把剪切增稠处理作与剪切变稀对称的反现象。但在实际流体中，情况并不是这样。且正因为如此，我们把剪切增稠流体移出广义牛顿流体而单列一节进行讨论。

　　先看图 9-8 中一组有趣的实验曲线。样品为有机玻璃微球在聚乙二醇（$M = 200$，$\rho = 1.12\ \mathrm{g/cm^3}$，$\eta = 0.049\ \mathrm{Pa·s}$）中不同体积分数的悬浮液。悬浮液的行为先是剪切变稀，而当剪切速率达到某个特征值时，黏度发生跳跃式突升。在突升之后，又恢复了剪切变稀的趋势。

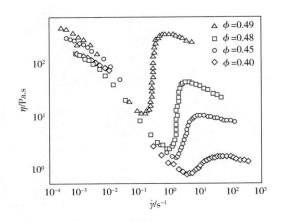

图 9-8　有机玻璃微珠-聚乙二醇悬浮液的黏度突增

剪切增稠体系都是高浓度的胶体粒子悬浮液。使用的粒子包括高岭土、TiO_2、玉米颗粒等。报道的流动曲线无一例外地是剪切变稀-黏度跳跃-剪切变稀的现象。

除了黏度跳跃的窗口外，在其他的剪切速率下，这些悬浮液的流变行为完全是普通的剪切变稀流体，可以用幂律公式描述。只在特定的某个剪切速率下，发生一个黏度的跳跃。这个黏度的突增不能用幂律公式描述，也不能用现成的任何其他流变学公式描述。它不是一个黏度随剪切速率增加而增加的系统过程，而是一个黏度的突变，与其说是流变行为，不如说是一种转变。

过去曾经有过一种关于剪切增稠机理的润滑解释：在静止状态，空隙率是最低的，样品中的液体足以完全充满空隙而造成润滑。低剪切条件下，液体可以润滑粒子间的运动，把摩擦降到最低。造成的应力也低。高剪切速率下，混合物稍微膨胀，空隙变大，液体不足以润滑粒子间的摩擦。剪应力增大。故表观黏度随剪切速率增大而迅速增大。这种说法虽然也能描述先出现剪切变稀再出现剪切增稠的现象，但把成数量级的黏度突增归因于粒子间的摩擦，不能令人信服。

普遍接受的剪切增稠理论是考虑剪切对粒子微结构的影响[6-8]。粒子的微结构由两种作用所决定，即粒子间作用与流体力学作用。粒子间作用是静电作用与范德华作用的总和，粒子间的作用既有吸引又有排斥，综合作用为静电斥力，可写作：

$$F_{rep} = 2\pi \varepsilon_0 \varepsilon_r \psi_0^2 \kappa a/2 \tag{9-18}$$

ε_0 为真空电容率，ε_r 为介质的介电常数，Ψ_0 为表面电位，κ 为 Debye 双层厚度的倒数，a 为粒子半径。流体力学作用又称布朗运动作用，指介质分子的无规撞击作用，可写作：

$$F_{hydro} = 6\pi\eta_s a^2 \dot{\gamma} a/h \tag{9-19}$$

η_s 为介质黏度，h 为粒子间平均距离。可以看出，粒子间作用与剪切没有关系，而流体力学作用与剪切速率成正比关系。

在静止状态，粒子间作用起主导作用，流体力学作用居于次要地位，粒子的平衡状态没有微结构，在介质中无规分布。可以想见此时的流动阻力是比较高的。因为无规分布粒子的运动会引起频繁的碰撞，就像没有交通规则的公路，所有的汽车横冲直撞，速度不可能快。当施加低剪切速率时，流体结构变得各向异性，粒子按垂直于剪切的方向分层，就像公路上汽车分快慢道行驶，流动阻力就降低了，这就是剪切变稀，如图 9-9 所示。

在高剪切下，流体力学作用力变得高于粒子间力。粒子在剪切力作用下能够克服静电斥力而相互靠近，产生粒子偶合作用，形成流体团簇。流体团簇的形成最初是由于瞬间的浓度涨落，但在高剪切场作用下可以维持较长时间。就像高速公路上出现了事故，多车相撞，造成阻塞，造成了突然的黏度突增。有序的分层结构被破坏，流体又出现了无序的微结构。但此时不是粒子的无序结构，而是团簇的无序结构。正是瞬态的流体团簇造成了微结构的转变。而发生转变的临界剪切速率 $\dot{\gamma}_c$ 是粒子间作用与流体力学作用平衡的剪切速率。

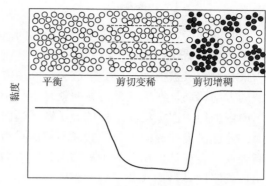

我们可以令式（9-18）与（9-19）相等，解出 $\dot{\gamma}_c$：

$$\dot{\gamma}_c = \frac{2\pi\,\varepsilon_0\,\varepsilon_r\,\psi_0^2}{6\pi\eta_0\,a^2}\,\frac{\kappa h}{2} \qquad (9\text{-}20)$$

首先可以看到，假设球状粒子，临界剪切速率与粒子半径的平方成反比：

$$\dot{\gamma}_c \propto \frac{1}{a^2}$$

图 9-9 黏度突增的流体团簇机理

然而粒子半径又与粒子间距密切相关，由（9-20）可知 $\dot{\gamma}_c$ 与平均间距 h 成正比。但调整粒子尺寸并不方便，人们对 $\dot{\gamma}_c$ 与 ϕ 之间的关系更感兴趣，假设粒子是六方堆积的，可求出：

$$\frac{h}{a} = \left(\frac{8\pi}{3\sqrt{3}\phi}\right)^{1/3} - 2 \qquad (9\text{-}21)$$

临界剪切速率与黏度的跳跃幅度都依赖于粒子体积分数 ϕ。由图 9-8 可以看到，当 ϕ 接近 0.4 时，黏度突增不陡峭，跳跃幅度也低。随体积分数 ϕ 的升高，临界剪切速率移向低值，黏度增量变大。当 ϕ 接近 0.5 时，不论粒子尺寸如何，都会发生明显的剪切增稠。

9.4 流体弹性

高分子流体是黏弹性流体。因为聚合物分子链具有熵弹性，每根分子链就是一根熵弹簧，故在黏性流动的同时伴随弹性形变。正是高分子链的这种弹性造成了流动过程中的许多奇特现象，熟知的有液体爬竿、出口膨胀和熔体破裂。

液体爬竿又称 Weissenberg 效应。比较图 9-10 中的两杯液体，一杯是清水（牛顿流体），另一杯是聚合物溶液。两个杯子分别插入搅拌棒，高速转动。清水在搅拌作用下向四周甩开，而聚合物溶液却向中央涌，并且沿着搅拌棒向上爬。

出口膨胀又称 Barus 效应。牛顿流体从管子中流出时，流体的直径会变细；而聚合物流体的直径会变得比出口还粗（图 9-11）。液体膨胀后的直径 D_e 与出口直径 D 之比称为膨胀比。管子中流体的流速越高，膨胀比越大。

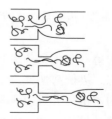

小分子液体   高分子液体

图 9-10 Weisenberg 效应   图 9-11 Barus 效应

Weissenberg 效应和 Barus 效应都可以用高分子链的熵弹性来解释。分子链在流动时发生伸展，却时刻保持着回复无规线团形状的倾向。欲使伸展的构象得以保持，必须维持相应的剪切速率。只要剪切速率消失或下降，分子链就会向着无规线团的方向回弹。

当聚合物溶液被搅动时，分子链会沿圆周方向伸展，而熵弹性的回复倾向使分子链向线速度低的方向移动。线速度低的方向就是半径小的方向，所以分子链在作圆周运动的同时，又有了向内的径向次级流动。外层分子链不断向内挤压内层分子链，使内层溶液不仅包在搅拌棒上，还能沿搅拌棒向上爬。如果不考虑重力，流体可以爬到无限高。相比之下，牛顿流体没有弹性，在搅拌作用下分子单纯沿切线方向运动，故会被甩向杯壁方向。

出口膨胀同样是出自分子链的熵弹性。在管中流动时，分子链被伸长，并在管壁的约束下以伸长的形态流动。流体一旦被挤出，被迫伸长的因素不复存在，分子链会自动回复到无规线团状态，造成垂直于流动方向的尺寸膨胀。由图 9-11 可以看出，出口膨胀的程度随出口管道的长度增加而降低。出口膨胀的程度用膨胀比描述，定义为流体膨胀后的直径与出口直径之比 D_e/D。液体在管道中虽然受到约束，但已经不受剪切力的作用，回弹在管道中已经开始。故而管道越长，回弹能量被消耗得越多，出口膨胀的程度越低。

图 9-12 是聚苯乙烯熔体在三个不同温度下毛细管出口膨胀比随剪切速率变化的曲线。可清楚地看到，温度越高，出口膨胀比越小。这是由于温度越高，热运动越剧烈，即使仍在毛细管中，分子链已经发生部分的形状回复。故温度高相当于回复时间长，温度高与毛细管长径比大的效应相同，时温等效原理在这里适用。

图 9-13 表明相对分子质量分布宽度对熔体弹性的影响。图中的宽分布样品不仅分布宽，相对分子质量也大。由于出口膨胀出自熵弹性，故相对分子质量越大，弹性越大。所以宽分布样品的出口膨胀比从很低的剪切应力就开始增加，而窄分布样品在较高的剪切应力才开始增大。

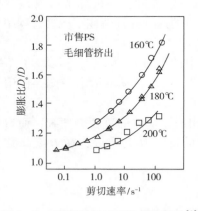

图 9-12　温度对出口膨胀比的影响[9]

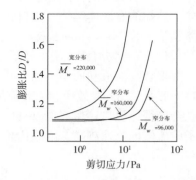

图 9-13　相对分子质量及其分布对出口膨胀比的影响[9]

流体弹性的另一个常见现象是熔体破裂。图 9-14 从左到右表示剪切速率逐步增大时被挤出熔体的形态。极低剪切速率下，熔化体呈牛顿行为，观察不到出口膨胀。一般低剪切速率下，熔体被均匀挤出，可以观察到出口膨胀。而当剪切速率逐步增大时，挤出物的均匀性被破坏，先是外观呈竹节状，继而直径越来越不均匀，最后到剪切速率很高时，熔体破裂为不规则的小段。这显然也是熵弹性造成的。聚合物熔体在长度方向伸长越严重，回缩的倾向

就越强烈。当其回缩影响到长度方向
的均匀性时，就会发生熔体破裂。

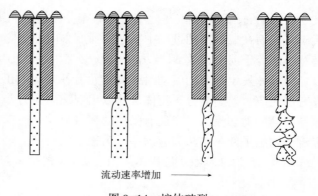

流动速率增加 ———→

图 9-14 熔体破裂

　　高分子流体黏弹性的另一重要后
果是，剪切作用会引起法向应力的各
向异性。这种各向异性可以方便地用
出口膨胀进行说明。高分子链在流动
过程中被伸展，时刻保持着一个回弹
的倾向。一旦被挤出，回弹得以实
现，流线的直径就会变粗。而在出口
之前，在管壁的限制下只能维持管道
的直径。此时在流动方向与管径方向
上的应力是不同的。流动方向上的应力与大气压大致相同，而管径方向上的应力则是大气压
与管壁压力的叠加。两个方向上的应力差称作法向应力差。

　　流体应力的各向异性一般描述为两个法向应力差。由式（9-10），第一法向应力差定义
为：$N_1 \equiv \sigma_{11} - \sigma_{22}$。其中 σ_{11} 代表剪切/流动方向的法向应力，一般认为等于大气压。σ_{22} 代
表速度梯度（垂直于流动方向）的应力。第二法向应力差定义为 $N_2 \equiv \sigma_{22} - \sigma_{33}$，其中 σ_{33}
代表中性方向的法向应力。应当注意，应力以拉伸为正、压缩为负。

　　人们还定义了第一和第二法向应力差系数 ψ_1 和 ψ_2：

$$\psi_1 = \frac{N_1}{\dot{\gamma}^2}, \ \psi_2 = \frac{N_2}{\dot{\gamma}^2} \tag{9-22}$$

　　牛顿流体没有弹性，三个维度上的法向应力是均等的，故两个法向应力差均为零，而流
体的弹性是非零法向应力差的必要条件。从式（9-10）的定义可以看出，两个法向应力差
都是关于速度梯度方向（垂直于流动方向）上应力的偏差。而高分子链的弹性正是表现在这
个垂直方向上。下面用 Weissenberg 效应和平板体系进行说明。

　　当流体做圆周运动时，适用柱坐标，高分子链在圆周方向（θ 方向）上被拉伸。熵弹性
赋予高分子链一个回复到无规线团的热力学作用力。在这个力的作用下，高分子链会向低线
速度方向移动，产生了 r 方向的二级流动，这就是 Weissenberg 效应的物理背景。这个热力
学回复力就是第一法向应力差 $\sigma_{\theta\theta} - \sigma_{rr}$。分子链从圆周边缘运动到转轴的中心，被后续到
来的其他链所挤压，便会改变运动方向开始"爬竿"，即由 r 方向的运动转变为 z 方向的运
动。除非实验装置的尺寸无限大，速度梯度方向的法向应力一定会传递到中性方向，使该方
向的法向应力与速度梯度方向相差无几。故第二法向应力差 $\sigma_{rr} - \sigma_{zz}$ 的值很小。

　　在平行板体系中，让下板静止而上板均速移动，对流体施加剪切力。规定流动方向为
x，速度梯度方向为 y，中性方向为 z。高分子链受剪切而伸展时，回弹倾向使其向低流速方
向移动，亦即向底板移动。移动的驱动力就是第一法向应力差 $\sigma_{xx} - \sigma_{yy}$。与圆盘体系相似，
只要两板间距不是无限大，向下的二级流动势必转化为横向流动，故原中性方向上的法向应
力与速度梯度方向只有微小的差别，结果也是第二法向应力差 $\sigma_{yy} - \sigma_{zz}$ 的值很小。

　　应当指出的是，第一法向应力差的本源是分子链的弹性。而如果没有二级流动，第二法
向应力差应当等于第一法向应力差，因为中性方向的法向应力也应当等于大气压。正因为有
了二级流动，使中性方向不再"中性"，其法向应力便接近速度梯度方向。

　　由以上两个体系中产生法向应力差的机理，可以判断出 N_1 与 N_2 的符号。σ_{11} 一般相当于

大气压，而 σ_{22} 则是大气压之上叠加一个分子链的回缩力（负值），可知 $N_1 = \sigma_{11} - \sigma_{22}$ 必然大于零。而在二级流动过程中，速度梯度方向的法向应力向中性方向连续传递，后者的负值必然小于等于前者，故 $N_2 = \sigma_{22} - \sigma_{33}$ 必然为零或小负值。

当流体发生纯剪切流动时，流体元上各方向的正应力应该都是流体静压力，彼此相等，没有法向应力差。高分子流体之所以出现法向应力差，是因为在弹性作用下，发生的流动不再是单纯的剪切流，一定还有附加的二级流动。而二级流动的动力就是第一法向应力差，二级流动的结果使第二法向应力差成为很小的负值。

图 9-15 为聚苯乙烯的甲苯溶液在 298K 的第一与第二法向应力差的代表性数据。

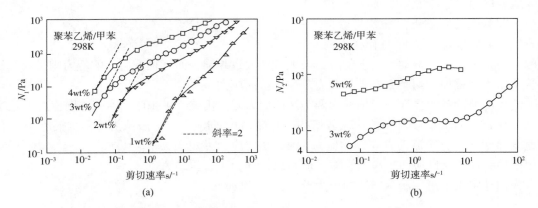

图 9-15　聚苯乙烯的甲苯溶液在 298K 的（a）第一与（b）第二法向应力差[10]

虽然不同体系的 N_1 和 N_2 各不相同，但总有一些共同规律。ψ_1 随应变速率下降的速率快于表观黏度。在非常低的剪切速率下，N_1 会随 $\dot{\gamma}^2$ 变化，即 ψ_1 接近为常数，如图 9-15 的数据所表现的。N_1/σ 常作为黏弹行为程度的度量，$N_1/2\sigma$ 称作可恢复剪切。聚合物的 $\dfrac{N_1}{2\sigma}$ 一般在 0.5 以上。N_1 的实验测定比剪切应力 σ 要困难，而测量第二法向应力差比还 N_1 要困难。N_2 的绝对值一般为 N_1 的 10 %。

9.5　拉　伸　流

到目前为止，我们的讨论一直限于剪切力作用下的流动，即剪切流。在高分子材料的成型加工过程中，会发生多种拉伸力作用下的流动，即拉伸流，又称无剪流（shear-free flow）。拉伸流可以是单向的，例如纺丝过程中纤维的牵伸；也可以是双向的，例如吹膜，发泡，真空成型等过程。图 9-16 为发生双向和单向拉伸流的几种方式。

流体拉伸流动难易的度量称为拉伸黏度，记作 $\bar{\eta}$，定义为拉伸应力 σ_e 与拉伸速率 $\dot{\varepsilon}$ 之比：

$$\bar{\eta} \equiv \frac{\sigma_e}{\dot{\varepsilon}} \tag{9-23}$$

拉伸应变有 2 种定义，一种为 Cauchy 应变 $\varepsilon = (L - L_0)/L_0$，相当于工程应变；另一种为 Hencky 应变，记作 ε_H，相当于真应变，定义为：

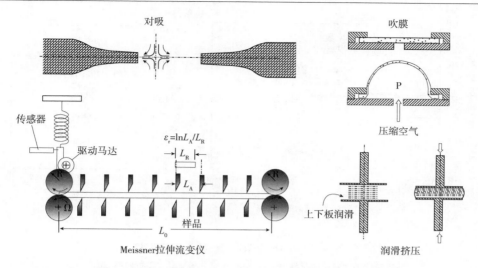

图 9-16　发生单向（左）和双向（右）拉伸流的方式

$$\varepsilon_{\mathrm{H}} = \ln \frac{L}{L_0} \tag{9-24}$$

拉伸黏度的定义中使用的是 Cauchy 应变的速率。

双向拉伸流本质上就是单向压缩流。把压缩力记作负拉伸力，就可以将单向和双向拉伸流统一处理。

拉伸黏度亦称 Trouton 黏度，拉伸黏度与剪切黏度之比记作 Trouton 比 T_{R}：

$$T_{\mathrm{R}} = \frac{\overline{\eta}(\dot{\varepsilon})}{\eta(\dot{\gamma})} \tag{9-25}$$

牛顿流体的 Trouton 比等于 3，黏弹性流体的 Trouton 比要大得多，往往大于 100 甚至更高。

有些线形聚合物的 $\overline{\eta}$ 与 $\dot{\varepsilon}$ 无关，如 PIB，PS；而有些表现出拉伸变稀，如 PE-HD，但更普遍的现象则是应变硬化。图 9-17（a）为 4 种线形聚苯乙烯的拉伸黏度与拉伸速率的关系[11]。样品的相对分子质量与实验温度见表 9-1。在低拉伸速率下拉伸黏度保持一个恒定值，记作零拉伸黏度 $\overline{\eta}_0$，一般为相同温度下零切黏度的 3 倍。图中的拉伸黏度与剪切黏度形成鲜明对比：剪切黏度随剪切速率的增加迅速下降，即所谓剪切变稀；而拉伸黏度与拉伸速率基本无关，其中的 PS II 的拉伸黏度甚至随拉伸速率增大，这种现象称作应变硬化。

拉伸黏度对相对分子质量的依赖性与剪切黏度基本相同。图 9-17（b）是上述 4 种聚苯乙烯的零拉伸黏度与相对分子质量的关系[11,12]，图中表示零拉伸黏度与相对分子质量的 3.5 次方成正比。

表 9-1　　　　　　　　　　　　　　　　聚苯乙烯样品参数

样品	$\overline{M}_{\mathrm{w}}$	$\overline{M}_{\mathrm{w}} / \overline{M}_{\mathrm{n}}$	实验温度/℃
PS I	7.4×10^4	1.2	130
PS II	3.9×10^4	1.1	130
PS III	2.53×10^4	1.9	160
PS IV	2.19×10^4	2.3	160

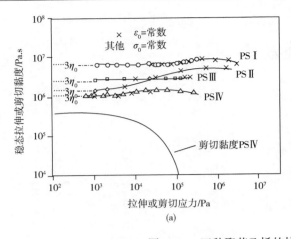

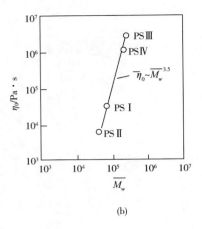

图 9-17　四种聚苯乙烯的拉伸实验数据

（a）拉伸黏度与拉伸速率关系　　（b）相对分子质量与零拉伸黏度的关系

　　聚乙烯醇同样观察到应变硬化，其拉伸黏度与拉伸速率的关系见图 9-18。可看出在 3 个温度下都会发生应变硬化，但硬化的倾向随温度升高而减轻。图 9-18 还表明，温度越高，拉伸黏度越低，这一点与剪切黏度是相同的。高分子熔体发生应变硬化应当是正常的。据第 7 章的研究，在拉伸速率的作用下，熔体中会生成协同网络结构。网络中的结点都是拓扑缠结的，所以对拉伸的阻力一定是逐渐加强的。在较高温度下，熔体中的缠结减轻，拉伸黏度降低，拉伸硬化也会减轻。

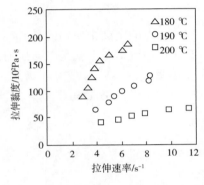

图 9-18　聚乙烯醇的拉伸黏度与拉伸速率和温度的关系[13]

　　$\bar{\eta}$ 应当在稳态下、即恒定的拉伸应力与拉伸速率下测定。剪切流达到恒定剪切应力很容易，而拉伸流达到恒定的拉伸应力就十分困难。因为恒定拉伸速率意味着样品长度要按指数增长，在有限的时间与空间内很难达到稳态，也就很难测到稳定的拉伸黏度。在对流体样品施加拉伸应变时，首先观察到的是应力的突增。有些流体的应力在突增后会回落至一恒定值，即达到稳态，而许多常见聚合物熔体不会出现稳态。由于聚合物实际加工时经历的时间都比较短，是否能观察到稳态并不十分重要，而观察恒定拉伸速率下拉伸黏度随时间的变化就显得格外重要。在突加应变后随时间增长的拉伸黏度英文称作 elongational stress growth viscosity，记作 $\bar{\eta}^+$，本书简称作拉伸增长黏度。

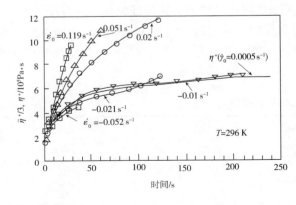

图 9-19　聚异丁烯的拉伸增长黏度[14]

　　图 9-19 为聚异丁烯的单向和双向拉

伸流的拉伸增长黏度。图中的拉伸黏度数据都除以 3 以便与相应的剪切增长黏度 η^+ 数据做比较。图下方的负值拉伸速率代表双向拉伸。单向拉伸时都表现出显著的应力突增，这种应力随时间的增大是应变硬化的又一种表现形式，对聚合物的实际加工十分有益。拉伸速率越大，应变硬化越显著。然而双向拉伸几乎观察不到应变硬化，拉伸速率的影响也不明显，拉伸增长黏度逐步趋近一个平衡值。

9.6 化学流变

高分子流变学的研究对象主要是热塑性材料，即线形或支化聚合物的熔体或溶液。热固性材料不能流动，照理应被排除在流变学的研究范围之外。但热固性材料是由前体（反应单体）通过化学反应交联而成的，在交联网络的形成过程中，仍然会经历流动与变形，仍是流变学研究的内容。因此便有了化学流变学这个分支。顾名思义，化学流变学就是伴随化学反应的流变学。这个化学反应，专指形成网络的固化交联过程。

9.6.1 固 化

热固性聚合物的形成一般经历 A、B、C 3 个阶段。在 A 阶段，树脂仍然可溶可熔；到了 B 阶段，树脂已经变得不可溶，但仍然保持着热塑性。但这种热塑状态保持的时间不会太长，因为温度不仅能促进流动，同样也促进交联。短暂的 B 阶段很快就过渡到 C 阶段，此时树脂完成了聚合（交联），热固性材料完成了最后的构建，形成了高度交联的网络。最后产物不溶不熔，也不能再重新加工了。热固性聚合物的演化过程如图 9-20 所示。

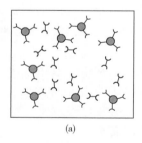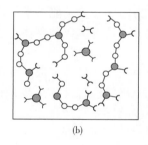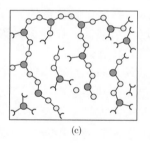

(a)　　　　　　　　(b)　　　　　　　　(c)

图 9-20　热固材料的结构演化
（a）未反应单体　　（b）支化　　（c）凝胶点，网络与反应物共存

热固结构的演化经历一系列状态与性质的变化：树脂从热塑性固体变成低黏度液体，再变成凝胶，再变成坚硬的固体。性质的变化可以用动态力学分析仪监测，同步测定储能模量、损耗模量与复黏度。用这 3 个性质对温度或时间作图，得到 3 条曲线，统称为固化曲线。图 9-21 是环氧树脂体系的典型固化曲线。固化在升温条件下进行，升温速率为 5 ℃/min。由于是线性升温，故温度的横坐标也可以视作时间的横坐标。

使用复黏度可认为是一种专业习惯。复黏度由实黏度与虚黏度 2 部分构成。实黏度与静态剪切黏度并不吻合，反而是复黏度的绝对值与静态剪切黏度最为接近，故被用来标识黏度，一般省略绝对值符号。

图 9-21 的 3 条曲线中，信息量最大的是黏度曲线。固化的初始阶段有一个黏度的大幅

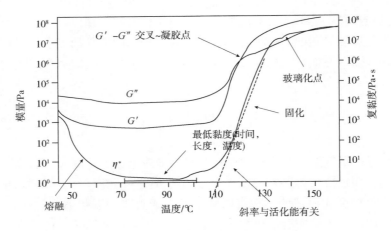

图 9-21　固化交联的典型过程

度下降，标志着一个固态树脂的熔融过程。这是一个单纯的物理过程，没有伴随化学反应，因为此时温度尚低。熔融后的树脂黏度还要随着温度升高而下降。从技术角度，这一阶段值得观察的信息包括物料的最低黏度，维持最低黏度的温度、时间以及温度（时间）跨度。黏度越低，跨度越宽，越有利于体系的均匀化与加工成型。

　　体系被加热到一定温度，固化反应开始启动，这个时间点被当作固化的零时刻，此刻的黏度记作 η_0。随固化反应的进行，体系黏度线性升高。黏度的线性区域有一个限度，一般到达一个临界点附近就会变得非线性。这个临界点便是凝胶点。出现凝胶点的时间是个重要技术指标，是工艺设计、配方设计的依据。用材料函数进行描述，是储能模量与损耗模量曲线的交叉点。材料已经从液体转变为固体，开始能够承受能量。材料从 B 阶段进入 C 阶段，从热塑性进入热固性。在分子层次上，是单体或预聚体通过相互连接，形成了相对分子质量无限大网络的转变点。

　　凝胶点只是固化过程中的一个中间点。虽然形成了无限大的网络，但并不意味着所有的物种都被包括在网络之中，在网络中仍然包含许多未反应的单体。虽然体系失去了流动性，链段运动并未被冻结，仍会有进一步的反应与交联，但反应的性质已经改变。凝胶化之前的反应是动力学控制的，凝胶化后则为扩散所控制，远比动力学重要。

　　一般情况下，固化过程通过凝胶点仍可继续进行，直至到达另一个转变点：玻璃化。这个玻璃化与热塑性材料的有所不同。热塑性材料是通过温度的下降导致玻璃化。而热固体系是通过交联程度的提高导致玻璃化。不论玻璃化的本质如何，都意味着链段运动的冻结，不论体系中是否仍含有单体，反应都会被终止。固化的目标并非要求完全固化，为得到热固性材料的最佳性能，要求体系最终处在一个最佳的固化度。固化不足与固化过度都应当避免。固化不足会发生蠕变，振动时会积聚热量。而固化过度时会在冷却时积聚应力，引起日后的应力开裂。判断固化不足的指标就是产物的玻璃化温度偏低。如果固化在较低的玻璃化温度被终止，就需要进一步提加热来提高固化度，即所谓后固化。但过高的玻璃化温度不一定标志着固化过度，需要采用其他手段来鉴别是否为过固化。

9.6.2　黏度公式

从固化启动开始，热固性树脂的黏度就被 2 个因素所控制：温度与反应动力学，使得黏度从表观上成为时间 t 的函数，最早的经验公式为：

$$\ln\eta = \ln\eta_0 + kt \tag{9-26}$$

其中 η 为时刻 t 的黏度，η_0 为固化启动时的黏度，k 为表观动力学因子。将 k 与 η_0 分别写作 Arrhenius 公式：

$$\ln\eta_0 = \ln\eta_\infty - \frac{\Delta E_\eta}{RT} \tag{9-27}$$

$$k = k_\infty \exp\left(-\frac{\Delta E_k}{RT}\right) \tag{9-28}$$

其中 η_∞ 为聚合物的外推黏度，相当于未固化聚合物在 $T=\infty$ 处的黏度；ΔE_η 为黏流活化能；k_∞ 与 ΔE_k 的定义类似。将式（9-27）与（9-28）代入（9-26），可以得到：

$$\ln\eta(t)_T = \ln\eta_\infty - \frac{\Delta E_\eta}{RT} + tk_\infty \exp\left[-\frac{\Delta E_k}{RT}\right] \tag{9-29}$$

如果温度变化函数为 $T=f(t)$，Roller[15] 得到一个恒温条件下黏度随时间变化的"二元 Arrhenius"公式：

$$\ln\eta = \ln\eta_\infty - \frac{\Delta E_\eta}{RT} + k_\infty \int_0^t \exp\left[-\frac{\Delta E_k}{Rf(t)}\right] dt \tag{9-30}$$

在凝胶点附近，黏度的变化由线性变为非线性。欲描述凝胶点附近的非线性数据，还需要在 Roller 公式中引入一个比例因子 ϕ 放在式（9-30）的积分号之前[16]。

Tajima 和 Crozier[17-18] 基于环氧-胺体系导出下列 WLF 方程：

$$\lg\eta(T) = \lg\eta(T_s) - \frac{26.8(T - T_s)}{13.4 + T - T_s} \tag{9-31}$$

其中 $\eta(T)$ 为在温度 T 的黏度，$\eta(T_s)$ 为参考温度下的黏度，而 T_s 则为留存固化剂浓度的函数，结果黏度间接地成为固化度的函数。

Enns 和 Gillham[19] 结合支化理论与自由体积概念提出了又一种 WLF 方程。支化理论是针对固化早期阶段黏度提出的，当接近凝胶点时，物种相互接近的迁移与扩散速率对黏度影响都非常大，而 WLF 方程就是描述这一情况的：

$$\ln\eta = \ln\eta_0 + \ln\overline{M} + \frac{\Delta E_\eta}{RT} - \frac{C_1(T - T_s)}{C_2 + (T - T_s)} \tag{9-32}$$

前述公式的都有一个明显缺点，没有直接表示出黏度对固化率 α 的依赖性。Castro 和 Macosko[20-21] 在聚氨酯固化体系的研究工作中，提出了一个可以描述接近凝胶点范围的经验黏度公式，是温度与固化度的函数：

$$\eta = \eta_0 \exp\left(\frac{E}{RT}\right) \cdot \left(\frac{\alpha_g}{\alpha_g - \alpha}\right)^{b_1 + b_2\alpha} \tag{9-33}$$

其中 E 为聚合物活化能，α_g 为凝胶点转化率，α 为转化率，b_1 和 b_2 为经验参数。该公式最突出的特征是可描述固化过程中黏度的迅速增长，以及在接近凝胶点时发散行为。也正因为如此，该公式的作用到凝胶点为止，不能用于凝胶点以后的体系。常数 b_1 和 b_2 由实验拟合确定。为进行数据拟合，需要在实验中测定不同恒温固化度与不同剪切速率的黏度。公式右侧的指数项代表了黏度对温度的 Arrhenius 依赖性。为引入固化体系的剪切变稀行为，还可以嵌入一个 Cross 模型：

$$\eta = \frac{\eta_0(T)}{1 + \left[\dfrac{\eta_0(T)\dot{\gamma}}{\sigma^*}\right]^{1-n}} \cdot \left(\frac{\alpha_g}{\alpha_g - \alpha}\right)^{b_1 + b_2\alpha} \tag{9-34}$$

其中 σ^* 为从牛顿区 η_0 向幂律区转化的临界剪应力。$\eta_0(T)$ 为依赖温度的零切黏度，n 为幂律指数。图 9-22 是 Castro-Macosko 模型对不同温度、不同时间聚氨酯黏度的拟合情况。可以看出反应的早期阶段黏度主要由温度控制：温度较低，则初始黏度较高，但因反应速率低，黏度增长速率不如较高温度的情况。图 9-23 中将黏度表为固化度的函数。Castro-Macosko模型同样能很好地描述这个体系。可看到预测的黏度在接近凝胶点时发散。

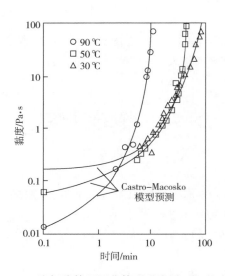

图 9-22　聚氨酯等温固化体系黏度随时间的变化

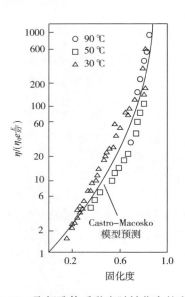

图 9-23　聚氨酯体系黏度随转化率的变化

9.6.3　转变点与 TTT 图

化学流变学的一个重要任务是了解体系如何从单体或预聚体转变为交联网络。固化体系中最重要的转变是凝胶化与玻璃化。

凝胶化是可溶材料向不可溶体的转变。定义为不可溶的、相对分子质量无限大的网络的形成点。从表面上，可以从储能模量与损耗模量曲线的交叉点进行定义，并由此估计出一个凝胶时间。但这样得到的凝胶点仅是个表观的或近似的凝胶点。这是因为，在凝胶网络结构形成的同时，也在发生着应力松弛。除非对凝胶体系的测量非常快速，否则真正的凝胶时间就会被应力松弛所模糊。

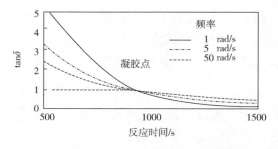

图 9-24　不同频率扫描曲线的交点精确测定凝胶点

Winter[22] 提出，可以通过频率扫描准确无误地确定凝胶时间。用 3 个频率同时进行扫描，以 $\tan\delta$ 对频率作图。由于 $\tan\delta$ 是不受频率影响的，3 条曲线将交于一点，这个点就是不受应力松弛干扰的凝胶点。图 9-24 为聚二甲基硅氧烷固化体系的 3 个频率扫描曲线，精准地交于一点。

固化过程的玻璃化与第 5 章中的玻璃化有所不同，但都不外乎是（玻璃化）转变温度与材料温度的相对位置问题。在第 5 章中的情况是，一定冷却速率下，转变温度是固定的，材料温度在降低。一旦材料温度与转变温度重合就发生玻璃化。而在当前的固化体系中，随着交联程度的不断提高，转变温度在持续提高，而材料体温度则分 2 种情况。第一种情况是等温固化，即材料的温度不变。交联程度低时，材料温度高于转变温度，材料具有流动性。随着交联程度的提高，转变温度一旦追上材料温度，玻璃化就发生了。如果转变温度始终追不上固化温度 T_c，则材料永远不会玻璃化。第二种情况是升温固化。这种情况下，转变温度在提高，材料温度也在提高，是否发生玻璃化取决于二者的相对速率。一旦转变温度追上材料温度，就会发生玻璃化。

简单地考虑，玻璃化点是材料冻结、不再有反应的点[23]，但有些人认为[24]玻璃化点后仍可能有进一步的固化。这样讲有一定道理。因为固化体系中聚合物的交联程度有一个分布，所以玻璃化应当是个转化区而不是一个点。这个转变区始于高相对分子质量物种进入玻璃区，而终于低相对分子质量物种进入玻璃区。

在固化过程中还有一个转变，即固相与未反应的液相可能会发生相分离。相分离常发生于热塑性材料改性热固体系。这种过程受相分离热力学与固化反应的同时作用。相分离对固化动力学与流变学都有影响。由于玻璃化会阻止形态的演化，固化与后固化温度都可控制相分离的程度。

固化体系中这 3 种转变：凝胶化，玻璃化与相分离将情况变得十分复杂。Gillham[25-26]创造了一种相图，称作时间–温度–转化图（TTT 图），能够对体系进行很好的描述，见图 9-25。图中有 7 个重要的物质区：液体（完全无交联的原料），溶胶–凝胶橡胶（凝胶化后、未玻璃化），凝胶橡胶（完全固化、未玻璃化），溶胶–凝胶玻璃（部分固化、已玻璃化），凝胶玻璃（完全固化、已玻璃化），溶胶玻璃（未凝胶化、已玻璃化），焦炭（高温焦烧物）。用等温固化的思路解释图 9-25 较为方便。在纵坐标上任

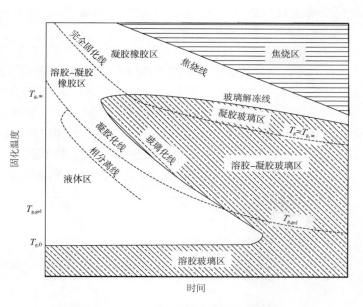

图 9-25　Gillham 的时间–温度–转化图

选一个固化温度（Trxn），沿时间轴水平移动，进行等温固化。Trxn 的选择不同，样品通过的区域及转变线就不同。T_{g0} 是初始未固化体系的玻璃化温度，故不论选择什么 Trxn，在此温度以下都不发生反应。$T_{g,gel}$ 乃是凝胶化与玻璃化重合的温度。如果所选择的 Trxn 在 T_{g0} 与 $T_{g,gel}$ 之间，则体系的玻璃化温度低于凝胶化温度。体系最初是液体，但会在凝胶化之前发生玻璃化。

$T_{g\infty}$ 为固化体系的最高玻璃化温度。如果 Trxn 处在 $T_{g,gel}$ 与 $T_{g\infty}$ 之间，体系最初也是液

体，将会出现凝胶化，或发生相分离：一相为低相对分子质量溶剂，一相为无限相对分子质量的凝胶。最终体系的玻璃化温度追上 Trxn 之后发生玻璃化。完全固化线代表体系 T_g 达到 $T_{g\infty}$ 所需的时间，这在技术上是个重要参数。如果 Trxn 在 $T_{g\infty}$ 以上，体系只发生凝胶化而不永远不会玻璃化，直至焦化。

Gillham 的 TTT 图是采用较原始的扭辫法技术针对环氧树脂制作的，这种技术今天已不再使用。后人追踪 Gillham 的思路，用许多先进仪器制作了许多不同体系的 TTT 图。但从未突破 Gillham 的基本思路。所以我们的介绍也就到 Gillham 为止。

9.7　黏度测量

虽然剪切黏度的定义是剪切应力与剪切速率之比，但在实验室中直接测定的却是转速、扭矩、流量、压力降等参数，再换算为流体的剪切黏度。测量黏度的仪器亦可同时测定法向应力差，故应称作流变仪。流变仪有许多种几何设计，产生不同流动方式。本节只简单介绍 4 种流变仪：同心转筒流变仪、平板流变仪、锥板流变仪和毛细管流变仪。这 4 种流变仪可分为 2 类，前 3 种为旋转型流变仪，毛细管流变仪单列一类。在旋转型流变仪的测定中，只需测定转矩 $\Im$（N·m）与转速 ω（rad/s）。转矩与剪应力成正比，转速与剪切速率成正比，可换算得到黏度值。在毛细管流变仪中，只需测定单位长度压力降 $\Delta P/L$ 与体积流速 $Q = \mathrm{d}V/\mathrm{d}t$。压力降与剪应力成正比，流速与剪切速率成正比，亦可换算得到黏度值。

9.7.1　同心转筒流变仪

同心转筒流变仪的结构如图 9-26 所示：流体处于内、外筒之间，测定时可以是内筒固定、外筒旋转；也可以是外筒固定、内筒旋转。流体被转动筒拖曳而发生流动。现设内筒固定，外筒以角速度 ω（rad/s）转动，内、外筒半径分别为 R_1 和 R_2，内筒高度为 H。实验测定的转矩为 $\Im$（N·m），该转矩与半径无关，在流体中处处相等。

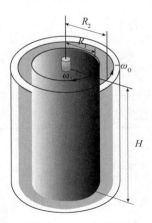

图 9-26　同心转筒流变仪

在半径 r 处取筒状流体元，面积为 $2\pi rH$。流体元上的拖曳力 f 应为应力 σ_r 乘以面积，扭矩 $\Im = rf$：

$$f = 2\pi rH\sigma_r = \frac{\Im}{r} \tag{9-35}$$

$$\sigma_r = \frac{\Im}{2\pi r^2 H} \tag{9-36}$$

在半径 r 处旋转微分角 $\mathrm{d}\theta$ 的剪切位移 γ_r 为：

$$\gamma_r = r\frac{\mathrm{d}\theta}{\mathrm{d}r} \tag{9-37}$$

剪切速率则为：

$$\dot{\gamma}_r = \frac{\mathrm{d}\gamma_r}{\mathrm{d}t} = r\frac{\mathrm{d}(\mathrm{d}\theta/\mathrm{d}r)}{\mathrm{d}t} = r\frac{\mathrm{d}(\mathrm{d}\theta/\mathrm{d}t)}{\mathrm{d}r} = r\frac{\mathrm{d}\omega}{\mathrm{d}r} \tag{9-38}$$

代入幂律模型：$\sigma_r = m\dot{\gamma}_r{}^n \Rightarrow \dot{\gamma}_r = \frac{1}{m}\sigma_r^{1/n}$

$$\dot{\gamma}_r = r\frac{\mathrm{d}\omega}{\mathrm{d}r} = \frac{1}{m}\sigma_r^{1/n} = \frac{1}{m}\left(\frac{\Im}{2\pi r^2 L}\right)^{1/n} = Cr^{-2/n} \tag{9-39}$$

其中：

$$C = \frac{1}{m}\left(\frac{\Im}{2\pi H}\right)^{1/n} \tag{9-40}$$

$$r\frac{d\omega}{dr} = Cr^{-2/n} \Rightarrow d\omega = Cr^{-(2/n+1)}dr \tag{9-41}$$

两侧从 R_1 到 r 积分：

$$\int_0^{\omega_r}d\omega = C\int_{R_1}^r r^{-(2/n+1)}dr \tag{9-42}$$

$$\omega_r = \frac{C(r^{-2/n} - R_1^{-2/n})}{-2/n} \tag{9-43}$$

在外壁上：$\omega_r = \omega_o$，

$$\omega_o = \frac{C(R_1^{-2/n} - R_2^{-2/n})}{2/n} \tag{9-44}$$

由式（9-39）和式（9-44）消去 C，

$$\dot\gamma_r = \frac{(2/n)\,\omega_o r^{-2/n}}{R_1^{-2/n} - R_2^{-2/n}} \tag{9-45}$$

虽然式（9-36）和（9-45）可用于 r 的任何值，最方便的是取几何平均值：$r = (R_1 R_2)^{1/2}$，这样式（9-36）和（9-45）变为：

$$\sigma_{均} = \frac{\Im}{2\pi H R_1 R_2} \tag{9-46}$$

$$\dot\gamma_{均} = \frac{(2/n)\omega_o}{(R_2/R_1)^{1/n} - (R_1/R_2)^{1/n}} \tag{9-47}$$

黏度公式为：

$$\eta = \frac{(R_2/R_1)^{1/n} - (R_1/R_2)^{1/n}}{4\pi H R_1 R_2/n}\cdot\frac{\Im}{\omega_o} \tag{9-48}$$

让内筒旋转而外筒静止，可得同样的表达式，只是将 ω_o 换成 ω_i。这2种情况等价，只是内筒旋转引起湍流的 ω 值更低。

如果令 $R_2 = \infty$，在 $r=R_1$ 处解式（9-36）和（9-45），可得到以下简化公式：

$$\sigma_{R_1} = \frac{\Im}{2\pi H R_1^2} \tag{9-49}$$

$$\dot\gamma_{R_1} = \frac{2\omega_b}{n} \tag{9-50}$$

9.7.2　锥板流变仪

锥板流变仪可以测量不同剪切速率和温度下的黏度、第一和第二法向应力系数，它是唯一可以进行各种测试的流变仪，例如应力，蠕变，松弛，振荡和衰减测试。锥板流变仪的几何形状如图9-27所示。应在锥体和板之间放置过量的熔体，以确保间隙完全填满，并补偿由于 Weissenberg 效应引起的内向流动。锥和板之间的残余间隙是聚合物的剪切间隙。几何形状由半径 R 和锥角 β 确定。实验测量的量是锥体的角速度 ω，转动锥体所需的扭矩 $\Im$，垂直于固定板的总力 F。锥角 β 非常小，小于 0.1 rad（1 rad = 57.296°）。

考虑半径 r 处的环元，宽度为 dr。对这个环的拖曳力 df 为剪应力 σ_r 乘以环面积 $2\pi rdr$，扭矩等于 rdf：

$$df = 2\pi r\sigma_r dr = \frac{d\Im}{r} \tag{9-51}$$

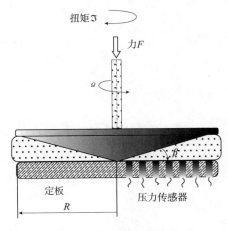

图9-27　锥板流变仪

因锥角 β 非常小，锥板之间可视作平板间隙，剪应力 σ_r 与 r 无关，故可从 0 到 R 积分得到总扭矩：

$$\int_0^3 \mathrm{d}\mathfrak{I} = \int_0^R 2\pi r^2 \sigma_r \mathrm{d}r \tag{9-52}$$

$$\sigma_r = \frac{3\mathfrak{I}}{2\pi R^3} \tag{9-53}$$

同样由于锥角很小，可视作平板流变仪，半径 r 处一个微分转角 $\mathrm{d}\theta$ 的剪切位移 $\mathrm{d}\gamma_r$ 为：

$$\mathrm{d}\gamma_r = \frac{r\mathrm{d}\theta}{间隙厚度} = \frac{r\mathrm{d}\theta}{r\beta} = \frac{\mathrm{d}\theta}{\beta} \tag{9-54}$$

可知剪切位移与半径 r 无关，剪切速率亦与 r 无关：

$$\dot{\gamma}_r = \frac{\mathrm{d}\gamma_r}{\mathrm{d}t} = \frac{\mathrm{d}\theta/\mathrm{d}t}{\beta} = \frac{\omega}{\beta} \tag{9-55}$$

由 (9-53) 和 (9-55) 已经能够求出黏度，无须再使用流体模型：

$$\eta = \frac{3\beta}{2\pi R^3} \cdot \frac{\mathfrak{I}}{\omega} \tag{9-56}$$

通过测量垂直于固定板上的力 F，可得到第一法向应力差 N_1，进而得到系数 ψ_1：

$$\psi_1 = \frac{N_1}{\dot{\gamma}^2} = \frac{2F}{\pi R^2} \cdot \frac{1}{\dot{\gamma}^2} \tag{9-57}$$

熔体内的径向应力分量随着向中心靠近而增加，压力也随之增加。虽然第二法向应力系数 ψ_2 可以通过板上的压力分布测定，但难以得到精确值，但可用下式粗略估计：

$$\psi_2 = 0.1\psi_1 \tag{9-58}$$

9.7.3　平板流变仪

平板流变仪由 2 个平行的圆板组成。与锥板系统类似，下板通常是静止的，而上板旋转。平行板流变仪的几何结构如图 9-28 所示。板之间的间隙或距离 H 应远小于板的半径 R，以确保整个间隙中的均匀流动。与锥板系统相比的缺点是剪切速率随着距旋转轴的距离而增加（$0 \leqslant r \leqslant R$）。在中心（$r = 0$），剪切速率为 $\dot{\gamma} = 0$，在边缘（$r = R$）达到最大值。下板壁的剪切速率为 0，上板壁的剪切速率为最大值。

第一步是求剪切速率。流速与 z 呈线性关系：

$$v_\theta = A(r)z + B(r) \tag{9-59}$$

边界条件为：$z = 0$，$v_\theta = 0$；$z = H$，$v_\theta = r\omega$

所以流速为：

$$v_\theta = \frac{r\omega z}{H} \tag{9-60}$$

应变速率为：

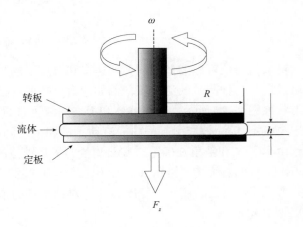

图9-28　平板流变仪

$$\dot{\gamma}_r = \frac{\partial v_\theta}{\partial z} = \frac{r\omega}{H} \tag{9-61}$$

圆板外缘的应变速率为：

$$\dot{\gamma}_R = \frac{R\omega}{H} \tag{9-62}$$

第二步是求扭矩。考虑上板壁（$z=H$）半径 r 处的环元，宽度为 $\mathrm{d}r$，环面积为 $2\pi r\mathrm{d}r$。对这个环的拖曳力 $\mathrm{d}f$ 为剪应力乘以环面积：

$$\mathrm{d}f = 2\pi r\sigma_r\mathrm{d}r \tag{9-63}$$

环元的扭矩等于 $r\mathrm{d}f$。假设剪应力 σ_r 与 r 无关，可从 0 到 R 积分得到总扭矩：

$$\Im = \int_0^R \sigma_{z=H}r2\pi r\mathrm{d}r = 2\pi\int_0^R \sigma_{z=H}r^2\mathrm{d}r \tag{9-64}$$

代入黏度公式 $\sigma = \eta\dot{\gamma}$，并代入上板壁的剪切速率 $\dot{\gamma}_R = R\omega/H$：

$$\Im = 2\pi\int_0^R \eta\dot{\gamma}_r r^2\mathrm{d}r = 2\pi\int_0^R \frac{R\omega}{H}\eta r^2\mathrm{d}r \tag{9-65}$$

作变量代换：应变速率与 r 呈线性关系，故可定义为：

$$\dot{\gamma}_r = \dot{\gamma}_R\frac{r}{R} \tag{9-66}$$

可将 r 变量变换为：

$$r = R\frac{\dot{\gamma}_r}{\dot{\gamma}_R}, \qquad \mathrm{d}r = \frac{R}{\dot{\gamma}_R}\mathrm{d}\dot{\gamma}_r$$

代入扭矩公式：

$$\Im = \frac{2\pi R\omega}{H}\int_0^R \eta r^2\mathrm{d}r = \frac{2\pi R^3}{(\dot{\gamma}_R)^3}\int_0^{\dot{\gamma}_R} \eta\dot{\gamma}_r^3\mathrm{d}\dot{\gamma}_r \tag{9-67}$$

$$\left(\frac{\Im}{2\pi R^3}\right)(\dot{\gamma}_R)^3 = \int_0^{\dot{\gamma}_R} \eta\dot{\gamma}_r^3\mathrm{d}\dot{\gamma}_r \tag{9-68}$$

两侧对 $\dot{\gamma}_R$ 求导，并利用 Leibniz 法则：$\dfrac{\mathrm{d}}{\mathrm{d}x}\left[\int_a^b f(x,\ t)\mathrm{d}t\right] = \int_a^b \dfrac{\partial}{\partial x}f(x,\ t)\mathrm{d}t$

$$\frac{\mathrm{d}}{\mathrm{d}\dot{\gamma}_R}\left[\left(\frac{\Im}{2\pi R^3}\right)(\dot{\gamma}_R)^3\right] = \int_0^{\dot{\gamma}_R} \frac{\partial}{\partial\dot{\gamma}_R}(\eta\dot{\gamma}_r^3)\mathrm{d}\dot{\gamma}_r + \eta(\dot{\gamma}_R)^3 \tag{9-69}$$

上式右侧第一项为零：

$$\frac{1}{2\pi R^3}\left(\Im\cdot3(\dot{\gamma}_R)^2 + \frac{(\dot{\gamma}_R)^3\mathrm{d}\Im}{\mathrm{d}\dot{\gamma}_R}\right) = \eta(\dot{\gamma}_R)^3 \tag{9-70}$$

$$\eta = \frac{1}{2\pi R^3}\left(\frac{3\Im}{\dot{\gamma}_R} + \frac{\mathrm{d}\Im}{\mathrm{d}\dot{\gamma}_R}\right) = \frac{\Im}{2\pi R^3\dot{\gamma}_R}\left(3 + \frac{\mathrm{d}\Im}{\Im}\Big/\frac{\mathrm{d}\dot{\gamma}_R}{\dot{\gamma}_R}\right) \tag{9-71}$$

$$\eta = \frac{\Im}{2\pi R^3\dot{\gamma}_R}\left(3 + \frac{\mathrm{dln}\Im}{\mathrm{dln}\dot{\gamma}_R}\right) \tag{9-72}$$

如果是牛顿流体：

$$\Im = 2\pi\int_0^R \eta\dot{\gamma}_r r^2\mathrm{d}r = \frac{2\pi\eta R^3}{3}\dot{\gamma}_R \tag{9-73}$$

$$\mathrm{d}\Im = \frac{2\pi\eta R^3}{3}\mathrm{d}\dot{\gamma}_R \tag{9-74}$$

$$\frac{\mathrm{d}\Im}{\Im} = \frac{\mathrm{d}\dot{\gamma}_R}{\dot{\gamma}_R} \tag{9-75}$$

所以：

$$\eta = \frac{\Im}{2\pi R^3 \dot{\gamma}_R}(3+1) = \frac{2H}{\pi R^4} \cdot \frac{\Im}{\omega} \tag{9-76}$$

平板流变仪的用途不及锥板流变仪广泛，但它也有后者所不及优点。测定填充体系时，作锥板流变仪测试时，填充体系中的粒子尺寸不能大于 10 μm，而平板流变仪对粒子尺寸没有限制。可测定的材料范围也很宽，不仅是溶液，也可以是各种软固体，如固化体系，弹性体，凝胶，甚至固体粉末等。

9.7.4　毛细管流变仪

毛细管流变仪是测定剪切黏度最常用和最简单的装置，Hagen 和 Poiseuille 最早用它来测定水的黏度。通过压力驱动流体通过毛细管，造成一个不均匀的流场。在管壁处的应变速率最大，在管的中线应变速率为零，所以它只能测定稳态的剪切黏度。

毛细管流变仪的剪切速率下限为 1 s^{-1}，低于此值则重力与摩擦等因素便不能忽略，上限为 10^7 s^{-1}，再高则会因熔体破裂而失效。在实际熔体加工如挤出和注塑过程中，应变速率都大于 100 s^{-1}，在这个范围毛细管流变仪成为唯一令人满意的方法。毛细管流变仪可以很容易地连接到螺杆或柱塞式挤出机的末端，以便进行在线测量。

毛细管流变仪的结构如图 9-29 所示。毛细管半径为 R，长度为 L。设压力降为 ΔP，流速 $= Q$ cm^3/s。

取筒状流体元，半径为 r，面积为 $2\pi rL$。流体元上的拖曳力 f 应为应力 σ_r 乘以面积，同时又等于压力乘以截面积 πr^2：

$$f = 2\pi rL\sigma_r = \Delta P\pi r^2 \tag{9-77}$$

可解得应力：

$$\sigma_r = \frac{\Delta Pr}{2L} \tag{9-78}$$

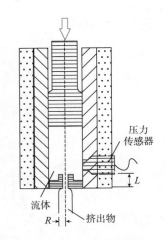

图 9-29　毛细管流变仪

看作是平板流变仪，距轴线 r 处的剪切位移为 $\gamma_r = -\,\mathrm{d}x/\mathrm{d}r$，则剪切速率为：

$$\dot{\gamma}_r = \frac{\mathrm{d}\gamma_r}{\mathrm{d}t} = -\frac{\mathrm{d}^2x}{\mathrm{d}r\mathrm{d}t} = -\frac{\mathrm{d}(\mathrm{d}x/\mathrm{d}t)}{\mathrm{d}r} = -\left(\frac{\mathrm{d}v}{\mathrm{d}r}\right)_r \tag{9-79}$$

代入幂律公式：

$$\dot{\gamma}_r = -\left(\frac{\mathrm{d}v}{\mathrm{d}r}\right)_r = \frac{1}{m}\left(\frac{\Delta P}{2L}\right)^{1/n} r^{1/n} = \psi r^{1/n} \tag{9-80}$$

其中：

$$\psi = \frac{1}{m}\left(\frac{\Delta P}{2L}\right)^{1/n} \tag{9-81}$$

$$-\left(\frac{\mathrm{d}v}{\mathrm{d}r}\right)_r = \psi r^{1/n} \Rightarrow -\,\mathrm{d}v = \psi r^{1/n}\mathrm{d}r \tag{9-82}$$

两边积分，边界条件为 $r=R$，$v=0$：

$$\int_0^{v_r} -\,\mathrm{d}v = \psi \int_R^r r^{1/n}\mathrm{d}r \tag{9-83}$$

$$v_r = \frac{\psi(R^{1+1/n} - r^{1+1/n})}{1 + 1/n} \tag{9-84}$$

代入另一边界条件，$r = 0$，$v = v_m$：

$$v_m = \frac{\psi R^{1+1/n}}{1 + 1/n} \tag{9-85}$$

在（9-84）和（9-85）之间消去 ψ：

$$v_r = v_m \left[1 - \left(\frac{r}{R} \right)^{1+1/n} \right] \tag{9-86}$$

现在需要求出截面积上的平均流速 $\bar{v}$。通过将环面积 $2\pi r \mathrm{d}r$ 上的流速 v_r 积分再除以截面积即可：

$$\bar{v} = \frac{Q}{\pi R^2} = \int_0^R v_r \frac{2\pi r \mathrm{d}r}{\pi R^2} \tag{9-87}$$

利用式（9-86）中的 v_r 并积分，得到用 v_m 表示的 $\bar{v}$：

$$\bar{v} = v_m \frac{1 + 1/n}{3 + 1/n} \tag{9-88}$$

在式（9-80）和（9-85）之间消去 ψ：

$$\dot{\gamma}_r = v_m \frac{(1 + 1/n) r^{1/n}}{R^{1+1/n}} \tag{9-89}$$

由式（9-87）和（9-88）代入 v_m，就得到任意 r 处的剪切速率：

$$\dot{\gamma}_r = \frac{(3 + 1/n)\, Q(r/R)^{1/n}}{\pi R^3} \tag{9-90}$$

取管壁处（$r = R$）的剪切速率与剪切应力：

$$\dot{\gamma}_w = \frac{(3 + 1/n) Q}{\pi R^3} \tag{9-91}$$

$$\sigma_w = \frac{\Delta P R}{2L} \tag{9-92}$$

黏度则为：

$$\eta = \frac{\pi R^4 \Delta P}{2QL(3 + 1/n)} \tag{9-93}$$

可看到管壁处的真剪切速率与同样流速 Q 下计算的牛顿流体相比差一个因子（$3 + 1/n$）/4，称作 Rabinowisch 校正因子。

式（9-93）可以用于从液体流经毛细管的时间测量黏度。由于毛细管是垂直放置的，只靠重力流动，可以消除 Rabinowisch 校正因子，但须引入重力项。式（9-93）变为它的初始形式：

$$\frac{\Delta V}{\Delta t} = \frac{(\rho g L + \Delta p) \pi R^4}{8 \eta L} \tag{9-94}$$

上式表明流速与半径的 4 次方成正比。这个规律由 Poiseuille 于 1844 年发现，方程连同黏度的旧单位 poise（泊）都是用 Poiseuille 命名的。

由于液体的质量是流动唯一的动力，故式（9-94）中的 Δp 为零，实际流经时间为：

$$\Delta t = \left(\frac{8\Delta V}{\pi g R^4}\right)\frac{\eta}{\rho} \tag{9-95}$$

或写作：

$$\eta = A\rho\Delta t \tag{9-96}$$

其中 A 代表恒定的仪器参数。不必求出 A 的具体数值，只须需用同一仪器对已知液体（下标 2）与未知液体（下标 1）进行测量，A 就能被消掉：

$$\frac{\eta_1}{\eta_2} = \frac{\rho_1}{\rho_2} \cdot \frac{\Delta t_1}{\Delta t_2} \tag{9-97}$$

式（9-97）成为特性黏度测定的基础。

9.8　黏度影响因素

高分子流体包括 2 类：溶液与熔体。除非溶剂与聚合物有强烈的相互作用，溶液不过就是稀释的熔体，各种因素对熔体与溶液黏度的影响是一致的。所以本节只讨论对熔体的影响。

对聚合物熔体黏度的影响因素可分为结构性因素与非结构性因素。结构性因素指分子链的结构，包括相对分子质量、相对分子质量分布、支化等，是本节讨论的重点。其他因素均属于非结构性因素。

非结构性因素中最重要的当属温度与剪切速率。温度对黏度的影响已在第 8 章式（8-158）和（8-159）中给出，强液体服从 Arrhenius 公式，弱液体服从 WLF 方程或 VFT 方程。即便不作研究，常识也会告诉我们，温度越高，黏度越低。剪切速率的影响也是我们熟知的。高分子流体绝大多数都是假塑性流体，即剪切速率越高、黏度越低。高分子流体没有剪切增稠行为。只有极个别聚合物的熔体接近牛顿流体，如聚碳酸酯。剪切时间也可算作熔体黏度的影响因素之一，也只有个别体系具有触变性或流凝性。对这 2 种依时行为的解释都是某种特定结构的构建与解体。但究竟是何种特定结构尚无定论。

以上非结构性的影响因素都是决定黏度的外因，而分子链结构则是内因。下面我们将对结构因素进行归纳。

9.8.1　相对分子质量与相对分子质量分布

以零切黏度对重均相对分子质量对数作图，在不同的聚合物体系无一例外地都可得到一条折线，斜率从 1 转变到 3.4 左右，转折点为临界相对分子质量 M_c，见图 9-30。低于 M_c 时，黏度与相对分子质量的一次方成正比；高于 M_c 时，幂律指数突增到 3.4。造成这个转折的原因就是缠结。相对分子质量较低时不发生缠结，分子链运动的形式是平动；相对分子质量高于 M_c 则发生缠结，运动形式变为迂回爬行，所以在黏度上显示出巨大的差异。有关缠结状态的具体运动方式，我们将在第 10 章详细讨论。

严格地说，直接影响黏度的并不是相对分子质量，而是主链原子数 Z，因为控制缠结的是主链原子数而不是相对分子质量。于是我们有更严格的零切黏度对重均主链原子数 $\bar{Z}_w$ 的依赖关系：

$$\eta_0 \sim (\bar{Z}_w)^{3.4} \tag{9-98}$$

相对分子质量与主链原子数的临界值见表 9-2。

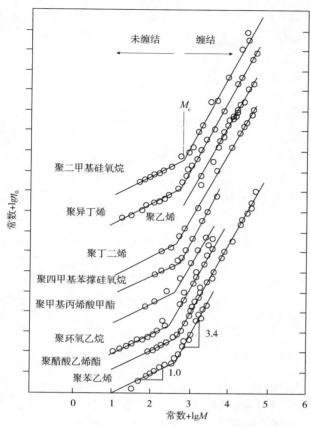

图 9-30 相对分子质量与零切黏度的关系图[27]

图中标注（从上到下）：未缠结 缠结，M_e，聚二甲基硅氧烷，聚异丁烯，聚乙烯，聚丁二烯，聚四甲基苯撑硅氧烷，聚甲基丙烯酸甲酯，聚环氧乙烷，聚醋酸乙烯酯，聚苯乙烯，3.4，1.0

纵轴：常数+lgη_0 横轴：常数+lg$M$

表 9-2　常用聚合物的临界相对分子质量与临界主链原子数

聚合物	M_e	Z_e
聚乙烯	3500	250
聚异丁烯	16000	570
聚苯乙烯	40000	770
聚丁二烯	6000	330
聚异戊二烯	10000	450
聚偏氯乙烯	25000	580
聚甲基丙烯酸甲酯	30000	600
聚乙烯醇	3400	240
聚二甲基硅氧烷	30000	810

剪切速率达到临界值 $\dot{\gamma}_0$ 时，熔体黏度开始脱离牛顿平台，表现出剪切变稀行为。$\dot{\gamma}_0$ 的值，即牛顿平台的长度与相对分子质量有密切关系。剪切速率 $\dot{\gamma}$ 为单位时间的应变，而剪切速率的倒数 $1/\dot{\gamma}$ 则为发生单位应变所用的时间。在分子流动的场合，单位应变就是一个分子身位流体的形变，所谓发生单位应变所需的时间，说是形变为一个分子身位所用的时间，在此简称作形变时间。这个时间与分子的微观松弛时间 τ_0 的相对大小决定了流体运动的形式。低应变速率下，$1/\dot{\gamma} > \tau_0$，形变时间大于松弛时间，则所发生的形变全部由分子平动所贡献，流动行为是牛顿型的，黏度表现为牛顿平台。高应变速率下，$1/\dot{\gamma} < \tau_0$，没有足够的时间发生平动，流体所发生的形变中，一部分是出自平动，还有一部分出自弹性形变。弹性形变所需的应力远低于分子平动，故应力与应变之比大大降低，表现为剪切变稀。对剪切变稀普遍接受的解释是分子链取向或者是解缠结。我们说，解缠结的说法是不可接受的，高分子链不可能经历那样巨大的熵减过程。合理的解释是取向，而我们对取向的进一步解释就是弹性形变。在发生弹性形变的临界点 $1/\dot{\gamma} = \tau_0$，$1/\tau_0$ 就是临界剪切速率 $\dot{\gamma}_0$。相对分子质量越高，微观松弛时间 τ_0 越长，所对应的临界剪切速率 $\dot{\gamma}_0$ 就越低，牛顿平台越短。这一点从图 9-31 中可清楚地看到。

此外，从图 9-2 可以看出，温度对牛顿平台的长度也有显著影响。其中的原因就留给读者作为思考题了。

相对分子质量分布对黏度的影响需要通过相同相对分子质量宽分布与窄分布样品的比较进行讨论。由图 9-32，可看到宽分布样品在牛顿平台区的黏度高于窄分布样品，而在较低的剪切速率就发生剪切变稀，在此后的黏度就低于窄分布样品。这是由于宽分布样品中分子链长短悬殊，而长的分子链缠结严重，故在牛顿平台黏度较高。但高相对分子质量物种不仅造成较短的牛顿平台，还会带来更敏感的剪切变稀。此外，宽分布样品中短链成分较多，这些短链不参与缠结，对熔体起到稀释与润滑作用，这样进一步降低了体系的黏度。

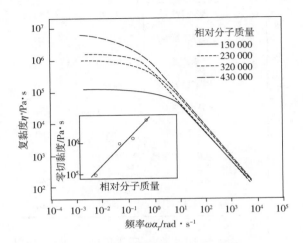

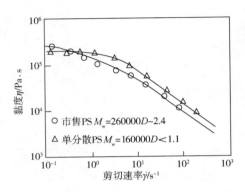

图 9-31　牛顿平台与相对分子质量关系[9]　　　　图 9-32　相对分子质量分布对黏度的影响[9]

9.8.2　支　化

支化高分子可分为支链"多而短"与"少而长"2 种情况。所谓长与短的标准则是支链是否参与缠结。如果支链不够长，沿主链无规分布，则会增大分子间距，降低缠结程度，熔体黏度将低于同相对分子质量的线形链。如果支链很少但长到足以缠结，则熔体黏度在低频率下将高于相同相对分子质量的线形聚合物。

目前所知长支化的影响全部来自对星形聚合物模型体系的研究。当支链相对分子质量 M_b 低于临界相对分子质量 M_c 时，支链不参与缠结，由于主链长度低，η_0 要比同相对分子质量的线形聚合物低。当支链相对分子质量 M_b 超过临界相对分子质量 M_c 的 2~4 倍时，将会发生严重的缠结，使黏度迅速升高。

图 9-33 对比了线形、三臂和四臂星形聚合物的黏度，可知长臂星形聚合物的黏度随相对分子质量的增长比线形聚合物快得多，很快超过后者 100 倍以上。支化度越大，黏度越高，四臂星形聚合物的 η_0 要比三臂的高得多。由于支链与主链不在同一方向，欲使支链沿主链的轮廓方向运动，必须先使支链发生回缩，方能发生运动。故支链对整链的运动起到羁绊作用，造成了体系的高黏度。支链的这种效应可用管子模型进行解释，见第 10 章 10.7.2 节。

3 种聚丙烯样品的实黏度（η'）与剪切速率的关系见图 9-34，其中 PP1 为重均相对分子质量为 26 万的线形树脂，PP2 为使用 200 mg/kg 过氧化剂和 1.5 份多官能度单体的轻度支化产物，PP3 则为使用 300 mg/kg 过氧化剂和 2.5 份多官能度单体的高度支化产物。在图中看到了 3 条交叉的曲线，这种交叉很像图 9-32 中 2 条曲线的交叉。低剪切速率下，支化度高的样品黏度高，说明支链是参与缠结的。但在高剪切速率下，支化度高的聚合物黏度最低。这说明支化聚合物对剪切速率更敏感。因为在相同相对分子质量的情况下，支链长度毕竟短于线形链，剪切速率高于一定水平后，主链连同支链都会发生取向，流动阻力要小于较长的线形链。

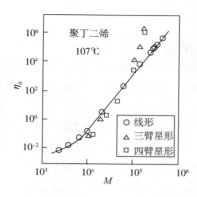 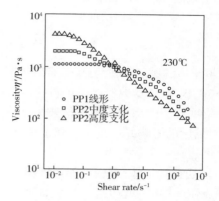

图 9-33 相对分子质量与支化对黏度的影响[28]　图 9-34 支化对黏度-剪切速率关系的影响[29]

长链支化对拉伸流中的应变硬化有重要影响，因为支化点会强化网络的协同作用。低密度聚乙烯是典型的支化链，在图 9-35 中可看到明显的应变硬化。等规聚丙烯一般为线形链，在拉伸流动中能够达到稳态，拉伸黏度很低。为提高聚丙烯的熔体黏度，经常人为地将线形聚丙烯改性为长链支化构造。上述 3 种聚丙烯的拉伸增长黏度比较于图 9-36。可以看到线形链能够在 100 s 的时间内达到稳态，而 2 种支化链均发生增长黏度的突增，支化程度越高，应变硬化趋势越强。应变硬化对熔体的拉伸起到稳定化作用，是实际加工中追求的目标。

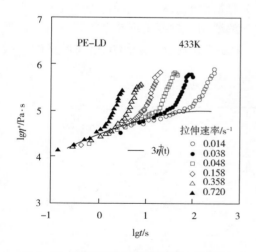 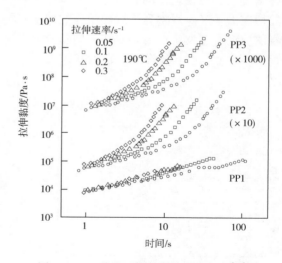

图 9-35 低密度聚乙烯的拉伸启动黏度　　　图 9-36 3 种聚丙烯的拉伸启动黏度[29]

9.8.3 填　　料

填料的情况较为复杂，填料的尺寸和形状，填料浓度以及任何相互作用都对聚合物熔体流变性产生影响。但共同的倾向是，填料在熔体内形成运动的障碍，使黏度提高。其他方面的影响，要根据具体的聚合物/填料组合具体分析，可分为以下 3 种情况。

（1）牛顿熔体/无相互作用填料　如果熔体是牛顿流体，填充体的黏度符合以下简单公式[30]：

$$\frac{\eta}{\eta^0} = \frac{1}{(1 - \phi/\phi_{\mathrm{m}})^2} \tag{9-99}$$

η 为填充体的黏度，η^0 为纯聚合物的黏度，ϕ 为填料的体积分数，ϕ_{m} 为可实现的最大填充体积分数。ϕ_{m} 这个参数概括了填料的许多参数，如粒子尺寸、尺寸分布、粒子形状与孔隙率等。可根据粒子的综合几何信息来选择适当的 ϕ_{m}。如果填料含量低于 30 %（质量分数，下同），对黏度的影响并不重要。超过 30 % 以后，填料的影响逐渐显现，达到 60 % 时，黏度的变化可达到一个数量级。

（2）剪切变稀熔体/无相互作用填料　绝大多数聚合物熔体是非牛顿的，不同填充水平的非牛顿流体的黏度-剪切速率关系如图 9-37。首先应注意到填料的加入提高了牛顿平台的零切黏度，并且随填充量的增加，牛顿平台变短，临界剪切速率 $\dot{\gamma}_0$ 变低，这个效应相当于相对分子质量的提高。当填料浓度很高时，甚至会发生黏塑性现象，可观察到一个屈服强度。其次在幂律区的平行线可以看到，填料虽然也会使黏度提高，但作用不像牛顿区那样显著。这是由于填料粒子既能够阻滞分子链的运动，也能够阻碍分子链的缠结。使得连续相的局部剪切速率高于总体剪切速率。于是连续相的表观黏度低于总体黏度，抵消了填料的部分增黏效应。

（3）剪切变稀熔体/相互作用粒子　如果填料颗粒之间存在较强的相互作用，就会引起絮凝，典型的例子就是橡胶中的炭黑以及图 9-38 中的滑石/方解石混合物。还有一种情况，填料颗粒是亲水的，而聚合物是疏水的，聚合物熔化时，填料也会絮凝，尽管是轻微的。这种絮凝很容易在较低的剪切应力下解体，表现为剪切变稀，如图 9-38 所示。然后在更高的剪切应力下又能观察到连续相熔体的剪切变稀，这就是所谓的双剪切变稀行为。凡是发生絮凝的填料都会发生双剪切变稀，即随应力或应变速率的增加，黏度出现 2 个下降台阶。但反过来不成立，2 个台阶不一定意味着双剪切变稀，因为壁滑效应也会给出相同形状的曲线[32]。

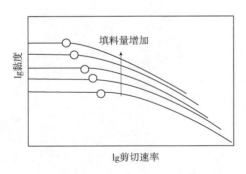

图 9-37　不同填充水平体系的黏度-剪切
　　　　速率示意曲线

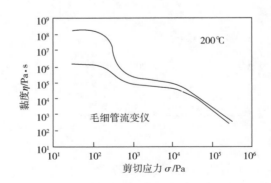

图 9-38　双剪切变稀行为，配比：滑石粉/方解石/
　　　　聚苯乙烯=5/5/90（下），10/12/78（上）[31]

思　考　题

1. 什么是幂律模型？非牛顿指数 n 的取值范围是什么？

2. 是否可能存在第二牛顿区？为什么？

3. 假塑性流体中第一牛顿区的机理是什么？

4. 温度对牛顿平台的长度有什么影响？

5. 剪切增稠的机理是什么？

6. 什么是 TTT 图？它描述了固化体系中哪些不同物种？

7. 出口膨胀与熔体破碎是否出自同一机理？

8. 为什么拉伸流中一般没有应变软化而常见应变硬化？

9. 拉伸启动黏度上扬的机理是什么？

10. 黏弹性流体的二级流动与向应力差有何关系？

参 考 文 献

［1］　Meissner J. *Kunststoffe*. 1971，61：576.

［2］　Ostwald，W.，Kolloid-Z.，36，99，（1925）.

［3］　de Waele，A.，Oil and Color Chem. Assoc. Journal，6，33，（1923）.

［4］　Cross，M. M.，Journal of Colloid Science，20，417-437，（1965）.

［5］　Nguyen QD，Uhlherr PHT（1983）Proc 3rd Nat Conf Rheol，Melbourne，63-67.

［6］　Barnes，H. A. Journal of Rheology 33（2）：329-366（1989）.

［7］　Boersma，W. H.，Laven J.，and Stein，H. N. AIChE Journal. 36（3）：321-332（1990）.

［8］　Boersma，W. H.，Baets，P. J.，Laven J.，and Stein，H. N. Journal of Rheology 35（6）：1093-1120（1991）.

［9］　Graessley WW，Glasscock SD，Crawley RL. *Trans Soc Rheol*. 1970，14：519.

［10］　Kulicke WM，Wallbaum U（1985）Chem Eng Sci 40：961-972.

［11］　Münstedt，H.，Rheologica Acta，14，1077，（1975）.

［12］　Münstedt，H. *J Rheol.*，24：847，（1980）.

［13］　http：//english. che. nckU. edu. tw/papers/

［14］　Meissner J. *Pure Appl Chem*. 1984，56：360

［15］　Roller，M. B. Polym. Eng. Sci.，15：406（1975）.

［16］　Keenan，J. D. SAMPE Educational Workshop，Sunnyvale，Calif.（June 1980）.

［17］　Tajima，Y. A. and Crozier，D. Polym. Eng. Sci. 1983，23，186.

［18］　Tajima，Y. A. and Crozier，D. Polym. Eng. Sci. 1986，26，427.

［19］　Enns，J. and J. K. Gillham. J. App. Polym. Sci.，28：2567（1983）.

［20］　Castro，J. M.，Macosko，C. W.，AIChe J.，28，250，（1982）.

［21］　Castro，J. M.，Perry，S. J.，Macosko，C. W.，Polymer Comm.，25，82，（1984）.

［22］　E. E. Holly，S. K. Venkataraman，F. Chambon and H. H. Winter，Journal of Non-Newtonian Fluid Mechanics，27（1988）17-26.

［23］　Enns，J. & Gillham，J.（1983）J. Appl. Polym. Sci.，28，2567-2591.

［24］　Barral，L.，Can，J.，Lopez，A. J.，Nogueira，P.，Ramirez，C.（1995）Polym. Int.，38，353-356.

［25］　Enns，J. & Gillham，J.（1983）J. Appl. Polym. Sci.，28，2567-2591.

［26］　Gillham，J.（1986）Polym. Eng. Sci.，26，1429-1434.

［27］　Berry GC，Fox TG. *Adv Polym Sci*. 1968，5：261. Fox TG. *Bull. Am Phys Soc*. 1956，1：123.

［28］　G. Kraus and J. T. Gruver，J. Polym. Sci. PtA，3（1965），105.

［29］　Nam GJ，Yoo JH，Lee JW. *J Appl Polym Sci*. 2005，96：1793.

［30］　Barnes H A，Hutton J F，Walters K，Elsevier，Amsterdam（1989）.

［31］　Kim K J and White J L，Polym. Eng & Sci.，39（1999）2189-2198.

［32］　Barnes H A，J. Non-Newtonian Fluid Mech.，56（1995）221-251.

第 10 章 运 动 学

10.1 布朗运动

抓一把石粉撒入水中，较粗的颗粒沉入水底，而非常细的粉末仍漂浮在水中，尽管粗细石粉的密度是一样的。在高倍显微镜下，能够观察到细微的石头粉末在水中自由游荡，或旋转或平移，不停地划出无规的轨迹。任何物质的粉末都有类似行为，只要直径小于 1 μm，就似乎完全不受重力的影响。从表面上看，粉末颗粒的无规运动完全是自发的，不需要任何外部帮助，能够不停地运动下去。今天我们都知道，产生布朗运动的原因是液体分子的无规撞击。这种运动最先于 1826 年被苏格兰植物学家布朗（Brown）所描述，就以他的名字命名。直到 80 年后，才出现第一篇关于布朗运动的物理学论文，作者是相对论的发明人、大名鼎鼎的爱因斯坦。

对布朗运动最直观的描绘就是无规行走。粒子受到无规撞击的移动正是 2.2.4 节中高分子链的无规行走的原始模型。虽然在那里已介绍过无规行走的数学处理，在此有必要重复一些关键步骤。

先考虑一维无规行走，即沿 x 轴以步长 $\pm b$ 行走 N 步。设 N 为偶数（奇数也一样）。如果 N 步后到达的距离为 $x = mb$，那么必然是向前走了 $(n + m)/2$ 步，向后走了 $(n - m)/2$ 步，且 m 必为偶数。于是到达 $x = mb$ 的几率为：

$$p_n(m) = \frac{n!}{[(N+m)/2]! \, [(N-m)/2]!} \tag{10-1}$$

N，m 都是很大的数，可应用 Stirling 近似 $N! \approx (2\pi N)^{1/2}(N/e)^n$：

$$p_n(m) = \frac{2}{\sqrt{2\pi N}} e^{-m^2/2N} \tag{10-2}$$

这是个高斯分布函数，中心在 $m = 0$，即平均值与最可几位置均在原点。均方位移 $\langle m^2 \rangle = N$；或写作：

$$\langle x^2 \rangle = Nb^2 \tag{10-3}$$

以上是离散型的结果。转化为连续变量 $x = mb$，则 $p_n(m) = p(x)2b$（由于 m 为偶数，x 的增量必为 $dx = 2b$）。假设 N 步行走在时间 t 内完成，将时间 t 引入函数之中：

$$p(x, t) = \frac{1}{\sqrt{4\pi Dt}} \exp\left(-\frac{x^2}{4Dt}\right) \tag{10-4}$$

其中作了代换：

$$\frac{Nb^2}{2t} = D \tag{10-5}$$

函数 p 满足下列方程：

$$\frac{\partial p}{\partial t} = D \frac{\partial^2 p}{\partial x^2} \tag{10-6}$$

式（10-6）是熟知的扩散方程，D 称作扩散系数，均方位移可表示为：

$$\langle x^2 \rangle = 2Dt \tag{10-7}$$

式（10-7）只是一维无规行走的结果，可容易地推广到三维情况。因为是无规行走，故 3 个维度上的行走是各自独立的，所以三维行走的几率就是三个维度几率的乘积。故有：

$$p(r, t) = \frac{1}{(4\pi Dt)^{3/2}}\exp\left(-\frac{r^2}{4Dt}\right) \tag{10-8}$$

其中 $r^2 = x^2 + y^2 + z^2$，D 的定义仍是 $D = Nb^2/2t$，均方位移变为：

$$\langle r^2 \rangle = 6Dt \tag{10-9}$$

可以总结出布朗运动的规律：平均位移为零，均方位移与时间成线性关系。这个规律我们已经十分熟悉了。由自由连接链的末端距公式：$R^2 = Nb^2$。均方末端距与单元数成正比，等价于同时间成线性关系。

当粒子通过溶剂移动时，都会不断地与溶剂分子碰撞，平均而言，粒子在前侧比在后侧更频繁地碰撞，这就是摩擦阻力的由来。阻力与速度 v 成正比，方向与速度相反：

$$f = -\zeta v \tag{10-10}$$

比例系数 ζ 称作摩擦因数。除了系统的摩擦力，粒子在布朗运动中还会经历随机力 F。

Stokes 通过刚球与流体的相对流动推导出摩擦因数。刚球与流体的相对运动，既可看作流体以稳态流速 v_s 流过静止的球，也可看作刚球以速度 $-v_s$ 穿过流体。显然 2 种看法是等价的，产生的相对运动是同样的。为了便于讨论，我们用通过球心的平面把刚球连同周围的流体剖开，并将流场垂直设置，这样我们将会看到图 10-1 中的一层层流线。

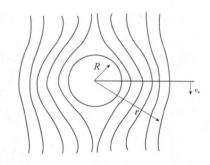

图 10-1　围绕刚球的流线

流体力学中最常用的边界条件是无滑移条件，即固体表面上流体的速度为零。利用这个条件，无论刚球以什么速度运动，球表面上一层流体的切向速度必然等于球的速度。球的运动带动了附近流体的运动，在一定距离内，距球心越远，流速越高，在距球心 r 处，达到极限速度 v_s。这意味着距球心的距离上有一个速度梯度 $\mathrm{d}v/\mathrm{d}r$。在刚球相对速度不高的情况下，速度的变化是线性的，与 v_s/R 成正比。

由牛顿黏度公式，剪切应力等于 $\eta(\mathrm{d}v/\mathrm{d}r)$，则黏性力等于 $\eta(\mathrm{d}v/\mathrm{d}r)$ 乘以面积。这个面积应与 R^2 成正比。故运动阻力正比于 $\eta(v_s/R)R^2 = \eta R v_s$。Stokes 通过严格分析确定了比例系数为 6π：

$$f_{\mathrm{vis}} = 6\pi\eta R v_s \tag{10-11}$$

式（10-11）称作 Stokes 定律。由式（10-10），力与速度间的比例系数为摩擦因数 ζ。为明确上式中的速度是溶剂环绕刚球的速度，给溶剂黏度加下标 s，故有：

$$\zeta = 6\pi\eta_s R \tag{10-12}$$

虽然式（10-12）是球形刚性粒子缓慢通过流体时的摩擦因数，但其应用范围却远远超出推导时的条件，成为流体力学中最基本的公式之一。

设在外力 f 作用下粒子的运动处于平衡态。那么这个外力必然被渗透压力所平衡：

$$f = kT\frac{\partial c/\partial x}{c} \tag{10-13}$$

c 为粒子浓度。在平衡态中，布朗粒子所受外力被流体中的黏性阻力所平衡，每个粒子作匀速运动。因为黏性阻力为 $f = -\zeta v$ ，故粒子的运动速度应为 $v = f/\zeta$ 。这样在外力 f 的作用下，单位时间通过单位截面的粒子浓度应为 cf/ζ 。单就扩散而言，浓度 c 应满足 Fick 第一定律：

$$\frac{\partial c}{\partial t} = D \frac{\partial c}{\partial x} \tag{10-14}$$

这样，单位时间单位截面扩散的浓度也等于 $D(\partial c/\partial x)$ 。出于平衡条件，必然有：

$$\frac{cf}{\zeta} = D \frac{\partial c}{\partial x} \tag{10-15}$$

在（10-13）与（10-15）之间消去 f 和 c ，便得到 Einstein 公式：

$$D = \frac{kT}{\zeta} \tag{10-16}$$

这个公式建立了扩散系数与摩擦因数之间的关系，是 Einstein 于 1910 年得到的。在 Einstein 数不清的科学成果中，被引用最多的就是这个公式，远远超过他的相对论和光电效应公式。神奇的是，公式中并没有出现外力以及粒子浓度，这 2 个量在推导过程中完全是任意的，并不需要先决条件。所以扩散系数与摩擦因数之间存在着天然的联系，与外力的大小没有关系，与粒子浓度也没有关系。

如果布朗粒子是球形粒子，半径为 R ，则由 Stokes 公式 $\zeta = 6\pi\eta_s R$ ，得到：

$$D = \frac{kT}{6\pi\eta_s R} \tag{10-17}$$

式（10-17）则称作 Einstein-Stokes 公式。

10.2　扩散系数

Einstein 准确地抓住了布朗运动的实质：扩散。事实上，不仅水中的粉末在扩散，悬浮液或溶液中所有组分，不论溶剂还是溶质，都无一例外地经历扩散。因此，溶液中的各种过程，不论是化学反应，胶体的凝聚，还是过饱和溶液中的成核与生长，扩散系数都处于核心位置。

如果溶液中溶质的浓度不均匀，我们说溶液中存在浓度梯度。热力学第二定律告诉我们，溶质一定会从高浓度区向低浓度区扩散，而扩散系数就是扩散速率的度量。一般来说，梯度与物质的流量都有 x ，y ，z 3 个分量，解三维问题是非常复杂的。如果扩散只在一维方向（比如 x 方向）上发生，就成为简单的一维问题。如图 10-2 所示，假设梯度 dc/dx 的方向是水平的，垂直于浓度梯度有一个截面，扩散的物质流穿越这个截面。单位时间通过单位面积的物质量称作通量 J ，与浓度梯度成正比：

$$J = -D \frac{dc}{dx} \tag{10-18}$$

这个公式就是 Fick 第一定律，比例常数 D 就是溶质的扩散系数。

扩散系数的定义很像黏度，下面我们来说明这一点。将牛顿第二定律写作：

$$F = ma = m \frac{dv}{dt} \Rightarrow \frac{F}{A} = \frac{m}{A} \frac{dv}{dt} \tag{10-19}$$

将后一等式与牛顿黏度公式联系起来：

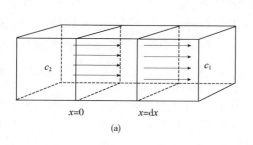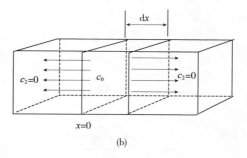

图 10-2　一维扩散问题

（a）$c_2 > c_1$　　（b）$c = c_0$

$$\frac{m}{A}\frac{\mathrm{d}v}{\mathrm{d}t} = \eta\frac{\mathrm{d}v}{\mathrm{d}y} \tag{10-20}$$

由于 $J = (1/A)(\mathrm{d}Q/\mathrm{d}t)$ 以及 $c = Q/V$，则 D 的量纲为 m^2/s。用 Q 改写（10-20）：

$$\frac{Q}{A}\frac{\mathrm{d}Q}{\mathrm{d}t} = -D\frac{\mathrm{d}Q}{\mathrm{d}x} \tag{10-21}$$

（10-21）的解是作为位置与时间函数的溶质量 Q。式中的负号是因为流动的方向与浓度梯度的方向相反。与式（10-20）对比，不难发现二者之间的相似性，说明 D 和 η 都是输运问题的重要参数。

考虑溶液中一个截面积为 A，厚度为 $\mathrm{d}x$ 的体元，分析进出体元的溶质量。物料变化 $\mathrm{d}Q$ 有 2 种表示法：

1. 用通量表示：

$$\mathrm{d}Q = Q_{\mathrm{in}} - Q_{\mathrm{out}} = (J_{\mathrm{in}} - J_{\mathrm{out}})A\mathrm{d}t \tag{10-22}$$

2. 用体元 $A\mathrm{d}x$ 中浓度变化 $\mathrm{d}c$ 表示：

$$\mathrm{d}Q = \mathrm{d}c(A\mathrm{d}x) \tag{10-23}$$

令 2 种表示法中的 $\mathrm{d}Q$ 相等，代入（10-18）中的通量：

$$-D\left[\left(\frac{\mathrm{d}c}{\mathrm{d}x}\right)_x - \left(\frac{\mathrm{d}c}{\mathrm{d}x}\right)_{x+\mathrm{d}x}\right]A\mathrm{d}t = A\mathrm{d}x\mathrm{d}c \tag{10-24}$$

由于：

$$\left[\left(\frac{\mathrm{d}c}{\mathrm{d}x}\right)_{x+\mathrm{d}x} - \left(\frac{\mathrm{d}c}{\mathrm{d}x}\right)_x\right] = \frac{\mathrm{d}^2c}{\mathrm{d}x^2}\mathrm{d}x \tag{10-25}$$

（10-24）可写作：

$$\frac{\mathrm{d}c}{\mathrm{d}t} = D\frac{\mathrm{d}^2c}{\mathrm{d}x^2} \tag{10-26}$$

式（10-26）就是一维的 Fick 第二定律。我们要寻求一种统计方法解此方程。如果将 c 表示为 x 和 t 的函数，就成为方程的边界条件，然后就能求出溶质的扩散系数 D。

扩散与无规行走在分子水平上有密切联系。扩散中的粒子受周围溶剂分子的无规撞击不断地改变方向。这种曲折的路径在微观上称作布朗运动，用净位移来考虑时就是扩散，用统计语言讲就是无规行走。

现在我们用无规行走的概念来描述扩散。如图 10-3 所示，一层无限薄溶液夹在 2 层纯溶剂之间。溶液浓度为 c_0。

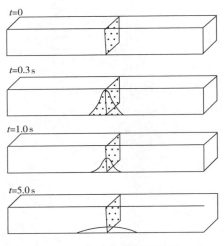

t=0

t=0.3 s

t=1.0 s

t=5.0 s

图 10-3　溶液薄层的扩散

我们关心的是溶质从 $x=0$ 处的薄带扩散为均匀体系的过程。排除干扰溶质浓度的任何因素（温度与对流等），用一维无规行走来描述扩散过程。在 x 方向无规行走 ν 步，步数与时间成正比：

$$\nu = Kt \tag{10-27}$$

我们在第 2 章讨论无规行走时，用 N 代表步数，也代表聚合物链的重复单元数。本节则是用时间代表步数。利用式（2-60）得到分子行走长度为 b 的 ν 步后位移为 x 的几率，用 Kt 替代 ν，可写出：

$$P(x,\ t)\mathrm{d}x = (2\pi Ktb^2)^{-1/2}\exp\left(-\frac{x^2}{2Ktb^2}\right)\mathrm{d}x$$

$$\tag{10-28}$$

几率 $P(x,\ t)$ 本质上就是比值 $c(x,\ t)/c_0$：

$$c(x,\ t)\mathrm{d}x = c_0 P(x,\ t)\mathrm{d}x = c_0(2\pi Ktb^2)^{-1/2}\exp\left(-\frac{x^2}{2Ktb^2}\right)\mathrm{d}x \tag{10-29}$$

方程（10-26）的初始条件是在 $x=0$ 处浓度为 c_0。让我们来验证式（10-29）就是（10-26）的一个解。根据式（10-26）进行计算：c 对 t 的一阶导数为：

$$\left(\frac{\partial c}{\partial t}\right)_x = c_0(2\pi Ktb^2)^{-1/2}\exp\left(-\frac{x^2}{2Ktb^2}\right)\left[\frac{x^2}{2Ktb^2}-\frac{1}{2t}\right] \tag{10-30}$$

c 对 x 的二阶导数为：

$$\left(\frac{\partial c}{\partial x}\right)_t = c_0(2\pi Ktb^2)^{-1/2}\exp\left(-\frac{x^2}{2Ktb^2}\right)\left[-\frac{x}{Ktb^2}\right] \tag{10-31}$$

$$\left(\frac{\partial^2 c}{\partial x^2}\right)_t = c_0(2\pi Ktb^2)^{-1/2}\exp\left(-\frac{x^2}{2Ktb^2}\right)\left[\left(-\frac{x}{Ktb^2}\right)^2-\frac{1}{Ktb^2}\right] \tag{10-32}$$

按照 Fick 第二定律将式（10-30）与（10-32）合并：

$$D = \frac{(\partial c/\partial t)_x}{(\partial^2 c/\partial x^2)_t} = \frac{x^2/2Ktb^2 - 1/2t}{x^2/K^2t^2b^4 - 1/Ktb^2} = \frac{K^2t^2b^4}{2Kt^2b^2} = \frac{Kb^2}{2} \tag{10-33}$$

计算结果表明，当 $K = 2D/b^2$ 时式（10-29）满足 Fick 第二定律。故其解变为：

$$c(x,\ t)\mathrm{d}x = c_0(4\pi Dt)^{-1/2}\exp\left(-\frac{x^2}{4Dt}\right)\mathrm{d}x \tag{10-34}$$

式（10-34）具有若干特征表明其为解的正确形式：

① $c(x,\ t)\mathrm{d}x$ 的形状为熟悉的正态分布钟形曲线，其方差正比于 t。物质分布取决于时间 t，宽度随 t 增长：c 的分布随着宽度发展而变得扁平。$t=0$ 时在 $x=0$ 处浓度为 c_0，分布是尖锐的；$t=\infty$ 时，c 均匀分布；

②正态分布（2-49）对一切 x 值积分等于 1。相应地，装置中所有薄片中溶质浓度之和即 $\int c\mathrm{d}x = \int c_0 P(x,\ t)\mathrm{d}x$ 也包含了所有溶质，不论其分布如何。

从无规行走过渡到溶质扩散时有 2 个不确定的参数，步长 b 与常数 K，均在代换过程中消掉。任意取 $D = 5\times10^{-11}\ \mathrm{m^2/s}$，可画出分布函数（10-34）在 2 个时间点的分布曲线，见图 10-4。

定义一个参数 z：

$$z = \frac{x}{(2Dt)^{1/2}} \qquad (10-35)$$

代入式（10-34）成为：

$$\frac{c}{c_0}\mathrm{d}x = \frac{1}{(2\pi)^{1/2}}\exp\left(-\frac{z^2}{2}\right)\mathrm{d}z = P(z)\mathrm{d}z$$

$$(10-36)$$

这一函数的拐点，即二阶导数为零处在 $z=1$，此点的溶质扩散距离为：

$$x_{\text{拐点}} = (2Dt)^{1/2} \qquad (10-37)$$

由此点的 x 值可求得扩散系数 D。如果图 10-4 是实验测定的曲线，则可确定拐点的位置在 $t=10^6$ s 处的 $x_{\text{拐点}} \approx 10^{-2}$ m。于是可求得 $D = (10^{-2}\,\text{m})^2/(2 \times 10^6\,\text{s}) = 5 \times 10^{-11}$ m^2/s。

以上对薄层扩散的求解过程十分完满，但所描述的实验条件不太切合实际。因为要在 2 个溶剂区之间划出一个薄层的

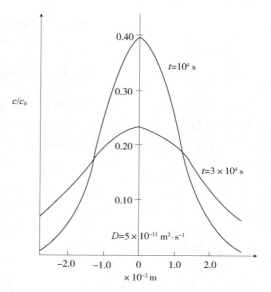

图 10-4　一维扩散过程中 c/c_0 随 x 的变化

溶液而不发生混合是十分困难的。一个更方便的实验方法是设置等体积的一段溶液与一段溶剂（图 10-5），尖锐边界在 $x=0$ 处，$x<0$ 处 $c=c_0$；$x>0$ 处 $c=0$。同样是液体分层，但比 2 层之间的薄层要容易得多。

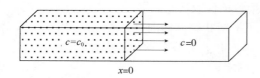

图 10-5　溶液向纯溶剂的扩散

实验开始时，边界两侧的浓度梯度都是零，只有在 $x=0$ 附近是个尖峰。随着扩散的发生，边界逐渐变缓。$x<0$ 处 $c<c_0$；$x>0$ 处 $c>0$，数值与空间的延展性均随时间增加。图 10-6（a）表示总浓度分布随时间的变化，图 10-6（b）为相应的梯度 $\mathrm{d}c/\mathrm{d}x$。浓度梯度的测量在实验上并不困难，故这一方法所得

浓度曲线也能用式（10-36）代表。

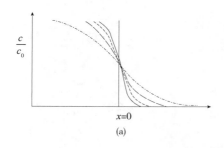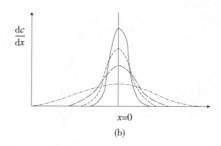

图 10-6　溶液向纯溶剂的扩散过程
（初始条件为 $x<0$ 处 $c=c_0$；$x>0$ 处 $c=0$）

10.3　经典黏度公式

10.3.1　Eyring 黏度公式

Eyring 的流动理论是其化学反应理论的移植。Eyring 的化学反应理论是一种活化络合理论。其思路是反应物欲变为产物，必须攀越一个能垒，在能垒的顶端成为一个活化络合物，然后再变为产物。将这种思想移植于液体的流动就是图 10-7 和图 10-8 所示的情况。

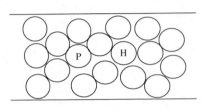

图 10-7　Eyring 的分子运动模型

由第 5 章讨论过的自由体积理论，液体中既有分子，也有空穴。空穴所占的体积就是自由体积。将每个液体分子想像为一个球体，空穴的形状也是一个球体，如图 10-7。所谓的流体流动就是分子与空穴交换位置的过程。也可以说，流动就是分子从当前位置移动到空穴位置，再移到下一个空穴位置的过程。由于每个分子都处在相邻分子构成的笼子当中，欲从当前位置移动到空穴位置需要挤过其他分子构成的瓶颈，才能到达空穴位置。而挤过瓶颈的过程就相当于化学反应中的活化过程，需要攀越一个能垒，如图 10-8，这个能垒高度就是 $\Delta \varepsilon$。

设流动过程相当于一级化学反应，则反应速率 $= k_R c$，c 为反应物浓度。需要关注的是反应速率常数：

$$k_R = A\, e^{-\Delta \varepsilon / kT} \tag{10-38}$$

A 为一定温度下分子试图跨越能垒的频率，指数项代表成功跨越的分数。分子可以向前移动，也可以向后移动。无外力作用时，体系处于平衡状态，向前（下标 f）和向后（下标 b）的能垒是相等的，如图 10-8 中的实线所示。平衡状态下分子移动的净速率为：

$$净速率 = A\big[(e^{-\Delta \varepsilon / kT})_f - (e^{-\Delta \varepsilon / kT})_b\big] c = 0 \tag{10-39}$$

如果有剪切力作用于流体，向前和向后的能垒就不再相等，如图 10-8 中的虚线。我们将离开小分子，直接讨论高分子的流动情况，见图 10-9。

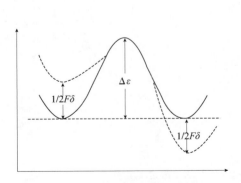

图 10-8　平衡与剪切情况下的运动的能垒

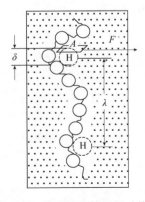

图 10-9　分子链的剪切运动模型

用一串小球代表一根高分子链，链中的小球则为一个单元。体系中的空穴（H）用虚线球表示。空穴间的平均距离为 ，空穴的截面积为 A，尺寸为 δ。聚合物的一个小球（单元）向空穴移动，假定能垒处在前移 $\delta/2$ 步的地方，力乘以位移等于能量，故外力为前移提供了 $F\delta/2$ 的能量，等于使能垒降低了 $F\delta/2$。在反方向上，使后移的能垒提高了 $F\delta/2$，见图 10-8 的虚线。此时：

$$净速率 = A\left[\exp\left(-\frac{\Delta\varepsilon - F\delta/2}{kT}\right) - \exp\left(-\frac{\Delta\varepsilon + F\delta/2}{kT}\right)\right] c = k'_{\mathrm{R}} c \tag{10-40}$$

将 k'_{R} 中的速率常数提出括号外：

$$k'_{\mathrm{R}} = A\,\mathrm{e}^{-\Delta\varepsilon/kT}(\mathrm{e}^{F\delta/2kT} - \mathrm{e}^{-F\delta/2kT}) = k_{\mathrm{R}}(\mathrm{e}^{F\delta/2kT} - \mathrm{e}^{-F\delta/2kT}) \tag{10-41}$$

下面来分析 $(\delta k'_{\mathrm{R}}/\lambda)$ 因子 的意义。由图 2-8，δ 为分子的单步位移，k'_{R} 为成功前移的频率，二者的乘积为前移速率。据第 8 章中的定义，剪切速率等于剪切位移的速率除以位移间的距离。根据图 10-9 中的模型，这个间距就是 λ。所以，因子 $(\delta k'_{\mathrm{R}}/\lambda)$ 就是剪切速率：

$$\dot{\gamma} = \frac{\delta k'_{\mathrm{R}}}{\lambda} \tag{10-42}$$

结合式（10-41）与（10-42）：

$$\dot{\gamma} = \frac{\delta\, k_{\mathrm{R}}}{\lambda}(\mathrm{e}^{F\delta/2kT} - \mathrm{e}^{-F\delta/2kT}) = \frac{\delta\, k_{\mathrm{R}}}{\lambda}\sinh\frac{F\delta}{2kT} \tag{10-43}$$

上式后一个等号利用了双曲正弦函数：

$$\sinh x = \frac{1}{2}(\mathrm{e}^x - \mathrm{e}^{-x}) \tag{10-44}$$

将 F 写作应力形式：

$$\dot{\gamma} = \frac{\delta\, k_{\mathrm{R}}}{\lambda}\sinh\frac{\delta A\sigma_{\mathrm{s}}}{2kT} \tag{10-45}$$

由于代表因子的 A 此后不再使用，式（10-45）及以后各式的 A 均代表分子链及空穴的截面积。从式（10-45）中解出剪切应力：

$$\sigma_{\mathrm{s}} = \frac{2kT}{\delta A}\sinh^{-1}\frac{\dot{\gamma}}{2\delta\, k_{\mathrm{R}}} = \frac{2kT}{\delta A}\sinh^{-1}\beta\dot{\gamma} \tag{10-46}$$

其中：

$$\beta = \frac{\lambda}{2\delta\, k_{\mathrm{R}}} \tag{10-47}$$

将式（10-46）乘一个 $\beta\dot{\gamma}$ 再除一个 $\beta\dot{\gamma}$，得到：

$$\sigma_{\mathrm{s}} = \frac{2kT\beta}{\delta A}\left(\frac{\sinh^{-1}\beta\dot{\gamma}}{\beta\dot{\gamma}}\right)\dot{\gamma} \tag{10-48}$$

与牛顿黏度公式比较：

$$\eta = \frac{2kT\beta}{\delta A}\frac{\sinh^{-1}\beta\dot{\gamma}}{\beta\dot{\gamma}} \tag{10-49}$$

式（10-49）称作 Eyring 黏度公式。当 $\beta\dot{\gamma} \to 0$ 时，

$$\eta \to \eta_{\mathrm{N}} = \frac{2kT\beta}{\delta A} \tag{10-50}$$

η_{N} 即为牛顿流体黏度。当 $\beta\dot{\gamma} \to \infty$ 时，

$$\eta \to 0 \tag{10-51}$$

无论 β 取值如何，剪切速率极大或极小时都会出现以上 2 个极端情况。

Eyring 黏度公式给出了剪切应力与剪切速率的关系，貌似对牛顿流体与假塑性流体都适

用，然而实用效果并不佳。首先是双曲正弦逆函数使人感到不适应，其次是可调参数有 4 个之多：k_R、δ、λ 与 A。众多的参数给数据拟合制造了麻烦，同时也削弱了物理意义，要据式（10-49）求得确定的黏度值 η 就很难了。所以有必要对这些参数进行处理。

第一步是考虑乘积 δA。根据定义，δ 是空穴平均尺寸，A 是分子链截面积。这样 δA 就是空穴体积 V_h。对小分子液体而言，室温下 V_h 是液体体积的 0.5 %，到沸点增加到 2 % ~ 3 %。现在的 4 个参数变成了：k_R、δ、λ 与 V_h。

第二步，在 Eyring 黏度公式中，λ 与 δ 总是以比值 λ/δ 的形式成对出现。给这个比值上下乘以截面积 A，就成为 V_s/V_h，V_s 乃是长度为 λ 的链段体积。对许多线形聚合物而言，这 2 个体积的比值一般为 10 ~ 20。这样我们只需要关心比值 λ/δ，还剩 3 个参数：k_R、V_h 与 V_s/V_h，只能通过数据拟合确定了。但由以上的分析，V_h 与 V_s/V_h 都知道大致范围且有明确的物理意义，使 Eyring 公式有了可靠的实用性。

在这 3 个参数中，k_R 最为重要，它是液体分子从一个平衡态到下一个平衡态的频率。但用频率描述不如用 k_R 的倒数描述，就是松弛时间。顾名思义，松弛时间就是分子为释放应力进行跳跃所需的时间：

$$\tau = \frac{1}{k_R} \propto \beta \tag{10-52}$$

可以使用 $\tau\dot{\gamma}$ 取代 $\dot{\gamma}/k_R$ 作为描述黏度的变量。如果 $\tau\dot{\gamma}$ 很小，分子就能对剪切力作出迅速响应。不论 τ 的值是多少，足够低剪切速率下 $\tau\dot{\gamma}$ 总是很小的，据式（10-50），聚合物熔体呈现牛顿行为；另一方面，如果剪切速率太高，分子跟不上，就是非牛顿行为。这就是为什么小分子一般都是牛顿的，因为小分子对剪切力的响应比缠结的聚合物快得多。

利用 Eyring 黏度公式，我们能够满意地描述如下情况：

① 在剪切速率很小时，聚合物为牛顿流体（式 10.50）；

② 随剪切速率的增大，聚合物呈假塑性，表观黏度下降（式 10.51）；

③ 聚合物的黏度在 2 个极端间的变化依从式（10-49）。

由 Eyring 理论得到的另一个有趣结论是：由式（10-50）与（10-52），牛顿流体黏度与松弛时间成正比。

10.3.2　Debye 黏度公式

黏度是液体中流动阻力的度量，同时也是流动过程中能量耗散的度量。把牛顿黏度公式写作增量形式，同时两侧各乘以 $\Delta v/\Delta y$：

$$\sigma \frac{\Delta v}{\Delta y} = \eta \left(\frac{\Delta v}{\Delta y}\right)^2 \tag{10-53}$$

将速度 v 写作 $\Delta xz\Delta t$。乘积 $F(\Delta v/\Delta y)$ 可写作 $F(\Delta x/\Delta t)/\Delta y$，$F(dv/dy)/A$ 可写作 $F\Delta x/(A\Delta y\Delta t)$。力与距离的乘积为能量 ΔE，A 与 Δy 的乘积则为体积 ΔV。故上式的左侧成为 $\Delta E/(\Delta V\Delta t)$，将单位体积耗散的能量记作 ΔW，我们得到，

$$\frac{\Delta W}{\Delta t} = \eta \left(\frac{\Delta v}{\Delta y}\right)^2$$

取无限小增量，就成为：

$$\frac{dW}{dt} = \eta \left(\frac{dv}{dy}\right)^2 \tag{10-54}$$

式（10-54）在本章的运动学研究中有很多用途。

图 10-10 (a) 为流动液体中的速度梯度，研究其中的一根高分子链。链的质心位于标识为 v_p 的液层上，把原点移到这根链的质心上，并把每个速度矢量都减去 v_p。得到图 10-10 (b)。这样就可以看清速度梯度会引起高分子顺时针旋转。在这里必须预先说明，只研究一根分子意味着与其他分子间无相互作用，即默认了无缠结条件。

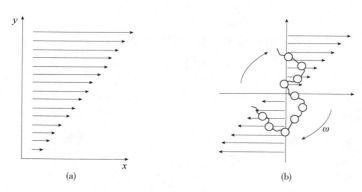

图 10-10 流体速度

(a) 速度梯度 (b) 相对于高分子链质心的速度

因为速度梯度是施加剪切力的结果，剪切引起的旋转耗散了能量，式 (10-54) 建立了耗散的能量与黏度、剪切速率的关系，可以用这一关系来推导黏度公式。

先来看二维旋转的机理。开始剪切时，分子经历了一个加速度。在短时间内，剪切力与抵抗运动的黏性力相平衡，没有进一步的加速度。这意味着粒子以恒角速度旋转，这种情况称作稳态条件。我们的第一步就是求稳态条件下的平均角速度。尽管粒子处于稳态，速度并不绝对恒定，只有平均意义上的恒定。为说明这一点，再回到图 10-10 (b)。沿 y 轴的链段经受着速度梯度，引起旋转。故沿 y 轴的链段角速度 $\omega_y = \mathrm{d}v/\mathrm{d}y$，而沿 x 轴的链段角速度 $\omega_x = 0$。链段的角速度取决于与质心的相对位置。由于旋转的对称性，一个链段的平均角速度乃是 2 个极端的平均值：

$$\omega = \frac{\omega_x + \omega_y}{2} = \frac{1}{2}\frac{\mathrm{d}v}{\mathrm{d}y} \tag{10-55}$$

第二步，我们来考虑链段 i 的切向速度 v。该链段与质心的距离为 r，平均角速度为 ω。示于图 10-11 (a)，由于 $v = r\omega$，则速度的 x 和 y 分量如图 10-11 (b) 所示：

$$v_{x,i} = r\omega\sin\theta, \ v_{y,i} = r\omega\cos\theta \tag{10-56}$$

考虑摩擦力如何影响切向速度。速度不太大时，摩擦力等于摩擦因数乘以速度，$f_{\mathrm{vis}} = \zeta v$。应用于第 i 个链段：

$$f_{\mathrm{vis},i} = \zeta v_i \tag{10-57}$$

将 (10-56) 代入 (10-57)，得到链段 i 上黏性力的 x, y 分量：

$$f_{x,i} = \zeta r\omega\sin\theta, \ f_{y,i} = \zeta r\omega\cos\theta \tag{10-58}$$

黏性力与速度的乘积等于能量耗散

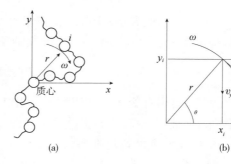

图 10-11 链段运动分析

(a) 链段 i 的相对位置 (b) 链段 i 的速度分量

速率，故 $f_{x,i}v_{x,i} + f_{y,i}v_{y,i}$ 就等于链段 i 的能量耗散速率。用式（10-56）中的 $v_{x,i}$ 与 $v_{y,i}$ 分别乘以式（10-58）中的 $f_{x,i}$ 与 $f_{y,i}$，得到链段 i 每秒的能量损耗 $(\Delta W/\Delta t)_i$ 为：

$$(\Delta W/\Delta t)_i = \zeta r^2 \omega^2 (\sin^2\theta + \cos^2\theta) \qquad (10\text{-}59)$$

由式（10-55）代入角速度 ω：

$$\left(\frac{\Delta W}{\Delta t}\right)_i = \frac{1}{4}\zeta r^2 \left(\frac{\mathrm{d}v}{\mathrm{d}y}\right)^2 \qquad (10\text{-}60)$$

聚合物分子含 N 个链段，则每分子每秒耗散的能量为：

$$\left(\frac{\Delta W}{\Delta t}\right)_p = \sum_{i=1}^{N}\left(\frac{\Delta W}{\Delta t}\right)_i = \frac{1}{4}\zeta\sum_{i=1}^{N} r^2 \left(\frac{\mathrm{d}v}{\mathrm{d}y}\right)^2 \qquad (10\text{-}61)$$

由于前面考虑的是 x，y 轴的二维旋转，所以式（10-61）中的 r^2 是二维回转半径 $r_{g,2D}$ 的平方，而我们需要的是三维的 $r_{g,3D}$。由于分子是球状对称的，$r_{g,3D}^2 = r_{g,x}^2 + r_{g,y}^2 + r_{g,z}^2 = 3r_{g,x}^2$。故二维量与三维量的关系为 $(2/3)r_{g,3D}^2 = r_{g,2D}^2$。又，无规链的三维均方回转半径等于均方末端距的 $1/6$。利用这些结果改造式（10-61）：

$$\left(\frac{\Delta W}{\Delta t}\right)_p = \left(\frac{1}{4}\right)\left(\frac{2}{3}\right)\left(\frac{1}{6}\right)\zeta N\langle r^2\rangle \left(\frac{\mathrm{d}v}{\mathrm{d}y}\right)^2 \qquad (10\text{-}62)$$

上式为每分子的能量耗散速率。如果无缠结，式（10-62）乘以单位体积分子数 $\rho N_A/M$ 就得到单位体积能量耗散速率。式（10-54）表明黏度就是单位体积能量耗散速率与速度梯度平方间的比例系数，所以我们得到：

$$\eta = \frac{\zeta N\langle r^2\rangle}{36}\frac{\rho N_A}{M} \qquad (10\text{-}63)$$

下一步我们要取代均方末端距 $\langle r^2\rangle$。最简单的方法就是利用 $\langle r^2\rangle = Nb^2$。但有 2 个问题：

①该式假设 N 很大，但无缠结假设又认为 N 不大，折中考虑，只能希望 N 在非缠结条件下很大；

②该式只适用于 Θ 条件，在熔体中没有问题。至于是否适用于稀溶液，要看具体条件。这样（10-63）成为：

$$\eta = \frac{\zeta N^2 b^2}{36}\frac{\rho N_A}{M} \qquad (10\text{-}64)$$

利用 $N^2 = (M/M_u)^2$，可写成：

$$\eta = \frac{\zeta b^2 \rho N_A}{36 M_u^2}M = \frac{\zeta b^2 \rho N_A}{36 M_u}N \qquad (10\text{-}65)$$

Debye 于 1946 年首次得到这个公式，称作 Debye 黏度公式。其正确性在 7 年后（1953）得到 Rouse 模型的支持。该式清楚地表明无缠结条件下熔体黏度与 N 的一次方成正比。

10.3.3　Bueche 理论

第 9 章图 9-30 是聚合物熔体零切黏度对相对分子质量依赖性的经典作图。所有聚合物的曲线无一例外地在临界相对分子质量发生转折，斜率从 1 尖锐地转变为 3.4。对这一现象的解释是由于相对分子质量超过临界值，发生了缠结。缠结的作用就像分子链之间的交联点，但并不等同于交联点。如果缠结和化学交联一样，整个样品就成为一个巨型的、不能流动的凝胶网络。其实缠结点并不能完全限制分子链的运动，分子链在轮廓方向仍能相互滑过。当然这种滑动的速度比自由平动要慢得多，黏度也就相应地显著提高。本小节要研究的就是缠结体系中的熔体黏度。

假设缠结是均匀的，缠结点间相对分子质量为 M_e，聚合度为 N_e。这样每分子有 M/M_e 个缠结点，或者说与 M/M_e 个分子相纠缠。假设临界相对分子质量 M_c 至少是 M_e 的 2 倍，那么缠结将链分成长度为 M_e 的 2 段。推导的开始，任意指定一根分子链，称作初始分子（下标为 0）。

施加剪力时，初始分子以速度 v_0 运动。分数为 φ 的一部分速度被传递到与之缠结的分子上，这个传递关系称作一级耦合，用下标 1 标识。这样一级耦合分子的速度为：

$$v_1 = \varphi v_0 \tag{10-66}$$

一级耦合分子以同样的方式向二级耦合分子传递速度，形成一个辐射体系，如图 10-12。

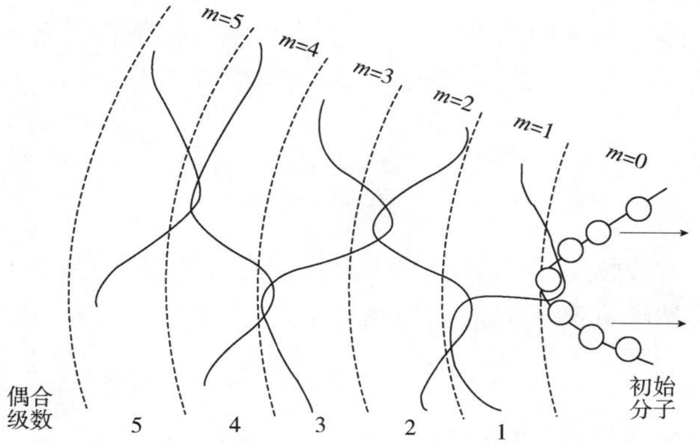

由于每次耦合都会有滑动，被传递的速度越来越小。例如二级耦合分子的速度为：

$$v_2 = \varphi v_1 = \varphi^2 v_0 \tag{10-67}$$

m 级耦合分子的速度为：

$$v_m = \varphi^m v_0 \tag{10-68}$$

由于因子 φ 是个分数，缠结的效应将随着对初始分子的远离逐渐消退，这样黏度就不会达到无穷大。根据摩擦力等于速度乘以摩擦因数，可以写出一个分子的黏性阻力：

图 10-12　Bueche 理论中的缠结传递体系

$$F_{vis} = N\zeta v_0 + C_1 N\zeta \varphi v_0 + C_2 N\zeta \varphi^2 v_0 + \cdots = N\zeta v_0 (1 + C_1 \varphi + C_2 \varphi^2 + \cdots) \tag{10-69}$$

ζ 为链段摩擦因子，C_m 为 m 级缠结的数目。C_m 的性质将决定黏度的变化趋势，所以它的推导成为 Bueche 的主要工作。每分子有 M/M_e 个缠结点，如果每个缠结点会带动另一个分子，m 级耦合就会带动 $(M/M_e)^m$ 个分子。但按照 Bueche 的推导思路，C_m 必须随级数 m 的增加而下降，否则会引起黏度的无限增大。$(M/M_e)^m$ 因子过高估算了耦合。因为链的形状是无规的，不可能每次耦合都涉及一个新分子。如果同一分子被耦合多次，一次以上的耦合都属于无效耦合，因为只需一次耦合就足以引发运动。耦合遵循先到先得原则。例如一个分子被 2 级耦合一次，又被 5 级耦合一次，那么其速度由 2 级耦合所决定。过滤掉无效耦合之后，耦合数被大大降低。略过繁复的推导，得到适用于很高相对分子质量聚合物的公式：

$$\eta \cong \frac{(\rho N_A)^2}{1728} \frac{b^2 \zeta}{M_e^2} \Big[\sum_i \varphi^i (2i - 1)^{3/2} \Big] N^{3.5} \tag{10-70}$$

方括号中求和式是关于传递分数 φ 的常数。

式（10-70）预测黏度与相对分子质量的 3.5 次方成正比，与实验值 3.4 相差无几，在这一点上极为成功。但同一 Bueche 理论预测的力学性能却不够成功，在此不赘。可注意到式（10-70）中许多因子都与 Debye 黏度公式（10-65）相同。将 Debye 黏度记作 η_D，将 η_D 从 Bueche 公式中分离出来：

$$\eta = \eta_D \frac{\rho N_A b^3 M_0 S}{48 M_e^2} N^{2.5} = \eta_D \frac{\rho N_A b^3 S}{48 M_0} \Big(\frac{M}{M_e} \Big)^2 N^{0.5} \tag{10-71}$$

这里我们用 S 代替传递分数的和式。在式（10-71）中的后一种形式，N 的 2.5 次方依赖性中的 2 次方被表示为 M/M_e，即每分子的缠结数，这样就明确了黏度随缠结点数的平方而增加。要记住式（10-70）和（10-71）是在缠结的背景下推导出来的，当 $M<M_c$ 时式（10-71）并不能回归到 Debye 公式。Debye 理论与式（10-65）的背景是聚合物相对分子质量低于临界值，属于独立运动，黏度与相对分子质量的一次方成正比。相对分子质量高于临界值时发生缠结，黏度对相对分子质量的标度就大得多。

Bueche 的理论是根据图 10-12 推导的，但我们感到这个物理图像有点过分。低于 M_c 时分子独立运动，而一旦缠结就立刻表现超高的黏度。如果不是 Bueche 做了耦合衰减的假设，黏度就会趋向无穷大。看来问题就出在这个模型上，在缠结和独立运动之间没有任何过渡。最好能找到一种模型，$M>M_c$ 发生缠结后仍能保持链运动一定程度的独立性，只是运动更加困难。这个模型就是爬行模型，将在 10.7 节介绍。

10.4　特性黏度

聚合物溶于溶剂形成稀溶液，高分子链在溶剂中形成彼此分离的线团。线团的存在使溶液的黏度 η 高于纯溶剂的黏度 η_s。溶液黏度与溶剂黏度之比定义为相对黏度：

$$\eta_r = \frac{\eta}{\eta_s} \tag{10-72}$$

黏增的分数称作增比黏度（Specific viscosity）：

$$\eta_{sp} = \frac{\eta - \eta_s}{\eta_s} = \eta_r - 1 \tag{10-73}$$

单位浓度的黏增分数，即增比黏度与浓度之比（η_{sp}/c）称作比浓黏度（Reduced viscosity），定义无限稀释条件下的比浓黏度为特性黏度（Intrinsic viscosity）：

$$[\eta] = \lim_{c \to 0} \frac{\eta_{sp}}{c} \tag{10-74}$$

在稀溶液中，聚合物引起的黏增很小，由近似公式 $\ln(1+x) = x$，增比黏度 η_{sp} 可以写作相对黏度的对数 $\ln\eta_r$。这个值与浓度的比值 $\ln\eta_r/c$ 称作对数比浓黏度（Inherent viscosity），对数比浓黏度外推到无限稀释是特性黏度的又一个定义：

$$[\eta] = \lim_{c \to 0} \frac{\ln\eta_r}{c} \tag{10-75}$$

以上寥寥数行间我们遇到了令人眼花缭乱的各种黏度，小结于表 10-1 中。

表 10-1　　　　　　　　　　　　各种与稀溶液有关的黏度

黏度名称	英文名称	符号及关系	量纲
溶液黏度	viscosity of solution	η	Pa · s
溶剂黏度	viscosity of solvent	η_s	Pa · s
相对黏度	relative viscosity	$\eta_r = \eta/\eta_s$	无
增比黏度	specific viscosity	$\eta_{sp} = (\eta-\eta_s)/\eta_s = \eta_r - 1$	无
比浓黏度	reduced viscosity	η_{sp}/c	dL/g
对数相对黏度		$\ln\eta_r$	无
对数比浓黏度	inherent viscosity	$(\ln\eta_r)/c$	dL/g
特性黏度	intrinsic viscosity	$[\eta]$	dL/g

事实上，表 10-1 中的众多"黏度"中，除了溶液的与溶剂的黏度外，都不是真正意义上的黏度，而是溶剂中添加溶质后的黏增。从黏增的大小，可以反映溶质的种种特性，故标志性的黏增量 $[\eta]$ 就称作特性黏度。爱因斯坦研究了刚性球状粒子悬浮液的黏度，提出了爱因斯坦公式：

$$\eta = \eta_s(1 + 2.5\phi\cdots) \tag{10-76}$$

ϕ 为粒子体积分数。将爱因斯坦公式应用于高分子溶液，只需将高分子线团视作球状粒子即可。这样，将线团的流体力学体积记作 V_H，体积分数可写作：

$$\phi = (c/M)N_A V_H \tag{10-77}$$

增比黏度与特性黏度分别为：

$$\eta_{sp} = 2.5(c/M)N_A V_H \tag{10-78}$$
$$[\eta] = 2.5 N_A V_H/M \tag{10-79}$$

流体力学体积为：

$$V_H = [\alpha\langle R_{g,0}^2\rangle^{1/2}]^3 \tag{10-80}$$

故特性黏度为：

$$[\eta] = \Phi_0 \alpha^3 [\langle R_{g,0}^2\rangle^{3/2}/M] \tag{10-81}$$

Φ_0 是个普适常数，适用于各种聚合物与溶剂的组合，Flory 最早导出 $\Phi_0 = 2.1\ 10^{21}$ dL/mol·cm^3[1]。其他人又算出不同的值，但仅是前因子的微小波动，代表性的值有 2.5，2.84，3.6 等[2]。$\langle R_{g,0}^2\rangle$ 为理想链的均方回转半径，与相对分子质量的比值是个常数，故我们可将式（10-81）写作：

$$[\eta] = K_\theta \alpha^3 M^{1/2} \tag{10-82}$$

其中：

$$K_\theta = \Phi_0 [\langle R_g^2\rangle_0/M]^{3/2} \tag{10-83}$$

式（10-82）称作 Flory-Fox 方程。

由特性黏度可以得到许多有用的信息。由式（10-79），略去数值系数：$[\eta] \sim N_A V_H/M$，故特性黏度 $[\eta]$ 的物理意义是单位相对分子质量聚合物的摩尔线团体积。这使我们回忆起 2.3.3 节中定义的重叠浓度 c^* 为单位线团体积中的聚合物质量。故从理论上说，特性黏度与重叠浓度应互为倒数：

$$[\eta] \sim \frac{1}{c^*} \tag{10-84}$$

在实际工作中，人们发现这个理论关系是近似成立的，误差仅在 10% 左右。

Flory 特征比与 Kuhn 长度可通过在 Θ 溶液中测定特性黏度得到。利用式（10-82）和（10-83）将特性黏度值转化为 $\langle R^2\rangle/M$，再通过下式得到：

$$C_\infty = \left(\frac{\langle R^2\rangle}{M}\right)\left(\frac{M_b}{l_b^2}\right), \quad b = \left(\frac{\langle R^2\rangle}{M}\right)\left(\frac{M_b}{l_b}\right) \tag{10-85}$$

其中 M_b 和 l_b 分为链节相对分子质量和长度，均可由化学结构的知识得到。

由式（10-82）可以通过特性黏度测定溶液中分子链的膨胀因子。在 Θ 溶剂中 $\alpha = 1$，故通过实测体系与 Θ 体系的特性黏度之比得到膨胀因子：

$$\alpha^3 = \frac{[\eta]}{[\eta]_\Theta} \tag{10-86}$$

特性黏度最重要的意义是相对分子质量的测定。由于膨胀因子 α 具有 $M^{0.1}$ 的标度，式（10-82）可进一步简化为：

$$[\eta] = KM^{\alpha} \tag{10-87}$$

Staudinger 最先提出 $\alpha = 1$，但与实验结果不够吻合。故 Mark-Houwink 提出了更一般的形式（10-87），因此该式被称作 Mark-Houwink 公式，K 与 α 称作 Mark-Houwink 常数。这 2 个常数取决于具体体系：聚合物、溶剂、温度与相对分子质量范围。更多情况下 Mark-Houwink 常数专指 α。注意此 α 与膨胀因子 α 的区别。

式（10-82）已经为 α 值划定了范围，在 Θ 溶剂中 $\alpha = 1$：

$$[\eta] \sim M^{0.5} \tag{10-88}$$

在良溶剂中 α 与相对分子质量的 0.1 次方成正比，故有：

$$[\eta] \sim M^{0.5}\alpha^3 \sim M^{0.8} \tag{10-89}$$

式（10-88）与（10-89）在本质上没有差别，只是因为 Θ 溶剂中 $\alpha = 1$。尽管如此，不同的 α 值反映了同一种聚合物在不同条件下的不同行为。高分子线团中的单元不仅受排除体积的作用，还会受溶剂分子的流体力学作用。溶剂作用的 2 个极端情况称作拖曳线团和渗漏线团。

拖曳线团指线团内的溶剂分子被高分子链拖曳一起运动，故高分子单元不受任何流体力学作用。式（10-80）至（10-83）进行分析时就默认了这种情况，$\alpha = 0.5$，符合式（10-88）。

渗漏线团内的溶剂分子不随高分子链运动，当高分子运动时会从线团中渗漏。根据 Debye 推导的结果式（10-62），每根高分子链的能量耗散速率为：

$$\frac{\mathrm{d}W}{\mathrm{d}t} \propto N\zeta\langle R_{\mathrm{g},0}^2\rangle\left(\frac{\mathrm{d}v}{\mathrm{d}y}\right)^2 \tag{10-90}$$

与式（10.54）$[\mathrm{d}W/\mathrm{d}t = \eta(\mathrm{d}v/\mathrm{d}y)^2]$ 比较，单位体积含 $N_{\mathrm{A}}c/M$ 个分子的溶液的增比黏度为：

$$\eta_{\mathrm{sp}} \propto \left(\frac{N\zeta\langle R_{\mathrm{g},0}^2\rangle}{\eta_{\mathrm{s}}}\right)\left(\frac{N_{\mathrm{A}}c}{M}\right) \tag{10-91}$$

上式两侧通除浓度便可得出：

$$[\eta] \sim M^{1.0} \tag{10-92}$$

拖曳线团和渗漏线团是 2 个极端，实际线团应处在 2 个极端之间，故 Mark-Houwink 常数 α 的范围亦应处于 0.5~1.0。

以上我们从排除体积与流体力学 2 个角度讨论了 α 值的范围。事实上，这 2 种作用性质是相同的，都是作用于单元的远程作用。如果完全不受远程作用，既无排除体积作用，又无流体力学作用的链才是纯粹的无扰链，就处于 Θ 状态，$\alpha = 0.5$。如果受到远程作用，不论是来自排除体积还是来自流体力学作用，线团都会发生膨胀，α 的值就会增大。

欲求某一体系具体的 K、α 值，可采用一系列单分散样品，通过光散射法测定其重均相对分子质量，再测定其特性黏度。将 Mark-Houwink 公式两边取对数：

$$\ln[\eta] = \ln K + \alpha\ln M \tag{10-93}$$

以 $\ln[\eta]$ 对 $\ln M$ 作图，即可求出 K、α 值。

特性黏度的测定需要用到 2 个方程，即 Huggins 方程与 Kraemer 方程。

Huggins 方程来自增比黏度的特性黏度 virial 展开式。

$$\eta_{\mathrm{sp}} = [\eta]c + k_1[\eta]^2 c^2 + k_2[\eta]^3 c^3 + \cdots \tag{10-94}$$

上式两侧通除以 c，只保留 2 项，便得到 Huggins 方程：

$$\eta_{\mathrm{sp}}/c = [\eta] + k_{\mathrm{H}}[\eta]^2 c \tag{10-95}$$

k_H 称作 Huggins 常数，范围在良溶剂的 0.3 与差溶剂的 0.5 之间。包含了溶剂中线团的流体力学作用与热力学作用。

Kraemer 方程来自对数相对黏度的展开式。稀溶剂中增比黏度远小于 1，可利用近似公式：

$$\ln\eta_r = \ln(1 + \eta_{sp}) \approx \eta_{sp} - (1/2)\eta_{sp}^2 \tag{10-96}$$

利用式（10-94）中增比黏度的 Huggins 公式，就得到 Kraemer 方程：

$$\ln\eta_r = [\eta]c + \left(k_H - \frac{1}{2}\right)[\eta]^2 c^2 \tag{10-97}$$

$$\ln\eta_r/c = [\eta] + k_K[\eta]^2 c \tag{10-98}$$

k_K 称作 Kraemer 常数，意义与 Huggins 常数类似。由式（10-97）可知，2 个常数之和应为 1/2。

由式（10-95）和（10-98）可知，只要得到不同浓度下的比浓黏度与对数比浓黏度，用这 2 组数据分别对浓度作图，外推到 $c = 0$ 的截距即为特性黏度。但在实际测定过程中，直接测定的则为相对黏度。使用的仪器是图 10-13 所示的乌氏黏度计。具体方法为先将黏度计底部的液体吸到高于图中所示 h_1 的刻度，让其在重力作用下经毛细管流回底部，记录液面流经 h_1 和 h_2 两刻度间的时间。溶剂的流经时间记作 t_0，不同浓度的稀溶液的流经时间分别记作 t_1，t_2，t_3，…，t_i。溶液与溶剂流经时间之比就是相对黏度：

$$\eta_r = \frac{\eta_i}{\eta_s} = \frac{t_i}{t_0} \tag{10-99}$$

式（10-99）的理论基础是 9.7.4 节的 Poiseuille 方程（式 9.97）。该式表明，2 种液体的黏度比等于流经同一毛细管的时间比。如果溶液与溶剂密度有一定差距，则需要进行密度校正。但我们处理的是稀溶液，与溶剂的密度差距可以忽略。由相对黏度，通过简单计算得到比浓增比黏度和对数比浓黏度，再利用式（10-95 和 10.98）分别对浓度作图并外推到零浓度（图 10-14）。2 个外推的截距应交于同一点，该值即为特性黏度 $[\eta]$。外推作图时还可以得到 2 个斜率，分别为 Huggins 常数 k_H 与 Kraemer 常数 k_K。在聚合物良溶剂中，一般有 $k_H = 0.4 \pm 0.1$；$k_K = 0.05 \pm 0.05$。

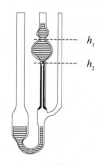

图 10-13　乌氏黏度计

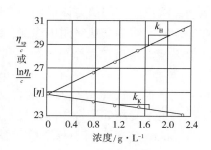

图 10-14　外推法求特性黏度

结合 Huggins 与 Kraemer 2 个方程以及 $k_H + k_K = 0.5$ 的条件，可得到一个一点法公式：

$$[\eta] = \frac{\sqrt{2(\eta_{sp} - \ln\eta_r)}}{c} \tag{10-100}$$

在不要求精度的情况下，利用此公式，不须外推，可用一次测量得到特性黏度。

测定了特性黏度，即可通过 Mark-Houwink 公式换算为聚合物的相对分子质量，这种测定方法称作黏度法，所得相对分子质量称黏均相对分子质量。由于特性黏度与相对分子质量之间只有经验的关系而无理论联系，故黏度法为相对法。虽为相对法，但黏度法操作简便，具有很高的精度与重复性，是相对分子质量测定中最常用的方法。

在多分散聚合物的溶液中，第 i 个级分的摩尔数为 n_i，相对分子质量为 M_i，浓度为 $c_i = n_i M_i / V$，其增比黏度与特性黏度均为各级分贡献之和：$\eta_{\mathrm{sp}} = \sum_i \eta_{\mathrm{sp},\,i}$，$[\eta]_i = K M_i^\alpha$。

$$[\eta] = \lim_{c \to 0} \frac{\eta_{\mathrm{sp}}}{c} = \lim_{c \to 0} \frac{\sum_i \eta_{\mathrm{sp},\,i}}{\sum_i c_i} = \lim_{c \to 0} \frac{\sum_i c_i [\eta]_i}{\sum_i n_i M_i / V}$$

$$= \lim_{c \to 0} \frac{\sum_i (n_i M_i / V) K M_i^\alpha}{\sum_i n_i M_i / V} = K \frac{\sum_i n_i M_i^{1+\alpha}}{\sum_i n_i M_i} \equiv K \overline{M}_\eta^\alpha \qquad (10\text{-}101)$$

故有：

$$\overline{M}_\eta = \left(\frac{\sum_i n_i M_i^{1+\alpha}}{\sum_i n_i M_i} \right)^{1/\alpha} \qquad (10\text{-}102)$$

在本书中我们已经接触过 4 种常用的平均相对分子质量，即数均、重均、Z 均和黏均相对分子质量。黏均相对分子质量与重均相对分子质量非常接近，这 2 个相对分子质量可以相互代替。数均、重均和 Z 均都是一个数值点，而黏均相对分子质量却是一个数值范围，这是由于同一种聚合物在不同的溶剂中有不同的 α 值，所得的均值就不尽相同。由于 α 一般在 0.5~1.0，故黏均相对分子质量更接近重均相对分子质量[3]。

10.5　摩擦因数

Stokes 公式给出了刚球在溶剂中的摩擦因数为 $\zeta = 6\pi\eta_{\mathrm{s}} R$，$R$ 为刚球半径，η_{s} 为溶剂黏度。那么溶剂中聚合物线团的摩擦因数应该是多少呢？

类似研究特性黏度时的情况，2 个极端的线团摩擦因数不同。拖曳线团运动时，包容的溶剂分子一同运动。故拖曳线团的整体形同一个刚球，其摩擦因数应为 $6\pi\eta_{\mathrm{s}} \langle R_{\mathrm{g},\,0}^2 \rangle^{1/2}$。

渗漏线团在运动时，溶剂会从线团中渗漏，线团中每个单元都经历流动阻力。Kirkwood 提出线团摩擦因数 Z 应是所有单元摩擦因数之和：

$$Z = N\zeta = 6\pi N \eta_{\mathrm{s}} d \qquad (10\text{-}103)$$

其中 d 为单元的半径。式（10-103）的含义是，所有单元的运动是独立的，既不受链中其他单元的干扰，也不受相邻聚合物的干扰。这一观点遭到 2 方面的批评：首先，聚合物单元不是球体，将 Stokes 公式应用于每个单元是不合适的；其次，单元的运动并非是独立的，相邻单元引起的流体力学作用是不可忽略的。如果说将单元近似为球体还可勉强接受的话，忽略相邻单元的作用则明显是不适当的。Kirkwood 接受了后一点批评，提出了一种修正方法：

$$Z = \frac{6\pi N \eta_{\mathrm{s}} d}{1 + (d/N) \sum_{i=1}^N \sum_{j=1}^N \langle r_{ij}^{-1} \rangle} \qquad (10\text{-}104)$$

$\langle r_{ij}^{-1} \rangle$ 为链中 i 与 j 单元间距离倒数的平均值。倒数关系表示单元间干扰随着距离变小而增强。为计算 $\langle r_{ij}^{-1}\rangle$，利用末端距分布函数：

$$\langle r^{-1}\rangle = \int_0^\infty r^{-1}P(n,\ r)\,\mathrm{d}r = \left(\frac{6}{\pi\langle r_0^2\rangle}\right)^{1/2} \tag{10-105}$$

该积分的结果是个 gamma 函数，可查表得到积分值，式中 $\langle r_0^2\rangle = Nb^2$，为 Θ 条件的线团尺寸。式（10-105）应该是有限个单元的平均值 $\langle r_{ij}^{-1}\rangle$ 而非无限个的平均值的 $\langle r^{-1}\rangle$，可以用 $|i-j|$ 取代 N：

$$\langle r_{ij}^{-1}\rangle = \left(\frac{6}{\pi|i-j|b^2}\right)^{1/2} \tag{10-106}$$

将此值代入（10-105），改求和为积分，最终得到：

$$Z = \frac{N6\pi\eta_s d}{1 + (8/3)(6/\pi)^{1/2}(d/b)\ N^{1/2}} \tag{10-107}$$

改造分子：将单元半径 d 改写作 $\zeta/6\pi\eta_s$，故分子等于 $N\zeta$。再改造分母中的 $(d/b)\ N^{1/2}$：

$$\frac{d}{b}N^{1/2} = \frac{Nd}{bN^{1/2}} \sim \frac{Nd}{(6\langle R_{g,0}^2\rangle)^{1/2}} \sim \frac{\zeta N}{6\pi\eta_s(6\langle R_{g,0}^2\rangle)^{1/2}} \tag{10-108}$$

分子与分母通乘 $N^{1/2}$，并将 $bN^{1/2}$ 改写为 $(6\langle R_{g,0}^2\rangle)^{1/2}$，并将单元半径 d 改写作 $\zeta/6\pi\eta_s$。将改造后结果代入式（10-107），再将分母中全部数值因子用常数 K 代表：

$$Z = \frac{N\zeta}{1 + KN\zeta/\eta_s\langle R_{g,0}^2\rangle^{1/2}} \tag{10-109}$$

利用 Stocks 公式，$N\zeta \sim N\eta_s d$，$N\zeta/\eta_s$ 就具有长度量纲，与 $\langle R_{g,0}^2\rangle^{1/2}$ 相同，故可定义一个无量纲组合 $X = N\zeta/\eta_s\langle R_{g,0}^2\rangle^{1/2}$，得到如下的简洁形式：

$$Z = \frac{N\zeta}{1 + KX} \tag{10-110}$$

当 $KX \ll 1$ 时，线团摩擦因数等于 $N\zeta$，线团摩擦因数等于所含单元摩擦因数之和，即为渗漏线团；当 $KX \gg 1$ 时，线团摩擦因子等于一个常数乘以 $\eta_s\langle R_{g,0}^2\rangle^{1/2}$，整个线团符合作为一个刚球的 Stokes 定律，即为拖曳线团。当然，完全的拖曳与完全的渗漏是 2 个极端，一般的线团的渗透程度会处在二者之间。

线团的渗透程度可以用一个长度来表征。以上讨论考虑的是溶剂分子，如果反过来考虑溶质分子可能更为简单。

设有一溶液中含有若干溶质分子。当溶剂流动时，溶质处于拖曳与渗漏之间的某个中间状态。如图 10-15 所示，考虑一个边长为 R 的正方溶液体积中含有 N 个溶质，每个溶质的摩擦因数为 ζ。可以这样来考虑溶质的中间状态：高度 L 以上的溶质随溶剂流动（拖曳），L 以下的溶质静止不动（渗漏）。L 关于 R 的相对大小就表征了溶质的渗漏程度。下面来求这个渗漏长度 L。

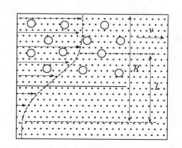

图 10-15　渗漏长度 L 的定义

溶剂以速度 v 流动，有 $N(L/R)$ 个溶质分子静止不动，那么这些溶质所经受的摩擦力应当与溶剂的流动力保持平衡，设溶剂为牛顿流体，黏度为 η_s：

$$v\zeta \cdot N \cdot \frac{L}{R} = \eta_s \cdot \frac{v}{L} \cdot R^2 \tag{10-111}$$

左侧是溶质分子的摩擦力，等于速度乘以摩擦因数；右侧是由牛顿黏度公式得出的剪应力乘以截面积，v/L 是剪切速率。可解得：

$$L^2 = (\eta_s R^3/N)/\zeta \Rightarrow L = (\eta_s/c\zeta)^{1/2} \tag{10-112}$$

其中 $c = N/R^3$ 为溶质的密度。式（10-112）适用于各种溶液体系。将其应用于高分子溶液，其中的溶质分子就是高分子链的单元，考虑的独立体积就是一个线团，R 与 N 则分别为线团尺寸与聚合度。单元密度为：

$$c \sim \alpha^{-3} N^{-1/2} b^{-3} \tag{10-113}$$

单元的摩擦因数可写作：

$$\zeta = 6\pi\eta_s b \tag{10-114}$$

则渗漏长度 L 为：

$$L = (\eta_s/c\zeta) \sim b \alpha^{3/2} N^{1/4} \tag{10-115}$$

在 Θ 溶剂中，

$$L \sim b N^{1/4} \ll R \sim b N^{1/2} \tag{10-116}$$

在良溶剂中，

$$L \sim b N^{2/5} \ll R \sim b N^{3/5} \tag{10-117}$$

由以上结果可以看出，如果 N 很大，不论是良溶剂还是差溶剂，L 值都远小于线团尺寸 R，说明线团偏向于拖曳。但如果链很短或刚性很大，L 值就与 R 值接近，线团就偏向于渗漏。

由 10.2 节已知扩散系数 D 是个可测量，而摩擦因数 ζ 可以通过 Einstein 公式（10-16）从 D 换算。推导式（10-16）时未对粒子的形状作任何假设，只限定了理想态的条件。在 D 的测定时将实验结果外推至 $c=0$ 就能满足理想态的假设。

由以上对线团的渗透性的讨论，可知粒子的摩擦因数对结构或几何形状是有依赖性的：

（1）无规线团 式（10-109）的 Kirkwood-Riseman 公式给出了无规线团的摩擦因数。对于渗漏线团，可由 Z 计算单元摩擦因数；对于拖曳线团，可由 Z 求得回转半径。

（2）刚性无溶剂化球体 Stokes 公式（10-12）提供了摩擦因数 ζ 与粒子半径的关系。某些蛋白质分子都可模型化为刚性球体，由实验测定的 D 值可得到 ζ，进而得到球体的半径 R。又由于 $M = N_A \rho_2 [(4/3)\pi R^3]$，同时可以测定相对分子质量。式中 ρ_2 为非溶剂化物质的密度。

（3）其他刚性粒子 有 2 种倾向会使粒子的摩擦因数增大，①溶剂化造成的体积膨胀；②粒子的椭球化，因为椭球三维旋转会造成排除体积升高。测量摩擦因数可以提供分子溶剂化或椭球度的信息。用下标 0 表示非溶剂化刚性粒子，用无下标量表示一般情况。根据 Stokes 公式：

$$\frac{\zeta}{\zeta_0} = \frac{R}{R_0} \tag{10-118}$$

显然 R/R_0 或 ζ/ζ_0 都大于 1，且随溶剂化或椭球度增加。

如果溶质分子被溶剂化，则任何附着（下标 b）的溶剂（下标 1）必然附加到未溶剂化溶质（下标 2）的体积之中。即：

$$溶剂化粒子的体积 = V_2 + V_{1,b} \tag{10-119}$$

分别用 m 和 ρ 代表质量和密度，则：

$$溶剂化粒子的体积 = V_2\left(1 + \frac{V_{1,b}}{V_2}\right) = V_2\left(1 + \frac{m_{1,b}}{m_2}\frac{\rho_2}{\rho_1}\right) \tag{10-120}$$

式中的 $\dfrac{m_{1,b}}{m_2}$ 事实上就是溶剂化程度。

由 Stokes 公式（10-12）式仅能得到具体粒子的摩擦因数 ζ。如果溶质相对分子质量已知，用分子的质量除以（未溶剂化）密度得到等价球的体积，由此体积可得到 R_0，然后可由 Stokes 公式计算 ζ_0。

例如 hemoglobin 血红蛋白分子相对分子质量 62300，20 ℃水中扩散系数 6.9×10^{-11} m^2/s，干密度 1.34g/cm^3，黏度 10^{-3} kg/m·s。欲通过比值 Z/Z_0 了解其溶剂化程度。

用爱因斯坦公式（10-16）求摩擦因数：

$$\zeta = \frac{kT}{D} = \frac{(1.38 \times 10^{-23}\mathrm{JK^{-1}})(293\ \mathrm{K})}{6.9 \times 10^{-11}\mathrm{m^2 \cdot s^{-1}}} = 5.89 \times 10^{-11}\ \mathrm{kg/s}$$

如果血红蛋白是非溶剂化球，可以写出其体积：

$$\left(\frac{62300\ \mathrm{g}}{\mathrm{mol}} \times \frac{\mathrm{cm}^3}{1.34\ \mathrm{g}}\right)\left(\frac{1\ \mathrm{mol}}{6.02 \times 10^{23}\text{分子}}\right) = \frac{4}{3}\pi R_0^3$$

求出 $R_0 = 2.64 \times 10^{-7}$ cm。由 Stokes 公式，

$$\zeta_0 = 6\pi\eta R_0 = 6\pi(10^{-3}\mathrm{kg \cdot m^{-1} \cdot s^{-1}})(2.64 \times 10^{-9}\ \mathrm{m}) = 4.98 \times 10^{-11}\ \mathrm{kg/s}$$

所以 $\zeta/\zeta_0 = 5.89 \times \dfrac{10^{-11}}{4.98} \times 10^{-11} = 1.18$。表明此粒子有轻度的溶剂化。如果此值为 1，则此粒子为非溶剂化球。

10.6　Rouse 模型

描述高分子链稀溶液行为最常用的模型是珠簧模型，如图 10-16 所示。将高分子链看作由 N_R 个链段构成，每个链段必须足够长以保证高斯行为。将每个链段模型化为一个珠子与一个弹簧。珠子与弹簧都没有体积，只有各自的功能。珠子集中了链段全部的质量并承担了链段的全部摩擦；弹簧则只负责传递链段间的弹性作用力。这个理论体系由 Rouse，Bueche 和 Zimm 等共同构建，似乎是因为 Rouse 的工作多一些，人们就习惯让 Rouse 独享命名权。

本节将对 Rouse 的工作进行简要介绍。Rouse 与 Zimm 模型的基础都是珠簧模型，但思想方法却有所不同，主要区别就是上 2 节讨论的拖曳与渗漏。Rouse 的理论主张渗漏线团，Zimm 的思想倾向拖曳线团。除了这一点，具体的处理方法都大同小异。故对 Zimm 的工作略加提及，并不作展

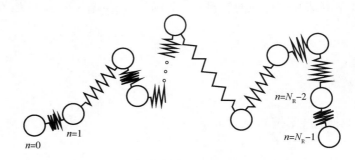

图 10-16　珠簧模型

开。本节涉及的珠簧模型基本元素均以 Rouse 命名，用下标"R"标识。涉及 Zimm 模型的独特工作时，用下标"Z"标识。

建立珠簧模型的第一步是将聚合物分子链分割为 N_R 个 Rouse 链段，具有如下性质：

①每个 Rouse 链段自身是一个高斯链，含 n_R 个单元，均方末端距为 $n_R b^2$；

②链段的质量与摩擦均集中在珠子上，珠子之间以弹簧相连，弹簧常数为：

$$k_R = \frac{3kT}{n_R b^2} \tag{10-121}$$

如果样品只在一维方向上受力，就可以简化为一维问题。将珠子与弹簧编号，依次为 1 到 N_R，先只考虑第 n 粒珠子。这个珠子在运动中受 2 种力作用，即两侧弹簧施加的弹性力与溶剂的摩擦阻力。弹性力等于弹簧常数乘以位移，在 Rouse 模型中位移就是两粒珠子坐标之差，即 $(z_{n+1} - z_n)$ 和 $(z_n - z_{n-1})$。如果两粒珠子之间没有作用力，就意味着位置重合。两侧都有作用力时，第 n 粒珠子所受弹性力为两侧弹簧作用力之差：

$$F_{el, n} = k_R(z_{n+1} - z_n) - k_R(z_n - z_{n-1}) = k_R(z_{n+1} + z_{n-1} - 2z_n) \tag{10-122}$$

珠子所受的黏性阻力等于珠子的运动速度乘以摩擦因数：

$$F_{vis, n} = \zeta_R \frac{dz_n}{dt} = n_R \zeta \frac{dz_n}{dt} \tag{10-123}$$

其中 ζ 是一个 Kuhn 单元的摩擦因数，而 Rouse 链段的摩擦因数为 $n_R \zeta$。这是 Rouse 理论的一个重要假设，即渗漏假设：链段的摩擦因数等于单元摩擦因数乘以聚合度 n_R。假设黏性力远大于惯性力，即不考虑惯性力。流动处于稳态时，弹性力与黏性力相平衡：

$$\zeta_R \frac{dz_n}{dt} = k_R(z_{n+1} - z_n) + k_R(z_{n-1} - z_n) \tag{10-124}$$

这里使用的珠子和弹簧与 Maxwell 和 Kelvin 现象学模型中的黏壶与弹簧有相似之处。但不同点在于，现象学模型仅代表力学现象，而 Rouse 模型代表的是分子的行为。式（10-124）适用于 Rouse 链中其他各个珠子，只有 2 个端部珠子除外。端部珠子不受应力，这意味着连接它们的弹簧的位移为零，故可将边界条件写作：

$$z_2 - z_1 = z_{N_R} - z_{N_R - 1} = 0 \tag{10-125}$$

或微分形式：

$$\frac{dz}{dn}(n = 1) = \frac{dz}{dn}(n = N_R) = 0 \tag{10-126}$$

解微分方程（10-124）得到通解：

$$z_n = \cos(n\delta) \exp(-t/\tau) \tag{10-127}$$

δ 代表相邻珠间的位相差。为满足 $(n = N_R)$ 一端的边界条件，需要从下列方程选择 δ 的值：

$$\frac{z_n}{dn}(n = N_R) = \sin N_R \delta = 0 \tag{10-128}$$

其解为：

$$N_R \delta = p\pi \tag{10-129}$$

由此得到线形链的 N_R 个特征值 δ_p：

$$\delta_p = \frac{\pi}{N_R} p \tag{10-130}$$

由 N_R 个 δ_p 共可得到 N_R 个独立的解。每个解代表一个运动模式，称作 Rouse 模式，$p = 1, 2, \cdots, N_R$，称为模式的阶数。各阶松弛模式都有一个松弛时间。将（10-127）代入（10-124），得到松弛速率倒数 τ^{-1} 与 δ 的关系：

$$\tau^{-1} = \frac{k_R}{\zeta_R}(2 - 2\cos\delta) = \frac{4k_R}{\zeta_R}\sin^2\left(\frac{\delta}{2}\right) \tag{10-131}$$

p 阶模式的松弛时间由式（10-130）与（10-131）得到：

$$\tau_R^{-1} = (4\,k_R/\zeta_R)\,\sin^2\!\left(\frac{\pi}{2N_R}p\right) \tag{10-132}$$

因 N_R 很大，$1/N_R$ 很小，$\sin A \approx A$：

$$\tau_p = \frac{\zeta_R\,N_R^2}{\pi^2\,k_R}\frac{1}{p^2} = \frac{\zeta_R(n_R b^2)\,N_R^2}{3kT\,\pi^2}\frac{1}{p^2} \tag{10-133}$$

$p = 1$ 时，

$$\tau_1 = \tau_R = \frac{\zeta_R(n_R b^2)\,N_R^2}{3kT\,\pi^2} \tag{10-134}$$

$$\tau_p = \tau_R/p^2 \tag{10-135}$$

$p = 1$ 是最低阶 Rouse 模式，亦称一阶 Rouse 模式，是整链运动的模式，其松弛时间记作 τ_R，即最长松弛时间 τ_0；$p = 2$ 的模式称二阶 Rouse 模式，为 1/2 链长的松弛模式，其松弛时间 $\tau_2 = \tau_R/4$，依此类推，见图 10-17。

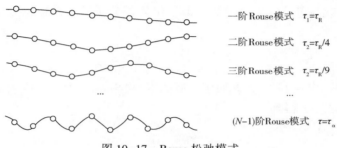

图 10-17　Rouse 松弛模式

$n_R b^2$ 为 Rouse 链段的均方末端距，本来是任意选择的，但由于整链的均方末端距：

$$R_0^2 = (n_R b^2)\,N_R \tag{10-136}$$

链段的任意性被整链尺寸所限制，故由（10-134）可知 Rouse 松弛时间与链段的选取没有关系：

$$\tau_R = \frac{1}{3\,\pi^2}\frac{(\zeta_R/n_R)\,b^2}{kT}R_0^4 = \frac{1}{3\,\pi^2}\frac{\zeta/b^2}{kT}R_0^4 \tag{10-137}$$

由最初的设定，$\zeta = (\zeta_R/n_R)$ 是一个 Kuhn 单元的摩擦因数，Rouse 段的摩擦因数与所含单元数成正比，这是 Rouse 模型的基本假设，也被称作渗漏假设。其意义是高分子线团在溶剂中运动时，所包含的溶剂都会从线团中渗漏，不随线团一起运动。在渗漏假设下，线团中每一个单元都独立地经历摩擦，所以具有加和性。在稀溶液中，聚合物线团会拖曳溶剂，渗漏假设就不成立。

最低阶 Rouse 模式的松弛时间公式描述了松弛时间对相对分子质量的依赖性，由 $R_0^2 = Nb^2$：

$$\tau_R = \frac{(\zeta_R/b^2)R_0^4}{3kT\,\pi^2} \sim \frac{(\zeta_R b^2)\,N^2}{3kT\,\pi^2} \tag{10-138}$$

可知无缠结链的平均黏弹松弛时间与相对分子质量的平方成正比。

虽然有式（10-135），最短松弛时间（$p = N_R$）仍可由式（10-130）和（10-131）严格求出：

$$\tau_{N_R} = \left[(4\,k_R/\zeta_R)\,\sin^2\!\left(\frac{\pi}{2N_R}N_R\right)\right]^{-1} = \frac{\zeta_R}{4\,k_R} = \frac{\zeta_R(n_R b^2)}{12kT} \tag{10-139}$$

可知最短松弛时间取决于链段的选择，这是显而易见的。因为最短松弛时间就是所选定的一个 Rouse 链段的松弛时间。小尺寸和短时间之间存在天然的关系。所选的链段越短，松弛时间就越短。但链段的选择受高斯假设的限制，链段太短就不符合高斯分布。由于有这个限制，玻璃化转变的 α-模式以及时间更短的松弛模式都不能用 Rouse 模型来描述。

得到了松弛时间的表达式，可以进一步求黏度的表达式。回想 8.2.1 节式 (8-26) 中的广义 Maxwell 模型，其中包含多个松弛时间。Rouse 模型将这个概念转化为 N_R 个松弛模式，涉及 N_R 个松弛时间，所以松弛模量可写作：

$$G(t) = \sum_{p=1}^{N_R} G_p \exp(-t/\tau_p) \tag{10-140}$$

由式 (10-121) 弹簧常数的定义，作用力等于：

$$f = \frac{3kT}{\sqrt{n_R}\,b}\frac{\Delta z}{\sqrt{n_R}\,b} = \frac{3kT}{\sqrt{n_R}\,b}\gamma \tag{10-141}$$

其中 γ 为应变。上式两侧除以截面积，左侧成为应力 σ，右侧分母 $\sqrt{n_R}\,b$ 成为链段体积 V_s。链段体积的倒数为单位体积链段数，即单位体积分子链数乘以每分子链中链段数，由此得到拉伸模量：

$$E = \frac{\sigma}{\gamma} = \frac{3kT}{V_s} = 3kT\frac{\rho N_A}{M}N_R \tag{10-142}$$

在式 (10-140) 中令 $t \to 0$，并假定所有的 G_p 均相等，变成 $G(t) = N_R G_p$。代入 (10-142) 并注意到 $G = E/3$，得到：

$$G_p = \frac{\rho RT}{M} \tag{10-143}$$

由第 8 章式 (8-76) $\eta = \tau G(\tau)$，将各个模式的模量与松弛时间乘积加和：

$$\eta = \sum_{p=1}^{N_R} \tau_p G_p \tag{10-144}$$

将 (10-143) 与 (10-135) 代入 (10-144)：

$$\eta = \frac{\rho RT}{M}\frac{\zeta_R N_R^2(n_R b^2)}{3kT\,\pi^2}\sum_{p=1}^{N_R}\frac{1}{p^2} \tag{10-145}$$

如果 N_R 很大，上式中的加和等于 $\pi^2/6$，故有：

$$\eta = \frac{\rho RT}{M}\frac{\zeta_R N_R^2(n_R b^2)}{3kT\,\pi^2}\frac{\pi^2}{6} = \frac{\rho N_A}{M}\frac{\zeta_R N_R^2(n_R b^2)}{18} \tag{10-146}$$

利用 $\zeta_R = n_R\zeta$，$N_R = N_0/n_R$ 进行化简，

$$\eta = \frac{\rho N_A b^2 \zeta}{18 M_u}N_0 \tag{10-147}$$

与式 (10-65) 的 Debye 方程相比只差一个数值因子。

对松弛时间公式 (10-133) 进行同样的化简得：

$$\tau_p = \frac{\zeta_R(n_R b^2)\,N_R^2}{3kT\,\pi^2}\frac{1}{p^2} = \frac{N^2 b^2 \zeta}{3kT\,\pi^2}\frac{1}{p^2} \tag{10-148}$$

从中可清楚地看出松弛时间与聚合度的二次方成正比。

将 Rouse 模型用于熔体中基本是正确的，可以满意地描述实验结果。但用于溶剂中的单链则基本是错误的。因为熔体中的"溶剂"就是与本链相同的其他链，任何一根链的运动都在穿越其他链，这完全符合"渗漏"的物理图像。所以线团的摩擦因数等于所含单元摩

擦因数之和。在溶液中尤其是稀溶液中就不同了，被包裹的溶剂总有一部分会被线团拖曳而一同运动。不论被拖曳的溶剂分数是多少，摩擦因数就失去了加和性，所以 Rouse 模型就不能适用。极端情况下，溶剂全部被拖曳，就是 Zimm 模型。

在 Zimm 模型中，线团整体像一个固体粒子那样运动，摩擦因数就不再是单元摩擦因数乘以聚合度，而是直接应用 Stokes 公式：

$$\zeta_Z = 6\pi\eta_s R \tag{10-149}$$

R 是线团半径。由 Einstein 公式，Zimm 模型中线团的扩散系数与其尺寸 R 成反比：

$$D_Z = \frac{kT}{\zeta_Z} \approx \frac{kT}{\eta_s R} \approx \frac{kT}{\eta_s b N^\nu} \tag{10-150}$$

Θ 溶剂 $\nu = 0.5$；良溶剂 $\nu = 0.588$。Zimm 模型的松弛时间为：

$$\tau_Z \approx \frac{R^2}{D_Z} \approx \frac{\eta_s}{kT} R^3 = \frac{\eta_s b^3}{kT} N^{3\nu} \tag{10-151}$$

作 Rouse 运动时，只是分子链中的单元穿过溶剂，不会拖曳其周围的溶剂分子；作 Zimm 运动时，线团拖曳其体积内的所有溶剂一起移动。在稀溶液中，Zimm 运动比 Rouse 运动的摩擦阻力小，因而运动较快。

类似 Rouse 模型，Zimm 模型中也有 N_R 个松弛模式。最低模式的松弛时间为 τ_Z，而第 p 个模式的松弛时间为：

$$\tau_p = \frac{\tau_Z}{p^{3\nu}} \tag{10-152}$$

从以上寥寥数行可以看出，关于 Zimm 模型完全可以进行与 Rouse 模型平行的讨论，只是数学推导更为繁复。正是由于这样，本书不准备展开这方面的内容，并将非缠结体系的讨论结束在这里。

10.7 爬行模型

10.7.1 基本模型

缠结点限制了聚合物链的平动，就像草丛和灌木限制蛇的运动一样。在这种情况下，蛇的唯一运动方式就是沿自身轮廓方向的爬行。聚合物链也一样，运动方式只能是缠结点间的爬行。这就是 de Gennes，Doi 和 Edwards 于 1970 年提出的爬行模型。

爬行模型的图像（图 10-18）在分子水平上解释了缠结点的本质，它很像交联网络中的交联点。这种相似性突出体现在体系的模量上。让我们重新审视线形长链聚合物的蠕变曲线（图 10-19）。在缠结点的作用下，体系的蠕变柔量出现了一个平台：$J(t) = J_0 =$ 常数。从这个平台的高度我们可以由橡胶状态方程求出剪切模量 G。

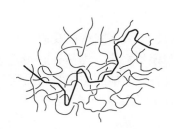

图 10-18 爬行模型

但缠结点与交联网络的中的化学交联点有本质的不同。图 10-19 中平台走到尽头，体系就会发生黏性流动，类固体行为就转化为

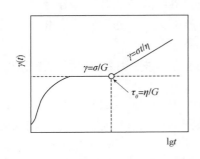

图 10-19　线形高分子链的蠕变曲线

类液体行为。这就是说，缠结点是临时性的，它所起的交联作用是有时效性的，时间一到，交联就会失效。这是个什么时间呢？

我们可以用管子模型来作演示。从熔体中取出 2 根链，将它们限制在各自的管子中，2 根管子在途中邂逅（图 10-20）。在同一个路口，2 个分子不可能同时通过，彼此形成障碍，都只能沿着各自的管子作蛇形爬行。我们对这种情况的描述就是 2 个管子在彼此接近 的区域形成了交联。

通过在管子中的爬行，有一根分子链摆脱了初始的管子（$t = 0$ 时刻的管子），离开了接近的区域，交联就消失了。对那根分子链来说，是进入了一根全新的管子，旧管子已经不存在了（图 10-21）。我们将分子链摆脱初始管所需的时间作为临时交联点的有效时间，并称作最长松弛时间，记作 τ_0。

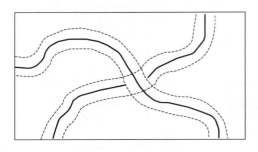

图 10-20　2 根高分子链形成的交联

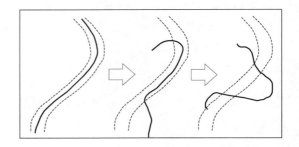

图 10-21　高分子链脱离初始管的过程

这样我们就得出了黏弹性的微观解释：$t < \tau_0$ 时，聚合物流体就像一个准交联网络，对外力呈弹性响应；而当 $t > \tau_0$ 时，准交联发生松弛，响应就成为黏性的。2 种响应下的柔量是不同的：弹性响应时，$\gamma \sim \sigma/G$（G 为等效弹性模量）；黏性响应时，$\gamma = \sigma t/\eta$。那么 $t = \tau_0$ 时发生了什么？显然是 2 种状态的平滑过渡。这个概念使我们导出等效交联网络的黏度 η、模量 G 和最长松弛时间 τ_0 之间的重要关系：

$$\frac{\sigma}{G} = \frac{\sigma t}{\eta} \xrightarrow{t = \tau_0} \eta = G\tau_0 \tag{10-153}$$

首先，这个关系式帮助我们彻底解决了第 8 章以来一个悬而未决的问题，即松弛时间为何是黏度与模量之比。当然，它更重要的意义是可以深入了解聚合物溶液的黏度与松弛时间，具体说，我们能利用它算出黏度对分子链中单元数 N 的依赖性（$N \gg 1$）。所以我们值得进一步分别考察 G 和 τ_0。为简易起见，研究聚合物熔体。当然原则上也适用于浓溶液和半稀溶液。

当 $t < \tau_0$ 时，等效交联网络的行为如同普通弹性网络。我们在第 4 章讨论高弹性时得知，网络的弹性模量大概是 kT 乘以网链密度。而在聚合物熔体中，每 2 个交联间的一段链相当于一个网链。下面需要了解的是聚合物熔体中等效交联有多少。一种极端的想法是任何 2 个链的接触都算等效交联。因为只要两个链相互靠近，它们的运动都会受限制（因为不能相

互穿透）。这就是为什么每根链的可能构象数要远低于自由状态。所以这种拓扑限制算作等效交联。假设链在熔体中是柔性的，Kuhn 链段长度为 b，单位体积的接触数大约是 $1/b^3$。如果接受以上的极端观点，熔体（即等效交联网络）的弹性模量将是 $G = kT/b^3$。这个计算结果比实验值高出若干个数量级。显然这种极端的想法是不合理的。

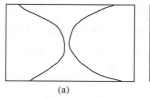 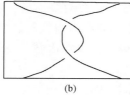 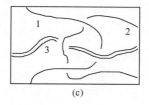

(a)   (b)   (c)

图 10-22　链间的接触与交联

（a）无有效交联　（b）有效交联　（c）因第三链而交联

有效交联与链间接触应该是完全不同的。如果两根链仅仅是彼此接近，发生了接触[图 10-22（a）]，但是接触并没有严重限制运动的自由，也没有限制构象的选择。相比之下，图 10-22（b）的接触才会形成限制，才有可能等同于交联。图 10-22（c）说明，2 根链的接触是否构成交联往往取决于第三根链的存在。如图所示，链 3 的存在使链 1 与链 2 发生了交联。如果没有链 3，就不成为交联。只有在这种情况下，构象数才会大大降低。所以不是所有的接触都是等效交联，只有极少接触可成为等效交联。

我们可以把 2 个等效交联点间的平均单体数记作 N_e。那么在所有接触中，真正能够限制构象的比例为 $1/N_e$。只有这些接触才构成等效交联。用 N_e 的概念来重新计算弹性模量：

$$G = kT/N_e b^3 \tag{10-154}$$

N_e 是聚合物流体现代理论中唯一的现象学参数，即理论本身不能确定，需要通过其他途径确定。无人能够从微观结构中计算出来。我们只能说它与分子链的打结能力有关。实验测定 N_e 并不困难，即从图 10-19 中的平台的弹性模量求出，一般在 50～100。这是一个不短的长度。但要使分子链高度缠结，或者说要像爬行模型讲的那样链在管中爬行，每根链要有大量等效交联才有意义，即 $N/N_e \gg 1$ 或 $N \gg N_e$。下面推导黏度 η 与最长松弛时间 τ_0 对 N 的依赖性时要牢记这点。

链的结构是一系列串珠，每个串珠尺寸就是为沿链相邻交联点的间距 d（图 10-23），含有 N_e 个单体，$d \sim N_e^{1/2} b$。在小于 d 的尺度上，分子链感觉不到等效交联的存在，故对构象有充分的选择机会。但在大于 d 的尺度上，等效交联点构建了管子，所以 d 就必然是管子的直径。

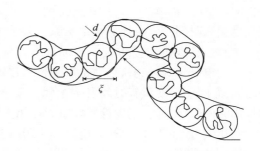

图 10-23　管子中的串珠链

串珠充斥着管子，沿管轴排列。因为每根链中含（N/N_e）个串珠，管子的轮廓长度则为 $L = (N/N_e)d$。因为 $d \sim N_e^{1/2} b$，我们得到：

$$L \propto bN/N_e^{1/2} \tag{10-155}$$

注意所得的管子长度远小于链的伸展长度 Nb，这是由于 N_e 本身也很大。

为从爬行模型中得出黏度规律，需要引用式（10-7），即扩散距离 x，迁移时间 t 与扩散系数 D 的关系：

$$\langle x^2 \rangle = 2Dt \tag{10-156}$$

为爬出管子，分子链必须沿着管轴爬行一个管子长度 L。爬行这样一段距离的时间就是聚合物熔体的最长松弛时间 τ_0。当分子链在凝聚体系（例如熔体）移动时，作用于每个单元上的摩擦力是完全独立的。链经受的总摩擦力就是每个单元上摩擦力的总和。黏性摩擦力 f 与速度成正比：$f = -\zeta v$，其中 ζ 为单元的摩擦因数。链的摩擦因数也应是单元摩擦因数的加和，故有 $\zeta_t = N\zeta$。

这样，分子链沿管运动的扩散系数为：

$$D_t = \frac{kT}{\zeta_t} = \frac{kT}{N\zeta} \tag{10-157}$$

根据定义，最长松弛时间 τ_0 是链沿管轴扩散一个管长的时间：

$$\tau_0 \propto \frac{L^2}{D_t} = N^3 b^2 \frac{\zeta}{N_e kT} \tag{10-158}$$

可知最长松弛时间随 N 剧烈增大：$\tau_0 \sim N^3$。这便解释了聚合物液体中松弛缓慢（相对于小分子液体）的原因。正因为如此，聚合物液体才能够长期保持对流动历史的记忆。

N^3 的依赖性使运动迟滞到什么程度？可以从聚合物与小分子液体的比较就能看到。可将方程（10-158）改写为：

$$\tau_0 = \tau_m \frac{N^3}{N_e} \tag{10-159}$$

其中：

$$\tau_m = \frac{b^2 \zeta}{kT} \tag{10-160}$$

τ_m 为微观松弛时间，是小分子液体的特征时间。可以将式（10-160）写作 $\tau_m = b^2/D$，其中 D 为单个小分子的扩散系数。由此可看出 τ_m 的物理意义，为移动自身尺寸的距离 b 所需的时间。让我们代入一些典型数值，$b = 0.5\ nm = 5 \times 10^{10}\ m$，$D = 2 \times 10^{11}\ nm^2/s = 2 \times 10^{-7}\ m^2/s$，则 $\tau_m = 10^{-12}\ s$。可知小分子微观松弛时间是皮秒级的。

由式（10-159），聚合物熔体的最长松弛时间要比 τ_m 大 N^3/N_e 倍。假定聚合物链特别长，$N = 10^4$，而 N_e 大致为 10^2，得到 $N^3/N_e = 10^{10}$。这样求出最长松弛时间 $\tau_0 = 10^{-2}s$，这完全是宏观时间了，且还有可能更长。分子间的强烈相互作用会增加摩擦因数 ζ，会使 $\tau_m = b^2\zeta/kT$ 提高，并进而提高 τ_0，经常能提高到几秒的量级。在实验中经常可检测得到。

τ_0 的宏观量级使得聚合物的黏弹性可以用最简单的实验观察。如果外力突然作用，即作用时间短于 τ_0，就没有时间发生松弛，聚合物的表现就像一个弹性体。另一方面，如果力的作用时间长于 τ_0，如硅橡胶在重力作用下流出罐子，就表现出黏性行为。

利用式（10-153）、有关模量的（10-154）和有关最长松弛时间的（10-158）得到聚合物熔体的黏度 η：

$$\eta = G\tau_0 = \left(\frac{\zeta_t}{b} \right) \frac{N^3}{N_e^2} \tag{10-161}$$

如果链很长（$N \gg N_e$），则熔体黏度随 N 增长非常迅速：$\eta \sim N^3$（和松弛时间一样）。

我们也可以求出链在熔体中作为一个整体移动时的平动扩散系数 D_s。当链在时间 τ_0 完全离开初始管时，其质心必须移动的距离为 $R = bN^{1/2}$，即线团尺寸。链在每个管子内的位移在统计学上是相互独立的，我们可以把质心的扩散处理为一个具有平均自由时间 τ_0 的粒子的布朗运动。在 2 次碰撞之间粒子都在无规方向上移动一个距离 R。所以据（10-7）可以写出：

$$D_s \propto \frac{R^2}{\tau_0} = \frac{kT}{\zeta}\frac{N_e}{N^2} \tag{10-162}$$

这样，爬行模型预测：平动扩散系数 D_s 随 N^{-2} 下降。N 非常大时，扩散系数非常低，所以聚合物熔体的混合非常慢。即使 2 种聚合物是相溶的，混合是热力学有利的，混合过程也非常慢。

让我们来总结爬行模型的 3 个主要结论：①最长松弛时间 τ_0 与 N^3 成正比（式 10-158）；②黏度 与 N^3 成正比（式 10-161）；③扩散系数 D_s 与 N^{-2} 成正比（式 10-162）。这些关系与实验吻合吗？$D_s \sim N^{-2}$ 吻合良好。但最长松弛时间 $\tau_0 \sim N^3$ 和黏度 $\eta \sim N^3$ 的吻合不是很好，实验得到的依赖性更强：$\tau_0 \sim N^{3.4}$ 和 $\eta \sim N^{3.4}$。理论与实验接近但不完全一致。对这个偏差提出了许多解释，最为广泛接受的是：如果链无限长，实验将出现 $\tau_0 \sim N^3$ 和 $\eta \sim N^3$。但对有限的链长度，N 相对 N_e 不足够长，所以观察到 3.4 的指数。虽然在这方面不如 Bueche 理论，但爬行模型在形式上要简单得多，且在其他方面均与实验相符。

为什么要求无限长链呢？就是为了满足 $N \gg N_e$ 的条件。以聚乙烯为例，其 Kuhn 单元相对分子质量在 200 左右，通用聚乙烯的相对分子质量平均为 10 万，$N = 500$。取 N_e 的下限 50，根本无法满足 $N \gg N_e$ 的条件。超高相对分子质量聚乙烯最高有 $N = 2.5$ 万，$N/N_e = 500$，勉强可以满足 $N \gg N_e$。但像这样超长的分子链根本无法爬行，仍然无法填补理论与实际之间的沟壑。

10.7.2 支 化 链

图 10-24（b）是支化链的管子模型。线形链在管子中爬行比较容易，而支链却会造成巨大障碍。因为支链被封闭在自己的管子中，主链的滑动就要拖动支链并将它塞入一个新管中，将支链从旧管拖向新管需要多长时间？

如果支链是个独立分子，它的逃离时间可由式（10-134）决定：

$$\tau_s = \frac{b^2\zeta}{N_e kT}N_s^3 \tag{10-163}$$

这里的下标 s 代表支链。但支链不是独立的，在支化点随主链移动之前，其松端必须能回缩回来。我们关心的是这种回缩路径在支链可取的所有构象中的几率。显然，N_s 越大，这种几率越小。de Gennes 的理论（见本节末）分析表明，几率 P 与支链长度的关系为：

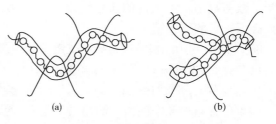

图 10-24 爬行模型中的分子链
（a）线形链   （b）支化链

$$P = A\,\mathrm{e}^{-\alpha N_s} \tag{10-164}$$

其中 A 和 α 都是常数。如果没有支链，主链沿主管爬行仍由式（10-134）决定。但有了支链，扩散速度就会受支链伸缩几率的影响而降低。由于扩散速度与 τ 成反比，式（10-163）应除以式（10-164）以得到支化链的松弛时间：

$$\tau_b \sim \tau_0\, e^{\alpha N_s} \tag{10-165}$$

在前面线形链爬行模型的分析中得到，黏度与松弛时间的标度是相同的，都与聚合度的 3 次方成正比，这意味着黏度与松弛时间成正比。所以只要线形与支化链的缠结机理是同样的，黏度必然随支链长度指数增加：

$$\eta_b = \eta_L\, e^{\alpha N_s} \tag{10-166}$$

或写作：

$$\ln \frac{\eta_b}{\eta_L} = \alpha N_s + 常数 \tag{10-167}$$

N_s 是支化链的聚合度，可能是比较大的数，所以支化链的黏度会远远高于线形链。

处理支化聚合物黏度实验数据必须小心，比较相同相对分子质量的线形链与支化链时，有时会出现支化链黏度较低的情况。此时首先要想到，支链也贡献相对分子质量，有了支链，主链就会变短，也许会短于临界长度。这样缠结的线形链与非缠结的支化链进行比较就没有意义。

图 10-25 是式（10-167）的一个验证。该图将支化聚合物与线形聚合物的黏度比称作黏度增强因子，其对数对支链相对分子质量作图。样品是聚异戊二烯的等长三或四或六臂星形聚合物，一些为本体，一些为溶液，用不同的符号表示。横坐标是支链相对分子质量与 M_c 相比的倍数，再乘以一个浓度函数 $f(c)$，这样就能使不同条件的数据处在同一条线上。同时也表明所有的支链相对分子质量都在缠结门槛以上。

图 10-25 中所用的都是规整的模型聚合物，而实际支化聚合物往往是很不规整的。聚合过程中经常出现的情况是，杂质或无规链转移造成支化。这种支化聚合物的黏度往往超出正常的数值范围。不正常的实验结果大多是出于此类不正常的支化情况。

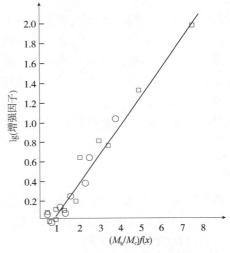

图 10-25　支链长度与黏度关系的验证实验[4]

de Gennes 利用晶格模型推导了支链管子更新的几率，典型情况示于图 10-26。主链为 E_2 E_3，只有一个支链 $C_0 E_1$，含 N_s 个单元。外力拉动主链向右移动一个网格的距离 δ，支化点也被迫从 C_0 移到 C_1［图 10-26（a）］。这个位移会使支链的熵降低 $\delta\ln z$，z 为晶格配位数。

如果位移超过几个网格，熵损失就很大，就会有很大的弹性力将支化点从 C_1 拉回到 C_0。所以我们只考虑位移最小的情况，$\delta=1$，熵损失有限，支化点能够维持在 C_1。那么支链 C_1 E_1 回到平衡需要多长时间？这就要求初始构象 $C_0 E_1$ 转化为一个完全不同的构象，可以有许多种选择，比如 $C_1 E_1'$［图 10-26（d）］。如果支链可以独立地自由爬行，就可以在爬行时间 $\tau_t(N_s) = \tau_1 N_s^3$ 完成这一点。但现在支化点 C_1 是固定的，从构象 $C_0 E_1$ 变到 $C_1 E_1'$ 的唯一一途径是先让端点 E_1 沿着 $C_1 E_1$ 的初始管爬回到 C_1［图 10-26（b，c）］，然后再重新出发，创建一个新管 $C_1 E_1'$［图 10-26（d）］。只有当所有这些步骤完成后，熵减效应才会完全消除。到了这一步，我们才可以说支化链完成了一步爬行。

现在来计算从 E_1 回缩步骤的几率。从 C_1 出发的 N_s 步的路径总数为 z^{N_s}。我们要求的是

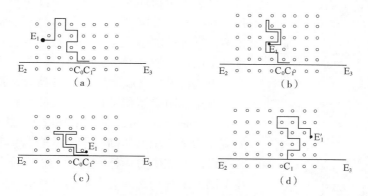

图 10-26　支链爬行的晶格模型

符合下列条件的路径分数 P：

①终点在原点；②路径具有树形结构。计算所得 P 为：

$$P = A(N_s)\exp(-\alpha N_s) \tag{10-168}$$

其中 A 为前因子，对 N_s 只有弱依赖性。α 是个数值常数，依赖晶格结构，个位数量级。

P 因子导致主链的管迁移率 μ_{tube} 也降低一个分数 P，或指数 $\exp(-\alpha N_s)$（忽略了弱的前因子）。假设 N_s 很大，主链的链爬行时间就成为：

$$\tau_b \to \tau(N,\ N_s)\exp(\alpha N_s) \tag{10-169}$$

前因子 $\tau(N,\ N_s)$ 未知，但不影响我们的讨论。支链的存在使线形链与支化链的差别极为显著。只要支链的长度超过几个网格，爬行运动就基本被冻结。

虽然以上理论计算与一些黏度测量吻合，但尚未被直接爬行实验所证实。它至少说明了一个重要问题：缠结的高分子链的运动学测量可能完全被支化点所控制。如果真如式（10-166）的指数律，只需要很少一部分支化点就能有很大影响，而这少量支化点还不能为标准理化方法所检测。我们只能推断长链体系的力学行为对支化点的存在极为敏感。这个问题的完全解决需要等到支化点能够精确检测之后。

10.8　凝胶渗透色谱

凝胶渗透色谱（gel permeation chromatography，GPC）利用不同相对分子质量的高分子在色谱柱中流动速率的不同，可以将溶液中的高分子样品分成不同的级分。凝胶渗透色谱是聚合物分级最准确、高效的方法。所用色谱柱中装填多孔微球（多为交联聚苯乙烯）并充满溶剂，将高分子稀溶液样品注入色谱柱，高分子溶质在新鲜溶剂的驱动下流向出口端。高相对分子质量级分移动快、低相对分子质量级分移动慢，这样在到达色谱柱出口时，不同级分已经按相对分子质量拉开了距离，造成了分级（图 10-27）。

色谱柱中有 2 种流动通道，一种是多孔微球之间的间隙，另一种是微球中直径不同的微孔。在熵的作用下，绝大多数分子链会选择从微孔中通过。微孔的路径深邃曲折，通过内部微孔的时间要远远大于穿行微球间缝隙流过的时间。可以想象，分子链流经的微孔越多，流动的路径越长，行进就越慢。微孔的直径对分子链的尺寸起到截留作用。大孔径的微孔既容许高相对分子质量物种通过，也容许低相对分子质量物种通过，而小孔径的微孔只能容许低

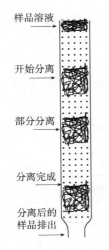

图 10-27　凝胶渗透色谱[5]

相对分子质量物种通过。高相对分子质量物种进入的微孔少，因而行进速度快；低相对分子质量物种进入的微孔多，行进速度慢。经过一定长度的色谱柱后，不同相对分子质量的物种就会被分离。

由此可见，凝胶渗透色谱对高分子链进行分级的原理是根据线团的体积进行分离，故又称作**尺寸排除色谱**（size exclusion chromatography，SEC）。这个体积应是线团的流体力学体积而非高分子链的自身体积。对同一种高分子样品，流体力学体积越大相对分子质量就越大。但在不同的聚合物之间，流体力学体积大并不一定意味着相对分子质量大，故凝胶渗透色谱不能对聚合物的混合物进行分级。

色谱柱中液体一直由新鲜注入的溶剂驱动向末端流动，溶剂流动是恒速的。从注入溶液的时刻起，到某一级分溶液流出色谱柱经历的时间称为该级分的保留时间（retention time），保留时间内从色谱柱排出的液体体积称淋洗体积（elution volume）。由于色谱柱内液体的流动是恒速的，保留时间与淋洗体积间为线性关系。下面我们将只讨论保留时间，其中也隐含了淋洗体积的意义。

液体离开色谱柱后，进入检测系统。检测仪可为折光指数仪，亦可为紫外或可见光吸收仪。检测仪记录溶剂中的聚合物浓度，同时记录保留时间，并画出二者的关系曲线。这种曲线称为 GPC 谱图，其纵坐标为聚合物浓度，横坐标为保留时间，图 10-28 是一个示例。聚合物浓度对应的是不同级分聚合物的质量或质量分数，保留时间对应的是聚合物的相对分子质量，故校正曲线给出了保留时间与聚合物相对分子质量之间的对应关系。由于凝胶渗透色谱是根据流体力学体积对聚合物样品进行分离，不同聚合物/溶剂组合，不同浓度或不同温度下，流体力学体积都会有变化。体积不同的聚合物线团在色谱柱中的流经时间更是无法从理论上预测，故校正曲线不能从理论上得出，而必须通过实验进行"构造"。

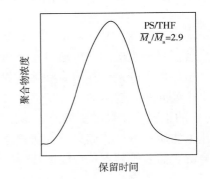

图 10-28　典型的 GPC 谱图

构造校正曲线时，要使用一系列近似单分散的聚合物标准样品。最常用的标准样品为阴离子聚合的聚苯乙烯样品，其多分散度小于 1.05。在相同测试条件下，取得不同相对分子质量标准样品的 GPC 谱图，从谱图上读出各个标准样品的保留时间（即谱图峰值对应的时间，见图 10-29）。以 $\log M$ 对保留时间 t 作图，所得曲线即为校正曲线。在一定相对分子质量范围内，校正曲线近似一条

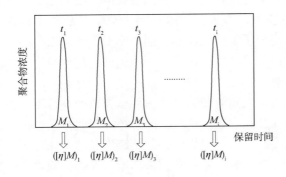

图 10-29　标准样品的 GPC 谱图

直线：

$$\lg M = a + bt \tag{10-170}$$

或可以更精确地表为 3 次曲线（图 10-30）：

$$\lg M = b_0 + b_1 t + b_2 t^2 + b_3 t^3 \tag{10-171}$$

利用校正曲线，就能够容易地将横坐标上的保留时间折算成相对分子质量。

将图 10-30 中 3 次与线性校正曲线相比较，可发现二者在一个较宽的保留时间范围几乎是重合的，但在很短和很长保留时间处发生偏离。2 个偏离的位置是仪器能够测定的相对分子质量上、下限。上、下限是由色谱柱的多孔填料的孔径所决定的。多孔微球中最大的孔径决定可分离的相对分子质量上限。高于此相对分子质量的线团不能进入任何孔隙，只能从多孔微球的缝隙中通过，所以不能被分离。最小孔径决定可分离的相对分子质量下限。低于此相对分子质量的线团可进入到所有的孔隙中，在色谱柱中运动路径是一样的，也不能被分离。目前仪器的分离相对分子质量上限可达 1000 万，下限在 800 左右。

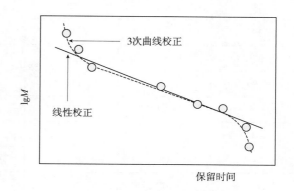

图 10-30　GPC 校正曲线

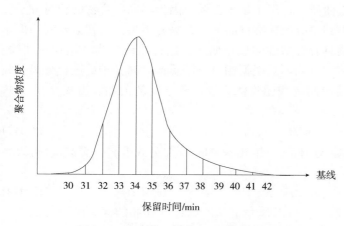

图 10-31　聚苯乙烯的 GPC 谱图处理

GPC 谱图纵坐标代表溶液中聚合物的浓度。进行数据处理时，可以将 GPC 谱图纵向分割为宽度相等的条块（图 10-31），相当于将样品分割为不同相对分子质量的级分。每一条块的面积分数就是该级分的质量分数。再从校正曲线上读取各个级分所对应的相对分子质量。以上数据列于表 10-2 的前 4 列。表 10-2 第 5、6 列为计算过程，依据 1.3 节的式（1-9）和（1-10）计算出重均和数均相对分子质量。如果了解聚合物/溶剂组合的 K、α 值，还可以计算出黏均相对分子质量及特性黏度。

表 10-2　　　　　　　　　　　　GPC 数据数据处理

保留时间/min	相对分子质量	曲线高度/mm	质量分数	第 4 列/第 2 列	第 4 列×第 2 列
30	340×10^3	1.0	0.0015	4.4×10^{-9}	510
31	162×10^3	17	0.026	1.6×10^{-7}	4212
32	77×10^3	82	0.124	1.6×10^{-6}	9548

续表

保留时间/min	相对分子质量	曲线高度/mm	质量分数	第 4 列/第 2 列	第 4 列×第 2 列
33	$35×10^3$	194	0.293	$8.37×10^{-6}$	10255
34	$19×10^3$	180	0.272	$1.43×10^{-5}$	5168
35	$12×10^3$	90	0.136	$1.13×10^{-5}$	1632
36	$7.8×10^3$	41	0.062	$7.95×10^{-6}$	484
37	$5.2×10^3$	26	0.039	$7.50×10^{-6}$	203
38	$3.6×10^3$	13.5	0.020	$5.56×10^{-6}$	72
39	$2.0×10^3$	8.5	0.013	$6.50×10^{-6}$	26
40	$1.3×10^3$	6	0.009	$6.92×10^{-6}$	12
41	820	2.5	0.0038	$4.63×10^{-6}$	3
42	510	0.5	0.0008	$1.57×10^{-6}$	0
		662	1.00	$7.173×10^{-5}$	32,125

$$\overline{M}_n = \frac{1}{\sum (w_i/M_i)} = \frac{1}{0.00007173} = 13941, \quad \overline{M}_w = \sum (w_i M_i) = 32125$$

用聚苯乙烯标准样品做出的校正曲线只适用于聚苯乙烯，因为不同聚合物的相对分子质量与线团尺寸关系并不相同。能够得到单分散标准样品的聚合物并不多，这就需要利用聚苯乙烯的标准样品构造出对其他聚合物具有普适性的校正曲线，这种曲线称为普适校正曲线。由于凝胶渗透色谱是根据流体力学体积、而不是根据相对分子质量对高分子链进行分离，我们要做的校正在本质上就是建立保留时间与线团流体力学体积之间的关系。由式（10-79）可知：

$$[\eta]M \sim N_A V_H \tag{10-172}$$

$[\eta]M$ 代表每摩尔分子链的流体力学体积，由 Mark-Houwink 公式 $[\eta] = KM^\alpha$，可以容易地得到流体力学体积的计算公式：

$$[\eta]M = KM^{\alpha+1} \tag{10-173}$$

利用图 10-29 中标准样品 GPC 谱图，可以建立聚苯乙烯标准样品的保留时间与流体力学体积之间的关系。用 lg（$[\eta]M$）对 t 作图，就得到与式（10-170）和（10-171）相似的普适校正曲线：

1 次曲线：

$$\lg[\eta]M = a' + b't \tag{10-174}$$

3 次曲线：

$$\lg[\eta]M = b'_0 + b'_1 t + b'_2 t^2 + b'_3 t^3 \tag{10-175}$$

利用普适校正曲线，可以读出任何保留时间所对应的流体力学体积。同样测试条件下，任何聚合物的 GPC 谱图上，只要保留时间相同，流体力学体积必然相同。已知聚苯乙烯（下标为 1）的 Mark-Houwink 常数为 K_1 与 α_1，被测聚合物（下标为 2）的 Mark-Houwink 常数为 K_2 与 α_2：

$$([\eta]M)_1 = ([\eta]M)_2 \tag{10-176}$$

$$K_1 M_1^{\alpha_1+1} = K_2 M_2^{\alpha_2+1} \tag{10-177}$$

$$M_2 = \left[\left(\frac{K_1}{K_2}\right)M_1^{\alpha_1+1}\right]^{\frac{1}{\alpha_2+1}} \tag{10-178}$$

M_1 为已知的聚苯乙烯标准样品相对分子质量，M_2 即为换算得到被测聚合物的相对分子质量。将换算得到的 M_2 替换表 10-2 的第二列，就能利用相对分子质量的计算公式得到各种统计平均值。当然，更重要的是得到了样品相对分子质量分布的完整数据。

从第 1 章的端基分析法开始，我们陆续介绍了相对分子质量的一些测定方法。但本书的介绍远非全面，现以表 10-3 使读者得以一窥梗概。测定方法有相对法与绝对法之分。黏度法所测定的特性黏度需要用 Mark-Houwink 公式换算成黏均相对分子质量，而 GPC 法测定的保留时间（或淋洗体积）需要通过校正曲线换算成相对分子质量，故为相对方法。其他测定方法所测定的物理量都与相对分子质量由理论公式相联系，故均为绝对方法。

表 10-3　　　　　　　　　　　　　　　**相对分子质量的测定方法**

方法	类型	统计平均值	可测相对分子质量范围
静态光散射	绝对	重均	>100
特性黏度	相对	黏均	>200
X 光（中子）小角散射	绝对	重均	>500
沉降扩散	绝对	各种	>1 000
凝胶渗透色谱	相对	各种	>1 000
膜渗透压	绝对	数均	>5 000
沸点升高与冰点降低	绝对	数均	<20 000
端基分析	绝对	数均	<40 000
气相渗透压	绝对	数均	<50 000
核磁共振	绝对	数均	<200 000
质谱	绝对	数、重、Z 均	<200 000
沉降平衡	绝对	重、Z 均	< 1 000 000
动态光散射	相对	Z 均	<10 000 000

思 考 题

1. 怎样用一个特征值表征线团的渗漏程度？

2. 为什么 Rouse 模型适用于聚合物熔体而不适用于稀溶液？

3. Mark-Houwink 常数 α 的取值范围受哪些因素控制？

4. 为什么可以用聚苯乙烯的标准样品校正其他聚合物的相对分子质量？

5. 怎样通过扩散系数的测定确定摩擦因数？

6. 如何通过扩散运动的方程确定聚合物的爬行时间？

7. 凝胶渗透色谱通过什么原理对聚合物进行分级？

8. 通过特性黏度可以测定哪些结构参数？

9. 通过扩散系数可测定哪些结构参数？

10. Eyring 黏度公式推导过程中提出了哪些重要概念？

参 考 文 献

［1］　P. J. Flory, Principles of Polymer Chemistry, Cornell University Press, Ithaca, NY, 1953.

［2］　P. Lovell and R. Young, Introduction to Polymers, Chapmen & Hall, UK, 1991.

［3］　van Krevelen DW. Properties of Polymers. 3rd edition. Amsterdam：Elsevier, 1990.

［4］　W. W. Grassley, T. Masuda, J. E. I. Roovers, and N. Hadiichristidis, Macromolecules 9：127（1976）.

［5］　Billmeyer FW Jr. Molecular structure and polymer properties, J Paint Technol, 1969：41：3-16, 209.

第 11 章　电学性质

11.1　聚电解质

由可电离单体构成的聚合物称聚电解质。聚电解质在溶剂中发生电离，成为带电的聚离子，电离的反离子或凝聚在聚离子的周围，或在溶液中自由漂荡。相同或不同的电荷之间会发生静电作用，使聚电解质溶液的行为与无电荷的中性聚合物溶液迥然不同。不同点主要有以下几个方面：

①稀溶液向半稀溶液的过渡浓度远低于中性聚合物溶液。

②由于反离子的存在，聚电解质溶液的渗透压比同浓度中性聚合物高若干数量级，随聚合物浓度几乎线性增加，并且与聚合物相对分子质量无关。

③聚电解质溶液的黏度与浓度的平方根成正比 $\eta \sim c^{1/2}$（Fuoss 公式），而同浓度中性聚合物溶液与浓度一次方成正比。

④半稀区聚电解质溶液在宽广的浓度范围遵循非缠结运动学，发生缠结的浓度与重叠浓度的差距远大于中性聚合物。

聚电解质溶液的特殊性质显然是由于带电分子链与反离子的电荷造成的，而带电程度不同，溶液性质的特殊程度也就不同。因此有必要区分强聚电解质与弱聚电解质。强聚电解质中多数链节带电，静电作用支配了体系的热力学；弱聚电解质中只有少数链节带电，静电作用与范德华力共同影响未带电链节。

为了研究溶液中离子的作用，往往向溶液中引入外加离子，即加入可电离的盐类。溶液的性质往往由于加盐而发生颠覆性的变化。例如，不加盐的聚电解质的渗透压比同相对分子质量的中性聚合物要高若干数量级，而加盐后的渗透压却与中性聚合物相差无几。所以同一溶液性质一般都要同时研究加盐前后的行为。

聚电解质可被视为平行于中性聚合物的一类特殊聚合物。凡是中性聚合物中使人感兴趣的物理性质，在聚电解质中也都具有研究价值。本书仅择要进行介绍。

11.1.1　聚电解质溶液的基本标尺

聚电解质溶液的基本性质，可以归结为 3 把标尺。在最简单的聚电解质体系中，溶剂贡献了一个标尺，是电荷间静电作用能相当于 kT 的距离，称作 Bjerrum 长度，记作 l_B；聚合物贡献了第 2 个长度标尺：平均电荷间距 b（注意这个 b 不是 Kuhn 链段长度）；电解质（反离子与加入的盐）贡献了第 3 个长度标尺，是静电作用发生屏蔽的距离，称作 Debye 长度，记作 l_D 或 κ^{-1}。其他的尺度如聚合物链尺寸、反离子及溶剂分子的几何尺寸及介电常数都不重要。电解质静电作用力的最远作用距离是几个 κ^{-1}，作用显著的距离是电荷间距尺寸 b 以及 Bjerrum 长度 l_B。聚电解质的行为特征，都有特殊的本源，都与线团尺寸无关。所以在了解聚电解质基本原理时只分析到链段尺寸就够了。

溶液中的聚电解质可用图 11-1 简单表示。可电离基团在溶剂中发生解离，小离子脱离

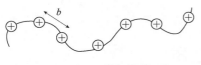

图 11-1　聚电解质

分子链，漂荡到溶液中，称作反离子。链上的电荷称作固定电荷，带电的分子链称作聚离子。一般把聚离子看作无限细与无限长的链。固定电荷的平均间距就是上述第二个标尺 b。根据库仑律，2 个电荷之间的作用力由溶剂的介电常数 ε 与电荷距离 r 所决定：

$$f(r) = \frac{1}{4\pi\varepsilon_0\varepsilon} \cdot \frac{e^2}{r^2} \tag{11-1}$$

式中 $e = 1.6\times10^{-19}$ C 为电子电量，$\varepsilon_0 = 8.85\cdot10^{-12}$ F/m 为真空电容率。能量是作用力对距离的积分，具体说，相距为 r 的 2 个电荷间的作用能量为从无穷远到 r 的作用力积分：

$$U(r) = \int_{\infty}^{r} f(r)\,\mathrm{d}r = \frac{1}{4\pi\varepsilon_0\varepsilon} \cdot \frac{e^2}{r} \tag{11-2}$$

定义静电作用能为 kT 的距离为 Bjerrum 长度 l_B：

$$kT = \frac{1}{4\pi\varepsilon_0\varepsilon} \cdot \frac{e^2}{l_B} \Rightarrow l_B = \frac{e^2}{4\pi\varepsilon_0\varepsilon kT} \tag{11-3}$$

从第 2 章开始，我们就开始熟悉这样一种表述方法，即只关心变量而忽略不重要的常量。故 Bjerrum 长度被定义为：

$$l_B = \frac{e^2}{\varepsilon kT} \tag{11-4}$$

在本章描述静电作用的所有场合，包括下面将要导出的 Debye 长度等，常数 $4\pi\varepsilon_0$ 都被忽略。当然，如果是严格计算的场合，$4\pi\varepsilon_0$ 是不能忽略的。

定义一个无量纲参数，称作 Manning 参数，既是 Bjerrum 长度与电荷平均间距的相对大小，又是相邻电荷间的相互作用与热能 kT 的相对大小：

$$\xi = \frac{l_B}{b} = \frac{e^2}{\varepsilon kTb} \tag{11-5}$$

当 $\xi<1$ 时，在电荷间距尺度上与链作用的静电力弱于热波动，为弱聚电解质，行为与中性聚合物相差无几。当然，这种聚合物与其他带电聚合物作用时仍会显示静电作用。

当 $\xi\geqslant1$ 时，静电力在局部强于热波动，为强聚电解质。只要体系中没有盐，或加盐水平不高，骨架电荷之间的静电作用未被屏蔽，则其行为与中性聚合物会有显著不同。

所以聚电解质的性质对 ε，T 和 b 的依赖性都集中在 ξ 之上。用参数 ξ 既可区别带电聚合物与中性聚合物，也能区别聚电解质的强弱。

水是最重要的电介质，室温 l_B 为 0.71 nm，大于许多合成聚合物的单体长度或直径以及许多溶液离子的尺寸，所以 ξ 值一般较大，$0<\xi<5$。故多数带电聚合物在水溶液中均为强聚电解质。

当 $\xi=1$ 时，还有一层重要意义。不仅固定电荷间的排斥能相当于 kT，反离子与固定电荷间的吸引能也相当于 kT。这就是说，处在距离带电链 Bjerrum 长度以内的反离子将受聚离子的吸引而引起凝聚，在 Bjerrum 长度以外的反离子则可以自由游荡在溶液空间内，理论上可以迁移到无穷远。关于反离子的凝聚问题将在下节详细讨论。

电解质溶液的一个重要特征是静电力的屏蔽。先来了解 P. Debye 和 E. Hückel 于 1920 年发展的点电荷屏蔽理论。

考虑一个中性电解质溶液，含 n 类离子，第 i 类离子的浓度为 c_i，带有电荷 $e_i = z_i e$。将

一个单电荷$+e$固定在原点（图 11-2），计算
其平衡电势$\phi(r)$及其周围的电荷分布c_i
(r)。

　　这一体系受 2 个方程支配：Poisson 方程
规定了电荷密度造成的电势：

$$\nabla^2\phi = -\frac{4\pi\rho(r)}{\varepsilon} \qquad (11-6)$$

ϕ为静电势，ρ为电荷密度。∇^2为拉普拉
斯算子，意义为梯度的散度，在直角坐标
系中：

$$\nabla^2\phi = \frac{\partial^2\phi}{\partial x^2} + \frac{\partial^2\phi}{\partial y^2} + \frac{\partial^2\phi}{\partial z^2}$$

在电势确定的情况下，电荷在溶液中的
分布服从 Boltzmann 分布，第i种离子浓度分
布是其电场强度的函数：

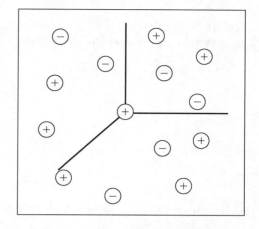

图 11-2　Debye-Hückel 公式基本设定

$$c_i(r) = e\bar{c}_i\exp\left[-\frac{E_i(r)}{k_B T}\right] \qquad (11-7)$$

其中$\bar{c}_i$为平均密度。第i种离子的电场强度可写作：

$$E_i(r) = z_i e\phi(r) \qquad (11-8)$$

所以第i种离子浓度分布是：

$$c_i(r) = e\bar{c}_i\exp\left[-\frac{z_i e\phi(r)}{kT}\right] \qquad (11-9)$$

各种离子总的电荷密度为：

$$\rho(r) = \sum z_i e\bar{c}_i\exp\left[\frac{-z_i e\phi(r)}{kT}\right] \qquad (11-10)$$

结合（11-6）与（11-10）2 个方程得到 Poisson-Boltzmann 方程：

$$\nabla^2\phi = -\frac{4\pi}{\varepsilon}\sum e\,z_i\bar{c}_i\exp\left[\frac{-z_i e\phi(r)}{kT}\right] \qquad (11-11)$$

此方程没有解析解。Debye-Hückel 作了非常重要的简化：如果电场很弱，基于$z_i e\phi \ll kT$，即电场能量与热能相比很小，可将指数函数展为幂级数并只取前 2 项：

$$\nabla^2\phi = -\frac{4\pi}{\varepsilon}\sum z_i e\bar{c}_i\left[1 - \frac{z_i e\phi(r)}{kT}\right] \qquad (11-12)$$

由于溶液是电中性的，故加和号中第一项为零，由此得到 Debye-Hückel 近似的线性
方程：

$$\nabla^2\phi = -\frac{4\pi e^2}{\varepsilon kT}\left(\sum_i z_i^2\bar{c}_i\right)\phi(r) \qquad (11-13)$$

方程右侧$\phi(r)$前面的系数是个具有（长度）$^{-2}$量纲的常数，故可把方程写作：

$$\nabla^2\phi = -\frac{1}{l_D^2}\phi(r) \qquad (11-14)$$

其中：

$$l_D = \left(\frac{\varepsilon kT}{4\pi e^2\sum_i z_i^2\bar{c}_i}\right)^{1/2} = \left(\frac{\varepsilon kT}{4\pi I_{io}}\right)^{1/2} \qquad (11-15)$$

其中 $I_{io} = e^2 \sum_i z_i^2 \bar{c}_i$ 称作离子强度。

l_D 称作 Debye-Hückel 半径，或 Debye 长度。这个长度就是位于原点的电荷被其他电荷屏蔽的典型距离。这个长度的意义我们将在方程（11-13）解出之后讨论。欲解方程（11-13），作 Fourier 变换：

$$\phi_q = \int \phi(r)\, e^{-iqr}\, d^3r \tag{11-16}$$

则有：

$$-q^2 \phi_q = -\frac{4\pi e}{\varepsilon} + r_D^{-2}\phi_q \tag{11-17}$$

$$\phi_q = \frac{4\pi e/\varepsilon}{q^2 + r_D^{-2}} \tag{11-18}$$

再作 Fourier 逆变换，如果中心离子为单价阳离子，最终的解是：

$$\phi(r) = \frac{e^2}{\varepsilon r}\exp\left(-\frac{r}{l_D}\right) \tag{11-19}$$

该式的物理意义很清楚：在中心离子（原点）附近，由于相反电荷离子的存在屏蔽了静电场，随着与原点距离的增大不断削弱，并最终在 l_D 以上的距离处消失。Debye 长度 l_D 就成为静电作用范围的一个标尺。将式（11-19）与式（2-26）比较可以看出，Debye 长度之于静电场中的作用相当于持续长度之于分子链中的相关性。在大于 Debye 长度的距离上，静电作用迅速衰减为零，换句话说就是发生了屏蔽。在小于 Debye 长度的尺度上，静电场可以充分保持对分子链的作用。

这种屏蔽作用在真空中存在，在聚电解质溶液中也存在。不仅影响所有的移动离子（包括反离子和外加的其他离子），也影响聚离子上的固定电荷之间的排斥作用。

Debye 长度受溶剂介电常数 ε 与温度 T 的影响，对于 25 ℃水中的单价盐，Debye 长度为：

$$l_D \approx \frac{0.3}{\sqrt{c_s}}\text{nm} \tag{11-20}$$

c_s 为盐浓度，单位为 mol/L。

Debye 长度又由离子强度决定。如果溶液中的盐浓度足够高，则屏蔽非常强烈。一旦 Debye 长度下降到 Bjerrum 长度以下，聚电解质链几乎完全丧失静电作用，显示出与中性聚合物链相同的行为。

式（11-19）可以理解为，电解质溶液中两离子的相互作用的能量就是被离子屏蔽的能量，将 l_B 的定义代入式（11-19）得到：

$$\frac{\phi(r)}{kT} = l_B \frac{\exp(-r/l_D)}{r} \tag{11-21}$$

上式明确说明了，Bjerrum 长度 l_B 是能量的标尺，而 Debye 长度 l_D 是作用范围的标尺。

需要指出的是，式（11-21）只是近似公式，因为是从 Poisson-Boltzmann 方程的线性化解出的。尽管如此，Debye 长度作为电解质溶液的基本标尺，可以在许多场合安全应用。

11.1.2　反离子的凝聚

在许多场合中，高度带电的聚电解质好像它们的有效线性电荷密度比从化学结构计算出来的小得多。这是由于反离子聚集在带电链周围，中和了部分电荷所致。聚电解质链在溶剂中发生电离，反离子脱离主链，漂荡在溶剂中。电离后的聚合物链则成为带电的聚离子。由于聚离子上的电荷与反离子的电荷相反，它们之间的静电吸引一定会使一部分反离子被吸引在聚离子链的周围，称作凝聚；由于热运动，另一部分反离子又会摆脱静电吸引而在溶剂中游荡，就像图 11-3 所表现的那样。那么凝聚的与游荡的反离子各占多少比例呢？

最初人们认为通过简单的计算就能从能量角度解决这一问题。假设无限长的一根强聚电解质链，除了最后一个链节，其他链节均已电离。电离后的链因静电排斥作用成为伸直链。现在来计算最后一个偶极电离所需的能量，见图 11-4。

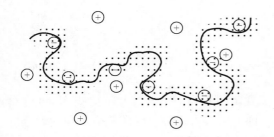

图 11-3　聚离子与反离子
（阴影表示主链的环境，局部介电常数
远低于远离主链的本体值）

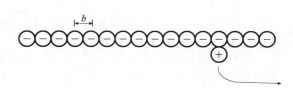

图 11-4　最后一个偶极的电离

电离的能量，可写成链上每个电荷与电离离子间二元作用的总和：

$$\frac{U}{kT} = 2\left(\frac{e^2}{\varepsilon kT}\right)\sum_{j=1}^{\infty}\frac{1}{r_j} = \left(\frac{2e^2}{\varepsilon kT}\right)\sum_{j=1}^{\infty}\frac{1}{bj} = 2\xi\sum_{j=1}^{\infty}\frac{1}{j} \to \infty \qquad (11\text{-}22)$$

最后一个电离的链节指标记作 $j=0$，向主链的 2 个方向依次考虑相互作用，所以要乘以 2。计算表明需要的能量是无穷大，而反离子电离的熵增仅是 kT 的量级，不能抵消静电吸引。这说明电离的反离子必须凝聚在主链周围，完全中和主链的电荷。这个计算结果显然是不正确的。

以上的计算没有考虑静电作用的屏蔽，把远程作用也考虑在内了。应当在计算中引入屏蔽的作用。利用式（11-19）再进行计算：

$$\frac{U}{kT} = 2\left(\frac{e^2}{\varepsilon kT}\right)\sum_{j=1}^{\infty}\frac{\exp\left(-\dfrac{r_j}{l_D}\right)}{r_j} = 2\xi\sum_{j=1}^{\infty}\frac{\exp\left(-\dfrac{bj}{l_D}\right)}{j} = -2\xi\ln\left[1-\exp\left(-\frac{b}{l_D}\right)\right] \approx -2\xi\ln\left(\frac{b}{l_D}\right)$$

$$(11\text{-}23)$$

虽然这样计算的结果不是无穷大，但在少量或没有添加电解质的情况下，l_D 会变得很大，b/l_D 变得无穷小，这种结果也没有意义。

在能量计算不能解决问题的情况下，人们想出一个解决方案：将反离子分为 2 类，一类凝聚在主链上，另一类自由漂荡在溶剂中。如图 11-5 所示，假定带电聚合物是一根直棒，链上电荷分布在圆筒中心的轴线上，电

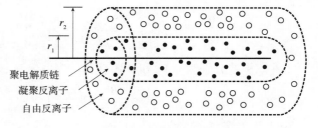

图 11-5　反离子的凝聚与漂荡

荷间距为 b。将圆筒空间分为半径为 r 的微元，计算反离子与中心链的距离由 r_1 变化到 r_2 时的自由能变化。

从半径为 r_1 的微元运动到 r_2 的微元，即运动空间从环状体积 V_1 扩大到 V_2，平动熵增为：

$$\Delta F_1 \sim kT\Delta S \sim kT\ln\frac{V_1}{V_2} \sim kT\ln\frac{r_2}{r_1} \tag{11-24}$$

反离子离开带电链一个距离，吸引能量下降为：

$$\Delta F_2 \sim -e\Delta\phi \sim -e\frac{\rho}{\varepsilon}\ln\frac{r_2}{r_1} \sim -\frac{e^2}{\varepsilon b}\ln\frac{r_2}{r_1} \tag{11-25}$$

其中 $\rho = e/b$ 为电荷线密度。

自由能变化为：

$$\Delta F_1 + \Delta F_2 \sim \left(kT - \frac{e^2}{\varepsilon b}\right)\ln\frac{r_2}{r_1} = kT\left(1 - \frac{e^2}{\varepsilon bkT}\right)\ln\frac{r_2}{r_1} \tag{11-26}$$

可看到熵和能量都与 $\ln(r_2/r_1)$ 成正比，所以二者之间的相对重要性只取决于 Manning 参数 $\xi = (e^2/\varepsilon bkT)$：如果 $\xi < 1$，则 $\Delta F_1 > |\Delta F_2|$，即熵增益占优势，反离子会运动到无穷远；如果 $\xi > 1$，则 $\Delta F_1 < |\Delta F_2|$，反离子靠近带电链，形成凝聚。当 b 值较小时，$\xi > 1$，就会有反离子凝聚在聚电解质上，中和了链上的电荷。中和使 b 值增大，ξ 逐渐变小。我们将发现链上的反电荷只可能达到线密度 $\rho^* = \varepsilon kT/e$，此时处于 $\xi = 1$ 的临界值。一旦聚电解质上的反离子达到临界浓度，凝聚立即停止，剩余的反离子将仍在溶液中游荡。

所以，反离子凝聚有一个临界门槛 ρ^*，带电链上电荷线密度不能高于这个门槛。

Oosawa 认为凝聚与自由反离子的浓度由 Boltzmann 因子确定：

$$n_c = n_f\exp\left(-\frac{e\Delta\psi}{kT}\right) \tag{11-27}$$

$\Delta\psi$ 为自由离子区域与凝聚离子区域的势能差，离子体积密度为 n_c 与 n_f。令自由离子分数为 β，则电解质的有效电荷密度 ξ_{eff}（聚离子加上凝聚反离子）就等于 $\beta\xi$。

溶剂中静电场随离线电荷的距离 r 按对数衰减：

$$\psi = -2\xi\left(\frac{kT}{e}\right)\ln r \tag{11-28}$$

记凝聚离子区的外径为 r_c，自由离子区外径为 r_f，可求出 $\Delta\psi$：

$$\Delta\psi = -2\xi_{\text{eff}}\left(\frac{kT}{e}\right)\ln\left(\frac{r_f}{r_c}\right) = -\xi_{\text{eff}}\left(\frac{kT}{e}\right)\ln\left(\frac{V_f + V_c}{V_c}\right) \tag{11-29}$$

V_c 与 V_f 分为凝聚离子与自由离子区的体积。在式（11-27）与（11-29）之间消去 $\Delta\psi$：

$$\ln\left(\frac{n_c}{n_f}\right) = -\frac{e\Delta\psi}{kT} = \xi_{\text{eff}}\ln\left(\frac{V_f + V_c}{V_c}\right) = \beta\xi\ln\left(\frac{V_f + V_c}{V_c}\right) \tag{11-30}$$

2 种离子数分别为 n_cV_c 和 n_fV_f：

$$\ln\frac{1-\beta}{\beta} = \ln\left(\frac{n_cV_c}{n_fV_f}\right) = \ln\left(\frac{n_c}{n_f}\right) + \ln\left(\frac{V_c}{V_f}\right) \tag{11-31}$$

令 ϕ 为凝聚离子区域的体积分数，即 $\phi = V_c/(V_f + V_c)$，（11-30）、（11-31）2 个方程可结合为：

$$\ln \frac{1-\beta}{\beta} = \ln \frac{\phi}{1-\phi} - \beta\xi\ln\phi \quad (11\text{-}32)$$

Oosawa 证明了存在 2 类溶液。当 $\xi \leqslant 1$，溶液中 $\beta\rightarrow1$；当 $\xi > 1$，溶液中 $\beta = 1/\xi$。第二种溶液中发生反离子凝聚，聚电解质有高度负荷。另外，$\xi > 1$ 时 $\xi_{eff} = 1$，反离子高度凝聚，可维持一个固定的有效电荷，即不取决于实际电离的单体密度。

对于单价反离子，$\xi_c = 1$ 被看作是反离子凝聚的临界条件。对于高价离子，除了反凝聚的开始降低到 $\xi_c = |z_i|^{-1}$，对于 $\xi > \xi_c$，$\beta = 1/|z_i|\xi$。图 11-6 演示了这些预测。

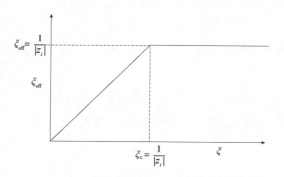

图 11-6　反离子凝聚的临界条件

11.1.3　聚电解质在溶液中的尺寸

聚电解质在溶液中的尺寸研究是 Kuhn 等[1]最先开展的。考虑一个柔性聚电解质链，含 N 个长度为 b 的 Kuhn 链段。每个链段的电荷为 $\alpha z_p e$，其中 z_p 为每单元离子基团数，α 为离子化度。不考虑反离子与小电解质离子。末端距为 R。链的自由能为：

$$\frac{F(R)}{kT} = \frac{3R^2}{2Nb^2} + \frac{l_B(\alpha z_p N)^2}{4R} \quad (11\text{-}33)$$

右侧第一项是高斯链构象熵，第二项代表静电排斥。静电排斥能是这样写出的：每链段的电荷数为 $\alpha z_p e$，N 个链段电荷数为 $\alpha z_p eN$，假设链的电荷均匀地分布于两端，则每端有电荷 $\alpha z_p eN/2$，距离为 R。$F(R)$ 对 R 求导，并令 $\partial F/\partial R$ 等于零，得到：

$$\frac{3R}{Nb^2} - \frac{l_B(\alpha z_p N)^2}{2R^2} = 0 \quad (11\text{-}34)$$

得到自由能最小值时的平衡构象：

$$\frac{R}{b} \sim \left(\frac{\alpha^2 z_p^2 l_B}{b}\right)^{1/3} N \quad (11\text{-}35)$$

末端距 R 与 N 的正比关系表明柔性聚电解质链在无盐条件下采取棒状构象。

伸直的棒状构象是相同电荷间的排斥造成的。如果加入低相对分子质量电解质，这种排斥会受到屏蔽，柔性聚电解质会收缩。根据盐浓度的不同，对静电排斥的压制就会将溶剂从良溶剂转化为一般溶剂或不良溶剂。静电作用对排除体积的贡献大幅度减退，聚电解质链就会在溶液中呈现不同的构象。对链构象的描述，就像中性链一样，采用传统的双参数方法，即主要研究持续长度 l_p 与排除体积 v，分别研究静电排斥对二者产生影响。本节的介绍主要基于 1970 年代建立的 Odijk-Skolnick-Fixman（OSF）模型[2-3]。

持续长度 l_p 的计算与 2.2.2 节中蠕虫状链类似。考虑一根带电短链，其最低能量的形状为伸直棒状，假设其经历小幅度弯曲变形。弯曲自由能 ΔF 分为 2 部分，一部分是蠕虫状中性链固有的，另一部分是弯曲引起的静电作用增加的。由式（2-45）和（2-48）：

$$\frac{\Delta F}{kT} = \frac{l_{p.o}}{2}\int_0^L \mathrm{d}s\left(\frac{\partial u}{\partial s}\right)^2 + \frac{\Delta F_{el}}{kT} \quad (11\text{-}36)$$

$l_{p.o}$ 是中性聚合物的持续长度。ΔF_{el} 是静电弯曲能，是直链弯曲时使主链上的电荷相互靠近所需的能量。为简单起见，假定固定电荷沿链轮廓均匀分散，且链轮廓上的曲率是均匀的。这 2 项假设消除了固定电荷的分立性，也消除了沿链的弯曲涨落。可以想见，所得的静电弯曲能与中性链的弯曲能应当是平行的结果：

$$\frac{\Delta F_{el}}{kT} = \frac{l_{p.e}}{2}\int_0^L ds \left(\frac{\partial u}{\partial s}\right)^2 \tag{11-37}$$

再假设 ΔF_{el} 作用的长度标尺均在等于小于 l_D 的尺度上，即电荷间的相互作用适用 Debye-Hückel 近似。静电持续长度 $l_{p.e}$ 可写作：

$$l_{p.e} = \frac{l_B}{4}\left(\frac{l_D}{b}\right)^2 \tag{11-38}$$

综合式（11-36）与（11-37）：

$$\frac{\Delta F}{kT} = \frac{1}{2}(l_{p.o} + l_{p.e})\int_0^L ds \left(\frac{\partial u}{\partial s}\right)^2 \tag{11-39}$$

自然的结论便是总持续长度 l_p 应为 $l_{p.o}$ 与 $l_{p.e}$ 2 项之和：

$$l_p = l_{p.o} + l_{p.e} \tag{11-40}$$

二者的相对贡献取决于聚电解质溶液的条件。由式（11-38），在无盐条件下，l_D 很大，$l_{p.e}$ 就很大，持续长度由静电贡献主导；相反，在加盐情况下，l_D 变小，体系就逐渐转变到非静电作用主导。由于 OSF 推导作了静电作用符合 Debye-Hückel 近似的基本假设，式（11-40）就不能严格用于高带电聚合物。然而，通常认为反离子凝聚现象会使高电荷聚电解质符合 Debye-Hückel 近似，从而适用 OSF 预测。当前多数研究者都赞同将 l_p 分解为 2 项。

在排除体积的 OFS 处理中，链段被处理为无规取向的带电圆筒。通过对链段取向与间隔的平均，得到链段排除体积的静电贡献：

$$v_e = 8\pi l_p^2 l_D \tag{11-41}$$

就像持续长度一样，静电贡献与非静电贡献之和就是净排除体积。人们发现，在低盐条件下 v_e 主导，柔性的聚电解质链的膨胀远大于中性链。

图 11-7 为线团尺寸随盐浓度 c_s 的变化。高盐浓度下，只需一个拟合参数，实验数据与 OSF 模型高度吻合。

de Gennes 将标度概念推广到聚电解质[4]。考虑一个无盐聚电解质溶液，其中 $R \sim N$，如式（11-35）。将高斯链 $R \sim b\sqrt{N}$ 代入式（11-34）中，得到代表平衡构象的无量纲量，其门槛值为：

$$\frac{\alpha^2 z_p^2 l_B N^{3/2}}{b} = 1 \tag{11-42}$$

这个平衡值是保证静电排斥力刚刚满足链伸直的门槛。如果 $\alpha^2 z_p^2 l_B N^{3/2}/b < 1$，静电排斥就很弱，链就不能伸直，就会服从高斯统计。由式（11-42）可以看出，静电排斥力是可以由链段的数量控制的，或者说，式（11-42）定义了一个门槛值 N^*：

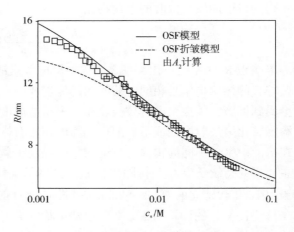

图 11-7 聚电解质线团尺寸随盐浓度的变化

$$N^{*} = \left(\frac{\alpha^2 \, z_{\mathrm{p}}^2 \, l_{\mathrm{B}}}{b} \right)^{-2/3} \tag{11-43}$$

Kuhn 链段数低于此值静电作用就很弱。

想像一个含 N 个链段的链，由若干个连续的区段构成，在区段内静电力很弱，跨越区段静电力就强。这种区段就叫作静电串珠，线性尺寸为 ξ_{e}，含 g 个链段。假设每个串珠的静电能相当于一个 kT。由式（11-34）右侧第二项，我们有：

$$\frac{l_{\mathrm{B}} (\alpha \, z_{\mathrm{p}} g)^2}{\xi_{\mathrm{e}}} \approx 1 \tag{11-44}$$

注意每个串珠内适用高斯统计，$\xi_{\mathrm{e}}^2 \sim g l^2$，结合式（11-44）：

$$\frac{\xi_{\mathrm{e}}}{b} \sim \left(\frac{\alpha^2 \, z_{\mathrm{p}}^2 \, l_{\mathrm{B}}}{b} \right)^{-1/3}, \quad g \sim \left(\frac{\alpha^2 \, z_{\mathrm{p}}^2 \, l_{\mathrm{B}}}{b} \right)^{-2/3} \tag{11-45}$$

由于串珠之间的静电作用很强，我们预期链可被拉伸成为棒状构象，由 N/g 个串珠构成，其末端距为：

$$R \sim \frac{N}{g} \xi_{\mathrm{e}} \sim b \left(\frac{\alpha^2 \, z_{\mathrm{p}}^2 \, l_{\mathrm{B}}}{b} \right)^{1/3} N \tag{11-46}$$

与式（11-35）结果相同。上述标度讨论已被推广到具有排除体积作用的溶液中（良溶剂与不良溶剂）。必须强调推导中未考虑反离子与盐离子。

在无屏蔽溶液条件，串珠线性排列，这样便降低了总静电能，如图 11-8：

在有限的 l_{D}，在存在静电屏蔽条件下，上述预测发生改变。串珠的线性序列成为分段的，每个线性段规定了表观持续长度与 l_{D} 成正比（图 11-9）。串珠链足够长时，分子链服从普通中性链的 R 对 N 的标度。

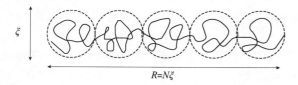

图 11-8　静电串珠

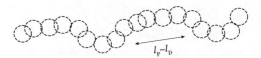

图 11-9　静电屏蔽条件下的串珠

11.1.4　聚电解质溶液的渗透压

渗透压只取决于溶质分子的数量密度，与分子的尺寸无关。所以中性聚合物溶液的渗透压极低，在稀溶液中为：

$$\pi = kT \frac{c}{N} \tag{11-47}$$

其中浓度 c 为单位体积溶液中的聚合物质量，c/N 则表示高分子链的数量密度。电解质的情况与中性聚合物迥然不同。溶液中反离子的数量比高分子链要多几个数量级，产生的渗透压也要高几个数量级。反离子的尺寸与溶剂相当，应该可以通过半透膜，但由于保持电中性的需要，它们将会停留在溶液一侧。由于聚离子与反离子都会产生渗透压，所以电解质稀溶液中的渗透压为：

$$\frac{\pi}{kT} = \frac{c}{N} + \alpha c \tag{11-48}$$

与反离子相比，聚离子的贡献可以忽略，故：

$$\frac{\pi}{kT} \approx \alpha c \qquad (11-49)$$

α 为电离分数。式（11-49）是有条件的：假定反离子不团聚，可电离基团的沿链距离 $l_{io} > l_B$。

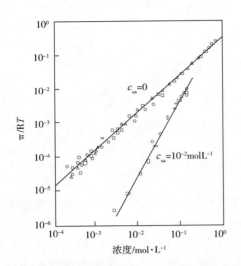

图 11-10　加盐或不加盐的 NaPSS 水溶液的渗透压与浓度的关系[5]

聚电解质溶液中再加入盐，渗透压会发生什么变化？图 11-10 演示了聚苯乙烯磺酸钠（NaPSS）溶液加盐前后渗透压与溶液浓度的关系。不加盐时，基本符合式（11-49）的预测，用 π/RT 对 c 双对数作图得到上面的直线。得到的斜率表明渗透压随浓度的 9/8 次方增加，接近理论的 1 次方。下面一条较陡的线代表在溶液中加入 NaCl（浓度 10^{-2} mol/L）的情况。多加了钠离子，按直观想像渗透压应当升高，但实验现象表明，渗透压与总浓度的关系只相当于中性聚合物（式 3-60）：

$$\frac{\pi}{kT} \sim c^{9/4} \qquad (11-50)$$

为什么这时反离子不再起作用了呢？让我们通过下面的推导解释这一现象。首先需要用到的是 Donnan 的离子平衡定律：膜的两侧都必须保持电中性。当 $\xi_D < l_{io}$ 时，Na^+ 与 Cl^- 自由穿越半透膜，分布于 2 个池子之中。但由于池子两侧都要维持电中性，在每个方向上穿越半透膜的正、负离子数必须相等。

分别考虑溶液侧与溶剂侧。用下标 1 代表溶剂侧，2 代表溶液侧。溶液侧的正电荷只有一种，由 Na^+ 携带，包括聚离子的反离子以及从 NaCl 电离的，总浓度为 c_2^+；负电荷有 2 种，由聚离子所携带的，浓度为 αc；由 Cl^- 携带的，浓度为 c_2^-。正负电荷必须平衡，故有：

$$c_2^+ = c_2^- + \alpha c \qquad (11-51)$$

在溶剂侧，只有部分 NaCl 电离的正负离子，二者浓度必须相等：

$$c_1^+ = c_1^- = c_{sa} \qquad (11-52)$$

这样 c_{sa} 就是溶剂池中盐分子的数量密度。

尽管盐分子的电离度非常接近 1，但总有一些未电离的分子，其浓度记作 c^0。由于盐分子能够自由穿越半透膜，两侧的 c^0 相等：

$$c_1^0 = c_2^0 \qquad (11-53)$$

结合与电离的平衡必须满足下式：

$$\frac{c_1^+ c_1^-}{c^0} = 常数 = \frac{c_2^+ c_2^-}{c^0} \qquad (11-54)$$

所以：

$$c_1^+ c_1^- = c_2^+ c_2^- = c_{sa}^2 \qquad (11-55)$$

将式（11-51）改写为：

$$(c_2^+ - c_2^-)^2 = (\alpha c)^2 \qquad (11-56)$$

式（11-55）乘以 4 与式（11-56）相加：

$$(c_2^+ + c_2^-)^2 = 4 c_{sa}^2 + (\alpha c)^2 \tag{11-57}$$

2 个池子间可移动离子的浓度差 Δc_{io} 为：

$$\Delta c_{io} = c_2^+ + c_2^- - 2 c_{sa} \tag{11-58}$$

引入式（11-57）：

$$\Delta c_{io} = [4 c_{sa}^2 + (\alpha c)^2]^{1/2} - 2 c_{sa} \tag{11-59}$$

正是 Δc_{io} 这个量决定了渗透压。没有外加盐时，$c_{sa} = 0$，差别只来自聚离子的反离子，所以：

$$\Delta c_{io} = \alpha c \tag{11-60}$$

盐浓度很高时，$\alpha c \ll c_{sa}$，由平方根的级数展开：$(1 \pm x)^{1/2} = 1 \pm \dfrac{1}{2}x - \dfrac{1}{8}x^2 \cdots$

$$\Delta c_{io} \approx \frac{(\alpha c)^2}{4 c_{sa}} \tag{11-61}$$

以 Δc_{io} 取代式（11-48）中的 αc 就得到渗透压：

$$\frac{\pi}{kT} = \frac{c}{N} + \frac{\alpha^2}{4 c_{sa}} c^2 \tag{11-62}$$

如果盐浓度很高，式（11-62）右侧第二项可以忽略，含盐溶液的渗透压就趋近于中性聚合物的值：

$$\lim_{c \to 0} \frac{\pi}{kTc} = \frac{1}{N} \tag{11-63}$$

所以在加盐之后，渗透压仍可用于测量聚合度。

11.2　导电聚合物

11.2.1　共轭聚合物与半导体

聚合物区别于金属的一个基本性质就是导电性。金属的电导率非常高，通常为 $10^4 \sim 10^6$ S/cm，银的电导率可达到 10^7 S/cm；相比之下，普通聚合物的电导率不超过 10^{-14} S/cm，聚四氟乙烯和聚苯乙烯等良好绝缘体的电导率接近 10^{-18} S/cm。

人们在享受着聚合物的绝缘和介电性质的同时，也没有忘记导电聚合物的开发。经过几十年的努力，以 Alan J. Heeger, Alan G. MacDiarmid 和白川英树 3 人于 2000 年获得诺贝尔化学奖为标志，终于打开了导电聚合物的大门。

第一个被发现的导电聚合物是聚乙炔。人们发现聚乙炔用氧化剂（电子受体）或还原剂（电子供体）处理后电导率会突增若干个数量级。由于聚乙炔在空气中稳定性很差，不具备实用价值，这反而激发了其他导电聚合物的开发。短时间内出现了众多的新型导电聚合物，如聚吡咯（PPY）、聚苯乙炔（PPA）、聚苯硫醚（PPS）、聚苯（PPP）、聚噻吩（PTP）、聚呋喃（PFU）、聚苯胺（PAN）和聚异硫萘（PIN）等等。这些聚合物都属于共轭聚合物，主链上单键与双键相间，称作共轭双键。每个键都含有一个定域的 σ 键以保证化学连接，每隔一个碳原子又含一个半定域半离域的、较弱的 π 键。共轭聚合物是众多导电聚合物中最重要的一类，本节只限于讨论此类聚合物。

π 电子的活动性远大于 σ 电子，且 π 电子云相互重叠，形成共轭结构。但仅仅是共轭结构不足以使聚合物能够导电，需要使用氧化剂或还原剂对聚合物进行处理，这个过程称作"掺杂"。掺杂这个词借自半导体，字面意思是掺入杂质。在聚合物导电性的研究中，人们发现聚合物的掺杂过程、导电机理与半导体迥然不同，但又要向半导体借用概念与理论，所以欲介绍共轭聚合物的导电性质，先要从半导体的导电原理入手。

欧姆材料的电阻与样品长度 L 成正比，与截面积 A 成反比：

$$R = \rho L/A \tag{11-64}$$

其中 ρ 为电阻率（$\Omega \cdot cm$）。其倒数 $\sigma = \rho^{-1}$ 为电导率，单位是 S/cm。电导率取决于电子的数量密度（电子数 n）以及它们在材料中的移动速率（电子迁移率 μ_e）：

$$\sigma = ne\mu_e \tag{11-65}$$

其中 $-e$ 为电子电荷。在半导体和电解质溶液中，式（11-65）还要再加上一项描述正电荷（空穴或阳离子）的迁移：

$$\sigma = ne(\mu_e + \mu_h) \tag{11-66}$$

μ_h 为空穴迁移率。因为自由电子数必然等于空穴数，故 n 既代表自由电子数又代表空穴数。

材料的电性质由电子结构所决定。原子外电子只能处于特定的能量态，称作能级。当体系中存在多个原子的时候，因为每个能级只能容纳 2 个电子，原本同能级的电子不得不处于不同的能级。这样原本相同的一条能级分裂为一组差别很小的多个能级，不同能级间的能量差别非常小，很多时候可以忽略能级间的间隔，认为能量是连续的。这样的一组连续的能级就称作能带。这样的能带中允许有电子存在，故又称作允带。如图 11-11。

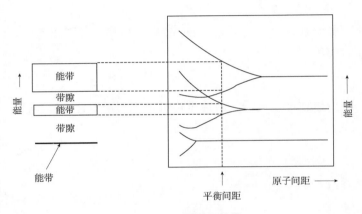

图 11-11 能级与能带

由于能带是由能级扩展而来，原始能级的间隔就决定了能带的结构。有的材料能带之间相互紧邻，甚至可以重叠；有的材料的能带之间存在没有能级的间隔，这个间隔就是禁带，电子无法处于禁带中的能量态。

当原子处于基态的时候，它的所有电子从最低能级开始依次向上填充。最高被占能带与最低未占能带间的能量差称作带隙。最低未占带称作导带，最高被占带称作价带。不同材料的能带情况见图 11-12。对于金属，或由

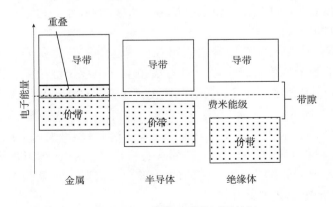

图 11-12 以带隙区别的不同材料

于价带或导带的填充不满，或由于带隙基本为零，所以就有很高的电导率。但当禁带宽度在
1 eV（$1.602×10^{-19}$ J 或 96.48 kJ/mol）左右时，便属于半导体材料。典型的半导体 Si 禁带为
1.12 eV；Ge 为 0.67 eV。当禁带宽度高于 5 eV 时，电子难以借热运动等跃过禁带进入空
带，因此是绝缘体，如金刚石的禁带宽达 5.3 eV。

　　半导体的带隙在 1 eV 左右时，所以有一些电子有机会跃迁到导带，就可以自由地流动。
价带电子跃迁到导带后，在价带中就留下空穴。附近的电子就会运动过来填充，又留下新的
空穴，这样便造成空穴在价带的流动。因此在半导体中，电子在导带导电，空穴在价带导
电。导带中的电子和价带内的空穴合称载荷子。

　　纯净的半导体（本征半导体）的导电能力是很差的，需要很高的温度才能让足够多的
载荷子跃迁到导带。一般使用半导体的时候都会进行掺杂，即通过掺入杂质来引入新的
能级。

　　硅的掺杂情况见图 11-13。如果掺杂硼，
就会在禁带中靠近价带的位置引入一组全空的
能级，价带电子可以很容易地跃迁到这个能级
上，电子跃迁之后在价带留下的空穴就可以导
电了，这就是 P 型半导体。如果掺杂磷，可以
在禁带中靠近导带的位置上引入一组全满的能
级，这个能级上的电子可以很容易地跃迁到导
带上，造成导带电子导电，这就是 N 型半
导体。

　　现在借助表 11-1 来对共轭聚合物和半导
体进行比较。首先，共轭聚合物的带隙比半导

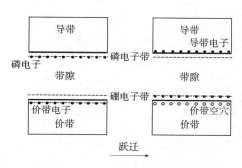

图 11-13　硅材料的掺杂

体大得多，介于半导体和绝缘体之间。其次，通过掺杂的手段，共轭聚合物同样可以由绝缘
体转化为导体。在下一节将看到，共轭聚合物的掺杂与半导体中的掺杂有本质的不同，之所
以也称作掺杂，只不过是术语的借用而已。第三，尽管此掺杂与彼掺杂机理不同，达到的效
果几乎是相同的：都是在带隙中创造出新的电子轨道，使载荷子能够自由流动。由于这些共
同点，故共轭聚合物也被称作有机半导体。

表 11-1　　　　　　　　　　　　　　**常用导电聚合物的基本数据**

聚合物	结构式	掺杂剂	带隙/eV	电导率/（S/cm）
聚乙炔		I_2，Br_2，Li，Na，AsF_5	1.5	$10^4 \sim 10^5$
聚苯		Li，K，AsF_5	3.0	$10^2 \sim 10^3$
聚苯硫醚		AsF_5		$10 \sim 500$

续表

聚合物	结构式	掺杂剂	带隙/eV	电导率/（S/cm）
聚苯胺		HCl，RSO_3H	3.2	$1 \sim 400$
聚对苯乙撑		AsF_5	2.5	$(3 \sim 5) \times 10^3$
聚呋喃		BF_3		$1 \sim 100$
聚吡咯		$FeCl_3$，BF_3	3.1	$10^2 \sim 10^3$
聚噻吩		$FeCl_3$，BF_3，$NOPH_6$	2.0	$10 \sim 10^3$
聚噻吩乙撑		AsF_5		$10 \sim 10^3$

　　了解了导电聚合物与半导体的相同点与不同点，不仅能够深刻理解聚合物的导电机理，对导电聚合物五花八门的应用中的原理也能有深刻的把握。

11.2.2　掺　　杂

　　欲使共轭聚合物能够导电，必须进行掺杂。聚合物的掺杂过程与无机半导体中的不同。在半导体中，掺杂剂占据了晶格的位置，造成电子过剩或电子缺位，晶格位置间没有电荷转移。而聚合物的掺杂是一个电荷转移反应，反应的结果是聚合物局部的氧化或还原。

　　人们探索了许多种用于掺杂共轭聚合物的方法，包括化学掺杂，电化学掺杂，光掺杂，非氧化还原掺杂和电荷注入掺杂等[6-8]。由于成本和便利性，前 2 种技术被广泛使用。

　　(1) 化学掺杂　将共轭聚合物与氧化剂 X（或还原剂 M）作用导致带正电（或负电）络合物的形成，而掺杂剂成为反离子，或为被还原的 X^- 或被氧化的 M^+，其通式为：

　　氧化过程（p-掺杂）：聚合物 + X ↔ （聚合物）$^{n+}$ + X^{n-}　　　X = I_2，Br_2，AsF_5，…

　　还原过程（n-掺杂）：聚合物 + M ↔ （聚合物）$^{n-}$ + X^{n+}　　　M = Na，Li，…

　　以上反应极易发生于具有 π-电子的不饱和聚合物，因为 π-电子易于从聚合物上移除形成聚离子，所以此类聚合物的掺杂后具有高导电性。例如用碘对反式聚乙炔进行处理，可将电导率从 10^{-5} S/cm 提高到 10^2 S/cm。化学掺杂可以采用气相掺杂和溶液掺杂的形式。在气相掺杂中，聚合物暴露于掺杂剂化合物的蒸气，例如碘、溴、AsF_5 和 SbF_5。掺杂水平由蒸气压和反应时间决定。溶液掺杂使用溶剂，其中掺杂剂和掺杂期间形成的产物是可溶的。常用的体系包括：

①溶液掺杂。反式聚乙炔／（$C_{10}H_8$）Na，聚吡咯／$C_{20}H_{37}O_4SO_3$Na，PANI／$C_{10}H_{16}O_4$S，PANI／HBF_4。

②气相掺杂。聚苯／AsF_5，聚苯乙撑／AsF_5，聚吡咯／甲醇，PANI／I_2，聚噻吩／$FeCl_3$。

有趣的是，n-型与 p-型掺杂剂能够相互补偿。一个示例是用 Na 掺杂的聚乙炔用 I_2 处理。如图 11-14，Na 掺杂的样品的电导率逐步下降，到最小值后开始回升，开始 p-掺杂的过程。用 Na 掺杂属于 n 掺杂，聚合物得电子；再用 I_2 处理，是从聚合物夺取电子。这样予以夺之，就能控制聚合物的氧化还原状态，也就控制了电导率。由于残存的 Na^+ 与碘会生成 NaI（0.5NaI／每 CH 链节），对电导率有影响，但也高于 Na-掺杂前的纯聚合物。

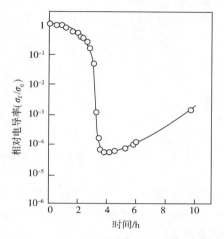

图 11-14　Na 掺杂的聚乙炔再用 I_2 处理时电导率随时间的变化[9]

（2）电化学掺杂　将聚合物涂覆在正电极或负电极上，应用直流电即可实现电化学掺杂。共轭聚合物本身既可作为电子源也可作为电子阱。电极向聚合物提供氧化还原电荷，并且离子从电解质扩散到聚合物中以补偿电荷。

p-掺杂反应通式为：

一个聚合物单元的反应：$\sim [P] \sim + yX^- \rightarrow \sim [P^{y+}(X)_y^-] \sim + ye$

x-聚体的反应：$\sim [P]_x \sim + xyX^- \rightarrow \sim [P^{y+}(X)_y^-]_x \sim + (xy)e$

n-掺杂反应通式为：

一个聚合物单元的反应：$\sim [P] \sim + ye + yM^+ \rightarrow \sim [(P^{y-})(M)_y^+] \sim$

x-聚体的反应：$\sim [P]_x \sim + xye + xyM^+ \rightarrow \sim [(P^{y-})(M)_y^+]_x \sim$

常用的掺杂剂有 $LiClO_4$、NaCl、$C_{16}H_{36}AsF_6N$、$(CH_3)_4N(PF_6)$、$(C_2H_5)_4N(BF_4)$ 等。与化学掺杂相比，电化学掺杂易于控制且更容易逆转。只须监测电流，便可实现掺杂水平的精确控制；掺杂-反掺杂高度可逆，无化学产物需要移除。有些掺杂剂无法用常规化学手段引入，就可通过电化学手段完成掺杂。但不论是氧化还是还原，掺杂剂的反离子都会伴随着聚合物使电荷稳定。

（3）光掺杂与电荷注入掺杂　为消除反离子的影响，可采用光掺杂或电荷注入掺杂来达到氧化还原掺杂效果。用能量高于带隙的光照射共轭聚合物（如反式聚乙炔）可将电子从价带激发到导带，如图 11-15：

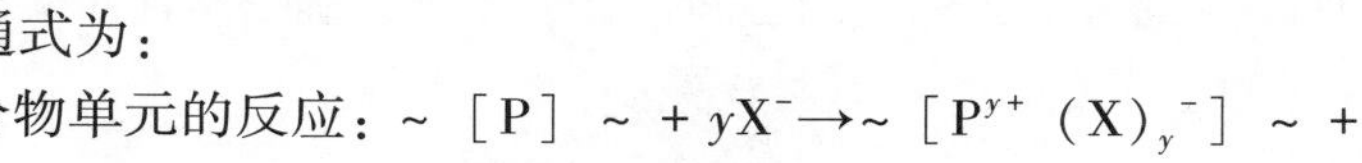

反式-$(CH)_x$　$\xrightarrow{h\nu}$

图 11-15　反式聚乙炔的光掺杂

虽然产生的载荷子会在光照停止后消失，在照射时施加适当的电场可将电子从空穴分离，导致光导性。

利用场效晶体管的设置，可将载荷子注入共轭聚合物（如聚乙炔、聚 3-己基噻吩）。像光掺杂一样，电荷注入掺杂也 不产生反离子，将材料变形降低到最小。

（4）非氧化还原掺杂　这种掺杂方法主要是使用质子酸与共轭聚合物作用，故又称质子酸掺杂。与氧化还原掺杂不同，质子酸掺杂不改变聚合物主链上的电子数目，仅是造成能级重排。研究得最多的是聚苯胺梅拉丁碱（PANI-EB）用水性质子酸的掺杂，如 HCl、d,l-樟脑磺酸（HCSA），对甲基苯磺酸 [p-CH$_3$- (C$_6$H$_4$) SO$_3$H] 和苯磺酸 [(C$_6$H$_5$) SO$_3$H]，产生导电的聚半醌自由基阳离子，如图 11-16。

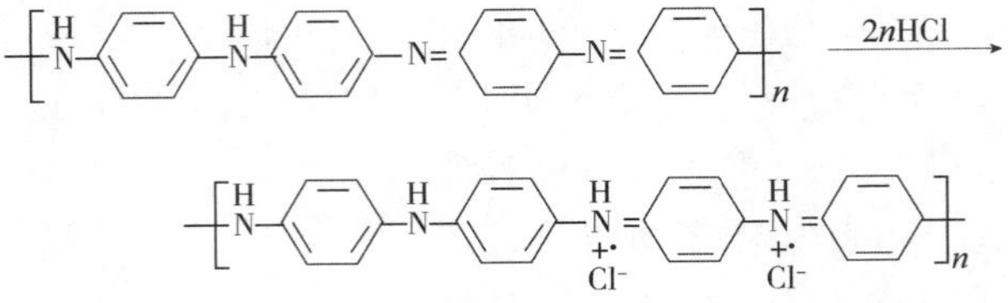

图 11-16　聚苯胺梅拉丁碱的非氧化还原掺杂[10]

质子酸掺杂的产物再与间甲酚作用，发现聚苯胺膜的电导率增加几个数量级，从浇铸时的 0.1 S/cm 突增到 400 S/cm。在导电率突增的同时，还观察到聚合物链从紧密线团到膨胀线团的转变[11]。

MacDiarmid 将这一现象称为二次掺杂。为验证二次掺杂中的线团膨胀现象，人们将 HCSA 掺杂的 PANI 与间甲酚置于黏土 Bentone 34 的层间进行反应，观察到间甲酚起到二次掺杂的作用。随二次掺杂的进行，黏土的层间距显著增大，确信是由于紧密线团向膨胀线团的转变所致（图 11-17）。

二次掺杂

图 11-17　二次掺杂过程中聚合物线团膨胀

根据分子尺寸，掺杂剂可以分为小离子型（例如 Na$^+$、Cl$^-$ 和 ClO$_4^-$）和聚合物型（例如聚苯乙烯磺酸盐和聚乙烯磺酸盐）。掺杂剂的性质不仅影响电导率，还影响聚合物的表面和结构性质。大尺寸掺杂剂可以改变聚合物密度，从而影响聚合物的表面形貌和物理性质。大的掺杂剂可以与聚合物牢固地结合，这防止了从聚合物基体中渗出。相反，小掺杂剂可以容易地渗入/渗出，或与周围环境中其他离子进行交换[12]。

电导率强烈依赖于掺杂剂的性质、浓度以及掺杂时间。对于大多数聚合物，掺杂水平越高，电导率越高。掺杂剂离子在聚合物中扩散缓慢，往往要数小时后电导率才能达到饱和。掺杂/去掺杂过程是可逆的，去掺杂通常再现原始聚合物而不降解聚合物主链。

将导电聚合物与无机半导体的掺杂进行对比，可以更清楚地认识不同掺杂的本质。无机半导体的掺杂是一种原子的取代，即用掺杂剂原子占据本体原子的晶格，造成过剩的电子或缺电子的空穴，掺杂剂不可脱除。而聚合物的掺杂是一种氧化还原过程，掺杂是可逆的。半导体的掺杂量在万分之几，而聚合物的掺杂量在百分之几甚至几十。半导体的掺杂剂参与导电，而聚合物体系中的掺杂剂只起到对离子的作用，不参与导电。所以我们一再强调，2 种掺杂在本质上是完全不同的。

共轭聚合物的掺杂并不止改变导电率，还能够带来许多新的性能，其中之一就是颜色的变化。通过可逆的氧化还原过程实现颜色的变化，称为电致变色。颜色变化的程度与速率取决于聚合物的带隙和掺杂剂。电致变色的机理是通过离子的掺杂与去掺杂，形成和改变带隙中的极子与双极子带，导致颜色的变化。电致变色研究得最多的是聚苯胺。PANI 链中的氮原子负责注入质子或阴离子以形成自由基阳离子[13-14]。PANI 的不同氧化还原/质子化状态如图 11-18 所示。PANI 表现出从黄色透明到绿色，蓝色和紫色的颜色变化，同时发生从绝缘体到良导体的变化。

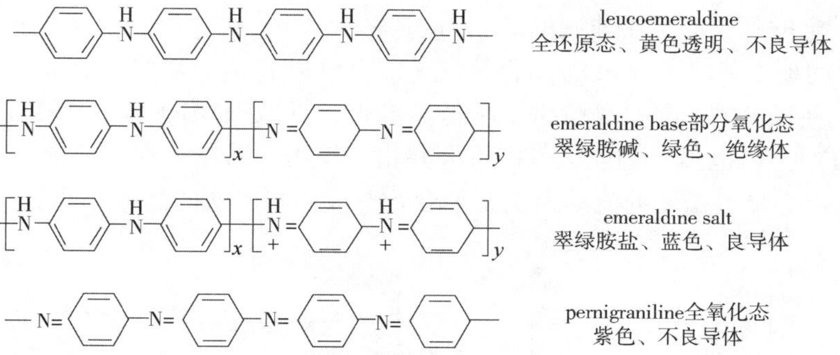

图 11-18 不同氧化还原态的聚苯胺的不同颜色

11.2.3 载荷子的本质

聚合物中的电子分布于电子带。最高被占电子能级构成价带（VB），最低未占电子能级构成导带（CB），二者之间的能量差称作带隙（E_g）。或者使用分子轨道的语言，带隙可以定义为最高被占分子轨道（HOMO）与最低未占分子轨道（LUMO）的能差。带隙决定了聚合物的本征电性质。

人们根据得自半导体材料的经验，最初认为共轭聚合物中的载荷子也是自由电子与空穴。这一假设很快受到挑战。聚乙炔，聚苯与聚吡咯等聚合物通过掺杂，并没有产生多余的电子或自由运动的空穴，而是生成了一些特殊的准粒子。这些准粒子本质上是分子结构上的缺陷，产生于掺杂引入的电荷（电子或空穴）与分子结构的强烈相互作用。正是这些准粒子构成导电聚合物体内的载荷子，在材料体内自由运动，它们是孤子、极子与双极子。

为详细了解这些载荷子的本质以及传导机理，可将共轭聚合物分为 2 类：具有简并基态的聚合物和不具有简并基态的聚合物。

11.2.3.1 简并基态聚合物

如果一种物质具有 2 个或 2 个以上能量相等的基态，就称这种物质具有简并基态。反式聚乙炔具有 2 个结构对称、能量相等的基态，故属于简并基态聚合物。在反式聚乙炔的结构中可以出现图 11-19 所示的结构缺陷：单-双键的交替在一个链节中断，出现了连续的 2 个单键，然后又恢复了单-双键交替。在缺陷的左侧和右侧结构是镜像对称的，可称作 A 相与 B 相。在 A 相与 B 相的交界处存在一个孤电子，这个孤电子被称作中性孤子（S^0），具有 1/2 的自旋。未掺杂的纯反式聚乙炔天然存在中性孤子，每 3000 个链原子中有 1 个。反式聚

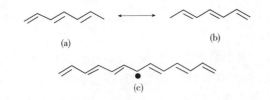

图 11-19　反式聚乙炔的结构

（a）简并基态的 A 相　　　（b）简并基态的 B 相

（c）聚乙炔链上的缺陷（中性孤子）

乙炔的顺磁性支持了这一点。中性孤子可以在聚乙炔主链上迁移。虽然它本身不携带任何电荷，但却可能有助于不同链之间的电荷转移。如果两个孤子在链上相遇，就会淬灭成为一个双键。

当有缺陷的聚乙炔被电子供体或受体掺杂时，就会发生电子转移，由此产生带电的孤子。如果中性孤子的电子被移走，就成为一个正电孤子（S⁺），自旋为零［图 11-20（a）］；如果中性孤子获得一个电子，就成为一个负电孤子（S⁻），自旋也为零［图 11-20（c）］。所以带电的孤子必然是非磁的。

带隙中间的孤子能级不仅可以容纳孤电子，也可以容纳一对电子（带负电）或者空位（带正电）。这些孤子的能量高于价带，又低于导带，导致 HOMO 与 LUMO 之间出现孤子带［图 11-20（d）］。带电孤子的能级可以重叠并相互作用，随掺杂水平的提高，孤子带变宽。正是这个孤子带为带电孤子的流动提供了平台，造成了聚乙炔的高电导率。

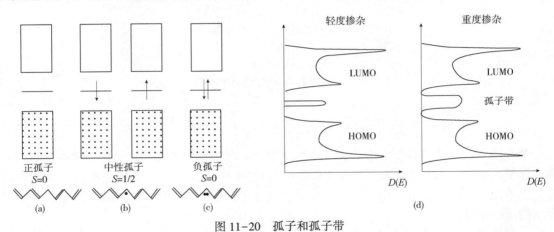

图 11-20　孤子和孤子带

（a）正孤子　　（b）中性孤子　　（c）负孤子　　（d）带隙中的孤子带

在简并基态体系中，不仅可以产生孤子，也可以产生极子与双极子，例如，碘（I_2）可以通过生成 I_3^- 离子的方式从聚乙炔的价带顶部取走一个电子（氧化掺杂），这样所产生的空穴不会完全离域，就形成一个自由基阳离子，又称（正）极子，如图 11-21 所示。

极子是局域性的，部分原因是其反离子（I_3^-）的库仑吸引力。反离子的迁移率非常低，部分原因是自由基迁移时会引起分子几何形状的局部变化。但如果提高掺杂浓度，反离子场高度密集，分子的几何形状就会被稳定下

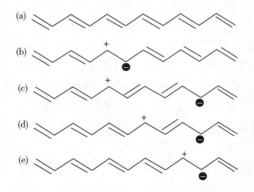

图 11-21　极子与极子移动

（a）→（b）取走一个电子形成正极子

（c）→（e）极子的移动

来，极子的迁移率反而会大大提高。所以在技术上高浓度掺杂剂是必要的。

可以把正极子看作是一个正孤子与一个中性孤子的结合，也可以把负极子看作是一个负孤子与一个中性孤子的结合［图 11-22（b）］。在理论上能够证明生成极子比分离为一个带电孤子和一个中性孤子在能量上更有利。极子的生成在带隙里形成了 2 个能级，关于带隙中线上下对称。极子带有一个自旋（1/2）和一个电荷。

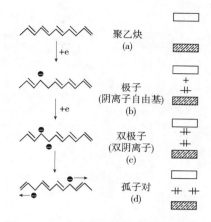

图 11-22　反式聚乙炔掺杂形成的极子，双极子与孤子对[15]

提高掺杂水平，极子浓度增加，彼此相互作用，在正或负极子的基础上再加入或取走一个电子就造成一个双极子，极子的双重化可降低总能量［图 11-22（c）］。双极子的 2 个电荷不是独立的，而是像成对电子那样移动，就像超导理论中的库珀对一样。虽然作为自由基阳离子的极子具有 1/2 的自旋，但是双极子的自旋总和为 $S=0$。

为降低体系能量，双极子可以解离为一对带电的孤子，其电子态处在带隙的中线［图 11-22（d）］。极子、双极子和孤子的数量都随掺杂水平增高。在很高的掺杂水平，极子、双极子和孤子的电子态会相互重叠，在带隙中产生新的能带，甚至能与价带和导带重叠，使电子能够充分流动。

11.2.3.2　非简并基态聚合物

除了反式聚乙炔之外，其他所有共轭聚合物，包括顺式聚乙炔，聚吡咯、聚噻吩和聚苯，均为非简并基态聚合物，因为两侧的结构不对称，都不能产生中性孤子。虽然中性孤子不能单独产生，却可以通过电荷交换导致孤子对（S^0-S^+）和（S^0-S^-）的生成，这些孤子对会通过强烈的相互作用结合为极子。

非简并基态聚合物中的载荷子各不相同，可以聚吡咯为例进行说明。聚吡咯有 2 种基态，即苯型与醌型［图 11-23（a），（b）］。与聚乙炔中的 A 相和 B 相不同，苯型与醌型的能量不同，苯型略高。所以像图 11-19 那样的中性孤子结构是不稳定的，只能出现一个中性、一个带电的成对孤子，且二者很容易结合成为极子。

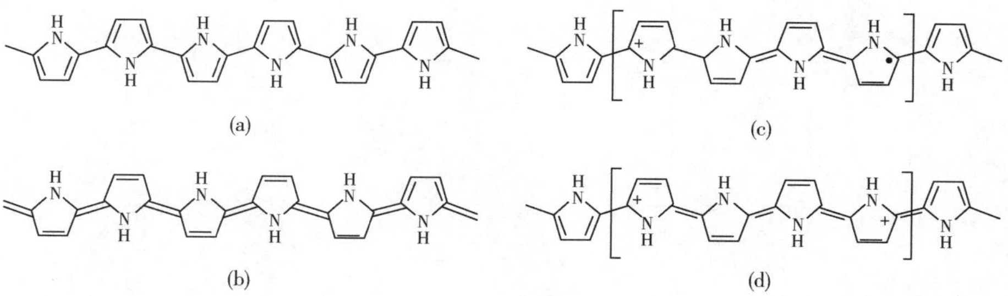

图 11-23　聚吡咯的基态与掺杂态

（a）苯型基态　　（b）醌型基态　　（c）极子　　（d）双极子

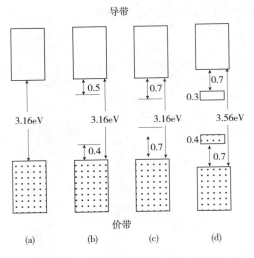

图 11-24　不同掺杂水平的聚吡咯

（a）未掺杂　（b）极子　（c）双极子　（d）高度掺杂

在不同的掺杂水平下，聚吡咯呈现 4 种不同的电子带结构。未掺杂态聚吡咯是绝缘体，带隙 3.16 eV［图 11-24（a）］。聚吡咯只用 p-型掺杂。氧化时，从中性链上取走一个 π 电子，出现一个极子，呈现图 11-23（c）所示的醌型结构。即便掺杂前的基态是苯型，一旦生成极子，聚合物的几何形状也会向醌型转变。这种结构对电荷有更大的亲和性，范围是 4 个吡咯环。在带隙中出现了 2 个局部的电子水平［图 11-24（b）］。进一步氧化，第二个电子从聚吡咯链上取走，形成一个双极子［图 11-23（d）］。双极子可定义为局部晶格严重扭曲的一对相同电荷，苯型向醌型的转变更强，范围同样延伸到 4 个吡咯环。不同于极子与中性孤子，双极子没有自旋。双极子的生成意味着与晶格

相互作用所得能量要大于相同电荷间的静电排斥。计算表明一个双极子的生成在热力学上比 2 个分离极子更稳定，尽管存在静电斥力。这是由于①双极子的扭曲能大于极子；②带隙中双极子的电子态比极子的更远离带缘；③双极子离子化能量降低要比 2 个极子大得多。人们发现双极子的结合能高于 2 个极子结合能之和，在聚吡咯中高出 0.4 eV，在聚苯中高出 0.034 eV。再进一步氧化，双极子间发生重叠，导致 2 个狭窄的双极子带的形成［图 11-24（d）］，带隙从 3.16 eV 降低到 1.4 eV。

聚噻吩的情况与聚吡咯非常相似（图 11-25）。聚噻吩既可以 p-型掺杂也可以 n-型掺杂。但无论是哪一种掺杂，都会经历先生成极子、再生成双极子的过程，也都经历从苯型向醌型的转变。极子与双极子的范围也都是 4 个噻吩环的范围。极子和双极子的生成都在带隙中形成 2 个电子带，关于带隙中线对称分布。双极子的电子带比极子的更远离 LUMO 与 HOMO 的带缘。

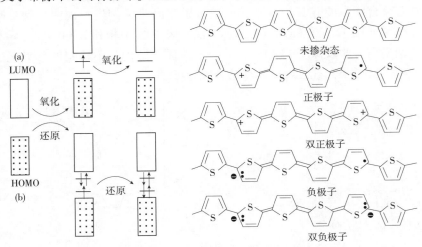

图 11-25　聚噻吩的电子带与化学结构

（a）p-型掺杂　（b）n-型掺杂

　　尽管孤子、极子和双极子来自不同的简并态，但它们之间存在内在联系，物理实质都是带隙间的电子态。在一定条件下，它们之间可以相互转化，我们以聚乙炔为例，将这些载荷子之间的关系总结于图 11-26 中。

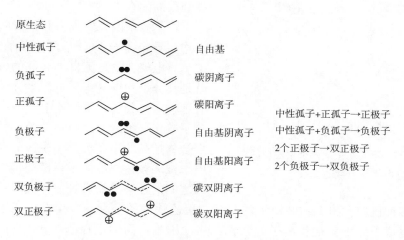

图 11-26　孤子、极子与双极子之间的内在关系

11.2.4　导电性的影响因素

　　导电聚合物的总电导率由链内、链间与微区间电子的输运共同贡献。目前每个输运过程及相对重要性都还不够清楚，但认识到一些影响因素。由前讨论可知，掺杂过程显然是最重要的因素。其他因素包括取向、结晶度及聚合物纯度等。

　　掺杂因素包括掺杂剂的性质与掺杂量。关于掺杂剂性质的影响，我们只能从同一种导电聚合物由不同掺杂剂得到的导电率进行比较得到感性认识。表 11-2 是几种导电聚合物的对比。

表 11-2　　　　　　　　　不同掺杂剂改性的导电聚合物的电导率　　　　　单位：S/cm

聚苯		聚吡咯		聚苯胺	
AsF_5	500	$FeCl_3$	3~200	5-磺基水杨酸	0.2~1.0
$FeCl_3$	0.30	I_2	2~8	苯磺酸	2.0
I_2	<10-4	Br_2	5	对甲苯磺酸	5.0
$AlCl_3$	8.0	Cl_2	0.5	氨基磺酸	2.0
萘-K^+	50			硫酸	1.2
萘-Li^+	5				

　　就一种掺杂剂而言，共同的趋势是掺杂水平越高，电导率越高。图 11-27 为不同水平碘掺杂聚乙炔电导率与温度的关系，曲线由下而上掺杂水平持续增高。可看到最高掺杂量样品的室温电导率与金属相当。温度的影响我们将放本节末讨论。掺杂水平与电导率的关系我们在 11.2.2 节中已经提及。在掺杂水平较低的情况下，反离子对载荷子有一个牵制作用，

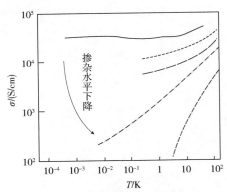

图 11-27　不同水平碘掺杂聚乙炔的
导电率与温度的关系[16]

使载荷子的迁移率处在较低水平。当掺杂量提高时，载荷子处在一个均匀的反离子环境中，反而摆脱了与反离子的静电吸引，迁移率会提高到很高的水平。

除了掺杂因素之外，其他影响电导率的因素均与导电聚合物分子的一维性与无序性相关。导电聚合物与无机半导体的一个显著差别就是其分子一维性，且不像半导体晶体那样具有远程序。分子一维性使电子或空穴只能沿着分子链作一维运动，而不能跨链传导。再由于聚合物结晶的不完善，无序区的存在使本征导电态被局域化。载荷子在链与链之间、无序区域之间的迁移只能通过一种机理——跳跃。

跳跃有多种机理，图 11-28 所示的是反式聚乙炔中的一种，发生在正孤子与中性孤子之间。带正电孤子（下）受反离子的禁锢，移动困难；而中性孤子（上）可以自由移动。中性孤子上的孤对电子很容易发生跳跃去填充正孤子的缺位，本身成为正孤子。正孤子接受电子后成为中性孤子，又能够沿着电场的方向继续跳跃。这个机理解释了中性孤子的作用：本身不带电，但能起到电荷转移的作用。

除了反式聚乙炔之外，其他所有共轭聚合物都不含中性孤子，但它们都含有极子。由前所述，极子可视作一个带电孤子与一个中性孤子的组合，所以极子可以作类似中性孤子式的跳跃。这便是含极子聚合物中的电荷传输方式[17]。

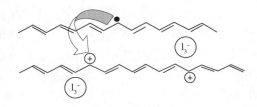

图 11-28　孤子跳跃

从跳跃机理出发，可以总结出一系列导电率的影响因素：①温度；②频率；③链的排齐程度（取向）；④共轭长度；⑤样品纯度。

共轭是导电聚合物共同的结构特征。共轭长度的定义是 2 个破坏共轭的缺陷之间的平均长度。共轭长度对电导率的影响比链长还要重要。实验证明，电导率随共轭长度的下降而下降。

同所有半晶聚合物一样，共轭聚合物也能够拉伸取向。图 11-29 表明在取向样品中电导率表现出各向异性，拉伸方向比垂直方向高得多。这一行为很容易解释。由于共轭聚合物中有序区域在链方向的尺寸大，走过一段距离需要的跳跃数要少。沿链相邻位置间的跳跃能垒也会低。

外部压力的施加降低了单体间的距离，也降低了链间距离，相当于提高有序区域间的跳跃速率。这样就可以预期电导率的增加，图 11-30 表明确实如此。

关于导电聚合物中载荷子的输运机理有很多模型，其中最广泛应用的定量模型是 Mott 的变域跳跃模型（variable range hopping model）[20]。这一模型提出电荷沿聚合物链的迁移像是前面讨论的孤子跳跃过程，而不是金属中的电子迁移。该模型建立了电导率 σ 与温度 T 之间的关系：

$$\ln\sigma = \ln\sigma_0 - (T_0/T)^{1/4} \tag{11-67}$$

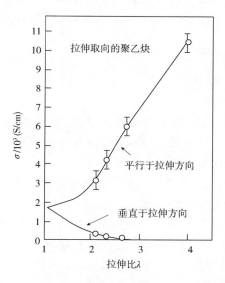

图 11-29　电导率的各向异性随拉伸比 λ 增加 [18]

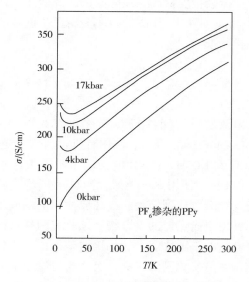

图 11-30　不同压力下电导率随温度的变化 [19]

用 $-\ln\sigma$ 对 $T^{-1/4}$ 作图可得一条直线，由截距可得特征电导率 σ_0，由斜率可得特征温度 T_0。图 11-31 是关于 PF_6 掺杂的聚吡咯的作图。由正斜率可知温度越高，电导率越高。

在聚合物电导率的影响因素中，温度是研究得最多的。一般来说，掺杂导电聚合物的电导率随着温度的升高而增大，相比之下，传统金属的电导率随着温度的降低而增加。但从图 11-27 和图 11-31 可以看出，随掺杂水平的提高，曲线的斜率变小，这说明导电聚合物的温度依赖性变弱。Roth 等研究了高强度和中度掺杂聚乙炔样品的直流电导率与温度的关系 [21]，发现高掺杂样品电导率随温度升高变化很小，而中度掺杂样品的电导率变化很大。

这一现象表明，导电聚合物中的电荷迁移分为两种机理，能带输运与跳跃输运 [22]。能带输运只能是链内的，而跳跃输运既有链内的也有链间的。两种情况

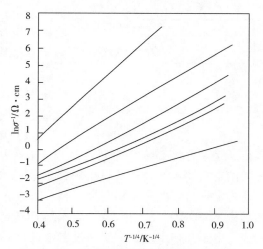

图 11-31　PPy 样品用不同量的 PF6 掺杂
（曲线位置向下 PF6 量增大）[19]

中，声子（原子振动）都起重要作用。高度掺杂的聚合物中，形成了部分充满的带，电荷可自由地沿链移动，除非被杂质或声子所散射。一旦被散射，传播方向会变得紊乱。所以声子是主要阻力，电导率随温度升高而下降，主要是因为声子散射。在跳跃机理中，载荷子在带隙中局部态间运动。链内与链间的连续跳跃就可能通过整个样品。跳跃过程载荷子需要外部能量以便在不同态间转变。在有限温度下，电子可从声子获得能量。这种情况下声子有利

于传导。跳跃电导率随温度增加。两种贡献中跳跃的成分越大，曲线的斜率就越高，反之就越低。掺杂程度提高，缺陷间的距离变短，跳跃变容易，温度的影响就会变弱。在特殊的体系中，$\ln\sigma$ 对 $T^{-1/4}$ 作图的斜率会出现接近零的斜率，说明该体系中温度的正、反两方面效应几乎相互抵消[23]。

11.3　电致发光

电致发光的元件或装置称作发光二极管，人们更熟悉的名称反而是英文缩写 LED（light-emitting diodes）。使用有机材料作发光材料的 LED 称 OLED，使用聚合物作发光材料的 LED 称 PLED。PLED 的物理原理是本节讨论的内容。

PLED 中使用有三类聚合物材料：光发射聚合物，空穴输运聚合物与电子输运聚合物。为使发光效率达到最高，往往要使用两种或三种聚合物的结合体。

可用于光发射的聚合物必须具有两种特性：高的电导率与发光效率。发光的颜色由光发射聚合物的带隙决定。例如聚对苯乙撑（PPV）的带隙约 2.5 eV，产生黄-绿光。若要产生蓝光，就需要更高的带隙。有机聚合物发光体的带隙在 1.4~3.3 eV，相当于 890~370 nm 的波长，覆盖了整个可见谱。

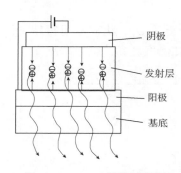

图 11-32　LED 结构示意图

不管使用什么材料发光，LED 的工作原理都是一样的。如图 11-32 所示，两个电极夹着一层发光材料，发光材料又称发射层。阴极和阳极分别将电子和空穴注射到发射层之中，电子与空穴在这里相遇，发生复合，释放出光子，就完成了电致发光的全过程。最常用作发光材料的聚合物是聚对苯乙撑（PPV），本节关于聚合物的讨论都将基于这种聚合物。

从以上的简单叙述可知，电致发光的过程可分为 3 个主要步骤，①电荷注射；②电子与空穴的复合；③发光。以下将分别进行讨论。

（1）电荷注射　从金属层向电致发光聚合物薄膜注射载荷子是聚合物 LED 一个基本过程。电子从阴极注入、空穴从阳极注入。电子注入好理解，何谓空穴注入？就是从材料中抽走电子。被注入的电子与被抽走的电子处于不同的能级。注入电子，只能是注到空带，而最低的空带是 LUMO；欲抽走电子，就要从满带抽，最高的满带是 HOMO，故空穴就是注入到 HOMO。

注入电子和抽走电子都要通过电极进行，电极材料不同于聚合物，电子的流动就会受到一定阻碍，这种阻碍就是能垒。由于注入和抽走的电子能级不同，为了将能垒降到最低，就需要选择不同的电极材料，选择的标准是金属电极的功函数。

下面的讨论将涉及一系列术语，让我们先通过图 11-33 定义这些术语。功函数是材料的 Fermi 能级与真空级之差的能量差。Fermi 能级的概念比较玄妙，我们采用一个形象的说法。设想一个金属原子的电子轨道是

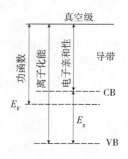

图 11-33　有关能级的术语

空的，我们将电子逐个填入最低能量的空轨道，直到所有电子全部填完，最高被占分子轨道（HOMO）的能量就是这个金属的 Fermi 能。在导电材料中，HOMO 与最低未占分子轨道（LUMO）是等价的。但在其他材料中，HOMO 与 LUMO 的能量会相差 2~3 eV。这个能差称作带隙，带隙的中线就被取作 Fermi 能。真空（能）级指远离物质的电子能量。HOMO 与真空级的能量差称作离子化能；LUMO 与真空级的能量差称作电子亲和性。

PPV 的离子化能（E_v），即把电子从最高占态（HOMO）移到真空所需能量，约为 5.2 eV；电子亲和性（E_c），即从真空加一个电子到最低未占态（LUMO）所得的能量为 2.5 eV。能量差或者说带隙（$E_v - E_c$）约为 2.7 eV。从金属电极将电子注射到 PPV 的 LUMO 轨道，要克服的能垒 $\Delta\varphi_e$ 乃是 LUMO 位置与阴极 Fermi 能级的能差。同样，欲注射空穴（移除电子）到 PPV 的 HOMO 轨道，要克服的能垒 $\Delta\varphi_h$ 就是阳极功函数与 HOMO 间的能量差。

由于许多共轭聚合物的离子化能都高于 5 eV，故高功函数材料如金（5.1），铜（4.6），氧化铟锡（ITO，4.6）都适合空穴注射。LUMO 的位置一般在 3~1.5 eV，故有效的电子注射要求低功函数金属，可选择的金属有钙（2.9），镁（3.7），铝（4.3）等。为电荷注射的平衡，最好是 $\Delta\varphi_e \approx \Delta\varphi_h$。但对多数聚合物体系，单层元件很难做到电荷平衡注射。

ITO 的表面涂覆可降低注射能垒。例如将 PEDOT：PSS（聚苯乙烯磺酸掺杂的聚乙撑二氧噻吩）旋涂在透明 ITO 基底上，可使 ITO 表面更均匀。更重要的是，其薄膜的功函数高于 ITO，可降低注射能垒，有利于空穴注射。阴极的涂覆也很重要。人们发现在铝阴极与发射层之间插入一层超薄的绝缘层 LiF，可奇迹般地改善电子注射与提高量子效率[24]。

（2）载荷子的复合　电子与空穴被注入发光聚合物后，即开始了相向运动，电子朝向阳极、空穴朝向阴极，迁移的目标都是发光层。所以体系内产生了两种电流：电子电流与空穴电流。电子与空穴在途中相遇，就会结合为一个中性物种，称作激子。理想的情况自然是注入的电子与空穴数量相等，迁移速度相等，所有的电荷都可以复合，这样 LED 的效率是最高的。但实际情况是，由于注射能垒的存在，电子与空穴数量不一定相等；两种载荷子在共轭聚合物薄膜中迁移速率不相等，一般是空穴迁移率高，电子迁移率低，造成电子"供不应求"；此外，电子与空穴还会"擦肩而过"，穿过薄膜向反向电极运动。为达到更有效的复合，除了加强阴极的电子注射外，还必须把电子和空穴限制在聚合物薄膜之中，不能让电荷白白流失。

一般的措施是在发射层与电极之间再加一个有机层，用于加速一种电荷的传导以及阻止另一种电荷，避免它们走过元件而无复合。

由于空穴迁移速率一般高于电子，电流似乎只由空穴承载。但如果多数空穴只是路过发射层而不发生复合，就会导致元件效率低下。另一种不利情况是，激子形成几率太低，过剩的载荷子就会堆积在聚合物与电极的界面上，阻挡了注射的有效进行，也会降低效率。为了不让空穴走得太快，并将它限制在发光层，需要一层导电子、阻空穴的材料（或称电子传导层，ETL）。其价带应低于发射层，其电子亲和性应等于或大于发射层。这样空穴就被限制在发光层与 ETL 层之间，使电荷有了更均匀的分布，促进了 2 种载荷子之间的平衡。

虽然电子在聚合物中迁移速度慢于空穴，"供不应求"，但也有穿过发光层错过复合的可能。为了充分利用电子，还可以在发光层与阳极之间加一层阻电子的空穴传导层（HTL），将电子限制在发光层与 HTL 之间[25]。

PEDOT：PSS（图 11-34）是最常用的空穴输运材料。PEDOT：PSS 层有多个功能：既促进空穴传导和阻滞电子，又能将激子阻挡在活性层之内，还可以起到光滑 ITO 表面的作

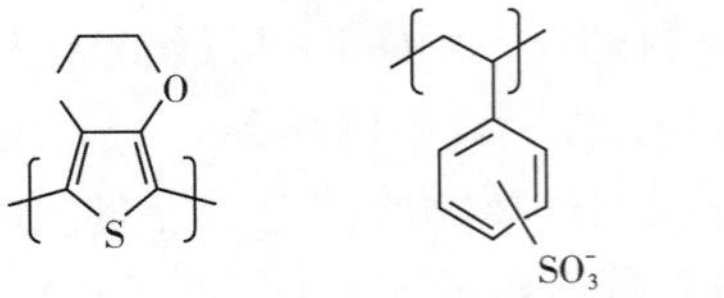

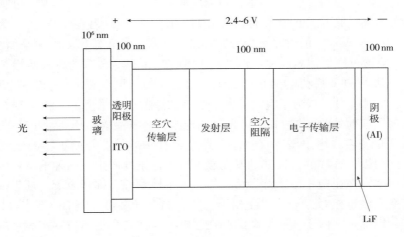

图 11-34　用聚苯乙烯磺酸（PSS）掺杂的
聚二氧乙烯噻吩（PEDOT）

用。因此不论是 PLED 还是有机太阳能电池，总要在 ITO 内表面涂一层 PEDOT：PSS。PEDOT：PSS 涂层会使红绿光 PLED 发光更加高效，但对蓝光元件不理想，主要原因是 PEDOT：PSS 的功函数与发蓝光的宽带隙聚合物不匹配，需要使用其他材料[26]。

如果在加入了电子输运层和空穴输运层之后，体系内电子与空穴的复合效率仍然不高，就在发射层与电子输运层之间再加一层阻隔空穴的材料，这样就形成了图 11-35 所示的多层结构。

图 11-35　PLED 的典型结构

（3）发光　电子和空穴复合形成的激子，根据不同的自旋组合，可为单线态也可为三线态（图 11-36）。单线激子中的电子是自旋配对的，而三线激子中一对电子的自旋是相同的，三线态与单线态的能量不同，三线态的能量总是低于单线态，二者的性质完全不同。

激子属于一种激化的电子态，即 S_1 态，它会在任意时刻自动回到基态

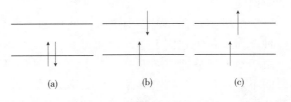

图 11-36　基态与激发态
（a）基态　（b）单线激发态　（c）三线激发态

S_0，这一回归现象称作衰变。衰变过程的能量释放有两种形式，或是辐射性衰变-发射光子，或是非辐射性衰变-放热。

单线激子衰变到 S_1 的最低振动水平时，它可以通过荧光过程回到基态 S_0，发射一个光子；也可以通过系统交叉转变为三线激子（T）。从统计学上看，单线态形成的几率为 25 %，三线态为 75 %，而三线激子的衰变在量子力学上是禁止的，只能通过其他机理产生

的光，例如磷光。而其他机理过程较慢，光不能马上被看到，这意味着三线激子的寿命很长。因为在荧光 PLED 中只有单线激子能够产生发射，所以内量子效率的理论上限只有 25 %。

欲使内量子效率突破 25 %，就必须利用三线激子发光。由于三线激子不能像单线激子那样快速发射光子回到基态，但也会以两种较慢的发光形式回到基态：磷光与推迟荧光，如图 11-37 所示。磷光就是物质被照射后暗中发光的机理。不像普通荧光的快速反应，磷光物质吸收能量后会"储存"一段时间。由于磷光的根源是最低三线态，其衰减时间近似等于三线态的寿命（$10^{-4} \sim 10^{4}$ s）。所以用简单的语言讲磷光就是缓慢地发光。推迟荧光是另一种缓慢发光，但机理不同。三线激子具有很长的寿命，它们能够在材料中扩散并相互作用产生一个单线激子与一个基态（式 11-68），即所谓双分子湮灭。生成的单线激子会瞬时地再发射普通荧光（式 11-69）。

$$T + T \rightarrow S^{*} + S_0 \tag{11-68}$$

$$S^{*} \rightarrow S_0 + h\nu \tag{11-69}$$

PLED 中的磷光发光可通过与重元素发生自旋-轨道偶合来实现[27]。将一种含铂的卟啉掺杂于聚合物，用卟啉来收集产生的单线与三线激子，就能实现有效的磷光发射。这种能量转移过程示于图 11-37（b）。因为聚合物很容易掺杂，也容易共混，可以有效地利用单线和三线激子。此外，聚芴（polyfluorene）与聚乙烯咔唑 [poly（vinyl carbazole）] 也是有效的磷光染料。

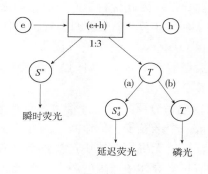

图 11-37
（a）2 个三线激子的双分子湮灭
（b）三线态的直接辐射性衰变

综上所述，PLED 中每个物理过程都影响着发光效率。内量子效率 η_{int} 定义为产生的光子与流入内电路的电子数之比：

$$\eta_{int} = \gamma \, r_{st} q \tag{11-70}$$

γ 为形成的激子数与电流中电子数之比，r_{st} 为单线激子的分数，q 为单线激子放射性衰变的效率。

完成了激子的发光还不是 PLED 发光过程的全部。并不是每一个在发射层产生的光子都能逸出元件被外界看见。光子可以被发射材料本身所吸收，也会被外加的传输层所吸收，或被电极吸收。再有，发射聚合物的折射率 $n_p = 1.7 \sim 2.0$，一般大于玻璃基底 $n_s \approx 1.5$。这样，在聚合物层产生的光子，倾斜于表面法线传播的光子都会在聚合物-玻璃界面被反射，并在元件内部往复。近似地，只有分数为 $1/(2\,n_p^2)$ 的内部光子能够传出来。当然，这些问题的解决多是技术步骤，在此就不多加讨论了。

11.4 太阳能电池

像其他太阳能电池一样，聚合物太阳能电池的工作原理也是将光子流（光线）转化为带电粒子流（电流），从而完成光电转化。要完成这一转化，就需要有一系列光电特征材料，把这些材料的组合起来，成为太阳能电池。这组材料中最重要的是有机半导体材料。

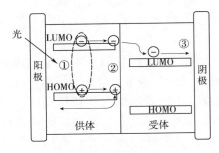

图 11-38　聚合物太阳能电池工作原理

光电转化主要可分为 3 步，如图 11-38 所示：

①光从透明阳极进入活性层。活性层由两种材料构成：（电子）供体与（电子）受体，供体是一种有机半导体。光子携带的能量要高于半导体的带隙，将一个电子激发到带隙之上的空轨，形成一个电子-空穴对，称作激子。

②激子扩散到供体-受体界面上，在此分离为电子和空穴。

③电子和空穴通过供体和受体材料相分别移向阴极和阳极，流向外电路做功并重新组合。

（1）吸收　聚合物太阳能电池中负责吸光的有机半导体材料使用共轭聚合物。此类材料有一个带隙（E_g），即最高被占分子轨道（HOMO）与最低未占分子轨道（LUMO）的能差。如果一种材料的 E_g 大于室温的热能就被认为是半导体材料，因其价电子不会因热振动被激发到导带，因此材料不能导电。如果吸收光线的能量大于 E_g，就能将电子从 HOMO 激发到 LUMO，留下一个未占的位置，称作"空穴"，吸收的光能就是激发的电子-空穴对的能差。在 LUMO 以上是个连续谱带，不论电子被激发到哪个能级上，都会快速地经历热松弛，最后停留在 LUMO 水平上。这说明所有超过带隙的光能都会被耗散为热量（$E_{耗散} = E_{光子} - E_g$）。

（2）电荷分离　在聚合物太阳能电池中，光激发产生的电子-空穴对由静电力相互吸引，构成一个准粒子，称作激子。为产生电能，必须将激子分离为电子与空穴，并在各自的电极上汇集。无机半导体中产生的激子结合能很低，用一个内置电场就能将电子与空穴分离。但有机半导体中产生的激子结合能较高，很难在电场中分离。为了打破激子键，人们想出了一个巧妙的办法，引入第二种有机半导体，它的 LUMO 能量水平低于第一种材料，且差距大于激子键能。这样，两种材料的界面构成一个能量的断崖，满足下列条件：

$$E_{LUMO}^{供体} - E_{LUMO}^{受体} \geqslant E_{exc-b} \tag{11-71}$$

其中 E_{exc-b} 为激子键能。正是有了这个能量差的补偿，激子中的电子与空穴才能顺利地分离。只要激子运动到两种材料的界面上，电子就能容易地从第一种材料的 LUMO 流向第二种材料，从而实现了激子的分离。具有较低 LUMO 的材料称作（电子）受体，较高的称作（电子）供体。大多数激子都产生于供体相而将电子转移到受体。

受体吸收光之后也会产生激子，这些激子扩散到供体-受体界面时也会被分离，但分离的方式是将空穴转移到供体。所谓将空穴转移到供体，实质上也是从供体向受体转移电子，只不过这个转移发生在 HOMO 能级。为完成这个转移，必须满足下列条件：

$$E_{HOMO}^{供体} - E_{HOMO}^{受体} \geqslant E_{exc-b} \tag{11-72}$$

激子状态是有一定寿命的。不论是供体还是受体中产生的激子，都必须在寿命之内到达界面，否则电子与空穴就会发生复合。激子在寿命期之内能够走行的距离称作激子扩散长度，一般为 5~10 nm。欲使激子发生分离，激子与界面的距离必须低于激子扩散长度。另一方面，由于有机半导体的吸收系数为 $10^7 m^{-1}$，需要 100~300 nm 的厚度才能将可见光完全吸收。

100 nm 和 10 nm 这 2 个尺寸是相互矛盾的。两种不同材料构成的界面称作"异质结"。聚合物太阳能电池的最初设计就是图 11-39（a）中的双层异质结。这种异质结是共轭聚合物中激子分离的最先尝试，并取得了成功。但它不能解决两个尺寸的矛盾：每层材料的厚度不能低于 100 nm，否则就不能实现充分的光吸收；但界面两侧 10 nm 的区域才能产生电流，其余 90 nm 的区域即便发生了吸收也是无效的。

　　为解决这个矛盾，既需要活性层具有 100 nm 以上的空间尺度，又需要活性层中具有充分的结面积，才能发生充分的激子分离。就要求供体/受体材料在整个活化层形成纳米级互穿网络以保证光生激子的有效解离，并将电荷输运到电极。这样就催生了聚合物太阳能电池活性层最成功的设计，即图 11-39（b）所示的整体异质结（GHJ）。

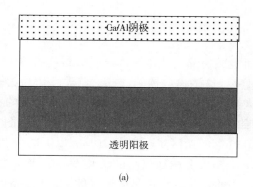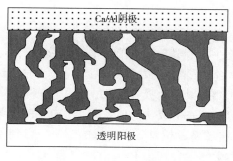

图 11-39　平面异质结与整体异质结
（a）平面异质结　　（b）整体异质结

　　整体异质结不仅设计巧妙，加工方法也是最简单的。由于研究对象是聚合物，我们自然就想到了相分离。只需要将一种共轭聚合物与另一种材料溶于共同溶剂中，进行浇铸。在干燥过程中，材料便分离为各自的相，异质结在本体中细微地分布。当然相分离的结果必须满足两方面的要求：①纳米级的分散；②形成双连续相。利用高分子物理的研究成果，调节两相的比例，选择适当的溶剂与温度，满足以上两项要求并非难事。

　　（3）电荷收集　　在供体/受体界面上将激子分离为电子与空穴之后，电子与空穴分别移向受体相与供体相。为产生电流，电荷必须收集在各自的电极上，即阳极收集空穴，阴极收集电子，如图 11-38。在双层异质结的装置上，供体与受体相是明确分开的，电荷不会走到错误的电极上。但在整体异质结中，相的取向是无规的，路径的逾渗性可使供体或受体材料连接两个电极。这时就要使用功函数相差悬殊的材料来控制电流。阳极要选择高功函数材料，阴极选择低功函数的金属。如图 11-38 所示，空穴将流向高功函数的阳极，而电子流向低功函数的阴极。另一种方法是，在 BHJ 层与电极之间加一改性层，只允许特定的载荷子流向相应的电极。

　　完整的整体异质结太阳能电池见图 11-40。电池有四个不同的层（不包括基底）。基底是玻璃或透明聚合物，基底之上是阳极。阳极材料普高使用 ITO，ITO 的内表面涂覆一层 PEDOT：PSS，起到空穴传导、阻挡激子的作用。在 PEDOT：PSS 之上是活性层，负责光吸收，产生激子，激子解离，载荷子扩散。

　　活性层就是所谓异质结元件，由两种材料构成：供体与受体。根据不同的设计思想可制成不同的形态。活性层之上就是阴极，典型材料为铝，钙，银或金。此外，一层非常薄（0.5～1 nm）的氟化锂（LiF）涂在活性层与阴极之间。

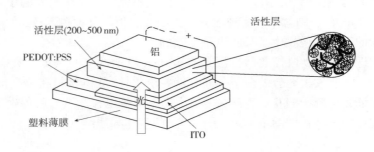

图 11-40　聚合物太阳能电池的典型构造

　　活性层是聚合物太阳能电池的核心部件，而最成功的设计是整体异质结。最初的设计是使用聚合物/聚合物共混体系[28-29]作为异质结材料，这是很自然的选择。首先，作为共轭聚合物，都有很高的吸收系数，很可能覆盖整个太阳光谱。其次，聚合物共混物有天然的相分离倾向。第一个成功的体系是 MDMO-PPV（供体，图 11-42）与 PCNEPV（受体，图 11-41），通过二者相对分子质量的调节，得到了 200 nm 的微区半径以及 20 nm 以下的分散度。第二个受体聚合物为 PF1CVTP（图 11-41）。两个体系都达到较高的转化率。但聚合物/聚合物体系制备的难度较大，原因有两个：①聚合物的相分离往往是微米级的，做到纳米级是比较困难的；②聚合物的电子迁移率比较低，不太适合作受体材料。因此人们的研究兴趣很快转向以富勒烯为受体的体系。

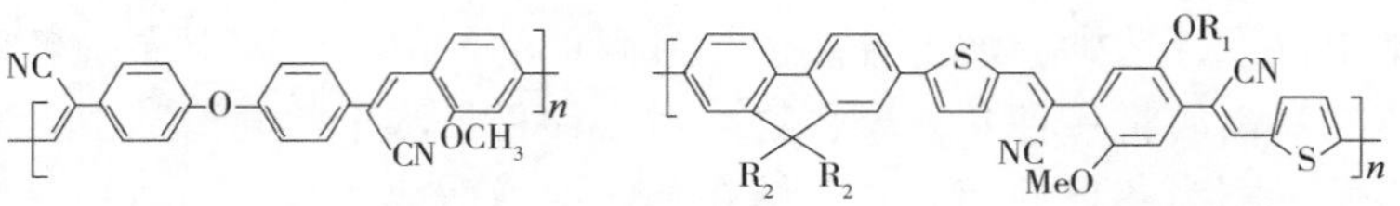

PCNEPV　　　　　　　　　　　PF1CVTP

图 11-41　两个受体聚合物

　　Alan Heeger 于 1995 年做出了 BHJ 概念的第一个成功演示：用可溶 MDMO-PPV 为电子供体，以富勒烯衍生物（C60-PCBM，图 11-42）为受体。这种组合的光伏装置的效率接近 1 %。正是这一成果引发了世界范围对聚合物太阳能电池的研究。C60-PCBM 最重要的特性是具有较高的电子迁移率（~10^{-3} cm²/Vs），高于许多其他有机物与聚合物。

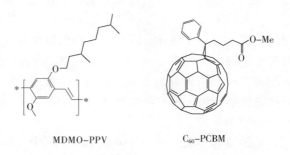

MDMO-PPV　　　　　　　　C$_{60}$-PCBM

图 11-42　第一个整体异质结所用材料

　　富勒烯容易与共轭聚合物形成双连续的互穿网络。如图 11-43 中聚合物与富勒烯的混合体系，含量小于 17 % 的富勒烯就会成为分散相；如果富勒烯含量远大于 17 %，聚合物又会成为分散相，都不利于双连续相的形成。在适当的组成情况下，即得到所需的双连续相。
　　第三类整体异质结材料组合是共轭聚合物与金属氧化物，其优势是结合聚合物的溶液加

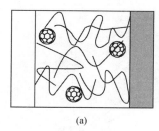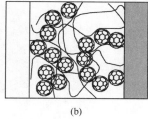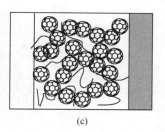

(a)　　　　　　　　　　(b)　　　　　　　　　　(c)

图 11-43　双连续相的整体异质结

（a）［富勒烯］<17 %　　（b）［富勒烯］>17 %　　（c）［富勒烯］≫17 %

工性与金属氧化物的高电子传导率。
CdSe、TiO$_2$ 及 ZnO 的纳米粒子都纳入
了人们的研究视野。这个体系需要解决
的问题是无机粒子必须形成连续相。最
直接的方法就是先将氧化物粒子烧结成
纳米结构，再向结构内部渗滤聚合物熔
体。沿着这个思路，就产生了有序异质
结的设计，如图 11-44 所示。

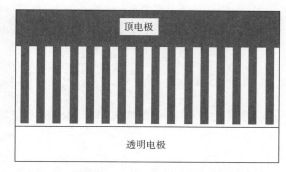

图 11-44　理想化的有序异质结

　　氧化物纳米结构的尺寸应为 300～
500 nm，有小而直的孔，孔径应略小于
激子扩散长度。将共轭聚合物渗滤进入
这些小孔，就得到双连续结构。小孔具有足够的长度，让聚合物能够吸收大部分阳光。又由
于小孔是纳米级的，聚合物吸光后能实现最大程度的激子分离。孔隙是伸直的，可提供到阳
极和阴极的最直接路径，这些都是大大优于整体异质结的。由于氧化物纳米结构是先期制造
的，因此界面易于修饰，可促进聚合物的润湿。具有光滑侧壁的直孔可促进聚合物链在垂直
方向上排齐取向，从而促进激子扩散和电荷输送。

　　科学的发展日新月异，随着碳纳米管、纳米线与石墨烯的发现与广泛应用，为聚合物太
阳能电池的受体材料提供了新的选择，甚至会产生新的机理，就不在此赘述了。

　　在太阳能电池的讨论中，不可避免地要提到转化效率，但文献中有许多个眼花缭乱的效
率，下面用这些术语的解释作为本节的结束。

　　一般用 $I-V$ 曲线表征太阳能电池的特性。在黑暗中，没有电压，没有电流，$I-V$ 曲线通
过原点。光照时，$I-V$ 曲线下移，如图 11-45 所示。下面是描述 $I-V$ 曲线的术语：

　　①空气质量（AM）。阳光到达地球表面所经历的大气，记作 AM（x），x 为太阳天顶角
余弦的倒数（图 11-46）。典型值为 AM（1.5），意味着太阳位于 48°角。空气质量只描述辐
射谱，不代表强度。表征太阳能电池时，强度一般固定为 100 W/cm^2。

　　②开路电压（V_{oc}）。电池两端可能的最高电压；光照下且无电流流动时的电压。

　　③短路电流（I_{sc}）。光照下无外电阻（短路）时的电流，是电池的最高电流。有负荷时
的电流永远低于 I_{sc}。

　　④最大功率点。$I-V$ 曲线上任一点决定一个矩形，代表输出功率 $P = I \cdot V$。最大矩形
（$I_{mpp} \cdot V_{mpp}$）的点就是最大功率点（图 11-45）。

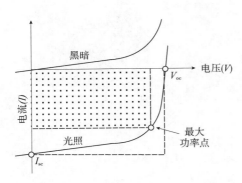

图 11-45　太阳能电池的 I-V 曲线

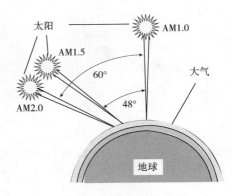

图 11-46　空气质量示意

⑤填充因子（FF）。实际最大功率（$I_{mpp} \cdot V_{mpp}$）与理论最大功率（$I_{sc} \cdot V_{oc}$，图 11-45）之比：

$$FF = \frac{I_{mpp} V_{mpp}}{I_{sc} V_{oc}}$$

⑥功率转化效率（PCE 或 η_e）。输出功率与输入功率之比：

$$\eta_e = \frac{I_{mpp} V_{mpp}}{P_{in}} = \frac{I_{sc} V_{oc} FF}{P_{in}}$$

P_{in} 是各波长的能量总和，一般固定在 100 W/cm² 。

⑦量子效率（QE）。常描述为入射光能量或波长的函数。对于特定波长，就是产生的载荷子数与照射到元件的光子数的关系，分为内量子效率与外量子效率。

⑧外量子效率（EQE）。此类量子效率包括反射与透射的损失，产生的载荷子与入射总光子数之比。

⑨内量子效率（IQE）。排除了反射与透射的损失，即产生的载荷子与吸收的光子数之比。

思 考 题

1. 为什么聚电解质网络可以吸收大量清水，吸盐水能力却有限？
2. Manning 参数、Bjerrum 长度与电荷平均间距 b 与聚电解质的强弱有何关系？
3. 什么参数控制凝聚与漂移的反离子比例？
4. 存在静电屏蔽条件下，为何静电串珠变为分段的线性序列？
5. 共轭聚合物中的哪几种载荷子？它们之间如何相互转化？
6. 高倍拉伸可提高共轭聚合物的电导率，这样说有道理吗？
7. 反式聚乙炔的电导率高于其他任何共轭聚合物，原因何在？
8. 温度对电导率有何影响？
9. 空穴迁移率高于电子迁移率，如何在 PLED 发射层平衡电子与空穴数目？
10. 有机半导体中激子结合能很高，用什么方法可容易地分离电子与空穴？

参 考 文 献

[1]　Katchalsky, A.；Künzle, O.；Kuhn, W. Behavior of polyvalent polymeric ions in solution [J] . J. Polym. Sci. 1950, 5,

283-300.

[2] T. Odijk, J. Polym. Sci., 15, 477 (1977).

[3] J. Skolnick, M. Fixman, Macromolecules, 10, 944 (1977).

[4] P. -G. de Gennes, P. Pincus, R. M. Velasco, F. Brochard, J. Phys. (Paris), 37, 1461 (1976).

[5] L. Wang and V. A. Bloomfield. Macromolecules, 23: 804, 1990.

[6] Wang, P. C.; MacDiarmid, A. G. React. Funct. Polym. 2008, 68, 201-207.

[7] Kulszewicz-Bajer, I.; Pron, A.; Abramowicz, J.; Jeandey, C.; Oddou, J. L.; Sobczak, J. W. Chem. Mater. 1999, 11, 552-556.

[8] Chiang, C. K.; Blubaugh, E. A.; Yap, W. T. Polymer 1984, 25, 1112-1116.

[9] Chiang, C. K, Gau, S. C., Fincher, C. R., Jr., Park, Y. W., MacDiarmid, A. G., and Heeger, A. J. (1978) Appl. Phys. Lett. 33, 18.

[10] Dai, L., Lu, J., Matthews, B., Mau, A. W. H. (1998a) J. Phys. Chem. B 102, 4049.

[11] MacDiarmid, A. G., Epstein, A. J. (1994) Synth. Met. 65, 103. (1995) Synth. Met. 69, 85.

[12] Guimard, N. K.; Gomez, N.; Schmidt, C. E. Prog. Polym. Sci. 2007, 32, 876-921.

[13] Stafström, S.; Brédas, J. L.; Epstein, A. J.; Woo, H. S.; Tanner, D. B.; Huang, W. S.; MacDiarmid, A. G. Phys. Rev. Lett. 1987, 59, 1464-1467.

[14] Ray, A.; Richter, A. F.; MacDiarmid, A. G.; Epstein, A. J. Synth. Met. 1989, 29, 151-156.

[15] Dai, L. (1999) J. Macromol. Sci., Rev. Macromol. Chem. Phys. C 39, 273.

[16] H. Kaneko and T. Ishiguro. Synth. Met., 65: 141, 1994.

[17] M. Winokur, Y. B. Moon, A. J. Heeger, J. Barker, D. C. Bott, and H. Shirakawa, Phys. Rev. Letters 58, 2329 (1987).

[18] H. Naarmann. In H. Schaumburg, editor, Polymere, page 423. Teubner, 1997.

[19] R. Menon, C. O. Yoo, D. Moses, and A. J. Heeger. In T. A. Skotheim, R. L. Elsenbaumer, and J. R. Reynolds, editors, Handbook of Conducting Polymers, page 55. Marcel Dekker, 1998.

[20] Gilani, T. (2005) J. Phys. Chem. B, 109, 19204; Kaynak, A. (1998) Tr. J. Chemistry, 22, 81.

[21] Roth, S.; Carroll, D. One-Dimensional Metals: Conjugated Polymers, Organic Crystals, Carbon Nanotubes; Wiley-VCH: Weinheim, Germany, 2004; pp. 200-300.

[22] Tsukamoto, J. Adv. Phys. 1992, 41, 509-546.

[23] R. Menon, C. O. Yoo, D. Moses, and A. J. Heeger. In T. A. Skotheim, R. L. Elsenbaumer, and J. R. Reynolds, editors, Handbook of Conducting Polymers, page 66. Marcel Dekker, 1998.

[24] Cao, Y.; Yu, G.; Zhang, C.; Menon, R; Heeger, A. J. Synth. Met. 1997, 87, 171-174.

[25] Robinson, M. R.; O'Regan, M. B.; Bazan, G. C. Chem. Commun. 2000, 17, 1645-1646.

[26] Yu, W. L.; Pei, J.; Cao, Y.; Huang, W. J. Appl. Phys. 2001, 89, 2343-2350.

[27] Gong, X.; Robinson, M. R.; Ostrowski, J. C.; Moses, D.; Bazan, G. C.; Heeger, A. J. Adv. Mater. 2002, 14, 581-585.

[28] J. J. M. Halls et al., Nature, 376 (1995) 498.

[29] S. C. Veenstra et al., Chem. Mater. 16 (2004), 2503.